普通高等教育"十三五"规划教材
普通高等院校生命科学精品教材

动 物 学

主　编　王国秀　闫云君　周善义

副主编　侯建军　范丽仙　张小谷
　　　　杨明生

编　委　（按姓氏笔画排列）
　　　　韦仕珍　艾　辉　刘家武
　　　　李桂芬　吴　华　张洪茂
　　　　张润锋　周青春　查玉平
　　　　顾　勇　徐　芬　黄孝湘
　　　　曹文波

华中科技大学出版社
中国·武汉

内 容 简 介

本教材以动物进化为线索,以学科知识体系为基本构架,以简洁的形式提供了核心的动物学知识,既全面、重点地概括了动物学的基本理论,包括传统的动物分类、形态结构、个体发育、演化及行为生态学等主要知识,同时又突出介绍了该学科领域发展的前沿动态、模式动物的科研价值,以及经济动物的保护与综合利用等。其基本理论、研究方法注重学科内涵的延伸,反映了学科发展的最新成果。

本书既可供综合性大学、师范院校、农林院校、医学院校的本科生和研究生使用,又可供相关科研工作人员参考。

图书在版编目(CIP)数据

动物学/王国秀,闫云君,周善义主编. —武汉:华中科技大学出版社,2019.1(2023.8 重印)
ISBN 978-7-5680-4771-5

Ⅰ.①动… Ⅱ.①王… ②闫… ③周… Ⅲ.①动物学 Ⅳ.①Q95

中国版本图书馆 CIP 数据核字(2019)第 013387 号

动物学
Dongwuxue

王国秀 闫云君 周善义 主编

策划编辑:王汉江
责任编辑:王汉江
封面设计:刘 婷
责任校对:张会军
责任监印:赵 月
出版发行:华中科技大学出版社(中国·武汉)   电话:(027)81321913
　　　　　武汉市东湖新技术开发区华工科技园   邮编:430223
录　　排:华中科技大学惠友文印中心
印　　刷:武汉市籍缘印刷厂
开　　本:787mm×1092mm 1/16
印　　张:25
字　　数:602 千字
版　　次:2023 年 8 月第 1 版第 4 次印刷
定　　价:68.00 元

线上作业及资源网的使用说明

扫码领课

建议学员在 PC 端完成注册、登录、完善个人信息及验证学习码的操作。

一、PC 端学员学习码验证操作步骤

1. 登录

（1）登录网址 http://dzdq.hustp.com。完成注册后点击"登录"。输入账号密码（学员自设）后，提示登录成功。

（2）完善个人信息（姓名、学号、班级、学院、任课老师等信息请如实填写，因线上作业计入平时成绩），将个人信息补充完整后，点击保存即可完成注册登录。

2. 学习码验证

（1）刮开《动物学》封底所附学习码的防伪涂层，可以看到一串学习码。

（2）在个人中心页点击"学习码验证"，输入学习码，点击提交，即可验证成功。点击"学习码验证"→"已激活学习码"，即可查看刚才激活的课程学习码。

3. 查看课程

点击"我的资源"→"我的课程"，即可看到新激活的课程，点击课程，进入课程详情页。

4. 做题测试

点开"进入学习"按钮即可查看相关资源，进入习题页，选择具体章节开始做题。做完之后点击"我要交卷"按钮，随后学员即可看到本次答题的分数统计。

二、手机端学员扫码操作步骤

1. 手机扫描二维码，提示登录；新用户先注册，然后再登录。

2. 登录之后，按页面要求完善个人信息。

3. 按要求输入《动物学》的学习码。

4. 学习码验证成功后，即可看到该二维码对应的章节视频课和习题。

5. 习题答题完毕后提交，即可看到本次答题的分数统计。

任课老师可根据学员线上作业情况给出平时成绩。

若在操作上遇到什么问题，可咨询陈老师（QQ:514009164）。

本教材有完整的教学课件，如任课老师有需要，请与出版社王老师（QQ:14458270）联系。

郑重声明：本教材一书一码，请妥善保管。请勿购买盗版图书。

前　言

动物学是综合性大学、师范院校生物类专业以及农林、环境、海洋、医学院校等相关专业开设的一门基础课程，但随着近年来教学改革的不断深入，各高等院校动物学的教学学时普遍压缩，教学内容和教学模式等均有较大幅度的调整。为适应动物学教学改革新的发展形势，我们编写了《动物学》这本教材，它具有以下特点。

1. 配有数字课程，且与纸质教材一体化设计，各章节配置有教学课件（PPT 47 个）、视频讲解（视频合计 46 学时）、练习题（选择题、判断题合计 992 题），读者可通过 PC 端登录或手机端扫描二维码来获取（见线上作业及资源网的使用说明），任课老师还可根据学员线上作业情况给出平时成绩。

2. 内容精练，重点突出。全书以动物的演化为脉络，着重介绍各主要门、纲的特征和代表性动物的生活习性、形态结构特征、生殖发育特点以及与人或环境之间的关系，同时适当介绍了现代动物学发展的最新进展。

3. 图文并茂，深浅适当。在力求具有科学性、系统性、思想性的同时，尽量用图表、文字等对各章节进行归纳小结，在介绍完无脊椎动物和脊椎动物后，采用比较法，沿着动物进化路线，分别对其进行了归纳和总结，使之更加适合普通高等教育生命科学专业学生的课程学习需要。

参加本教材编写的人员及单位有：王国秀、张洪茂、周青春、吴华、刘家武、艾辉、徐芬（华中师范大学），闫云君（华中科技大学），周善义（广西师范大学），范丽仙（云南师范大学），曹文波（郑州大学），侯建军、顾勇、张润锋（湖北师范学院），张小谷（九江学院），杨明生、黄孝湘（湖北工程学院），李桂芬（玉林师范学院），韦仕珍（河池学院），查玉平（湖北省林业科学研究院）。陈晓婷、林依帆、邵婷婷等在读研究生在书稿的文字勘校、插图处理和数字化课程剪辑等方面给予了大力协助，在此深表谢意！

限于编者的学识和眼界，书中仍难免有不当或错误之处，恳请读者批评指正。

编　者

2019 年 1 月

目　　录

第1章 绪 论

动物学是一门极为重要的生物学基础学科,涉及面广,具有很强的理论和现实意义,也是指导人们生产、生活的极为重要的理论体系。

1.1 动物学的概念、含义

1.1.1 动物学的定义

动物学主要是研究动物各类群的形态结构和有关的生命活动规律。掌握这些规律,可以充分利用动物资源;应用这些规律,可以进一步改造动物,使有益于人类的动物不断增多,危害人类的动物受到一定程度的抑制。发展社会主义经济、逐步提高人民物质生活水平和文化生活水平,是动物学工作者的工作目标。

1.1.2 动物学的范围、分支和任务

随着科学技术的发展,动物学研究越来越广泛,且每一分支领域的研究也越来越深入和细致,因此动物学依据其研究对象或内容的不同,可细分为诸多不同的分支学科。

(1)动物形态学:研究动物体内、外结构,以及它们在个体发育和系统发展过程中变化规律的科学。其中,研究动物器官构造及其相互关系的学科称为解剖学;研究细胞与器官的显微结构的学科称为细胞学和组织学;研究个体发育中动物体器官系统形成过程的学科称为胚胎学。此外,研究已灭绝动物在地层中化石的学科称为古动物学。

(2)动物分类学:研究动物类群之间彼此相类似的程度,把它们分门别类、列成系统,以阐明它们的亲缘关系、进化过程和发生规律的科学。

(3)动物生理学:研究动物体的生理机能(如消化、循环、呼吸、排泄、生殖、刺激反应性等)、各种机能的变化、发展情况,以及环境条件所引起的反应等的科学。

(4)动物生态学:研究动物与环境之间的相互关系的科学,包括个体生态学、种群生态学、群落生态学和系统生态学。

此外,动物学还常按照研究的对象分为无脊椎动物学、脊椎动物学、原生动物学、寄生虫学、软体动物学、甲壳动物学、蛛形学、昆虫学、鱼类学、鸟类学、哺乳动物学(兽类学)等。按研究重点和服务范畴,动物学又可分为医用动物、资源动物学、畜牧、桑蚕学、水产学等。

1.1.3 动物界分类的基本知识

地球上生存的动物约有150万种,如果包括亚种在内,已命名的动物可能已超过200万种。存在这么多的动物,如果不对其进行科学分类,必然会导致对整个动物界的认识陷于杂乱无章的境地,进而根本无法进行调查研究,更谈不上利用动物界资源和防治有害的

动物了。因此,把动物进行科学的分类,是了解它们的一项最基础的任务。

(1)分类依据。动物可按多种标准和方法进行分类。现在使用的动物分类系统是以动物形态或解剖上的相似性或差异性的总和为基础,并进一步考虑比较胚胎学、比较解剖学、古生物学上的许多证据,基本上能反映动物界的自然进化关系,因此称为自然分类系统。现代新技术、新设备、新观念的发展,尤其是信息技术的应用,极大地加快了分类学数据的处理速度。此外,一些新的学科证据的引入也给分类学添加了新的分类法则,例如DNA 核苷酸、蛋白质氨基酸等的相似性,可以确定生物之间亲缘关系的远近。

(2)分类等级。根据生物之间相同、相异的程度与亲缘关系的远近,使用不同等级的特征,将生物逐级分开。动物分类系统,由大到小有界(kingdom)、门(phylum)、纲(class)、目(order)、科(family)、属(genus)、种(species)等几个重要的分类阶元(category)。

任何一个已知的动物均无例外地归属于这几个阶元之中。例如,狼

界　　动　物　界 Animalia
门　　　　脊索动物门 Chordata
纲　　　　哺　乳　纲 Mammalia
目　　　　　食　肉　目 Carnivora
科　　　　　　犬　　科 Canidae
属　　　　　　　犬　　属 *Canis*
种　　　　　　　　狼 *Canis lupus*

有时某一类别的物种非常丰富,为了更精确地表达种的分类地位,还可将原有阶元进一步细分,并在上述七个阶元之间加入另外一些阶元,以满足分类的要求。加入的阶元名称常常是在原有七个阶元名称之前加上总(super-)或亚(sub-),于是就有了总目(superorder)、亚目(suborder)、总纲(superclass)、亚纲(subclass)等。为此,一般采用的阶元如下:

界 Kingdom
　门 Phylum
　　亚门 Subphylum
　　　总纲 Superclass
　　　　纲 Class
　　　　　亚纲 Subclass
　　　　　　总目 Superorder
　　　　　　　目 Order
　　　　　　　　亚目 Suborder
　　　　　　　　　总科 Superfamily(-oidea)
　　　　　　　　　　科 Family(-idae)
　　　　　　　　　　　亚科 Subfamily(-inae)
　　　　　　　　　　　　属 Genus
　　　　　　　　　　　　　亚属 Subgenus
　　　　　　　　　　　　　　种 Species
　　　　　　　　　　　　　　　亚种 Subspecies

按惯例,亚科、科和总科等名称都有标准的字尾(亚科是-inae,科是-idae,总科是-oidea)。在上述所有分类阶元中,除种以外,其他较高级的阶元,均同时具有主观性和客观性。之所以是客观性的,是由于它们都是客观存在的,可以划分为实体;之所以又是主观性的,是由于各阶元的水平及阶元与阶元之间的范围划分完全是由人们主观确定的。例如,林奈所确定为属的准则,后来的分类学家把它作为划分科的特征。同样地,如昆虫,有的学者把它列为节肢动物门的一个纲,而另一些学者把它分作一个亚门。此外,同一阶元在不同的类群中的含义也不相等,如鸟类目与目之间的差异远比昆虫或软体动物目与目之间的差异小。至于种下的分类,过去多从单模概念出发,有变种(variety)、品种(cultivar)等。而现今从种群的概念出发,多以亚种作为种下分类阶元,亚种也是种内唯一在命名法中被承认的分类阶元。亚种主要指一个种内的地理种群或生态种群,与同种内的其他种群有别。

(3) 种的概念。物种是生物界发展的连续性与间断性统一的基本间断形式,对于有性生物,物种呈现为统一的繁殖群体,由占有一定空间、具有实际或潜在繁殖能力的种群所组成,而且与其他这样的群体存在生殖上的隔离。

种是分类系统中最基本的阶元,它与其他分类阶元不同,是客观存在的。物种的概念及对物种的认知随着科学的发展而发展,随着人们对自然界认识的不断深入而加深。在林奈时代,种的概念远比现在简单,18 世纪时,人们认为物种是固定不变的。当进化的概念被广泛接受后,人们逐渐公认当前地球上生存的物种,是在长期历史发展过程中变异、遗传和自然选择的结果。种与种之间在历史上是连续的,但种又是生物连续进化中一个间断的单元,是一个繁殖的群体,具有共同的遗传因子,能生殖出与自身相似的后代。物种是变化的又是不变的,是连续的又是间断的。变是绝对的,是物种发展的根据,不变是相对的,是物种存在的根据。形态相似(特征分明、特征固定)和生殖隔离(杂交不育)是其不变的一面,并以此作为鉴定物种的依据。

(4) 动物的命名。国际上除了订立上述较为保守的分类阶元外,还统一规定了种和亚种的命名方法,便于生物学工作者之间的通用。目前,种的命名统一采用双名法。它规定任何一个动物都应有一个学名(science name)。这一学名由两个拉丁字或拉丁化的文字组成,前面一个字是该动物的属名,后面一个字是它的种本名。如狼的学名为 *Canis lupus*。属名用主格单数名词,第一个字母要大写;后面的种本名用形容词或名词等,第一字母不必大写。学名之后,还附加当初定名人的姓氏,如 *Apis mellifera* Linnaeus 表示意大利蜂这个种是由林奈命名的。写亚种的学名时,须在种名之后加上亚种名,构成通俗所谓的三名法。如中国狼是狼的一个亚种,其学名为 *Canis lupus* laniger。

(5) 动物的分门。动物学者根据细胞数量及分化、体制及分节情况、附肢性状、内部器官的布局和特点等,将整个动物界分为若干门,有的门大,包括种类多,有的门小,包括种类极少。正如前面已指出的,种以上各阶元既具有客观性又具有主观性,学者们对于动物门的数目及各门动物在动物进化系统上的位置持有不同见解,并根据新的准则、新的证据,不断提出新的观点:如腹毛类和轮虫,有的学者将它们各立为门,也有学者将它们列入线形动物门中的一个纲;如原气管动物,有的学者将其作为节肢动物门中的一个纲,但也有学者将其等级提升为门,在分类系统上置于环节动物之后的位置上;对于软体动物在分类系统上位置的排列,学者们也有不同的意见。

近年来根据许多学者的意见,将动物界分为如下 34 门:原生动物门(Protozoa)、中生动物门(Mesozoa)、多孔动物门(Porifera)、扁盘动物门(Placozoa)、腔肠动物门(Coelenterata)或刺胞动物门(Cnidaria)、栉水母动物门(Ctenophora)、扁形动物门(Platyhelminthes)、纽形动物门(Nemertea)、颚口动物门(Gnathostomulida)、轮虫动物门(Rotifera)、腹毛动物门(Gastrotricha)、动吻动物门(Kinorhyncha)、线虫动物门(Nematoda)、线形动物门(Nematomorpha)、鳃曳动物门(Priapula)、棘头动物门(Acanthocephala)、内肛动物门(Entoprocta)、铠甲动物门(Loricifera)、环节动物门(Annelida)、螠虫动物门(Echiura)、星虫动物门(Sipuncula)、须腕动物门(Pogonophora)、被腕动物门(Vestimentifera)、缓步动物门(Tardigrada)、有爪动物门(Onychophora)、节肢动物门(Arthropoda)、软体动物门(Mollusca)、腕足动物门(Brachiopoda)、苔藓动物门(Bryozoa)或外肛动物门(Ectoprocta)、帚虫动物门(Phoronida)、毛颚动物门(Chaetognatha)、棘皮动物门(Echinodermata)、半索动物门(Hemichordata)、脊索动物门(Chordata)。

1.2 动物学的发展史

与其他任何一门科学一样,动物学发展成为一门体系较完备的学科也有它自己的发生和发展的历史,人类长期的生产、生活以及近现代的专门研究均对其发展作出很大贡献。

1.2.1 动物学的发展历程概述

动物学的历史,一方面反映了人们同自然作斗争的历史;另一方面,也多少反映了人与人之间的关系变迁史,它的全部发展史与人类社会生产力的发展是分不开的。

1. 西方动物学的发展

在西方,动物学的研究开始于古希腊学者亚里士多德(Aristotle,公元前 384—公元前 322),他总结了劳动人民在生产斗争中得来的动物学知识,并对各种动物进行了细致深入的观察,记述了约 450 种动物,首次建立了动物分类系统,将其分为有血动物和无血动物两大类,且在比较解剖学、胚胎学方面也作出了巨大贡献,被誉为动物学之父。亚氏之后,欧洲进入封建社会,对神权的维护和反动的唯心主义阻碍了动物学及其他科学的自由发展,直至资本主义因素萌芽的文艺复兴时期才有起色。16 世纪以后,许多动物学著作纷纷问世。17 世纪,显微镜的发明,大大地推进了对微观结构的认识,组织学、胚胎学及原生动物学等相继得到发展。18 世纪,人们已经积累了相当丰富的动物学知识。在分类学方面,瑞典生物学家林奈(Carl von Linné,1707—1778)作出了伟大贡献,创立了动物分类系统,将动物划分为哺乳纲、鸟纲、两栖纲、鱼纲、昆虫纲和蠕虫纲六个纲,又将动植物分成纲、目、属、种及变种五个分类阶元,并创立了动植物的命名法——双名法,为现代分类学奠定了基础。他提出生物种的概念,但对物种持不变的观点,并认为是神创造的。与林奈物种不变的观点相反,这时进化论思想逐渐传播开来。法国生物学家拉马克(J. B. Lamarck,1744—1829)激烈地反对林奈的观点,提出了物种进化思想,并证明了动植物在生活条件影响下是可以变化、发展和完善的,"用进废退"及"获得性遗传"是他著名的论点。另一个与其同时代的学者,法国自然科学家居维叶(G. Cuvier,1769—1832)认为有机体各个部分是相互关联的,并确立了器官相关定律。他认为,能够根据所发现的有机体的某一块骨头或碎片来恢复它整个骨骼和外貌,甚至还能概括出化石动物的生活方式及某些细节,在比较解剖学及古生物学上作出了巨大贡献,但他也持物种不变的观点,以"激变论"对抗拉马克的进化论。19 世纪中叶,两位德国学者施莱登(M. J. Schleiden,1804—1881)和施旺(T. Schwann,1810—1882)提出了细胞学说,认为动植物的基本结构是细胞。英国科学家达尔文(C. R. Darwin,1809—1882)在他的伟大著作《物种起源》(1859)中,总结了自己的观察现象,并综合动植物饲养、栽培方面的丰富材料,认为生物物种没有固定不变的,物种与物种之间至少在当初是没有明确界限的,物种不仅有变化,而且不断向前发展,由简单到复杂,从低等到高等。同时,他提出了"自然选择"学说,解释了动物界的多样性、同一性、变异性等。《物种起源》的出版,对生物学中的先进思想和工作起了极大促进作用。恩格斯把达尔文生物进化论、细胞学说和能量守恒与转化定律列为19 世纪自然科学的三大发现。奥地利学者孟德尔(G. J. Mendel,1822—1884)用豌豆进行杂交试验,发现后代各相对性状的出现遵循着一定比例的规律,这个规律被称为孟德尔定律。这一发现和后来发现的细胞分裂时染色体的行为相吻合,成为摩尔根(T. H. Morgan,1866—1945)派基因遗传学的理论基础之一。

20 世纪末,有一项轰动全球的动物学研究成果面世,这就是通过体细胞克隆技术诞生的克隆羊"多莉",为人类利用细胞技术改良动物品系、器官克隆等方面提供了借鉴。

2. 我国动物学发展史

我国是一个文明古国,幅员辽阔,动物资源极其丰富,人民勤劳勇敢,又善于学习,在与自然界长期的斗争中,积累了极为丰富的动物学知识。早在公元前 3000 多年,我们的祖先就知道养蚕和饲养家畜。公元前 2000 年就有了记述动物方面的著作《夏小正》,"五月蜉蝣出现,十二月蚂蚁进窝"就是对蜉蝣和蚂蚁生态观察的记录。《诗经》中对动物的记载更多,被它提及的动物名称不少于百种。《周礼》将生物分为两大类,即动物和植物,将动物分为毛物、羽物、介物、鳞物和蠃物五类,相当于现代动物分类中的兽类、鸟类、甲壳类、鱼类、软体动物和无壳动物,较西欧 18 世纪林奈所分的哺乳类、鸟类、两栖类、鱼类、昆虫、蠕虫六类只少一类。秦汉至南北朝时期,许多农业种子和马匹等优良品种的广泛培育和交换,进一步促进了农业和畜牧业的发展。晋朝已有人开始编撰动植物图谱,晋朝嵇含著的《南方草木状》,虽为植物著作,但其中记载了利用蚂蚁消灭柑橘害虫,这是世界上最早利用天敌消灭害虫的事例。北魏贾思勰所著《齐民要术》,总结了农民的生产经验,涉及内容非常广泛,包括农业(谷类、油料、纤维、染料等作物)、畜牧业(家畜、家禽)、养蚕、养鱼、农副产品加工等技术。唐朝陈藏器所著《本草拾遗》记有鱼类分类,所依据的分类特征有侧鳞的数目,其目前仍然是鱼类的主要分类依据之一。明朝李时珍(1518—1593)所著《本草纲目》,总结并修订了前人在本草方面的著作,加上他自己的研究,记载了 1800 余种药用动植物,其中有 400 多种动物,并附图 1100 余幅,载明动植物的名称、性状、习性、产地及功用,还将动物分为虫、鳞、介、禽、兽几类,全书 52 卷,是我国古代科学著作的伟大典籍,受到了世界各国人民的重视,至今仍受人推崇。我国古代医药学的成就也非常卓越。《黄帝内经》和公元前 4 世纪战国时期扁鹊所著的《难经》均是我国早期著名的医学著作,其内容包括了人体解剖、生理、病理、治疗等方面的丰富知识。当时扁鹊对血液循环已有认识,并估计了每一循环所需的时间,首创了基于血液循环的脉诊,比英国人哈维(W. Harvey)的"心血运动论"(1628)早 1900 多年。宋朝王维德在《铜人针灸经》中已把人体的穴位做成铜质人体模型用于教学,可见当时针灸学的发达。除扁鹊、李时珍等外,我国古代在医药学方面作出重要贡献的医学家还有张仲景(约 150—219)、华佗(约 145—208)、葛洪(约 281—341)、陶弘景(456—536)、孙思邈(581—682)等,他们使中国医学在全世界的医学上独树一帜。由此可见,在明朝以前,中国动物学知识及结合农医实践成就在世界上处于领先地位。不过,自欧洲文艺复兴后,西欧国家进入了资本主义社会,在新兴资本主义制度下自然科学发展迅速,而我国仍处于封建时期,鸦片战争后又沦为半殖民地半封建社会,阻碍了科学的发展,致使动物学发展极为缓慢和落后。我国在 20 世纪初才开始有现代动物学研究,除了在高等学校开办生物学系培养人才外,20 世纪 20 年代还在南京、北京相继建立了动物学研究机构,开展了一些较零散的研究工作,但由于人力、经费不足以及战乱等因素的影响,动物学研究进展仍然缓慢。中华人民共和国成立后,在共产党的领导下,动物学研究发生了根本性的变化,从此动物学的发展与其他学科一样,进入了一个崭新的阶段,取得了辉煌的成就。20 世纪 80 年代,改革开放春风吹遍祖国大地,我国科技工作者广泛开展了国际学术合作与交流,使我国动物学的研究水平达到了一个新的水平。我国现代动物科学经过广大动物科技工作者的不懈努力,在基础研究、应用基础研究和应用研究方面均取得了很好的成绩,对我国动物的形态、分类、发生、生态、生理、进化、遗传等进行了研究,发表了大量论文,出版了动物志和其他论著,为丰富我国动物学教育的内容,解决生产和科研中的问题,查清我国的动物资源及保护、开发和持续利用,以及学科的进一步发展,提供了丰富的基础资料。在诸如农、林、牧、渔业的发展规划,以及长江葛洲坝水利工程、三峡工程、三北防护林工程、黄淮海平原中低产地区综合治理、黄土高原综合治理等项目中,动物学的研究对于规划的制定和实施,都发挥了应有的作用。此外,像农、林业重大害虫发生的控制,鼠疫、血吸虫病(中间宿主钉螺)、疟疾、乙型脑炎(媒介昆虫为蚊)等的预防和控制方面所进行的动物学研究,成绩显著,令世人瞩目。我国的动物科学,正向着前所未有的深度和广度发展,向着起点高、难度大、科学意义和应用前景明显的高层次的研究发展。

1.2.2 当代动物学的特点和展望

随着当今科学技术突飞猛进的发展,学科间出现了广泛的交叉渗透,动物学研究向微观和宏观两个方向展开并相互结合,形成了从分子、细胞、组织、器官、个体、群体到生态系统等多层次的研究。然而尽管各个学科正在飞速发展,动物学仍始终是处于不同学科错综复杂关系网中的一个基础学科,这从新兴的保护生物学发展过程来看可见一斑。保护生物学(conservation biology)是生命科学中新兴的一个多学科综合性分支,主要研究保护物种、保护生物多样性(biodiversity)和持续利用生物资源等问题。生物多样性包括物种多样性、遗传多样性和生态系统多样性。随着人口的迅速增加和人类经济活动的加剧,生物多样性作为人类生存极为重要的基础受到了严重威胁,许许多多的物种已经灭绝或濒临灭绝。因此,生物多样性的研究、保护和合理开发利用亟待加强,这已成为全球性的问题。联合国环境规划署主持制定的《生物多样性公约》,为全球生物多样性的保护提供了法律保障。

此外,动物学及其分支学科还在不断向前发展,由于诸多新技术,如现代生物技术、电子显微镜、X射线衍射技术、激光技术、信息技术和纳米技术等在动物学上的广泛应用,许多老的分支学科(如分类学、比较解剖学及胚胎学等)从定性范畴逐渐进入定量范畴。一些新的动物学领域,如仿生学、动物行为学、动物生态学、生殖生物学、整合动物学等正在开拓和深入发展,许多非生物科学正在向包括动物学的生物学渗透,正推动其快速向前发展。

1.3 动物学在生命科学中的地位

1.3.1 动物在生物界中的地位

自然界是由生物和非生物组成的。一切生物均能表现出各种生命现象——如新陈代谢、生长发育和繁殖、感应性和适应性、遗传变异等。生物多种多样,千姿百态,目前已知的约有200万种,随着时间的推移,新发现的物种还会逐年增加,有人估计实际生存着的生物可能有800万种以上。为了辨认、研究和利用如此丰富多彩的生物界,人们将它们加以系统整理,分门别类。

在西方,古希腊学者亚里士多德提出,生物界分为动物界和植物界两界,鸟、兽、虫、鱼归为动物界,乔木、灌木和杂草等列为植物界。这种两界分类法一直沿用了很长时间,基本没有变动。一个多世纪前,德国学者赫克尔(E. H. Haeckel,1834—1919)创立了三界系统,包括动物界、植物界和原生生物界。随着电镜技术的发展,细胞学研究表明,细菌、蓝藻与其他生物大不相同,它们细胞内的染色质分散于细胞质中,没有成形的细胞核,在分裂方式和遗传上也与其他生物有许多不同之处。因此,不将它们归入植物界,而确定为原核生物界。又因真菌在结构上既像植物又不同于植物,在营养上既不像植物能利用叶绿素进行光合作用的自养型,又不像动物掠夺摄食的异养型,而另立为真菌界。因此,发展为五界系统,即原核生物界(Monera)、原生生物界(Protista)、真菌界(Fungi)、植物界(Plantae)和动物界(Animalia)。魏泰克(R. H. Whittaker,1969)的五界系统是反映五界分类及其阶段发展的明显例子(图1-1)。由于其中原生生物界本身还有很多的问题尚待研究,因而也有人认为,生物分为四界——原核生物界、植物界、真菌界、动物界,而把原生生物界分别划归于植物界、真菌界和动物界,或许更接近客观实际。

图1-1 魏泰克的五界系统简图

近年,鉴于非细胞形态的病毒(virus)是目前已知的体积最小、构造最简单的生命形式,它显示出一系列典型的生命特征,因而成为生物界的又一员。但它在一系列基本特性上又不同于其他生物,而以其特有的个性成为一个独立的生物类型。因此,病毒被独立出来自成一界。

综上所述,目前人们对生物的分界尚无一致的意见。

生物间的关系错综复杂,但它们对于生存的基本要求都不外乎是摄取食物、获得能量、占据一定的空间和繁殖后代。生物解决这些问题的途径是多种多样的,凡能自身利用二氧化碳、无机盐及能源合成所需食物的叫自养生物,绿色植物和紫色细菌是自养生物。所以,植物是食物的生产者,生物间的食物联系由此开始。动物则必须从自养生物那里获取营养,植物被草食性动物所食,而后者又是肉食性动物的食料,故动物属于掠夺摄食的异养型,在生物界中是消费者。真菌为分解吸收营养型,处于还原者的地位。这些显示出这三界生物在进化发展中在营养方面相互联系的整体性和系统性,以及生物在地球上相互协调,从而对物质循环和能量转换所起的重要作用。

1.3.2 动物学和生物学其他学科间的关系

随着生物学与物理、化学、信息科学的互相渗透,形成了生物物理学、生物化学、生物信息学等学科,促进了动物学各分支的不断发展,尤其是生物化学的迅速发展,对包括动物学各分支学科在内的生物科学影响极为显著。1953 年,沃森(J. D. Watson)和克里克(F. H. C. Crick)提出了 DNA 双螺旋结构模型,对 DNA 复制、转录、遗传信息的传递等问题做到了更为精确的解释,导致了分子生物学这门新兴学科产生,使人们可以利用基因工程手段定向改变生物特性,甚至使创造目前世界上没有的物种成为可能,极大促进了动物科学在分子水平上的研究和发展。生物化学、分子生物学、生物信息学等更全面地渗透到动物学的分类中,尤其使动物分类学更准确、更客观了。例如,对人、黑猩猩、猴、鸡、鱼、酵母等的细胞色素 C 结构的比较研究,进一步完善了生物进化树,为分类学和进化论的发展提供了科学依据。动物经亿万年的自然选择,形成了各种复杂且高度自动化的器官,其效率之高和程度之精密,是现代仪器不可比拟的。为此,研究其构造原理,从而为工程技术领域提供服务,即所谓的"仿生学"。此外,动物学与数、理、化等相关学科,以及动物学内各分支学科间的相互渗透交叉和综合,使得动物科学的发展速度加快,许多分支学科处于领先地位,并使新的研究领域不断开拓。

1.3.3 动物学与进化、发育的关系

从 30 亿年来的古动物化石记录或当前地球上现存动物的情况到形态比较、生理、生化例证等,都提示生物是从原核到真核、从简单到复杂、从低等到高等的方向进化的,而生物的分界则显示了生命历史所经历的发展过程。此外,从动物学发展史来看,特别是达尔文的《物种起源》更是提出了生物进化的思想。同时,根据赫克尔的重演律,动物个体发育是对其系统发育的简单而快速的重演。上述这些无不说明动物学作为生物学的基础学科,清晰地体现了进化、发育的具体过程与共性规律,成为深入研究进化、发育的基础理论之一。

1.4 动物学的实践意义

由于动物学是一门具有多分支学科的基础学科体系,不仅学科本身的理论研究内容广博,而且与农、林、牧、渔、医、工等的实践有密不可分的关系。动物界不仅为人类提供了衣、食、住、行等宝贵资源,也为美化人们的精神生活提供了丰富的内容。因此,动物学具有十分重要的实践意义。

1.4.1 动物学与农业

在农林害虫控制、生物防治,以及家畜、家禽、经济水产动物、蜂、蚕的养殖等方面,动物学都是必要的理论基础。例如,为发展有益动物,就需了解和掌握其形态结构、生命活动及繁殖规律,满足其所需生长发育条件,才能使其健康发展。为不断改良品质、培育新品种,也需要动物学与其他学科交叉的先进技术手段。如自从帕米特(R. D. Palmiter, 1982)将大鼠生长激素基因注入小鼠受精卵内,从而培育出巨型小鼠后,转基因鱼、兔、猪、羊、牛等相继被报道,使人类改造动物的能力发展到了一个新水平。对大量农林害虫的防治,需要掌握有关害虫的形态结构、生活习性及生活史,这是害虫预测预报的基础,也是掌握消灭害虫最适时机不可缺少的知识。通过对害虫及其天敌生物关系的研究,了解天敌的结构特点及其生活规律,人工大力培养害虫天敌,用以控制、消灭害虫。如人工培养赤眼蜂杀灭棉铃虫,以昆虫的外激素诱杀不同性别的害虫,或利用培育的雄性不育昆虫来控制其繁殖的方法,也是从动物学研究中发展出来的。此外,一些昆虫作为农作物的传粉媒介,对提高这些虫媒授粉植物的产量起到非常重要的作用。

1.4.2 动物学与医学、制药业

动物学及其多个分支学科,如动物解剖学、组织学、细胞学、胚胎学、生理学、寄生虫学等是医药卫生研究不可缺少的理论基础。有些寄生虫直接危害人体健康,甚至造成严重疾病,如我国有名的五大寄生虫(疟原虫、利什曼原虫、血吸虫、钩虫、丝虫),对这些寄生虫所致疾病的诊断治疗及预防需要动物学研究配合才能最终完成。只有掌握其形态特征、生活史或中间宿主、终末宿主等环节的生物学特点,才有可能提出切断其生活史进行治疗及综合防治的措施,以达到控制和消灭的目的。有些动物虽然本身不能直接使人致病,但它们是诸多危险流行病病原体的传播媒介,如蚊、蝇、跳蚤及一些蜱螨、老鼠等。可供药用的动物种类更是繁多,如中药中广泛应用的动物源药物牛黄、鹿茸、麝香、蜂王浆、全蝎、蜈蚣、地龙、蝉蜕、土鳖虫等。此外,许多医学难题的解决及新药研制,也必须先在动物模型上进行试验、探索,才能评价结果的合理性。实验动物为药物试验提供实验对象,还为动物药物的筛选、开发和利用提供来源与线索,如抗血凝的蛭素、医治偏瘫的蝮蛇抗栓酶、治疗癫痫的蝎毒抗癫痫肽等,这方面的研究工作虽已纳入医药范畴,但仍需动物学配合研究。

1.4.3 动物学与工业、环保

许多工业原料来自动物界,如哺乳动物的毛皮是制裘或鞣革的原料,优质的裘皮如紫貂皮、石貂皮、水獭皮等,麂皮为鞣革的上品。产丝昆虫如家蚕、柞蚕、蓖麻蚕所产的蚕丝及羊毛、驼毛、兔毛等为丝、毛纺织提供了原料。我国是世界上养蚕历史最悠久的国家,产丝量居世界首位。虽然化学纤维制备技术日新月异,但丝、毛纤维织物仍有其优越性。又如紫胶虫所产紫胶、白蜡虫所分泌的虫白蜡均广泛用于工业生产中。珊瑚的骨骼及一些软体动物的贝壳可加工制成工艺品和日用品,珍珠贝类所产珍珠,其经济价值更是不菲。此外,在当代工业工程技术上广泛应用的仿生学,也离不开动物学研究。动物在亿万年的进化过程中,形成了各种奇特的结构、功能或行为,其高度自动化和高效率是精密仪器所无法比拟的。如模仿蛙眼研制电子蛙眼,可准确灵敏地识别飞行的飞机和导弹,人造卫星的跟踪系统也是模仿了蛙眼的工作原理。根据蜜蜂准确的导航本领制成的偏光天文罗盘,已用于航海和航空。模仿海洋漂浮动物水母的感觉器制成的"水母耳"风暴预测仪,能准确预测风暴。模拟人体结构与功能研制的人工智能机器人,具有完善的信息处理能力。当前,仿生学正探索一些意义更为重大而深远的课题,发展前景十分诱人。

1.4.4 动物学与社会和法律

尽管我国动物资源十分丰富,动物种类及数量居世界前列,且许多动物是我国特有动物和珍贵动物,但我国的环境污染和环境破坏严重,乱杀、乱捕现象频发,极大威胁着我国动物,特别是珍稀濒危动物的生存与发展。如华南虎、白臀叶猴、中国犀牛、普氏野马、白鳍豚等珍稀动物已灭绝或面临灭绝,大熊猫、朱鹮、中华鲟、东北虎等珍稀动物十分濒危。如何保护和恢复动物资源不仅仅是一个动物学问题,更是一个沉重的社会和法律问题。如何挽救濒危动物物种,保护受胁动物,都需要了解相关动物的生活环境、食性、繁殖规律以及与其他生物的关系等知识,因为物种进化是不可逆的,一旦灭绝就不可能重现。如大熊猫、朱鹮等的保护工作已深受世界关注。此外,随着工业发展,污染加剧,环境日趋恶化,保护物种多样性、遗传多样性和生态系统多样性已成为当今世界面临的重要任务。尽管人们说动物界是一个取之不尽的宝库,但如果不加以保护,不合理利用,就可能衰竭灭亡,这需要动物学与其他学科特别是社会学的结合研究与探索。

思 考 题

1. 生物分界的依据是什么?为什么五界系统被广泛采用?
2. 动物学在生命科学中的地位如何?
3. 为什么说动物分类基本上反映了动物界的自然类缘关系?
4. 何谓物种?为什么说它是客观性的?
5. 双名法命名有什么好处?它是怎样给物种命名的?
6. 研究动物学有何意义?
7. 生产实践和社会变革对动物学的发展有什么影响和作用?

第2章　动物体的基本结构与机能

动物体的结构和功能水平分为 5 级,即细胞(cell)、组织(tissue)、器官(organ)、系统(system)和有机体(organism)。

2.1　动物的细胞

细胞是动物体结构和功能的基本单位。除了病毒、类病毒等是非细胞的生命体以外,其他一切有机体都由细胞构成,细胞的特殊性决定了个体的特殊性。虽然动物种类繁多,形态结构复杂多样,但它们的身体结构都是由细胞组成的。

2.1.1　动物细胞的一般特征

动物细胞一般比较微小,要借助显微镜才能看到,一般大小为 20~30 μm。小神经胶质细胞仅几微米,鸟卵细胞直径可达数厘米。细胞的形态结构与功能的相关性和一致性是细胞的共同点。动物细胞的多样性和大小与其功能相适应,这一特点对于分化程度高的细胞来说更为明显。游离的细胞多为球形或卵形,如血细胞和卵细胞;紧密相连的上皮细胞为扁平形、立方形、棱柱形等;具有收缩机能的肌细胞多为长纺锤形或纤维状;具有传导机能的神经细胞则常为星形,多具有长的突起(图 2-1)。

动物细胞虽然在大小、形态上各不相同,但它们在基本结构与功能方面有共同特征。动物细胞由细胞膜、细胞质和细胞核组成,能够进行能量的利用和转化、生物合成、复制和繁殖等生命活动。

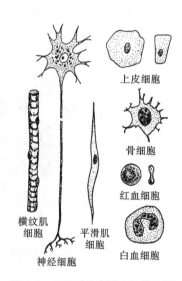

图 2-1　几种动物细胞(自刘凌云)

2.1.2　动物细胞与植物细胞的主要区别

动物细胞与植物细胞有许多不同之处,主要有下列几点。

(1) 有无细胞壁:植物细胞在细胞膜外有一层由细胞的分泌物——纤维素所构成的细胞壁,而动物细胞仅有细胞膜。

(2) 有无叶绿体:植物细胞的胞质中有质体(如叶绿体等),而动物细胞内无质体(个别例外)。

(3) 有无液泡:植物细胞的胞质中有较大的液泡,成熟的植物细胞中有很大的中央液泡,而动物细胞中一般无液泡或仅有较小的液泡。

(4) 有无中心体:植物细胞中一般无中心体,仅在少数低等植物种类的细胞中有,而动物细胞中一般都有中心体。

（5）细胞分裂时是否形成细胞板：植物细胞形成细胞板，动物细胞分裂后期缢裂。

（6）有无胞间连丝：高等植物细胞间有胞间连丝，动物细胞间无胞间连丝，而是桥粒和黏着带。

2.1.3 细胞的结构

2.1.3.1 细胞膜

细胞膜也称生物膜或质膜（plasma membrane），是动物细胞外面的薄膜包被，由脂类、蛋白质和糖类组成。在电子显微镜下细胞膜呈现出"暗—明—暗"三层式结构，内、外两层较致密，着色较深，为蛋白质分子层；中间层着色较浅，为磷脂双分子层。细胞内所能见到的各种膜也都是这种三层结构，称之为单位膜（unit membrane）。磷脂分子具有脂质亲水基头，细胞膜中的磷脂双分子层构成液态脂类分子膜骨架。蛋白质的排列很不规则，位于磷脂双分子层的内、外表面，可以分成两类：一类蛋白质分子排布在磷脂双分子层的外侧，即镶嵌在膜的表层；另一类蛋白质分子，有的部分嵌插在磷脂双分子层中，有的贯穿于整个磷脂双分子层中（图 2-2）。

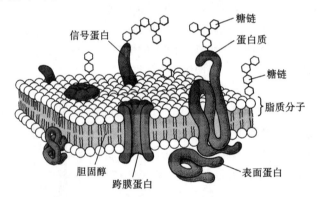

图 2-2　生物膜的模型（仿 Ruppert）

细胞膜是细胞与细胞环境间的半透膜屏障，具有重要的生理功能：一是在物质跨膜运输方面，对于物质进出细胞有选择性调节作用，即选择性地允许物质通过扩散、渗透和主动运输等方式出入细胞，保证细胞进行正常代谢；二是在信息跨膜传递方面，大多数细胞膜上还存在激素的受体、抗原结合位点和其他有关细胞识别位点，在细胞识别、免疫反应和细胞通信等方面起着重要作用。

2.1.3.2 细胞质

除细胞膜和细胞核外，细胞内的其余部分均属于细胞质（cytoplasm），包括各类细胞器和细胞质基质。在质膜与细胞核之间的是胞质溶胶（cytosol），即胞质中除细胞器和非膜性不溶成分以外的成分，各种细胞器均存在于其中。胞质溶胶含有丰富的蛋白质和酶，是细胞进行多种代谢活动的场所。在细胞质中含有大小不同的折光颗粒，根据折光颗粒在细胞中存在的恒定程度和在生理上的重要程度，可将其分为细胞器和内含物两类。细胞器简称胞器，是细胞生命活动不可缺少的物质，具有一定的形态结构和功能，其中有些还有自身增殖的能力。在动物细胞中，线粒体、内质网、高尔基体、溶酶体、中心粒、微管、微丝、鞭毛或纤毛都属于细胞器。除去细胞器和内含物,剩下均匀、半透明的胶体物质称为细胞质或胞质基质。主要的细胞器(图2-3)介绍如下。

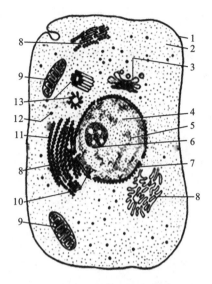

图 2-3 动物细胞亚显微结构模式图
1.细胞膜;2.细胞质;3.高尔基体;4.核液;5.染色质;6.核仁;7.核膜;8.内质网;
9.线粒体;10.核孔;11.内质网上的核糖体;12.游离的核糖体;13.中心体

1. 内质网和核糖体

内质网(endoplasmic reticulum,ER)是细胞质内由膜构成的扁囊、小管或小泡连接形成的连续的三维网状膜系统,从核附近延伸到细胞膜,形成了相连接的管道系统,靠近细胞核的部位也可与核膜相连。内质网可分为糙面内质网(rough ER)和光面内质网(smooth ER)两种。糙面内质网或颗粒型内质网表面附有核蛋白体,负责合成蛋白质大分子,并把它们从细胞输送出去或在细胞内转运到其他部位。光面内质网或无颗粒型内质网表面无核蛋白体,与糖类和脂类的合成、解毒、同化作用有关,并且还具有运输蛋白质的功能。

2. 高尔基体

高尔基体(Golgi apparatus)是一些表面光滑的扁囊(或网内池)和一些分散于扁囊周围的小囊泡组成的囊泡系统,位于细胞核附近。其功能是参与细胞的分泌活动,将内质网合成的多种蛋白质进行加工、分类与包装,并分门别类地运送到细胞的特定部位或分泌到细胞外。内质网上合成的脂类一部分也要通过高尔基体向细胞膜等部位运输。因此,高尔基体是细胞内物质运输的交通枢纽。

3. 线粒体

线粒体(mitochondria)是细胞进行呼吸作用的场所,有"动力工厂"之称。线粒体是由内、外两层膜包裹形成的囊状细胞器,两层膜之间有腔,囊内充以液态的基质,内含三羧酸循环所需的全部酶类,内膜上具有呼吸链酶系及ATP酶复合体。另外,线粒体有自身的DNA和遗传体系,但其基因组的基因数量有限,是一种半自主性的细胞器。

4. 溶酶体

溶酶体(lysosome)是真核细胞中一种由膜包围的异质型消化性细胞器,是细胞内大分子降解的主要场所。溶酶体是由高尔基体断裂产生的一种单层膜包裹的小泡,含丰富的水解酶,对摄入到细胞内的一些大分子溶液和较大的颗粒状的营养物质、细菌、病毒等起消化作用,称之为异体吞噬,具有营养和防御的作用;同时,对细胞内由于生理或病理原因破损的细胞器或碎片进行消化,称之为自噬作用,有保护机体的作用。此外,在动物胚胎发育过程中,当溶酶体膜破裂释放的酶可导致细胞自溶,例如蝌蚪在晚期发育过程中尾部的逐渐消失,就是尾部细胞自溶作用的结果。

5. 中心体

中心体主要含两个中心粒,中心粒(centriole)是细胞核附近由 9 组三联体微管围成的成对圆筒状结构、具有自我复制能力的细胞器。两个中心粒往往垂直交叉在一起,在分裂间期中位于核的一侧,细胞分裂时逐渐移向两极,在有丝分裂时起重要作用。有时中心粒移至细胞表面纤毛和鞭毛的基部,则称基粒(basal granule)或毛基粒。埋藏在细胞质中的基粒往往与鞭毛和纤毛的基部相连。

6. 细胞骨架

包围在各细胞器外面的细胞溶质不是简单的均质液体,而是一个由微管(microtubule)、肌动蛋白丝(actin filament)和中间丝(intermediate filament)构成的网络体系,称之为细胞骨架(cytoskeleton)。肌动蛋白丝是分布于细胞中的实心丝状结构,是由肌动蛋白组成的直径约 7 nm 的骨架纤维,其主要功能是保持细胞的形状、促进细胞自身的运动和引起其他细胞器的运动。微丝和肌球蛋白构成化学机械系统,利用化学能产生机械运动。微管是由微管蛋白组成的管状结构,它是组成中心粒、基粒、鞭毛或纤毛、纺锤体等的基本成分。微管在胞质中形成网络结构,作为运输通道并起支撑作用。

2.1.3.3 细胞核

细胞核(cell nucleus)是真核细胞的重要组成部分。动物细胞的细胞核形态多种多样,一般与细胞的形状有关。有些细胞是多核的,大多数细胞则是单核的。细胞核是遗传信息的储存场所,所以细胞核是细胞的控制中心,在细胞的代谢、生长和分化中起着重要作用。细胞核包括核被膜、染色质、核仁和核基质等部分。

1. 核被膜

核被膜(nuclear envelope)是细胞核表面的膜,包括核膜和核膜下面的核纤层(nuclear lamina)。核膜由内膜和外膜两层组成,外膜延伸与细胞质中糙面内质网相连,外膜上附有核糖体颗粒,因此核被膜也参与蛋白质合成。

2. 染色质

活细胞中分裂间期的细胞核很难看到染色体,只能看到颗粒状的染色质。染色质(chromatin)是细胞分裂间期由 DNA、组蛋白、非组蛋白和少量 RNA 组成的线性复合结构,长丝状,交织成网。细丝状的部分称常染色质(euchromatin),是 DNA 长链分子展开的部分,非常纤细,染色也较淡,较大且深染的团块是异染色质(heterochromatin),是 DNA 长链分子紧缩盘绕部分。当细胞进入分裂期,染色质丝高度螺旋化,变短变粗,聚缩为棒状结构,成为光学显微镜下可见的染色体(chromosome)。染色质和染色体是同一物质在细胞有丝分裂周期中不同阶段所表现出的不同形态。

3. 核仁

核仁(nucleolus)又称核小体,是细胞核中圆形或椭圆形颗粒状结构,没有被膜。核仁的主要成分是蛋白质和 RNA。核仁是细胞中合成核糖核酸最活跃的部分,而且是某些蛋白质的合成中心。

4. 核基质

核基质(nuclear matrix)又称核骨架,是细胞核内主要由非组蛋白纤维组成的网架结构。核基质是核的支架,并为染色质提供附着的场所,DNA 的复制、转录和 RNA 加工均与核基质有关。

2.1.4 细胞周期与细胞分裂

动物有机体通过细胞不断的生长和分裂得以增加细胞数目。另外,细胞的生长、分裂和增殖与机体的再生和创伤修复等均有密切的关系。20 世纪 50 年代,人们用 ^{32}P 标记蚕豆根尖细胞并做放射自显影实验,发现了细胞周期。

2.1.4.1 细胞周期

细胞的生长和分裂是有周期性的,通过细胞分裂产生的新细胞从生长开始,到下一次细胞分裂形成子细胞为止所经历的过程,称为细胞周期(cell cycle)。进行有丝分裂的细胞,其细胞周期包括分裂间期和分裂期两个时期(图2-4)。间期又分为 DNA 合成前期(G_1 期)、DNA 合成期(S 期)及 DNA 合成后期(G_2 期)等阶段;分裂期(M 期)分为前期、中期、后期、末期四个阶段。通常将含有上述四个不同时期的细胞周期称为标准的细胞周期(standard cell cycle)。

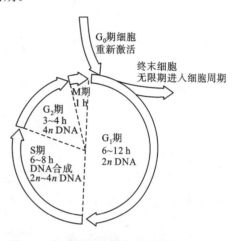

图 2-4 标准的细胞周期模式图(仿许崇任)

G_1 期,即 DNA 合成前期,主要合成 DNA 复制需要的酶、底物和 RNA。间期的 G_0 期,是指细胞分裂之后,某些细胞离开细胞周期,停止细胞分裂,执行一定的生物学功能或细胞分化,当受到某种适当的刺激之后,它们会重返细胞周期进行分裂增殖。根据分裂能力可将细胞分为三种类型:一是增殖细胞群,如造血干细胞,这类细胞始终保持活跃的分裂能力,连续进入细胞周期进行分裂;二是不再增殖细胞群,如高度分化的细胞(血红细胞、神经细胞和心肌细胞等),这类细胞丧失了分裂能力,脱离细胞周期,直至衰老死亡,又称终末细胞;三是暂不增殖细胞群,如肾细胞和肝细胞,它们是分化的,并执行特定功能,在通常情况下处于 G_0 期,故又称 G_0 期细胞,在某种刺激下,如细胞所在的组织出现损伤需要增殖补充时,细胞重新进入细胞周期。

S 期,即 DNA 合成期,同时还要合成组蛋白和 DNA 复制所需要的酶。现在认为,细胞分裂是由 DNA 的复制所触发的,通常只要 DNA 复制一开始,细胞的分裂活动就会进行下去,直到分成两个细胞为止。

G_2 期,即 DNA 合成后期,又称有丝分裂准备期,这一时期 DNA 的合成已停止,而进行与 M 期结构功能相关的蛋白质合成(如合成纺锤体和星体的蛋白质)。G_2 期结束后,细胞随即进入分裂期。

2.1.4.2　细胞分裂

体细胞分裂可分为无丝分裂（又称直接分裂）和有丝分裂（又称间接分裂）两种类型。进行有性生殖的多细胞动物在生殖细胞形成的过程中要进行减数分裂。

1. 无丝分裂

无丝分裂（amitosis）是一种比较简单的分裂方式，分裂时核物质直接分裂为两部分。这种分裂一般是从核仁开始，核仁先延长，然后一分为二，接着核也延长，中间缢缩分裂成两个核；同时，细胞质也随着拉长并分裂，结果形成两个子细胞。动物细胞中，如纤毛虫的横二裂、孢子虫的复分裂都属于无丝分裂，蛙的红细胞以及鼠腱细胞也行无丝分裂（图2-5）。

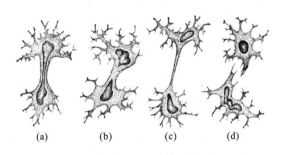

图 2-5　动物细胞无丝分裂

（a）前期；（b）中期；（c）后期；（d）末期

2. 有丝分裂

有丝分裂（mitosis）是一种复杂的分裂方式。整个有丝分裂过程是连续的，根据细胞形态、结构的变化，一般将其人为地分为前期、中期、后期和末期（图2-6）。

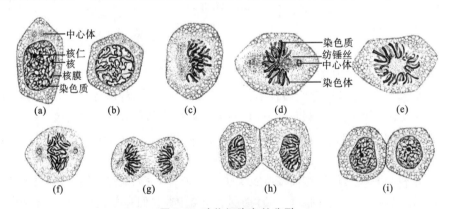

图 2-6　动物细胞有丝分裂

（a）间期；（b）、（c）前期；（d）～（g）后期；（h）末期；（i）分裂完成后的两个子细胞

前期（prophase）：细胞核染色质开始浓缩，线性染色质螺旋化折叠和包装，逐渐变短变粗，形成光学显微镜下可辨的早期染色体。由于DNA在间期已完成自我复制过程，因而每条染色体是由两条染色单体所组成，但其着丝点尚未分开。随着前期的继续进行，染色体的螺旋化逐渐加强，并向细胞的中央移动。间期已复制的中心粒开始分开，并分别向核的两端移动，同时在中心粒周围出现星芒状细丝，称为星体。接着在两星体之间出现一些呈纺锤状排列的细丝，称为纺锤体，每条细丝称为纺锤丝。核膜、核仁逐渐消失。

中期(metaphase):染色体移到细胞中央,呈辐射状排列在纺锤体的赤道面上,由纺锤丝拉住着丝点。

后期(anaphase):每个染色体的一对染色单体在着丝点处分开并向两极移动。分开后的染色体又称为子染色体。子染色体向两极移动的整个过程都属于后期。

末期(telophase):子染色体已移至两极,并开始了前期的逆过程,即染色体逐渐变细,核仁重现,核膜重建。在核重建的同时,胞质在细胞的赤道区域发生缢缩,并逐渐加深,最后分裂成两个子细胞。

有丝分裂的结果是每个子细胞得到与原来的母细胞同样数目的染色体,也就是得到了母细胞的整套遗传物质。

3. 减数分裂

减数分裂(meiosis)是一种特殊的有丝分裂形式,仅发生在有性生殖细胞形成过程中。减数分裂的特点是染色体只复制一次而细胞连续分裂两次,分别称为减数分裂Ⅰ和减数分裂Ⅱ,分裂结束的子细胞染色体数目减半。两次分裂之间还有一个短暂的分裂间期(图 2-7)。

| 细线期 | 偶线期 | 粗线期 | 双线期 | 终变期 | 第一次减数分裂中期 |

| 第一次减数分裂后期 | 第一次减数分裂末期 | 第二次减数分裂前期 | 第二次减数分裂中期 | 第二次减数分裂后期 | 第二次减数分裂末期 |

图 2-7 减数分裂过程图解(仿翟中和)

(1) 减数第一次分裂。

前期Ⅰ:减数第一次分裂前期较长,根据染色体的形态,可分为细线期、偶线期、粗线期、双线期和终变期。细胞核内出现细长的线状染色体,细胞核和核仁体积增大。细胞内的同源染色体两两配对发生联会,形成四分体。染色体连续缩短、变粗,四分体中的非姐妹染色单体之间发生了 DNA 的片断交换,从而导致了父母基因的互换,产生了基因重组。染色体变成紧密凝集状态并向核的周围靠近。核膜、核仁消失,最后形成纺锤体。

中期Ⅰ:各成对的同源染色体双双移向细胞中央的赤道板,着丝点成对排列在赤道板两侧,细胞质中形成纺锤体。

后期Ⅰ:由纺锤丝牵引,成对的同源染色体各自发生分离,并分别移向两极。

末期Ⅰ:染色体到达两极成为染色质,纺锤体消失,核膜、核仁重现,细胞分裂为两个子细胞。重新生成的细胞紧接着发生第二次分裂。

(2) 减数第二次分裂。

两次减数分裂之间有一个短暂的分裂间期,染色体不再复制。每条染色体的着丝点分裂,姐妹染色单体分开,分别移向细胞的两极。

前期Ⅱ:核膜、核仁消失,染色体、纺锤体出现。

中期Ⅱ:染色体的着丝点排列到细胞中央赤道板上。

后期Ⅱ:每条染色体的着丝点分离,两条姐妹染色单体也随之分开成为两条染色体,在纺锤丝的牵引下分别移向细胞的两极。

末期Ⅱ:核膜、核仁重现,到达两极的染色体分别进入两个子细胞。子细胞的染色体数目与初级精母细胞相比减少了一半。

通过减数分裂,两性生殖细胞各自的染色体数减少一半,经受精形成合子或受精卵,染色体数恢复到体细胞的染色体数。减数分裂的意义在于有效获得了亲本双方的遗传物质,保持了后代的遗传性。减数分裂不仅保证了物种染色体数目的稳定,也是物种适应环境变化而不断进化的机制,可增加更多的变异机会,是有性生殖的基础,是生物遗传、进化和多样性的重要基础保证。

2.2 动物组织

组织是由一些形态相同或类似、机能相同的细胞和细胞间质构成的细胞群。高等动物的组织分为四大类,即上皮组织、结缔组织、肌肉组织和神经组织(图 2-8)。

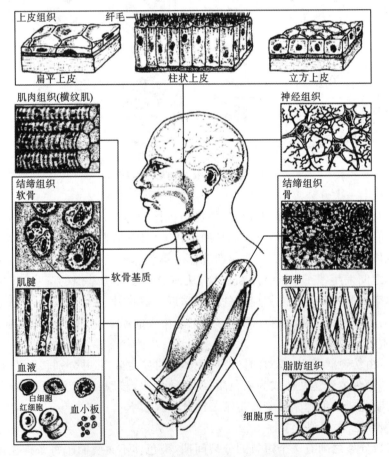

图 2-8 高等动物的四类基本组织(仿胡玉佳)

2.2.1 上皮组织

上皮组织(epithelial tissue)由紧密排列的上皮细胞和少量的细胞间质组成,覆盖在体表和体内各器官、管道、囊、腔的内表面以及各内脏器官的表面。上皮组织向着外界或腔隙的一面称为游离面,另一面通过基膜与深层结缔组织连接,称为基底面。游离面有多样的特化现象,如具有纤毛、微绒毛和纹状缘等。基底面内的基膜由网状纤维和基质组成,是上皮组织附着的基础。因游离面与基底面的结构和分化程度不同,所以上皮组织具有极性。上皮组织具有保护、吸收、排泄、分泌、呼吸、感觉等机能。根据机能的不同,上皮组织可分为被覆上皮、腺上皮和感觉上皮;按细胞形状的不同,可分为扁平上皮、立方上皮和柱状上皮等;按组成的细胞层数的不同,又可分为单层上皮和复层上皮。

2.2.2 结缔组织

结缔组织(connective tissue)由多种细胞和大量细胞间质构成。结缔组织细胞的种类多,分散在细胞间质中。细胞间质有液体、胶状体、固体和纤维,形成多样化的组织,几乎在高等动物全身各处可见到,具有支持、连接、保护、修复和运输物质等多种功能。根据结缔组织的性质和成分,可将其分为疏松结缔组织、致密结缔组织、网状结缔组织、脂肪组织、骨组织、软骨组织和血液。

2.2.3 肌肉组织

肌肉组织(muscular tissue)主要由肌细胞组成。肌细胞呈长纤维状,故又称肌纤维。肌细胞中主要含有肌原纤维。高等动物的肌肉组织根据形态和机能的不同可分为平滑肌、横纹肌、心肌。平滑肌分布于内脏,如胃、肠、血管和子宫等处,能进行缓慢而不随意的收缩;横纹肌分布在骨骼上,能进行迅速、随意的收缩;心肌分布于心脏,具有自主节律性收缩。除节肢动物外,无脊椎动物主要具有平滑肌,此外低等无脊椎动物还有一种斜纹肌。

2.2.4 神经组织

神经组织(nervous tissue)是由神经细胞和神经胶质细胞组成。神经细胞又称神经元,具有高度的感受刺激和传导兴奋的能力。神经细胞包括一个含有核的大型胞体和由胞体发出的若干胞突。胞突分为树突和轴突两种:树突可以有多个,能接受刺激,传导冲动至胞体;轴突只有一个,细而长,末端分支,传导冲动离开胞体。轴突的长短在各种神经细胞中差异很大,如运动神经元的轴突有的可长达 1 m 以上,而有些神经元的轴突仅长 10 μm。有的轴突外围有髓磷脂鞘,称为有髓神经纤维,无鞘者称为无髓神经纤维(图 2-9)。神经胶质细胞发出很多突起,彼此交织成网,对神经组织有支持、保护、修复和营养的功能。神经组织是一种分化最高级的组织,动物越高等,其神经组织越发达。神经元与神经元之间以突触相联系,突触能使神经冲动的信息定向传递。

神经细胞按其功能的不同可分为感觉神经元、联络神经元和运动神经元三类。接受并传导兴奋入中枢的称为感觉神经元;从中枢传出兴奋达效应器的称为运动神经元;在感觉神经元与运动神经元之间起联系作用的称为联络神经元。

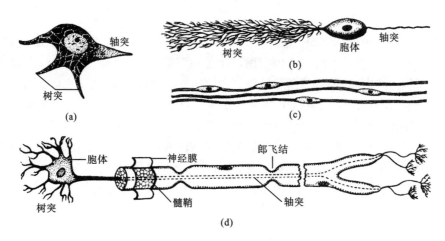

图 2-9　神经细胞的类型(仿左仰贤)

(a)运动神经元;(b)小脑中浦肯野细胞;(c)无髓神经纤维;(d)有髓神经纤维

2.3　动物的器官和系统

2.3.1　器官和系统的概念

动物体不同的组织有机地联合起来,形成具有一定形态且能共同完成一定生理机能的功能单位称为器官(organ),如动物的眼、耳、鼻、胃、肠和心脏等。

一些在机能上密切相关的器官联合起来共同完成一种或几种生理功能,即称为系统(system)。高等动物一般可分成 10 大系统,即皮肤系统、骨骼系统、肌肉系统、消化系统、呼吸系统、循环系统、排泄系统、生殖系统、内分泌系统和神经系统。不同系统之间的协调活动实现了动物的生殖、发育、生长和代谢等生命活动。

2.3.2　动物体的统一整体性

多细胞动物虽然具有许多组织、器官和系统,但它们之间是相互联系、密切配合且协调统一的,此即动物体的统一整体性。动物有机体各组织、器官和系统在神经系统和内分泌系统的调节控制下,相互联系,紧密配合,完成整个生命活动,使之成为统一的整体——动物体。

本 章 小 结

动物有机体结构和功能的基本单位是细胞。动物细胞包括细胞膜、细胞质和细胞核三部分。细胞质内有多种形态和机能各异的细胞器,细胞核内的染色体(主要含 DNA)是生物遗传的物质基础。细胞的各个部分之间是相互联系、协调一致的。细胞可以采取不同的方式进行分裂增殖。同时,动物细胞与植物细胞在结构上有一定的区别,动物细胞无细胞壁、无质体、无中央大液泡,一般都有中心体。

　　单细胞动物不存在组织、器官和系统,细胞质分化形成的各种细胞器担负着和多细胞动物器官一样的功能。多细胞动物体由许多不同形态和机能的细胞群组成,它们与胞间质一起共同形成组织。多细胞动物的组织可概括为四大类基本组织:上皮组织、结缔组织、肌肉组织和神经组织。这些组织又进一步联合形成器官和系统。高等动物有10大系统,它们在神经系统的协调下共同完成有机体的各种生命活动。

思 考 题

1. 简述动物细胞的组成和基本结构。

2. 动物细胞与植物细胞的主要区别是什么?

3. 什么是细胞周期?动物的体细胞有哪几种增殖方式?简述其各自的增殖过程。

4. 什么是组织?多细胞动物包括哪几类基本组织,它们的结构特点和功能各是什么?

5. 正确理解肌纤维、肌原纤维、神经纤维、胶原纤维等在组织中的含义。

6. 名词解释:细胞器;中心粒;组织;细胞间质;基质;器官;系统。

第3章　动物的繁殖与个体发育

3.1　动物的繁殖

繁殖是亲体产生新一代的过程,是种群的延续,是生物有机体的基本生命特征之一。各类动物的繁殖能力与种群的遗传性和生活条件这两个基本因素有关,具体体现在该种动物每年繁殖的代数、每代所生产的子代数,以及种群内有繁殖能力的个体与其他发育阶段的个体的数量比,这些通常是动物种群的特性。此外,营养状况、气候等外界因素对动物的繁殖能力也有很大影响。

动物的种类和它们生活的环境一样,多种多样,因而动物繁殖的方式也是多种多样的。动物繁殖的方式主要包括无性繁殖和有性繁殖。

3.1.1　动物的无性繁殖

无性繁殖方式多见于低等无脊椎动物,即由一个亲体直接产生下一代的繁殖方式。无性繁殖又可分为以下几种不同的方式。

1. 分裂生殖

分裂生殖又叫裂殖(fission),是母体分裂成两个(横二分裂或纵二分裂)或多个(复分裂,又称裂体生殖)大小形状相同的新个体。这种生殖方式在单细胞动物(如草履虫、眼虫和疟原虫等)中比较普遍。

2. 出芽生殖

出芽生殖(budding reproduction)是指在亲体的一定部位长出与自身体型相似的子体,称为芽体。以后芽体脱离亲体发育成新个体,如水螅采取此种繁殖方式;或不脱离而发育为群体,如珊瑚等采取此种繁殖方式。

3. 孢子生殖

孢子生殖(spore reproduction)是指合子经过复分裂产生多个孢子,孢子不经结合而产生许多子孢子的繁殖方式。原生动物的孢子虫(如疟原虫、艾美球虫等)采取此种繁殖方式。

4. 断裂生殖

断裂生殖是指由一个动物体自身断裂成两段或多段,每段发育成一个新个体的繁殖方式,如涡虫等采取此种繁殖方式。

3.1.2　动物的有性繁殖

有性繁殖是由两个亲体交换部分核物质或产生两性生殖细胞并结合而产生新个体的生殖方式,是动物界最普遍的一种繁殖方式。通过有性繁殖产生的后代具有从双亲获得的不同遗传特性,因而具有更强的生命力与变异性。这种繁殖方式在动物的演化过程中具有积极的意义。有性繁殖可分为以下几种方式。

1. 配子生殖

配子生殖(gametic reproduction)是由亲体产生的两性生殖细胞,即两性配子相互融合成为合子(或受精卵),再由合子发育成新个体的繁殖方式。根据两性配子的形状和大小等差异,可分为同配生殖和异配生殖。多细胞动物为异配生殖,其中最普遍的是精子与卵子相结合的方式,称为卵式生殖。卵子和精子由雌、雄个体分别产生,这类动物称为雌雄异体;有些种类的个体既能产生卵子又能产生精子,这类动物称为雌雄同体。在卵式生殖的动物中,根据母体产出子代的发育阶段以及子代在胚胎发育时营养物质来源的不同,又可分为以下几种。

(1)卵生。母体产出的是受精卵或未受精卵,未受精卵则需在体外受精(孤雌生殖者除外)。子代的胚胎发育在外界环境条件下进行,胚胎发育时所需营养物质由卵内所储存的卵黄供给,如鸡、蛙等。

(2)胎生。母体产出的是幼体,胚胎发育时所需的营养物质由母体供给,如大多哺乳动物。

(3)卵胎生。母体产出的是幼体,胚胎发育时所需的营养物质仍由卵内所储存的卵黄供给,母体的输卵管或孵育室仅提供子代胚胎发育的场所,如田螺等。

2. 接合生殖

接合生殖(conjugation)是原生动物的纤毛虫类所特有的繁殖方式。如草履虫在进行接合生殖时,两个个体以口沟处紧贴,紧贴处的表膜溶解,两个个体的小核各自分裂并互相交换部分核物质,类似于配子生殖过程中两性亲体交换遗传物质,因此被视为有性繁殖。之后分开,两个个体再以分裂法进行繁殖。

除上述无性繁殖与有性繁殖外,动物还有其他特殊的繁殖方式,如幼体生殖、多胚生殖、孤雌生殖等。孤雌生殖(parthenogenesis)又叫单性生殖,即由雌性个体直接产生卵,卵不经受精就能发育成新个体。如春夏季淡水轮虫的非混交雌体,直接产生卵并发育为新的轮虫。

3.1.3　动物的世代交替

有的动物如腔肠动物,在生活史中既能进行无性繁殖,即具有无性世代,又能进行有性繁殖,即具有有性世代,无性世代与有性世代有规律地交替出现,这种现象称为世代交替。

总体说来,动物的繁殖方式是多种多样的,这些繁殖方式是动物在长期进化发展过程中各自适应其生活环境而获得的生物学特性。大多数动物只有一种繁殖方式,而少数动物却兼有两种或具有世代交替现象。

3.2　动物的个体发育

多细胞动物的个体发育,即指有性生殖中从生殖细胞形成受精卵到细胞分裂、组织分化、器官形成,直至子代个体形成、成长、性成熟、死亡的全过程。该过程常被人划分为胚前期、胚胎期和胚后期三个阶段。

3.2.1 胚前发育

3.2.1.1 性细胞的形成

胚前发育即胚前期,指个体发育中从亲代生殖细胞形成到成熟的阶段。性细胞是动物体内一种特殊分化的细胞。性细胞的形成包括性细胞的产生和成熟,经过增殖、生长和成熟三个阶段。在增殖期,精原细胞(spermatogonium)和卵原细胞(oogonium)经多次有丝分裂,数量不断地增多。在生长期,部分精原细胞或卵原细胞开始生长,体积逐渐增大而成为初级精母细胞(primary spermatocyte)或初级卵母细胞(primary oocyte)。在成熟期,初级精母细胞和初级卵母细胞经两次连续的减数分裂而形成精细胞和卵细胞。

成熟的卵细胞体积远比同种动物的精子大,呈圆球形,无活动能力,大多富含营养物质或卵黄。经减数分裂形成的精细胞还必须经过分化变态才能成为可运动的成熟精子。成熟的精子体积极小,能活动,有的对同种动物的卵细胞及其分泌物有趋化性。

3.2.1.2 卵细胞的极性及类型

1. 卵细胞的极性

卵细胞的内部结构是非均向的,即不对称,一般称卵细胞具有极性结构,这种极性表现在细胞核的位置和细胞质成分的分布上。通常卵细胞核位于细胞质较多、卵黄较少的动物极(animal pole)。动物极由于含卵黄少,相对密度较小,因此往往位于卵的上方,且在卵裂时分裂较快。植物极(vegetative pole)含卵黄多,相对密度较大,因此位于卵的下方,在卵裂时分裂较慢或不能分裂。动物极与植物极之间的连线称为卵轴。

2. 卵细胞的类型

根据卵黄含量的多少,可将卵分为少黄卵和多黄卵(图 3-1)。少黄卵又称均黄卵,含卵黄较少,且卵黄分布相对较均匀,如海星、海胆、文昌鱼及高等哺乳动物的卵。多黄卵的卵黄较多,且分布不均匀。根据卵黄分布的不同,可将多黄卵分为三种类型:偏黄卵,卵黄偏于植物极分布,从动物极到植物极逐渐增多,如两栖类的卵;端黄卵,卵黄几乎占据整个卵,但动物极与植物极之间有明显的分界,动物极几乎完全是细胞质,在卵黄上形成小斑点状的胚盘,内含卵细胞核,如乌贼及鸟类的卵;中央黄卵,卵黄集中于卵的中央,细胞质包被于卵黄的外面,称为周质,卵细胞核一般位于卵的中央,如昆虫的卵。

3.2.2 胚胎发育

胚胎期指从受精卵形成开始到幼体形成、破卵而出或离开母体前的阶段。多细胞动物的胚胎发育较为复杂。不同动物的胚胎发育具有不同特点,但它们早期胚胎发育的几个主要阶段是相似的。

1. 受精与受精卵

受精(fertilization)是进行卵式生殖的动物在生殖过程中的一种普遍现象,指雄性配子或精子与雌性配子或卵子结合形成合子。低等动物的受精过程一般在体外进行,而高等动物往往是体内受精。受精就是精子入卵,与卵融合且互相同化的过程。受精以后的细胞称为受精卵。受精作用使原来精子和卵子的单倍染色体恢复成为受精卵的二倍染色体。受精卵是发育的起点,之后按一定时间和空间秩序有条不紊地进行发育,最终由受精

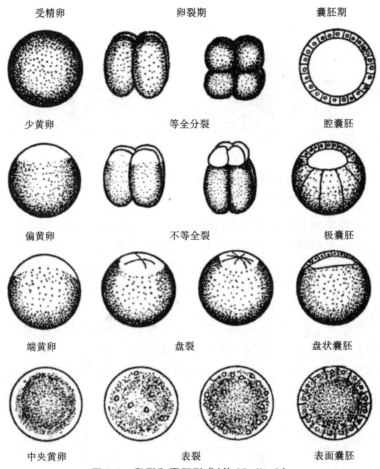

图 3-1　卵裂和囊胚形成（仿 Meglitsch）

卵发育成新个体。

2. 卵裂

受精卵经过多次分裂形成很多细胞的过程称为卵裂（cleavage）。由卵裂所形成的子细胞称分裂球（blastomere）。卵裂是有丝分裂，但与一般细胞分裂的不同点是，分裂形成的子细胞不经生长立即进入下一次分裂，因此随着卵裂次数的增多，分裂球的体积越来越小。卵裂时，若分裂面与卵轴平行的称为经裂，若分裂面与卵轴垂直的称为纬裂。卵裂的一般规则是前两次卵裂都是经裂，且分裂面互相垂直，第 3 次是纬裂。卵的类型不同，卵裂也有不同的类型。

（1）完全卵裂（total cleavage）：卵裂时，受精卵分裂为完全分离的单个分裂球（图 3-1）。分裂球的形状、大小相同的称为等全分裂（均等卵裂），多见于卵黄较少、分布较均匀的卵，如海胆、文昌鱼的卵。分裂球的大小不等，则称为不等全裂（不均等卵裂），常见于卵黄分布不均匀的卵，如海绵动物、蛙等的卵。还有盘裂（盘状卵裂）和表裂（表面卵裂）两种类型。

在完全卵裂中，根据分裂球排列的不同还可分为多种类型，常见的为辐射卵裂和螺旋卵裂（图 3-2）。辐射卵裂（radial cleavage）最初两次分裂都是经裂，且通过动物极和植物极，互相垂直交切。分裂成的 4 个分裂球，按辐射状排列。在以后的分裂过程中，每一层

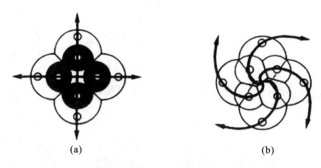

图 3-2　辐射卵裂和螺旋卵裂 (仿许崇任)
(a)辐射卵裂(海胆)；(b)螺旋卵裂(环节动物、软体动物)

的分裂球都整齐地排列在下一层分裂球的上方。辐射卵裂存在于棘皮动物和腔肠动物中。螺旋卵裂(spiral cleavage)是不等全裂。螺旋卵裂的特点是卵裂的第 3 次分裂不是纬裂，而是分裂面与卵轴成 45°角，结果使得动物极的每个分裂球位于植物极两个分裂球之间的上方，如此继续分裂，层层排列，成螺旋形。螺旋卵裂存在于海产涡虫、环节动物的多毛类、大多数海产软体动物等中。

(2) 不完全卵裂(partial cleavage)：卵裂时受精卵分裂不彻底，分裂球仅发生在不含卵黄的胞质部分。分裂仅限于卵的一端的称为盘状卵裂，如乌贼，这是由于卵黄物质多，细胞质和细胞核集中于卵的一端的缘故；分裂仅限于卵表面的称为表面卵裂，如昆虫。

3. 囊胚的形成

受精卵经过无数次分裂后，分裂球形成中空的球状胚，称为囊胚(blastula)。囊胚中间的腔称为囊胚腔，围绕囊胚腔的细胞层称为囊胚层。囊胚可分为腔囊胚(如海胆、文昌鱼)、极囊胚(如蛙)、盘状囊胚(如乌贼、鸟类)、表面囊胚(如昆虫)和实囊胚(如腹足类)(图3-1)。

4. 原肠胚的形成

囊胚进一步发育为原肠胚(gastrulae)。原肠胚具有内、外两个胚层，由内胚层包围的原肠腔和原肠腔与外界相通的原口(或称胚孔)组成。原肠胚在各类动物中的形成方式不同(图 3-3)，几种方式往往不是单独进行而是综合出现的，常见内陷与外包同时进行，分层与内移相伴出现。

(1) 内陷(invagination)：囊胚植物极细胞向囊胚腔内陷入，形成具有两层细胞的原肠胚，动物极细胞形成外胚层，植物极细胞陷入后形成内胚层，陷入处为原口(图 3-3)，如海胆、文昌鱼原肠胚的形成。

(2) 外包(epiboly)：动物极细胞分裂快，植物极细胞由于卵黄多，分裂极慢，动物极细胞逐渐向下包围植物极细胞，形成外胚层，被包围的植物极细胞为内胚层(图 3-3)。由偏黄卵发育成的极囊胚和实囊胚都可由此法形成原肠胚，如两栖类和某些腹足类。

(3) 内移(ingression)：又称移入法，囊胚层的一部分细胞经过增殖后移入到囊胚腔内，形成内胚层(图 3-3)。开始移入的细胞填充在囊胚腔内，排列不规则，后逐渐排列为整齐的内胚层。以这种方法形成的原肠胚开始无原口，以后在胚的一端形成，如某些水母类。

(4) 分层(delamination)：囊胚层细胞在分裂时细胞沿切线方向分裂，向着囊胚腔分

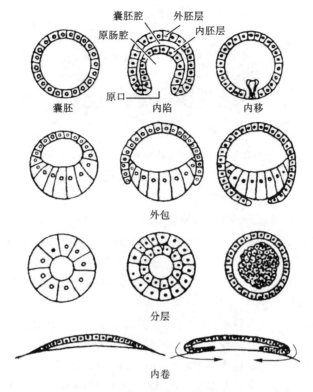

图 3-3　原肠胚形成示意图(自陈小鳞)

裂出的细胞为内胚层,留在表面的细胞为外胚层,如某些水螅类和水母类。

（5）内卷(involution)：通过盘裂形成囊胚,分裂的细胞由下面边缘向内卷,伸展成内胚层,如两栖类、鸟类。

根据原肠胚原口的发育结果,可将多细胞动物分为原口动物(protostomia)和后口动物(deuterostomia)。原口动物是指在胚胎发育过程中,原肠胚时期的原口发育为成体的口的一类动物,如扁形动物、假体腔动物、环节动物、节肢动物和软体动物。原口动物的另一个特点是以裂体腔法形成体腔。后口动物指原肠胚时期的原口发育为成体的肛门或封闭,成体的口由原肠背部中央内、外胚层紧贴穿孔而成,如棘皮动物、半索动物和脊索动物。后口动物以肠体腔法形成中胚层和真体腔。

5. 中胚层及真体腔的形成

绝大多数多细胞动物完成原肠胚的发育后,还要进一步发育,即在内、外胚层之间出现中胚层(mesoderm),有的还要在中胚层细胞之间形成真体腔。真体腔外侧的中胚层细胞称为体壁中胚层,与外胚层一起组成体壁;内侧的中胚层细胞称为脏壁中胚层,与内胚层一起组成肠壁。形成中胚层和真体腔的方法有以下两种(图 3-4)。

（1）端细胞法。原肠胚胚孔两端,内、外胚层交界处各有一个细胞(称为端细胞)移入到囊胚腔内,对称地排列在胚孔的两侧(图 3-4),不断分裂,形成索状,此即中胚层。较高等的动物在中胚层细胞之间裂开形成一个腔,此即真体腔。由于这种真体腔是在中胚层细胞之间裂开而形成的,因此又称为裂体腔法(schizocoelous method),这种体腔也称为裂体腔(schizocoel)。原口动物如果有真体腔,以端细胞法形成中胚层,以裂体腔法形成

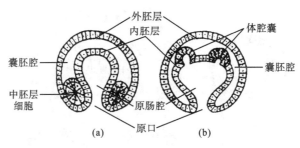

图 3-4　中胚层形成示意图(仿刘凌云)
(a)端细胞法；(b)体腔囊法

真体腔。

(2) 体腔囊法。原肠胚形成后,在原肠背部两侧内胚层向囊胚腔内突出形成一对囊状突起(图 3-4),称为体腔囊。体腔囊逐渐与内胚层脱离后移到内、外胚层之间,形成封闭的囊状的中胚层,包围的腔即为真体腔。这种真体腔来源于原肠背部两侧,所以又称为肠体腔法(enterocoelous method),这种体腔也称为肠体腔(enterocoel)。

6. 神经胚的形成

在原肠胚后期,脊索动物胚胎背部中央外胚层细胞下陷,形成神经板(neural plate),两侧外胚层形成一对纵褶,称为神经褶。神经褶逐渐靠拢,在原肠背部愈合形成中空的背神经管(图 3-5)。此时的胚胎称为神经胚(neurula)。背神经管逐渐进入胚胎内部并与表面分离。在神经管的上方,外胚层重新愈合,以后神经管前端发育扩展为脑,后端延伸为脊髓。在形成背神经管的同时,原肠背部中央隆起,形成脊索中胚层,最终脱离原肠,在背神经管和原肠之间形成脊索(notochord)。

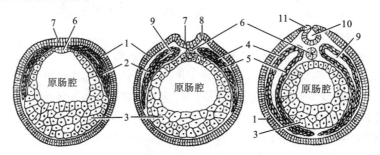

图 3-5　神经胚形成示意图(仿许崇任)
以蛙胚为例,示脊椎动物背神经管、脊索、中胚层和体腔的形成
1.外胚层；2.中胚层；3.内胚层；4.体壁中胚层；5.脏壁中胚层；6.脊索；
7.神经板；8.神经褶；9.体腔；10.神经管；11.神经嵴

7. 胚层分化和器官原基的形成

胚胎时期的细胞,开始出现时较简单、均质且具有可塑性,进一步发育后,由于遗传性、环境、营养、激素,以及细胞群之间的相互诱导等因素的影响,转变为较复杂、异质性和具稳定性的细胞。这种现象称为分化(differentiation)。

动物体的组织和器官都是从内、中、外三个胚层发育分化而来的,各胚层奠定了组织和器官的基础。具有三个胚层的胚体在继续发育过程中出现各种器官原基,各胚层细胞进一步分化为各种组织,最后形成完整的器官及系统。外胚层分化成皮肤的表皮部分及皮肤的衍生物、神经系统、感觉器官、消化管两端内表的上皮及其附属腺体;中胚层分化成皮肤的真皮、肌肉系统、骨骼系统、循环系统、生殖系统和排泄系统的大部分、体腔上皮、肠系膜,以及各类结缔组织;内胚层主要分化为消化管中段,包括肝、胰、胆囊、甲状腺、胸腺、膀胱的大部分、尿道及其附属腺的上皮等。

3.2.3 胚后发育

胚后期指幼体破卵而出或脱离母体后的阶段,但广义的胚后期也包括成年期、衰老期,直至死亡。

胚胎发育期的长短往往对胚后发育有很大的影响。卵生或卵胎生的动物,如果卵中的卵黄含量较少,胚胎发育期很短,幼体很快脱离母体而营自由生活,幼体与成体的差异较大且具有幼虫期。反之,如果卵中的卵黄含量多或在胚胎发育过程中能直接从母体获得营养(如胎生种类),则胚胎发育时间就相应加长,幼体与成体相似。根据幼体与成体的形态特点及生活方式的差异程度,胚后发育大致可分为直接发育和间接发育两大类。

1. 直接发育

直接发育又称无变态发育,是指某些动物的胚胎不经历幼体而直接形成成熟个体的现象。幼体的形态结构及生活方式与成体大致相似,不必经过明显的形态变化,直接成长为成熟的个体,如涡虫、蚯蚓、鸡和兔等。

2. 间接发育

间接发育又称变态发育,是指幼体发育到成体的过程中,在形态和生活方式上两者存在较大差异。间接发育的幼体与成体相比在形态结构上有明显的差异,有的甚至连生活方式也不同,幼体必须经过形态结构上的变化甚至生活方式的改变才能发育为成体。绝大多数的昆虫及蛙等都属于这种发育类型。

3.3 生物发生律

个体发育一般是指多细胞动物个体发生的过程,包括一系列复杂过程。在从受精卵发育成为成体的过程中,各发育阶段的变化不仅取决于物种本身的遗传特性,还受到环境条件的影响。系统发育又称系统发展,一般是指由同一起源所产生的生物群的发展史。

德国学者赫克尔总结了当时胚胎学方面的工作,在达尔文进化论的影响下创立了重演律(recapitulation law),也叫生物发生律(biogenetic law)。他认为生物的发展史包括个体发育和系统发展两个相互密切联系的部分,个体发育是系统发展简短而迅速的重演,也就是个体胚胎发育过程的简单重复。如扁形动物的胚胎发育曾经过受精卵、囊胚期、原肠胚到中胚层形成的各个阶段,这和单细胞动物、单细胞群体、腔肠动物、扁形动物是相对应的,也就简单重复了扁形动物由单细胞动物的祖先逐渐进化而来的历史过程。

生物发生律对研究动物的进化和动物的自然分类系统等方面具有重要的意义。许多动物的亲缘关系和分类位置不易确定,通常要通过研究其胚胎发育来解决。当然不能把"重演"理解为机械地重复,个体发育和系统发育之间的关系是辩证统一的,相互联系且相互制约。系统发育通过遗传性决定个体发育,个体发育又能通过对新环境的适应产生变异,并将这种变异积累起来,补充和丰富系统发育。

本 章 小 结

　　动物体通过繁殖使种群得以延续。动物繁殖的方式多种多样，主要可区分为无性繁殖和有性繁殖。个体发育包括胚前发育、胚胎发育和胚后发育。胚前发育是指个体发育中，亲代生殖细胞从形成到成熟的阶段。胚胎发育以受精卵为起点，早期胚胎发育包括受精卵、卵裂、囊胚、原肠胚、中胚层及体腔的形成、神经胚形成和胚层分化几个阶段。胚后发育分为直接发育和间接发育。

　　多细胞动物的个体发育和系统发育之间有着密切的关系。系统发育通过遗传性决定个体发育，个体发育又能通过对新环境的适应产生变异，并将这种变异积累起来，补充和丰富系统发育。个体发育是系统发展简短而迅速的重演，但并不是系统发展的机械的重复。

思 考 题

　　1. 动物有哪些繁殖方式？

　　2. 卵有哪些类型？它们对卵裂有何影响？

　　3. 多细胞动物早期胚胎发育包括哪几个阶段？各阶段包括哪些类型或方式？

　　4. 动物的完全卵裂有哪两种主要形式？简述它们的不同。

　　5. 讨论中胚层和体腔的形成，以及中胚层和体腔的产生在动物进化方面的意义。

　　6. 动物的个体发育与系统发育之间的关系如何？

　　7. 名词解释：繁殖；个体发育；系统发育；生物发生律；原口动物；后口动物；直接发育；间接发育。

第4章　原生动物门

原生动物是最原始、最简单、最低等的动物。从结构上看，原生动物相似于多细胞动物的一个细胞；从机能上看，原生动物的细胞又是一个完整的有机体。原生动物细胞在结构与功能上分化的多样性及复杂性是多细胞动物中任何一个细胞无法比拟的。对原生动物来说，一个细胞就是一个生命。

4.1　代表动物和主要特征

4.1.1　代表动物——大草履虫

大草履虫(*Paramecium caudatum*)是淡水中常见的自由生活的种类，分布在水流缓慢、有机质丰富的环境中，主要以细菌为食。因其个体较大、结构典型、容易采集培养，常作为原生动物的代表动物。

大草履虫长 $180\sim300~\mu m$，形似倒置的草鞋，前端钝圆，后端稍尖(图 4-1)。虫体满布纤毛(cilium)，纤毛大致等长，沿虫体纵轴略呈螺旋形排列，能有节奏地摆动，使虫体呈螺旋状前进。虫体表的细胞膜(即质膜)称为表膜(pellicle)(图 4-1)，极薄且具有弹性。草履虫表膜呈现整齐排列的突起及凹陷，在光学显微镜下表膜表现成无数整齐排列的六角形小区，其中央的凹陷部分称为纤毛囊(ciliary capsule)，由此伸出 $1\sim2$ 根纤毛。表膜突出部分，即是由于纤毛基部附近形成的表膜小泡(alveolus)(图 4-2)，表膜小泡的存在增加了表膜的硬度，固定了纤毛及刺丝泡(trichocyst)的位置，有利于草履虫体型的维持。刺丝泡(图 4-1、图 4-2)，囊状，数量多，一层，位于表膜下且与表膜垂直排列，有孔和表膜相通，当草履虫受到机械或化学刺激时，刺丝泡可从表膜上的开孔处释放内容物，内容物遇水成为细丝，即刺丝，有防御或固着作用。表膜内侧为细胞质，分为内质(endoplasm)和外质(ectoplasm)。外质相对透明，质地较密；内质可流动，为颗粒状。在虫体前端一侧，有一凹陷部分称为口沟，其后有胞口(cytostome)、胞咽(cytopharynx)，与虫体内部相通。口沟内纤毛摆动往往形成波动膜，使食物颗粒随水流进入胞口，在胞咽末端形成小泡，小泡胀大后即落入细胞质内，成为食物泡(food vacuole)(图 4-3)。食物泡与溶酶体融合，在食物泡随胞质流动时，泡内食物被不断地消化和吸收，这种在细胞内完成的消化即细胞内消化。不能消化的食物残渣经胞肛(cytoproct)排出体外，称为排遗。

在虫体前后各有一个伸缩泡(contractile vacuole)，伸缩泡四周各有 $6\sim11$ 条放射状排列的收集管，收集管端部与内质网小管相通(图 4-4)。收集管和伸缩泡主泡上有收缩丝(contractile filament)，收缩丝的收缩使内质网收集的水分和可溶性代谢废物通过收集管进入伸缩泡主泡。当扩大到一定程度时，伸缩泡收缩，水及代谢废物经表膜上的小孔排出体外。前后两个伸缩泡之间、伸缩泡和收集管之间均交替收缩。伸缩泡有部分排泄作用，但主要功能是调节水分平衡。草履虫的呼吸是通过表膜扩散作用来完成的。

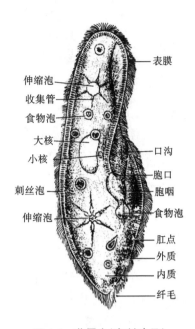

图 4-1 草履虫（自刘凌云）

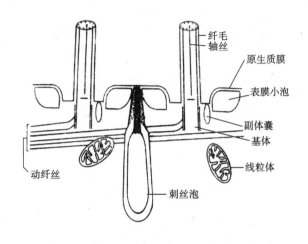

图 4-2 表膜及刺丝泡的纵剖示意图（自任淑仙）

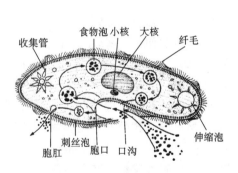

图 4-3 食物泡的形成及运动
（自许崇任等）

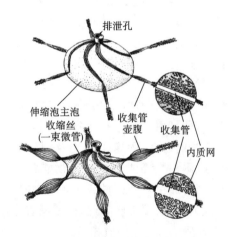

图 4-4 草履虫的伸缩泡与收集管
（仿 Schneider）

草履虫的细胞核位于细胞中央,有两个:大核(macronucleus),一个,肾形,位于胞咽附近,包括许多核仁及 RNA,主营营养代谢、细胞分裂分化,称为营养核(vegetative nucleus),可通过 DNA 的复制而成为多倍体核;小核(micronucleus),一个,位于大核凹陷处,是基因的储存处,负责基因的交换与重组,主营生殖、遗传,称为生殖核(reproduction nucleus),为二倍体。

草履虫有一定的应激性,能趋向有利的刺激,如食物、适宜的温度和酸碱度;能逃避有害的刺激,如食盐、紫外光等。

在适宜条件下,草履虫可进行无性生殖,方式为横二分裂（图 4-5)。分裂时,小核进行有丝分裂,出现纺锤丝。大核先延长膨大,然后浓缩集中,进行无丝分裂。虫体中部缢裂,一分为二,一个草履虫繁殖为两个完整的个体。分裂过程中虫体仍然可以运动,新个体发育成熟后再进行下一次分裂。

　　草履虫的有性生殖方式为接合生殖(conjugation)(图 4-6)。具体过程为:适于接合的两个虫体以口沟面互相黏合,虫体之间有原生质桥连接;各自的大核逐渐解体消失,小核分裂两次形成 4 个小核,其中 3 个解体,剩下的小核分裂成 2 个大小不等的核,2 个虫体互换较小的核,互换后两核融合,两虫体分离;融合核经 3 次分裂形成 8 个核,其中 4 个变成大核,3 个较小的核解体,剩下的小核二分裂,虫体横二分裂,小核和细胞质又经过一次分裂,形成 8 个细胞,最后形成 8 个新个体。接合生殖交换了遗传物质,融合了两虫体的遗传特性,特别是使大核得到了更新,有恢复草履虫生活力的作用,对连续进行无性生殖的虫体非常必要。外部条件如温度、光照、水质、食物等的改变,都会诱发接合生殖。

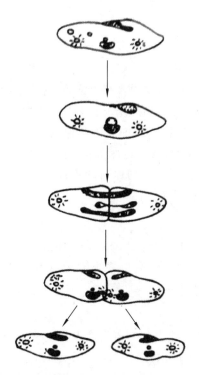

图 4-5　草履虫的横二分裂(仿 Hickman)

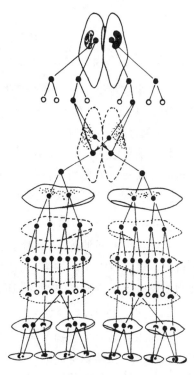

图 4-6　草履虫的接合生殖(仿陈义)

4.1.2　原生动物门的主要特征

4.1.2.1　单细胞或单细胞群体

　　原生动物的身体由一个细胞组成。这个细胞既具有一般细胞的基本结构,还具有其他动物细胞所没有的细胞器官(organelle),如胞口、胞咽、伸缩泡、纤毛、鞭毛等,以完成运动、消化、呼吸、排泄、应激性、生殖等多细胞动物所具有的生命功能。有的种类体表的细胞膜极薄,称为质膜,不能使身体保持固定的形状,体形随细胞质的流动而不断改变(如变形虫)。多数种类体表有较厚且具有弹性的表膜,能使动物体保持一定的形状,形状在外力压迫下可改变,当外力消失时即可恢复(如眼虫)。还有些原生动物的体表形成坚固的外壳,外壳有几丁质、矽质、钙质或纤维质等(如有孔虫等)。

原生动物体型微小,长30～300 μm,是显微镜下可观察到的生物。最小的利什曼原虫(*Leishmania*)只有2～3 μm,某些有孔虫可达10 cm左右。某些原生动物个体聚合形成群体,但细胞没有分化,最多只有体细胞和生殖细胞的分化。群体内的单细胞个体具有相对独立性,如盘藻(*Gonium*)、团藻(*Volvox*)(图4-7)。

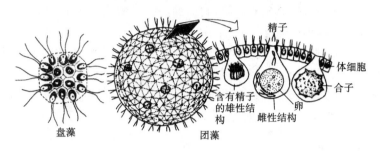

图4-7　盘藻和团藻(仿 Keeton)

4.1.2.2　营养

原生动物包含了生物界的全部营养类型。如眼虫等,内质中含有色素体,能像植物一样利用光能将 CO_2、H_2O 合成碳水化合物,称为光合营养(phototrophy)或植物性营养。变形虫、草履虫等具有摄食胞器的种类,能吞食固体有机碎片或细菌等其他微小生物,并在体内将其消化吸收,称为动物性营养(holozoic nutrition)或吞噬性营养。第三种是以体表渗透的方式吸收外界的有机物作为养料,孢子虫等很多寄生的原生动物都是这种营养方式,称为腐生性营养(saprophylic nutrition)或渗透性营养。

4.1.2.3　呼吸和循环

原生动物无专门的呼吸、循环胞器,靠胞质环流循环。呼吸主要是通过体表的扩散作用进行的。腐生或寄生的种类,生活在低氧或无氧的环境下,有机物不能完全氧化分解,只能利用糖的发酵作用产生很少的能量来完成代谢活动。

4.1.2.4　排泄及水分调节

在淡水生活的原生动物及某些寄生的种类,相当多的水分随着取食及细胞膜的渗透作用进入体内。在动物身体的一定部位,细胞质内富余的水分聚集,形成小泡,由小变大,最后形成一个被膜包被的伸缩泡。伸缩泡通常是按一定的频率做脉冲式的张缩,通过舒张将胞质内多余的水分收集后再收缩,把多余的水分经由一个或多个孔全部挤到细胞体外。细胞代谢过程中所产生的水溶性含氮废物也通过伸缩泡排出体外,所以伸缩泡维持着体内水分的平衡并兼有排泄作用。伸缩泡的数目、位置、结构因不同的原生动物而不相同。海洋中的变形虫生活在与细胞质等渗的海水中,通常无伸缩泡。溶于水中的含氮废物的排泄也可通过体表渗透直接进行。

4.1.2.5　运动

原生动物的运动由运动胞器进行,运动胞器有鞭毛、纤毛、伪足。

伪足(pseudopodium)是肉足纲变形虫的特征性细胞器,是细胞质临时性或半永久性向外突出的部分(图4-8)。伪足的生成是凝胶质(plasmagel)与溶胶质(plasmasol)互相转换的结果。凝胶质与溶胶质中普遍含有肌动蛋白和肌球蛋白成分,它们的粗、细微丝相互

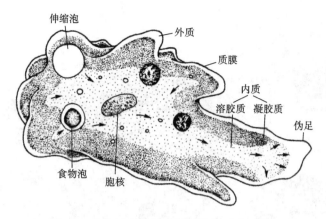

图 4-8　大变形虫结构及伪足形成（自刘凌云）

交叉，当存在 ATP 时，全部肌动蛋白丝均能与肌球蛋白结合，发生收缩反应。研究表明，凝胶质与溶胶质的相互转化还与另外两种蛋白质有关，一种是细丝蛋白，可将肌动蛋白丝连成立体网架；另一种是凝胶-溶胶转化蛋白，当 Ca^{2+} 浓度减少时，即与肌动蛋白丝结合，使之分解成断片，引起肌动蛋白丝——细丝蛋白网架黏度下降，凝胶变为溶胶。这种通过不断形成伪足来运动的现象称为变形运动。

　　原生动物的鞭毛、纤毛都是细胞质突起所形成的线状突出物，其基本结构都是微管（microtubule）。鞭毛、纤毛由三个主要部分组成：中央轴纤丝、围绕它的质膜和一些细胞质（图 4-9）。轴纤丝从纤毛底部的基粒直达顶端，为一束直径为 $220\sim240$ Å 的微管，在基粒底部则集聚成圆锥形束，深入细胞质中。轴纤丝横切面的微管排列是"9＋2"式，即由 9 组双联体（doublet）微管和 2 个中央微管组成。每个双联体上有两个短臂（arm），对着下一个双联体，各双联体有放射辐（radial spoke）伸向中心。鞭毛、纤毛主要依靠轴纤丝中微管的运动而运动。双联体微管上臂的主要成分是动力蛋白（dynein），具有 ATP 酶活性。一般认为，臂上的 ATP 酶分解 ATP 提供能量使微管滑动，这种滑动受放射辐和双联体微管间连接丝的协调和颉颃，结果使滑动转化成鞭毛或纤毛的弯曲运动。不仅原生动物的鞭毛与纤毛有相似的结构，所有后生动物精子的鞭毛、海绵动物领鞭毛细胞的鞭毛、扁形动物原肾细胞中的鞭毛都有相似的结构，这可作为各类动物之间有亲缘关系的一个例证。

　　纤毛数目多，纤细而短，通常呈行列状，可汇合成波动膜、小膜，辅助摄食。有的愈合成束，位于虫体腹面，利于爬行。纤毛分布全身的种类，运动时呈有规律的波浪状起伏，运动速度快，可达 $200\sim1000$ $\mu m/s$。除游泳外，纤毛还可用以爬行和跳跃：游仆虫（*Euplotes*）腹面的纤毛愈合成棘状毛，可以用于爬行；一种弹跳虫（*Halteria*）的纤毛联合成毛刷状，可以联合产生爆发式运动，使身体在水中呈跳跃状前进。还有一些固着生活的纤毛虫，身体运动由肌丝（myoneme）完成，肌丝是原生动物内可辨别的收缩性原纤维。如钟形虫（*Vorticella*），身体的基部有长柄，以柄固着生活，柄的外质中包含有肌丝，肌丝的收缩使柄部缩短。喇叭虫（*Stentor*）整个虫体的外质中都含有肌丝，围绕口区旋转分布，因而可以全身收缩或部分收缩而使身体旋转。

　　鞭毛的波动引起鞭毛运动。鞭毛波动有两种方式：在一个平面内波动为平面式运动；

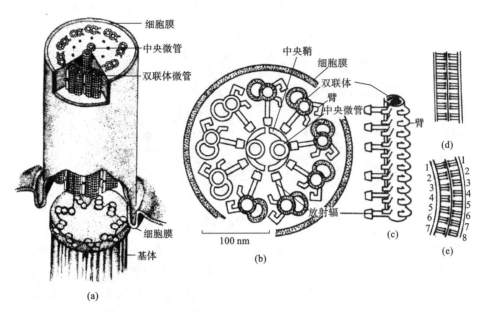

图 4-9 眼虫鞭毛亚显微结构及运动机理((a)改自 Nason;(b)～(e)自 Alexandar)

(a)立体图(放大 150000 倍);(b)横切面;(c)一个双联体具臂及放射辐;

(d)与(e)鞭毛直立状态与弯曲部分纵切示意图(放射辐 3 个一组重复排列;注意(e)图 7 组放射辐的位置)

在三维空间内移动为螺旋式运动。多数情况下,鞭毛波动由基部向顶部推进,少数由顶部向基部推进,鞭毛运动方向主要由波的推进位点、鞭毛类型、鞭毛位置决定。

4.1.2.6 生殖

生殖方式多种多样,包括无性生殖和有性生殖。

无性生殖有四种方式:①二分裂生殖,是原生动物最普遍的一种无性生殖方式,即虫体的细胞质和细胞核均等地分为两部分,各部分都形成一个新个体,如眼虫(纵二分裂:图 4-10)、草履虫(横二分裂:图 4-5)等;②出芽生殖,与二分裂基本相同,但形成的两个个体一大一小,大的叫母体,小的叫芽体,芽体逐渐长大成为一个新个体,如夜光虫(*Noctiluca*);③复分裂生殖,即虫体的细胞核先分裂多次,随后各核周围的细胞质同时分割,产生多数小个体,如孢子虫的裂体生殖、孢子生殖;④质裂生殖,即原生动物多核种类,细胞核先不分裂,而是由细胞质在分裂时直接包围部分细胞核,形成几个多核新个体,如多核变形虫、蛙片虫。

有性生殖有两种。①配子生殖。两个配子融合为一,形成合子,与多细胞动物的受精相同。配子生殖又可分为同配生殖和异配生殖两类:两种配子大小形状相同但生理上不同,称为同形配子,同形配子的配合称同配生殖,如有孔虫;两种配子形态不同时称异形配子,小的称小配子或精子,大的称为大配子或卵,异形配子的结合称为异配生殖。大多数原生动物的配子生殖属于异配生殖,如疟原虫、团藻。②接合生殖。如草履虫,接合时两个虫体在口沟处暂时附在一起,互换小核和部分细胞质,小核经一系列变化形成 8 个子体(图 4-6)。

4.1.2.7 包囊及其适应性

在食物缺乏、干旱、严寒、酷暑、虫口过密、代谢产物积累过多等不良生活条件下,原生动物能缩回伪足、脱落鞭毛或纤毛,同时原生质分泌出一种胶状物质,形成坚厚的一层或两层外膜,包裹身体,形成圆球形的包囊(cyst),以抵抗和渡过不良的环境。突然变温和食物不足是形成包囊的主要原因。在包囊形成之前,细胞内储存了大量的淀粉及糖原,细胞质浓缩。包囊的形态随种而异。包囊时期,虫体新陈代谢水平降低,处于休眠状态(图4-10)。在环境条件适宜时,包囊内细胞器重生,细胞质环流开始,包囊外壁吸水破裂,新个体脱囊而出,恢复正常生活。包囊有利于原生动物远距离的传播及渡过不良环境。

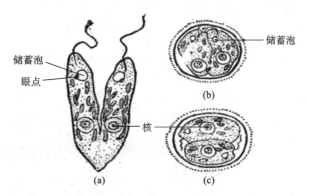

储蓄泡

眼点

储蓄泡

核

(a)　　(b)　　(c)

图 4-10　眼虫的二分裂生殖和包囊形成(仿 Woodruff)
(a)纵二分裂;(b)、(c)包囊形成

多数孢子虫受精之后产生的合子能分泌出坚厚的囊壁,具有保护功能,称之为卵囊。卵囊有球形、卵形、纺锤形等,合子在囊内分裂产生很多孢子。

4.1.2.8　原生动物的应激性

原生动物对外界环境的变化能产生一定的反应,这种特性称为应激性。应激性对其寻找食物和逃避敌害等生存活动具有非常重要的意义。草履虫遇到障碍物或有害物质立即转回,还有专门的感应器,如草履虫的刺丝泡。1992 年,我国科学家首次从棘尾虫中发现了至少 6 种神经肽。

4.2　原生动物的多样性

原生动物有 3 万多种。现存种类中,营自由生活的占 2/3,其余为寄生种类。估计在淡水中自由生活的原生动物为 5000~6000 种。近年来,各种教科书和专著中关于原生动物分类系统的意见很不一致。本章采用目前多数科学家的观点,仍视原生动物为动物界的一个“门”,根据它们的运动胞器等特征,分为四个纲:鞭毛纲、肉足纲、孢子纲、纤毛纲。

4.2.1　鞭毛纲

4.2.1.1　代表动物——眼虫

眼虫(*Euglena*)生活在有机质丰富的水沟、池塘和溪流中,大量繁殖时会使水体呈绿色。眼虫长约 60 μm,身体呈梭形,前端略钝圆,后端尖,核位于身体中部稍后处(图 4-11)。体表具有由向内的沟(groove)和向外的嵴(crest)交替排列形成斜纹表膜(图4-12),一个条纹的沟与其邻接条纹的嵴如同关节一样关联。眼虫生活时,表膜条纹彼此相对移动,可能是嵴在沟中滑动的结果。其表膜具有弹性,使眼虫在保持一定形状的同时能做收缩变形运动,即眼虫式运动。表膜条纹是眼虫种的分类特征之一。

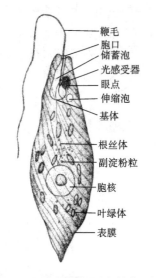

图 4-11　眼虫整体图(自刘凌云)

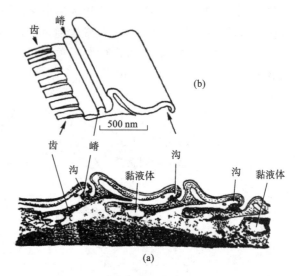

图 4-12　眼虫表膜结构图(仿 Leedale)

(a)旋眼虫(E. spirogyra)表膜横切;(b)一个表膜条纹的图解,示沟和嵴

鞭毛(flagellum)是眼虫的运动胞器,从胞口伸出。鞭毛下连有两条细的轴丝(axoneme),每一条轴丝在储蓄泡底部与一基体(basal body)相连,由它生出鞭毛。基体对虫体分裂起着中心粒的作用。基体通过根丝体(rhizoplast)与核相连,表明鞭毛受核的控制。在鞭毛基部紧贴着储蓄泡有一红色眼点(stigma),由 20～50 个颗粒组成,包含类胡萝卜素(carotenoid)(也有人认为由胡萝卜素(carotene)组成)。眼点和副鞭毛体构成了光感受器(photoreceptor)。绿眼虫在强光下能游离光源,呈负趋光性;在黑暗中能游向柔和光源而呈正趋光性。而且,趋光性具有明显的生理节律,即在光暗交替时趋光性只在光周期才有。

眼虫细胞质中有叶绿体,能利用光合作用放出的氧气进行呼吸,利用呼吸作用产生的二氧化碳进行光合作用,制造的有机物以副淀粉粒(paramylum granule)形式储存在细胞质中。叶绿体的形状、大小、数量、结构及副淀粉粒可作为眼虫类属、种的分类特征。另外,眼虫在黑暗而富有有机质的环境中也可进行渗透营养(osmotrophy)。

绿眼虫的生殖方式一般为纵二分裂(图 4-10),为有丝分裂,从身体的前端开始,核膜不消失,包括基体的复制和新鞭毛的形成。在环境不利的情况下,绿眼虫虫体变圆,身体外面分泌胶质形成包囊,代谢率降低。包囊随风散布,当环境适宜时在包囊内可进行多次纵分裂,最多可形成 32 个小眼虫,然后破囊而出,恢复正常生活。

4.2.1.2　鞭毛纲的主要特征

鞭毛纲(Mastigophora)最显著的特点是成体具有鞭毛,通常有 1～4 条或稍多。

营养方式有三种:具有色素体的种类营植物性营养;一些寄生种类为渗透性营养;波豆虫等则营吞噬性营养。一种棕鞭毛虫(Ochromonas)甚至可以兼行三种营养方式。

多数种类繁殖方式为无性生殖,主要是纵二分裂,有些种类(如角藻)是斜分裂或横裂,某些腰鞭毛虫及锥虫为多分裂,而夜光虫为出芽生殖。少数种类还行有性生殖,主要出现在植鞭毛虫类及复杂的多鞭毛虫类,包括同配生殖或异配生殖。衣滴虫(*Chlamydomonas*)是同配生殖的典型例子,生殖时两个虫体彼此融合,所以虫体本身又是配子,减数分裂发生在配子融合之后。团藻以典型的异配生殖形成精子与卵子,其精子与卵子可能来自同一个群体(雌雄同群体),也可能来自不同的群体(雌雄异群体)。卵受精之后,外面可分泌厚壁形成卵囊以越冬。当环境不良时,鞭毛虫类普遍形成包囊,特别是营动物性营养的种类。具叶绿体的种类较少发现包囊。

4.2.1.3 鞭毛纲的重要类群

根据营养方式的不同,一般将鞭毛纲分为两个亚纲。

(1) 植鞭亚纲(Phytomastigina):此亚纲种类很多,形状各异,一般具有色素体,能行光合作用。因此,植物学家多把它们划入植物界的藻类中。这种既像动物又像植物类群的存在,正说明动植物有着共同的起源。一些类群在进化中失去了色素体,它们有单体,也有群体,自由生活在淡水或海水中。不少淡水生活的种类会引起水污染,但绝大多数的植鞭原虫是浮游生物的组成部分,是鱼的自然饲料。食物的储存形式是植物淀粉、副淀粉体、脂肪及麦清蛋白(leucosin)。

① 夜光虫(*Noctiluca*),体内含有许多拟脂颗粒,在夜间受海水波动的刺激而发光,因而得名。夜光虫和沟腰鞭虫(*Gonyaulax*)、裸甲腰鞭虫(*Gymnodinium*)等其他腰鞭毛虫(图4-13)大量繁殖,致使海水呈现红色或褐色,称为赤潮。由于它们排出的大量代谢产物腐败海水,使水中严重缺氧而导致鱼虾和贝类大量死亡。

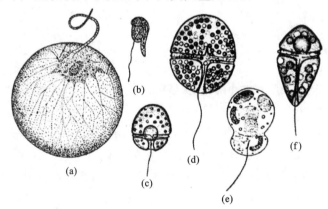

图 4-13　几种鞭毛虫

(a)夜光虫;(b)夜光虫游离孢子(自 Doflein-Reichenow);(c)波西米亚裸腰鞭毛虫(自 Fott);
(d)铜绿裸腰鞭毛虫;(e)外穴裸腰鞭毛虫;(f)真蓝裸腰鞭毛虫

② 团藻(*Volvox*),体呈球形,内含许多黄色素,由几百个到几万个衣藻型细胞单层排列在球体表面形成,细胞彼此间借原生质桥相连。成熟的群体,细胞分化成营养细胞(体细胞)和生殖细胞两类(图4-7)。营养细胞具光合作用能力,数目很多,生殖细胞具有繁殖功能,数目很少,但体积却为营养细胞的十几倍甚至几十倍。团藻因种类不同而有雌雄异体与雌雄同体之分,多见于淡水池塘或临时性积水中。

(2) 动鞭亚纲(Zoomastigina):此亚纲不具有色素体,异养,食物的储存形式是糖原。鞭毛有一至多根,除个别种外不行有性生殖。许多种类营共生或寄生生活,不少寄生的种类危害人类和动物,少数种类自由生活。

①利什曼原虫(*Leishmania*)(图 4-14),生活史有前鞭毛体(promastigote)和无鞭毛体(amastigote)两个时期。前者寄生于节肢动物(如白蛉子)的消化道内,后者寄生于哺乳动物或爬行动物的肝脾等巨噬细胞内,通过白蛉子传播。寄生于人体的利什曼原虫有三种,在我国以杜氏利什曼原虫危害最大,能引发黑热病,很少能自愈,不治疗常因并发病而死亡。

②锥虫(*Trypanosoma*)(图 4-15),寄生在各种脊椎动物的血液和组织液中,通常要依赖某些昆虫(如采采蝇等)进行传播。寄生于人体的锥虫能侵入中枢神经系统,导致昏睡病,又名睡病虫,只发生在非洲。伊氏锥虫在我国南方各省分布,常导致牛、马患苏拉病。

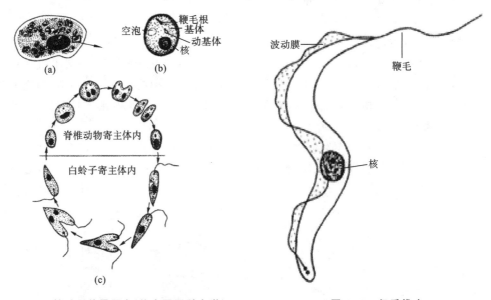

图 4-14　杜氏利什曼原虫(仿中国医科大学)
(a)巨噬细胞内的无鞭毛体;(b)无鞭毛体放大;(c)生活史

图 4-15　伊氏锥虫

③披发虫(*Trichonympha*)(图 4-16),生活在白蚁肠道中,可把纤维素分解成可溶性的糖,供白蚁吸收。蠊及一些以木质为食的昆虫的消化道内也有共生的鞭毛虫。通过一定方法杀死宿主肠内共生的超鞭毛虫而使宿主饿死,是害虫生物防治的有效思路。

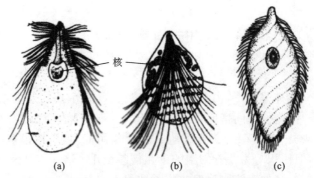

图 4-16　生活在白蚁肠道中的几种鞭毛虫
(a)披发虫;(b)裸冠鞭毛虫;(c)脊披发虫

4.2.2 肉足纲

4.2.1.1 代表动物——大变形虫

大变形虫(*Amoeba proteus*)(图 4-8),生活在清水池塘、田边水沟,以及水流缓慢、藻类较多的浅水中,通常在浸没于水中的荷叶或其他物体上可以找到。大变形虫直径长 200~600 μm。质膜极薄,细胞质分为外质和内质。外质稀薄、透明、清亮;内质流动且具颗粒,细胞核及伸缩泡、食物泡、食物颗粒位于其中,内质包括相对固态的凝胶质及液态的溶胶质。大变形虫能够不断形成伪足,改变身体形状,做变形运动。主要以单胞藻类、小的原生动物为食。虫体通过伪足吞噬固体食物,也能通过胞饮作用摄取一些液体物质。在纯水、糖类溶液中不发生胞饮作用,胞饮作用必须有某些物质诱导才能发生,如添加蛋白质、氨基酸或某些盐类。其生殖方式主要是二分裂生殖,孢子生殖和出芽生殖也有报道。大变形虫不形成包囊,但是某些变形虫在不良环境下能形成包囊。

4.2.2.2 肉足纲的主要特征

肉足纲的主要特征是有伪足,因而体形多是不固定的。伪足分四种:①叶状伪足(lobopodium),为叶状或指状,含有内质或外质,如变形虫、砂壳虫,运动速度最快。②丝状伪足(filopodium),纤细,末端尖,有时有分支,只含外质,不常见。③根状伪足(rhizopodium),或称网状伪足,细丝状,有分支,分支又愈合成网状,只含外质,如鳞壳虫(*Euglypha*)。以上三种伪足中皆无轴丝(axial filament),为临时性伪足。④轴状伪足(axopodium),为半永久性伪足。伪足中有一条相当坚硬、不易弯曲的轴丝,轴丝由微管组成,向四周射出的伪足主要有增大浮力和摄食的功能,如太阳虫、放射虫。

肉足纲体表仅有极薄的质膜,有的种类在质膜外还分泌出不同形状和不同性质的外壳,如表壳虫有黄褐色几丁质的外壳,有孔虫的外壳为石灰质,放射虫有矽质的骨骼。细胞质常分化为明显的外质与内质。

肉足纲的营养方式全为吞噬性营养,其生殖方式通常为二分裂生殖,一般无有性生殖。包囊的形成较为普遍。肉足纲分布广泛,淡水、海水和潮湿土壤中都有,也有寄生生活的种类。

4.2.2.3 肉足纲的重要类群

根据伪足的不同可将肉足纲分为两个亚纲。

(1) 根足亚纲(Rhizopoda)(图 4-17):其伪足为叶状、指状、丝状或根状,无轴丝,少数寄生。如表壳虫(*Arcella*)、砂壳虫(*Difflugia*)等。

有孔虫类、海洋底栖或漂浮种类,一般具有碳酸钙或拟壳质构成的单室壳或多室壳,壳内各室之间有钙质板相隔,但板上有小孔,使壳室内的原生质彼此相连。伪足根状,从壳口和壳上的小孔伸出,融合成网状。生活史较复杂,有世代交替,有性生殖过程中配子有鞭毛。有孔虫类是古老的动物,从寒武纪到现代都有其遗迹,而且数量非常大,现在的海底约有 35% 是被有孔虫的壳沉积的软泥所覆盖。

痢疾内变形虫(*Entamoeba histolytica*)(图 4-18),也叫溶组织阿米巴,其生活过程可分为大滋养体、小滋养体和包囊三型。寄生在人肠道中,能分泌溶化组织的物质,且深入组织内部,吞食红细胞,使肠壁组织溶解,形成脓肿,可致大便带血,引起赤痢或阿米巴痢。

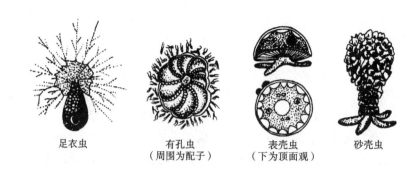

足衣虫　　　有孔虫　　　表壳虫　　　砂壳虫
　　　　　（周围为配子）　（下为顶面观）

图 4-17　几种根足虫（仿陈义）

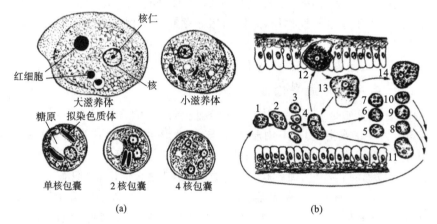

(a)　　　　　　　　　　　　　(b)

图 4-18　痢疾内变形虫的形态及生活史（(a)仿中国医科大学；(b)仿上海第二医科大学）
1.进入人肠的 4 核包囊；2～4.小滋养体形成；5～7.含 1、2、4 核包囊；8～10.排出的 1、2、4 核包囊；
11.从人体排出的小滋养体；12.进入组织的大滋养体；13.大滋养体；14.排出的大滋养体

痢疾内变形虫若进入血管和淋巴管，被运送到肝脏、大脑等处繁殖，会引起脓肿。急性患者若不及时医治，10 天左右可以致死。预防本疾病的基本措施是及时治疗病人，减少带虫者，注意水源及食物不被污染，消灭传播包囊的苍蝇、蟑螂等。

（2）辐足亚纲（Actinopoda）（图 4-19）：其伪足为针状，有轴丝，称为有轴肉足；体呈球形，多在淡水或海水中营漂浮生活，如太阳虫、放射虫等。

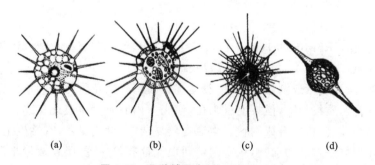

(a)　　　　　(b)　　　　　(c)　　　　　(d)

图 4-19　几种辅足虫（仿 Meglitsch）
（a)放射太阳虫；(b)艾氏辐射虫；(c)等辐骨虫；(d)一种放射虫的中心囊

放射虫也是古老的动物类群，一般具矽质骨骼，因伪足和骨骼大都呈放射状而得名。细胞内有一中心囊，将细胞质分为囊外、囊内两个部分。囊内有一个或多个细胞核，在外质中有很多泡,以增加虫体浮力,如等辐骨虫(Acanthometron)。放射虫种类多,数量大,死亡后沉积海底所形成的软泥占现代海底面积的 2‰~3‰(仅次于有孔虫)。

4.2.3 孢子纲

4.2.3.1 代表动物——间日疟原虫

间日疟原虫(*Plasmodium vivax*)为寄生种类,有人和按蚊两个宿主,生活史复杂,有世代交替现象。无性世代存在于人体内,有性世代存在于某些雌按蚊体内(图 4-20)。生活史包括裂殖生殖期、配子生殖期和孢子生殖期。

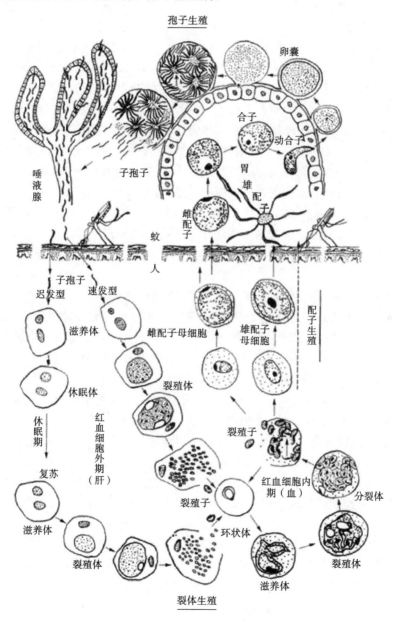

图 4-20 间日疟原虫的生活史图解(自侯林)

(1) 裂殖生殖期：疟原虫通过子孢子(sporozoite)传播，当感染疟原虫的雌按蚊叮人时，子孢子随唾液注入人体，通过血液循环侵入肝脏内皮细胞，以胞口摄取肝细胞质为营养，发育为滋养体(trophozoite)。滋养体是原生动物摄取营养的阶段，能活动、摄取养料、生长和繁殖，是寄生原虫的寄生阶段。滋养体充分生长后即开始裂体生殖(schizogony)，核经过多次分裂形成裂殖体(schizont)。裂殖体也以胞口摄取肝细胞质为营养，然后细胞质随着核而分裂，包在每个核的外边，形成很多小个体，称为裂殖子(merozoite)。裂殖子成熟后从破裂的肝细胞中出来，分散在体液和血液中，才能侵入红血细胞。因此，肝细胞的生育期(裂殖生殖期)又称为红血细胞外期(pre-erythrocytic stage)，人体未表现出明显症状，为病理上的潜伏期，需 8～9 天。20 世纪 60 年代，我国在自愿人工感染疟原虫的人体试验的基础上证明了间日疟原虫多核亚种在人体内的长潜伏期分别为 312 天、321 天和 323 天。成熟的裂殖子一部分可被吞噬细胞吞噬，一部分侵入红血细胞，开始红血细胞内期(erythrocytic stage)发育。裂殖子侵入红血细胞，体积渐渐长大，发育为中央有一空泡的环状滋养体(小滋养体)，环状体进一步发育为可伸出伪足的大滋养体。大滋养体以红细胞内血红蛋白为食，其中血红素由于不能被消化而残留在细胞内呈棕色颗粒，称为疟色粒(pigment granules)。成熟的大滋养体再行裂体生殖，裂殖子成熟后红细胞膜破裂，裂殖子则侵入其他红细胞。由于大量红细胞破裂及裂殖子的代谢产物释放到血液中，引起人生理上的一系列反应，临床表现为高热、寒战交替出现的症状，即疟疾，俗称"打摆子"。由于裂殖子进入红细胞内又形成新的裂殖子的周期为 48 h，故称之为间日疟原虫。

以往学者认为，还有一部分裂殖子继续侵入其他肝细胞，是疟疾复发的根源。而目前多数学者认为，疟疾的愈后复发是由休眠状态的迟发型子孢子(bradysporozoite)引起的。经休眠期后这些子孢子开始在肝细胞内发育，经裂体生殖形成裂殖子，侵入红血细胞后引起复发。

(2) 配子生殖期：经过几次裂体生殖周期，或当机体内环境对疟原虫不利时，有一些裂殖子进入红血细胞后不再发育成裂殖体，而发育成大、小配子母细胞。大配子母细胞(macrogametocyte)较大，核小而致密；小配子母细胞(microgametocyte)较小，核大而疏松。这些配子母细胞在血液中可存活 30～60 天，如不被按蚊吸去，就不能继续发育。如配子母细胞在按蚊吸血时进入蚊胃，则立刻发育。小配子母细胞经三次分裂形成 8 个具鞭毛的小配子(microgamete)；大配子母细胞发育成一个大配子(macrogamete)。小配子在蚊胃腔内游动与大配子结合(受精)而形成合子(zygote)。

(3) 孢子生殖期：合子逐渐变长，能蠕动，因此称为动合子(ookinete)。动合子穿入蚊的胃壁，体形变圆，外层分泌囊壁，发育成卵囊(oocyst)。一个蚊胃中可有一至数百个卵囊。卵囊里的核及胞质进行多次分裂，形成数百至上万个子孢子，成熟后卵囊破裂，子孢子进入蚊的各种组织，但最多的是到蚊的唾液腺中。唾液腺中的子孢子可达 20 万之多，子孢子在蚊体生存可超过 70 天，但生存 30～40 天后其传染力大为降低。

疟疾严重影响人们的身体健康，在我国云南等地区曾十分流行，造成大量的人员感染和伤亡。中华人民共和国成立后，党和政府采取治病和灭蚊并进的综合治理方针，有效控制了疟疾的流行。治疗疟疾的特效药物是青蒿素及其衍生物、奎宁等。

4.2.3.2 孢子纲的主要特征

孢子纲(Sporozoa)全部营寄生生活，多为细胞内寄生，一些种类表现出很强的宿主专一性,多数有两个宿主,终宿主可能是蚊、蝇、蛭等无脊椎动物,中间宿主多数是脊椎动物或人。

长期的寄生生活使孢子纲的形态、运动、摄食和营养都趋向简单化,无运动胞器。孢子纲均具有顶复合器(apical complex)结构,顶复合器包括顶环(apical ring)、类锥体(conoid)、棒状体(rhoptry)及微线体(microneme),这些结构的作用尚不十分清楚,可能与穿刺宿主细胞有关。

孢子纲生活史相当复杂。大多数孢子虫的生活史中具有裂体生殖期(merogony)、配子生殖期(game-togony)及孢子生殖期(sporogony)。孢子生殖是有性结合(配子生殖)后的无性生殖,多在卵囊内进行(也有人将配子生殖与孢子生殖合称为有性生殖)。子孢子一般包在孢子壳内,可以抵抗不良环境。子孢子的出现是本纲所特有的。

4.2.4　纤毛纲

4.2.4.1　纤毛纲的主要特征

纤毛纲动物种类最多,结构最复杂,分化程度最高(如草履虫等)。成体或生活周期的某个时期具有纤毛,纤毛全身分布或局部着生。在亚显微结构上纤毛与鞭毛无差别,与鞭毛相比通常纤毛数目多而短。细胞核有营养核与生殖核之别,细胞质分化为多种胞器。无性生殖为横二分裂,有性生殖为接合生殖。大多数为单体自由生活,除淡水种类外,还有很多种类分布在海洋、潮湿的土壤及苔藓植物上,另一些种类寄生,如在大熊猫胃内有大量纤毛虫存在。

4.2.4.2　纤毛纲的重要类群

根据纤毛的模式及胞口的性质不同可分为三个亚纲(图 4-21)。

(1) 动片亚纲(Kinetofragminophora):此亚纲的体表纤毛一致,没有复合的纤毛器,口区结构简单,有独立的基体列。如栉毛虫(*Didinium*)、肾形虫(*Colpoda steini*)、旋漏斗虫(*Spirochona*)、足吸管虫(*Podophrya*)等。

(2) 寡毛亚纲(Oligohymenophora):此亚纲的口区结构发达,有复合的纤毛器。如草履虫、四膜虫、口帆毛虫(*Pleuronema*)、钟虫(*Vorticella*)。

四膜虫(*Tetrahymena*)(图 4-22),已知有 10 余种,通称四膜虫。体长 40~60 μm,呈倒卵形或梨形。身体前端具有口器,有三组三列的口部纤毛,早期在光学显微镜下观察时看似有四列膜状构造,因此命名。体表被覆以纵纤毛带,口后纤毛带一般为 2 条,胞肛和 2 个伸缩泡孔均位于细胞后端。大核 1 个,多倍性,是营养核,基因有表达功能。小核 1 个或无,二倍性,含 5 对染色体,基因不表达。无性生殖为横二分裂。有性生殖为接合生殖。世界性分布,主要产自淡水,也有的生活于咸水或温泉中。被研究最多的是梨形四膜虫。现知梨形四膜虫是 1 复合种,其中除 1 个无小核种保留梨形四膜虫原种名外,其余 3 个无小核种和 14 个有小核种都给以新种名,如亚洲四膜虫,采自中国和泰国;嗜热四膜虫,采自美国。无小核种不能接合。有小核种都各含 2 个以上的交配型。只有同种内不同交配型细胞才能接合。由于四膜虫能在无菌的液体培养基中生长繁殖,长期以来把它作为材料,做了大量营养生长和药物学方面的研究。四膜虫是真核细胞基因工程研究的理想材料之一。近 30 年来,四膜虫在遗传学和分子生物学方面的研究进展迅速,发现在

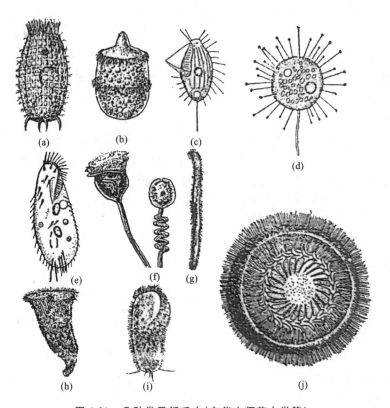

图 4-21 几种常见纤毛虫(自华中师范大学等)

(a)板壳虫;(b)栉毛虫;(c)银灰膜袋虫;(d)固着足吸管虫(*Podophrya fixa*);

(e)伪尖毛虫(*Oxytricha fallax*);(f)钟虫;(g)旋口虫;(h)喇叭虫;(i)棘尾虫;(j)车轮虫反口面观

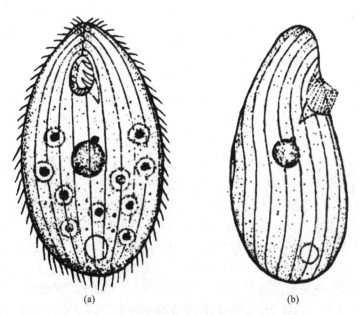

图 4-22 梨形四膜虫(*T. pyriformis*)(自沈韫芬)

(a)腹面观;(b)侧面观

四膜虫接合后的大核发育过程中,部分 DNA 序列被删除,以及 rDNA 分子由小核中的单拷贝变为大核中多拷贝的回文结构二联体分子等现象。已经成功地将 rDNA 分子从一个细胞移入另一细胞。

在过去 50 年中,科研人员在以四膜虫为实验对象的基础研究中取得了一系列突破性成果。托马斯·罗伯特·切赫(Thomas Robert Cech)因为在四膜虫中发现了核酶而获得 1989 年的诺贝尔化学奖;伊丽莎白·布莱克本(Elizabeth Blackburn)和她的学生卡罗尔·格雷德(Carol Greider)以及霍华德·休斯医学研究所的杰克·绍斯塔克(Jack Szostak)因为在四膜虫中发现了端粒和形成端粒的端粒酶而获得了 2009 年诺贝尔生理学或医学奖。

钟虫(*Vorticella*)(图 4-21(f)):体呈吊钟形,钟口区着生三圈反时针旋转的纤毛,其他部分无纤毛。大核马蹄形,小核粒状。身体反口面有一长柄,可营临时固着生活,当虫体收缩时,也可螺旋状卷曲。产于淡水中,单体,但常簇生。我国已发现 111 种。

(3) 多膜亚纲(Polyhymenophora):此亚纲身体呈卵圆形、长圆形等。口区具显著的小纤毛带,体表纤毛一致,或构成复合的纤毛结构,如棘毛。如喇叭虫(*Stentor*)、旋口虫(*Spirostomum*)、游扑虫。

4.3　原生动物的生态

原生动物的分布十分广泛,许多种是世界性的。淡水、海水、潮湿的土壤、污水沟乃至雨后积水中都有大量的原生动物存在,甚至从两极的寒冷地区到 60℃温泉中也有它们的踪影。原生动物具有很强的应变能力,相同的种可以在差别很大的温度、盐度等条件下发现。环境条件不适宜时,许多原生动物以包囊形式抵抗,包囊还可借助于水流、风力、动植物等传播,在恶劣环境下甚至可存活数年,一旦条件适合,虫体即破囊而出,在包囊内甚至还可以进行分裂、出芽及形成配子等生殖活动。包囊对高温和低温的耐受力是非常惊人的,一种肾形虫(*Colpoda*)的包囊在液态空气中浸泡 7 天后或在 100℃高温下放置 3 小时都仍未失去活力。

原生动物与其他动物存在各种相互关系,包括共栖现象(commensalism)、共生现象(symbiosis)和寄生现象(parasitism)。车轮虫(*Trichodina*)与水螅是共栖关系,多鞭毛虫与白蚁共生,而孢子纲则全部寄生。此外,原生动物也可被其他生物寄生:有孔虫中有寄生的小变形虫,簇虫体内有寄生的微孢子虫,双小核草履虫体内的卡巴粒(Kappa particle)则是细菌。

4.4　原生动物与人类的关系

原生动物的种类多,数量大,分布广,适应性强,与人类关系极为密切。

原生动物是食物网中重要的一环,是细菌的主要捕食者,也是藻类的重要消费者,更是鱼类等的饵料。四膜虫对细菌的捕食速度达 100～200 个/小时,旋口虫每小时则可捕食数千个细菌。水生态系统中的鞭毛虫、纤毛虫的大量消费,使生长很快的细菌的数量一直维持在一个较低的水平上。

植鞭毛虫、纤毛虫和少数的根足虫是浮游生物的组成部分,也是鱼、虾、贝类直接或间接的天然饵料。但养殖水域原生动物数量增大,取食藻类,易使水体缺氧,原生动物的大量出现往往是水质不良的标志。植鞭亚纲中的一些种类短期内的大量繁殖可造成水华,有害养鱼事业;而夜光虫、腰鞭毛虫等过量繁殖可形成赤潮,危害海洋渔业。

利用原生动物群落的结构与功能参数可监测、评价和预报水质的污染程度。不同的原生动物可以作为水体污染的指示生物。施氏肾形虫能耐受低水平的溶解氧、高 NH_4^+,是真正的多污性水质指示生物;扭头虫、齿口虫等只在含 H_2S 的多污性水体中存在,可作为 H_2S 指示生物;绿眼虫可作为有机物重度污染的生物指标;等辐骨放射虫利用硫酸锶来制造骨骼,因此可作为监测海洋放射性物质污染的指示生物。原生动物在生活污水和工业废水处理方面也有十分重要的作用;纤毛虫能够分泌一些物质使悬浮颗粒物和细菌凝为絮状物,絮凝现象关系到活性污泥氧化有机物质的能力和沉淀的能力,进而提高污水处理后的出水质量;纤毛虫吃掉大量细菌也有助于水质改善。

原生动物结构简单,繁殖快,易培养,在生物学的细胞、遗传、生理、生化等领域中常被用作实验材料。多年来遗传学者们用大草履虫研究了细胞质遗传、细胞质和细胞核在遗传中的相互作用,以及细胞类型的转变等,取得了不少成果。原生动物本身就是单个细胞,因此用原生动物来揭示生命的一些基本规律具有很大的科学价值,如四膜虫常被用作研究细胞水平形态发生的实验材料。

有孔虫、放射虫、沟鞭藻虫、硅鞭毛虫是海洋微体古生物的主要组成部分,在地质时期中就已经出现并演化和延续至今,因而能提供各地质时期的环境与年代信息。底栖有孔虫可成为很好的海深指示生物,根据有孔虫的沉积物不仅能确定地层的地质年代,而且还能提示地下情况,从而为寻找石油等矿藏提供重要依据。

一些原生动物对人畜的危害十分巨大。已知有 28 种原生动物是人体寄生虫,如导致人腹泻以及营养吸收障碍的贾第虫;寄生于女性阴道及尿道中,导致外阴瘙痒、白带增多的阴道毛滴虫(*Trichomonas vaginalis*)。疟疾和黑热病在我国被列入重点防治的五大寄生虫病(另外三种为血吸虫病、淋巴丝虫病、钩虫病)。

科 学 热 点
——屠呦呦与青蒿素

疟疾(Malaria)是由疟原虫(*Plasmodium*)感染所致的虫媒传染病,已经在全球肆虐了几千年,患者得病后高烧不退、浑身发抖,严重者几天内就会死亡。19 世纪,法国化学家从金鸡纳树皮中分离出有效的抗疟成分——奎宁;第二次世界大战期间,科学家又发明了奎宁衍生物——氯喹,并成为治疗疟疾的特效药。但是,到 20 个世纪 60 年代,疟原虫对奎宁类药物已经产生了抗药性,严重影响到治疗效果,疟疾再次在东南亚爆发。在越南战争中,疟疾成为比子弹、炸弹更可怕的敌人,严重影响了美越双方的部队战斗力。美国为此专门成立了疟疾委员会,投入大量人力和物力研究新型的抗疟药物。到 1972 年,美国筛选了 21.4 万种化合物,但都无果而终。目前全球范围内每天仍有约 2000 人死于该病,其中大多数是非洲的儿童。

1969 年,在军事医学科学院驻卫生部中医研究院军代表的建议下,全国"523"办公室邀请北京中药所加入"523"任务的"中医中药专业组"。北京中药所指定化学研究室的屠呦呦担任组长。当时的基本思路是采取民间验方,然后利用现代的有机溶剂分离药用部位并进行相应的药理筛选和临床验证,研究人员整理了多达808种可能的中药。据称他们开始并未考虑使用青蒿,因为它的抑制率在12%～80%,极不稳定,直至看到东晋葛洪《肘后备急方》中将青蒿"绞汁"用药,才得到启发,以现代科学组织筛选,改用乙醚提取。1971年10月,青蒿的动物效价由30%～40%提高到95%。1971年12月下旬,用乙醚提取物与中性部分分别对感染伯氏疟原虫(*Plasmodium berghei*)小鼠以及感染猴疟原虫(*Plasmodium cyomolgi*)猴的疟原虫血症(parasitemia)显示100%的疗效。

1972年初,抗疟有效单体从植物青蒿中分离得到,当时的代号为"结晶Ⅱ",后改名为"青蒿Ⅱ",最后定名为青蒿素。青蒿素效果虽好,但在批量生产时相关药厂不愿意承担提取药品任务,使得项目组只好把实验室当成了生产车间,而由于乙醚易燃,结果在屠呦呦作报告的当日,由于操作人员不慎而引发大火,这一事故差点使得计划夭折。

为了尽早应用于临床,1972年5月,包括屠呦呦在内的部分研究人员用自身进行人体药效试验并获得通过,同年8月在海南部分地区进行临床试验,在选试的21例疟疾患者中,感染恶性疟或间日疟(subtertian or tertian malaria)者各占半数,经治疗后,患者的发热症状可迅速消失,血中疟原虫的数目锐减,而接受氯喹的对照组患者则治疗无效。

1975年,由北京中药所和上海有机所借助国内不多的几台大型仪器确定了青蒿素的分子式为$C_{15}H_{22}O_5$,年底通过单晶X射线衍射分析确定其分子结构,1978年由反常散射的X射线衍射分析确定了青蒿素的绝对构型。1977和1979年,青蒿素的研究成果分别在中国《科学通报》与《化学学报》上发表,同年青蒿素的分子式被美国《化学文摘》收录。

1981年10月,世界卫生组织主办的第四届疟疾化疗研讨会在北京召开,屠呦呦就"青蒿素的化学研究"这一主题作首位发言,引起与会代表极大的兴趣,并认为"这一新的发现更重要的意义在于将为进一步设计合成新药指出方向"。在这次报告中,屠呦呦提出应研发复方青蒿素以防止和延缓抗药性出现的设想,但并未受到国际同行的重视,中国开始自行研发复方药,开发出复方蒿甲醚等系列复方药。2005年,医学刊物《柳叶刀》发表的文章指出:研究发现使用单方青蒿素的地区,疟原虫对青蒿素敏感度下降,这意味着疟原虫有开始出现抗药性的可能,世界卫生组织开始全面禁止使用单方青蒿素,改用青蒿素联合疗法(artemisinin combination therapy,ACT),并推荐多种联合治疗,即每种方案包括青蒿素类化合物,配以另一种化学药物。这说明当年中国科学家的设想是对的。

1986年,青蒿素和双氢青蒿素获一类新药证书,1992年获得"全国十大科技成就奖",1997年获得"新中国十大卫生成就"的称号。根据世界卫生组织的统计数据,自2000年起,撒哈拉以南非洲地区约2.4亿人口受益于青蒿素联合疗法,约150万人因该疗法避免了疟疾导致的死亡。在西非的贝宁,当地民众都把中国医疗队给他们使用的这种疗效明显、价格便宜的中国药称为"来自遥远东方的神药"。

青蒿素抗疟疾的作用机理主要为:在治疗疟疾的过程中,通过青蒿素活化产生自由基,自由基与疟原蛋白结合,作用于疟原虫的膜系结构,使其泡膜、核膜和质膜均遭到破坏,线粒体肿胀,内外膜脱落,从而对疟原虫的细胞结构及其功能造成破坏,且细胞核内的染色质也受到一定的影响。青蒿素还能使疟原虫对异亮氨酸的摄入量明显减少,从而抑制虫体蛋白质的合成。

此外青蒿素在其他疾病的治疗中也显示出诱人的前景。如抗血吸虫、调节或抑制体液的免疫功能、提高淋巴细胞的转化率、利胆、祛痰、镇咳、平喘等。已研制出了第二代换代产品和用青蒿素治疗肿瘤、黑热病、红斑狼疮等疾病的衍生新药,同时开始探索用青蒿素治疗艾滋病、恶性肿瘤,利什曼原虫、血吸虫、涤虫、弓形虫等引起的疾病,以及戒毒的新用途。

2015 年 10 月,屠呦呦因创制新型抗疟药——青蒿素和双氢青蒿素的贡献(即发现了治疗疟疾的新疗法),与爱尔兰科学家威廉·坎贝尔和日本科学家大村智共同获得 2015 年度诺贝尔生理学或医学奖。

本 章 小 结

原生动物都是单细胞动物,这个细胞是一个完整的有机体,与整个高等动物体相当。以各种细胞器完成各种生理机能:以鞭毛、纤毛或伪足来完成运动;有光合、吞噬和渗透营养 3 种营养方式;呼吸、排泄主要通过体表进行;伸缩泡主要是调节体内水分平衡,广泛存在于淡水生活的原生动物中。也有由单细胞组成的群体。

生殖方式多样,无性生殖有等二分裂、纵二分裂、横二分裂、裂体生殖、孢子生殖、出芽生殖,有性生殖有配子生殖和接合生殖等。大多数可形成包囊以度过不良环境。

原生动物多为世界性分布,生活在淡水、海水或潮湿的土壤中,也有寄生种类。

对原生动物的分类和系统发育,各专家意见不一。但是最基本、最重要的类群为鞭毛纲、肉足纲、孢子纲和纤毛纲。

与人类关系密切,直接或间接对人有益或有害。

思 考 题

1. 原生动物门的主要特征是什么? 如何理解它是动物界里最原始、最低等的一类动物?

2. 原生动物门有哪几个重要的纲? 划分的主要根据是什么?

3. 眼虫、变形虫和草履虫的主要形态结构与机能特点是什么? 请通过它们理解和掌握鞭毛纲、肉足纲和纤毛纲的主要特征。

4. 以间日疟原虫为例说明孢子虫的生活史,并通过疟原虫掌握孢子纲的主要特征。

5. 简述原生动物与人类的关系。

6. 名词解释:包囊;生活史;波动膜;伪足及变形运动;吞噬作用;胞饮作用;滋养体;裂体生殖;刺丝泡;接合生殖。

第5章 海绵动物门

海绵动物是最原始、最低等的多细胞动物。全为水生,绝大部分海产,少数生活于淡水中。体壁上有无数小孔,与体内管道相通,所以海绵动物门(Spongia)又被称为多孔动物门(Porifera)。

5.1 海绵动物的主要特征

5.1.1 体制不对称或辐射对称

海绵动物全为固着生活,其中少数种类为单体生活,如毛壶、拂子介;绝大多数为群体生活。群体中的个体界线有的明显,如白枝海绵(*Leucosolenia*);有的群体个体界线不明显,如淡水针海绵(*Spongilla*)。

海绵动物大小悬殊,自 1 cm 至 1.5 m 不等,而群体的体积更大。不同种类海绵的形状、色泽有很大不同。多数海绵不规则生长,形成不规则的块状、球状、树枝状、管状、瓶状等(图 5-1)。海绵动物身体基本上都属于辐射对称(radial symmetry),但由于附着物的形状或出芽也会引起体制不对称。辐射对称的体制有固着端和游离端之分,是海绵动物长期对固着生活的适应。许多海绵身体呈明亮的颜色,有橘红色、黄色、绿色、紫色、褐色等,其中绿色往往是由体内共生的藻类所致,其他色彩均由体内的色素形成。

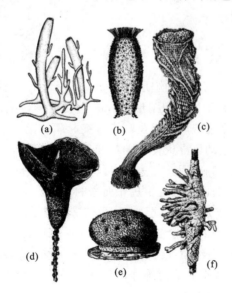

图 5-1 海绵动物的常见种类(仿各家)
(a)白枝海绵;(b)毛壶;(c)偕老同穴;(d)拂子介;(e)浴海绵;(f)淡水针海绵

5.1.2 体壁(皮层、胃层及中胶层)

海绵动物由体壁及其围绕的中央腔(central cavity)构成(图 5-2)。中央腔顶端有一个较大的出水孔,是水流的出口,中央腔是水流的通道。体壁由两层细胞(皮层、胃层)和其间的中胶层组成。

体壁(图 5-3)的外层细胞称为皮层(dermal epithelium),有保护作用,主要由扁平细胞(pinacocyte)组成。扁平细胞无基膜,细胞内有能收缩的肌丝。一些孔细胞(porocyte)穿插在扁平细胞中,孔细胞是由某些扁平细胞转化而成,其中央有一细管,是水流进入体内的通道。孔细胞外端与外界相通,内端与中央腔直接或间接相通。有些扁平细胞变为肌细胞(myocyte),围绕孔细胞形成能收缩的小环而控制水流。

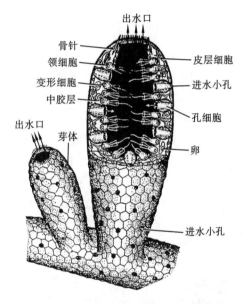

图 5-2　白枝海绵的形态(自江静波)

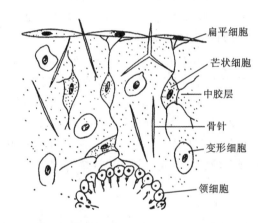

图 5-3　海绵动物的体壁(仿 Hickman)

体壁的内层细胞称为胃层(领细胞层,choanocyte layer),主要由领鞭毛细胞(简称领细胞,choanocyte)构成。领细胞呈卵圆形(图 5-4),在电子显微镜下,领细胞游离的一端具有一原生质领,是由一圈细胞质突起及联络各突起间的微绒毛组成。领的中央由细胞体伸出一条鞭毛,鞭毛的摆动可导致食物颗粒和氧随水流带入。海绵动物体内具有与原生动物领鞭毛虫相同的领细胞,因此过去有人认为它是与领鞭毛虫有关的群体原生动物,也有人据此认为海绵动物是由领鞭毛虫进化而来的。

中胶层(mesoglea)位于皮层和胃层之间,由胶冻状类蛋白质物质组成,其中有骨针或海绵丝。中胶层有几种类型的变形细胞:成骨针细胞(scleroblast)能分泌骨针;成海绵质细胞(spongioblast)能分泌海绵质纤维;原细胞(archeocyte)较大,细胞核也大,有叶状伪足,是一种未分化的细胞,能分化成海绵体内任何一种其他类型的细胞,一些原细胞能消化食物,另一些能转化形成卵和精子。变形细胞也可分化成星芒状细胞(collencyte),有些学者认为它具有神经传导的功能。

海绵动物的细胞排列一般较疏松,身体的各种机能仍然由或多或少具有相对独立性

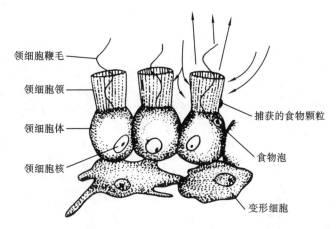

图 5-4　海绵动物的领细胞与取食（仿 Barnes）（箭头示水流方向）

的细胞完成。海绵动物的细胞已有所分化，一般认为海绵动物是处在细胞水平的多细胞
动物。生化研究表明，海绵动物体内具有与其他多细胞动物大致相同的核酸和氨基酸，这
更加说明了以上观点的正确性。

5.1.3　骨骼

骨骼是海绵动物分类的重要依据（图 5-5）。绝大部分海绵动物都有骨骼，由中胶层
内的骨针细胞所形成，或散布在中胶层内，或突出到体表，或构成网状支架，其功能是支持
和保护动物体。骨骼的成分和形状随种类的不同而有差别。骨针为钙质、硅质或角质，其
中可能还含有铜、镁、锌等离子，有大小之分。钙质骨针包括单轴型、三轴型及四轴型；硅
质骨针除单轴型外，形状变化较多，有弯形、三轴六放形及锚钩等形状。另一类骨骼为海
绵丝，成分类似于胶原蛋白，相互交错成网状，质地柔软而有弹性，单独存在或与硅质骨针
同时存在，许多大型海绵动物中常同时存在这两种骨骼。

5.1.4　水沟系

构成体壁的两层细胞组成复杂程度不同的水沟系（canal system），这是海绵动物所特
有的结构，是对固着生活的适应。不同种类海绵动物的水沟系有很大差别，但基本类型有
单沟型、双沟型和复沟型三种（图 5-6）。

（1）单沟型（ascon type）：是最简单的水沟系。这类海绵动物的中胶层较薄，领细胞
集中在中央腔壁上，孔细胞沟通中央腔与外界。水流途径为：水流→入水小孔→中央腔→
出水口→体外，如白枝海绵。

（2）双沟型（sycon type）：海绵动物在进化过程中通过体壁的折叠增加了领细胞的数
量及其分布的表面积，同时减少了中央腔的体积，形成了双沟型水沟系。相当于单沟型的
体壁凹凸折叠而成，形成了与外界相通的流入管和与中央腔相通的辐射管。在两管壁之
间有孔相通或由孔细胞组成前、后幽门孔相联络，领细胞在辐射管的管壁上。水流途径
为：水流→流入孔→流入管→前幽门孔→辐射管→后幽门孔→中央腔→出水口→体外，如
毛壶（*Grantia*）、樽海绵（*Scypha*）。

（3）复沟型（leucon type）：是最复杂、管道分支最多的水沟系。在中胶层中有很多具

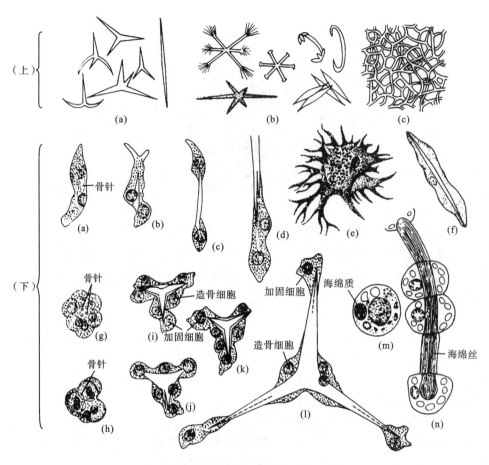

图 5-5 海绵动物的骨针及形成(改自江静波)

（上）：(a)钙质骨针；(b)硅质骨针；(c)海绵丝

（下）：(a)～(d)单轴骨针的形成；(e)钙质分泌细胞；

(f)淡水海绵单轴硅质骨针的形成；(g)～(l)三轴骨针的形成；(m)、(n)海绵丝的形成

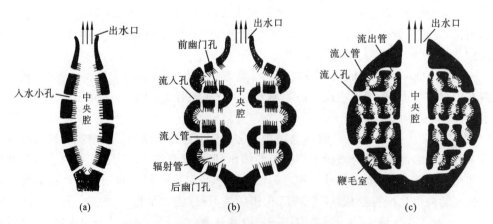

图 5-6 海绵动物的三种水沟系类型(仿江静波等)

(a)单沟型；(b)双沟型；(c)复沟型

领细胞的鞭毛室,中央腔壁由扁平细胞构成。水流途径为:水流→流入孔→流入管→前幽门孔→鞭毛室→后幽门孔→流出管→中央腔→出水口→体外。大多数海绵动物的水沟系属此类型,如浴海绵(Euspongia)。复沟型水沟系使流经海绵动物体内的水流速度加快,流量增多,一个直径为 1 cm、高 10 cm 的海绵动物,每天有约 82 L 的海水流过身体。

5.1.5　生理

海绵动物缺乏运动能力,其摄食、呼吸、排泄及其他生理机能都要依靠水流的进出来维持。海绵动物取食各种有机物颗粒,也取食细菌、鞭毛虫和其他小型浮游生物。食物颗粒落入领细胞细胞质中形成食物泡进行细胞内消化,或将食物传给变形细胞消化。消化后的营养物质或储存在变形细胞内,或转移到其他细胞;不能消化的残渣,由变形细胞排到流出的水流中。

海绵动物无专营呼吸与排泄的细胞,大多数细胞与水直接接触,独立完成呼吸与排泄。大多数细胞有与原生动物相似的伸缩泡,用以调节细胞内水盐平衡。

在由单沟型的简单直管到双沟型的辐射管,再发展到复沟型的鞭毛室的过程中,领细胞数目逐渐增多,水流通过海绵体的速度和流量随之增加,摄食面积不断扩大,在保证海绵动物能得到更多的食物和氧气的同时也可不断地排出废物,这对海绵动物进行生命活动和适应环境都有重要意义。

5.1.6　生殖与发育

海绵动物的生殖包括无性生殖和有性生殖。无性生殖又有出芽和形成芽球两种形式。出芽(budding)是由海绵体壁的一部分向外突出形成芽体,与母体脱离后形成新个体,或者不脱离母体而形成群体,是海绵动物最普遍的生殖方式。芽球(gemmule)(图 5-7)在秋末冬初或干旱时形成,此时中胶层的一些原细胞储存了丰富的营养,聚集成堆,外包以几丁质膜和一层小骨针,骨针双盘头或短柱状,形成球形的芽球。当冬天气候寒冷或干燥时,母体死去,无数的芽球可以生存下来,度过严冬或干旱。当条件适合时,芽球内的细胞从芽球上的开口出来,发育成新个体。

有性生殖为卵式生殖。海绵动物多为雌雄同体,生殖时同一个体的精子与卵通常不同时成熟,只能异体受精。精、卵细胞都由中胶层的原细胞发育而成,有时领细胞也可失去鞭毛和原生质领而变成精原细胞,再分裂形成精子。受精过程非常特殊:一个个体的成熟精子随水流进入另一个体的鞭毛室,但不直接进入卵,领细胞吞食水中的精子后失去鞭毛和领成为变形虫状,将精子带入中胶层,与卵完成受精。和其他多细胞动物一样,受精卵经卵裂发育成囊胚。但海绵动物此后的发育极为特殊:动物极的小分裂球向囊胚腔内生出鞭毛,另一端的大分裂球中间形成一个开口,然后囊胚的小分裂球由开口处倒翻出来,这样动物极的一端为具有鞭毛向外的小分裂球,植物极的一端为不具鞭毛的大分裂球,此时称两囊幼虫(图 5-8)。两囊幼虫(amphiblastula)随水流离开母体,在水中游泳一段时间后经过小细胞的内陷或大细胞的外包或两种方式的联合,形成两层细胞的原肠胚。具鞭毛的小分裂球构成内层(胃层),而另一端大分裂球留在外边形成外层(皮层)。原肠胚以原口的一端开始附着在物体上,逐渐发育为成体(图 5-8)。海绵动物胚胎发育的特点与其他多细胞动物正好相反,动物学把海绵动物胚胎发育中的这种特殊现象称为逆转

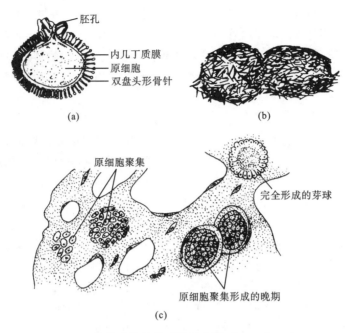

图 5-7　海绵动物的芽球及形成（自 Bayer，Owre）

（a）淡水海绵芽球切面；（b）海产硅质海绵芽球表面；（c）海产海绵芽球的形成

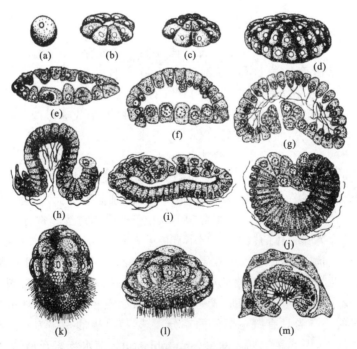

图 5-8　海绵动物的胚胎发育

（a）受精卵；（b）8 胚胞期；（c）16 胚胞期；（d）48 胚胞期；（e）、（f）囊胚期（切面）；

（g）小胚胞向囊胚腔内生出鞭毛（切面）；（h）、（i）大胚胞一端形成一个开孔，胚胞向外翻，里面的变成

外面（鞭毛在小胚胞的表面）（切面）；（j）幼两囊幼虫（切面）；（k）两囊幼虫；（l）小胚胞内陷；（m）固着（纵切面）

(reversion)，并且把海绵动物内外两层细胞各称为胃层和皮层，以与其他多细胞动物胚胎发育中的内胚层和外胚层区别。

此外，海绵动物的领细胞、骨针、水沟系等都能说明海绵动物的特殊性，因此动物学家认为它是很早就分出来的原始多细胞动物的一个侧支，称之为侧生动物(Parazoa)。由于海绵动物再也没有进化成其他多细胞动物，所以也是动物进化的一个盲支。

海绵动物具有很强的再生能力。如果把海绵动物切成小块，每块都能独立生活，而且能继续长大。有人将橘红海绵(细芽海绵属，*Microciona*)与黄海绵(穿贝海绵属，*Cliona*)分别捣碎作为细胞悬液，两者混合后，细胞各按自己的种排列和聚合，逐渐形成原来两种海绵。强大的再生能力充分地说明了海绵动物组织上的原始性，这对研究细胞的结合也很有意义。还有人用细胞松弛素(cytochalasin)处理分离的海绵细胞，能抑制其分离细胞的重聚合。

5.2　海绵动物的多样性

海绵动物已知约有 1 万种，出现于寒武纪早期。根据骨骼的成分和形状可分为寻常海绵纲、六放海绵纲和钙质海绵纲。我国海绵动物资源极为丰富，约有 5000 种。

(1) 钙质海绵纲(Calcarea)：以具碳酸钙构成的骨针为主要特征。骨针呈单轴型、三轴型或四轴型。水沟系简单，体形较小。全部海产，多数生活在浅海，少数种类生活在深达 4000 m 的海底。常见种类有毛壶、白枝海绵等(图 5-1)。

(2) 六放海绵纲(Hexactinellida)：体形较大，多为深海种类，复沟型水沟系，鞭毛室大。骨针为硅质，三轴六放或六的倍数，或呈双盘状，两端具钩。有些骨针能聚合成一个长得像网络一样的骨架，硅质纤维如同绝缘体中的纤维一样散落其中，故本纲又通称为玻璃海绵。代表种类有偕老同穴(*Euplectella*)、拂子介(*Hyalonema*)等(图 5-1)。

(3) 寻常海绵纲(Demospongiae)：是本门中最大的一纲。骨针为硅质，呈单轴型或四轴型，或为角质海绵丝，或两者同时存在。体形较大，不规则，浅海、深海、淡水中都有分布。如浴海绵(*Euspongia*)、淡水针海绵(*Spongilla*)(图 5-1)。

5.3　海绵动物的生态

海绵动物主要生活在海洋的不同区域及不同深度处，从潮间带到深海都有海绵动物分布，大约有 150 种海绵动物生活在淡水的池塘、溪流、湖泊中。成体全部营固着生活，附着于水中的岩石、贝壳、水生植物或其他物体上。

绝大多数海绵动物为群体生活，往往没有固定的形状，整个群体常受附着的基底、空间、水流等环境因素的影响。例如，附着在岩石表面上的群体常呈片状，附着在柱上的群体呈筒状，附着在岩缝中的群体常呈簇状，即使相同的种属也常因附着的基底不同而形成不同形状的群体。

海绵动物常与其他动物具有共生或寄生的关系。例如，大的海绵动物常为虾、蟹、软体动物、腕足动物提供隐蔽场所，而海绵动物也常常生活在这些动物体表，借以扩散和寻求保护。俪虾属(*Spongicola*)的幼体可进入偕老同穴内，成长后成对地生活其中而不能游出，被人们视为白头偕老的象征。

5.4　海绵动物与人类

　　海绵动物是地球上最古老、最简单的多细胞动物，作为"活化石"为研究生物演化提供了最好的证据。对人类来说，海绵动物直接或间接地有利或有害。淡水海绵大量繁殖会造成水道堵塞，附着在牡蛎壳上的海绵动物使牡蛎死亡。

　　浴海绵的海绵质纤维较软，网孔细，吸收液体的能力强，可用于洗澡擦身，在医学上用于吸收药液和脓血。有些种类纤维中或多或少地含有硅质骨骼，质地较硬，在军工上可用于擦拭器械。

　　有些淡水海绵要求环境具备一定的物理化学条件，因此可作水环境的鉴别之用。海绵动物具有降解海水污染物的能力，在海洋污染治理方面具有应用价值。

　　海绵动物的固着生活方式使其缺乏有效的物理性防御，由此产生的海绵化合物具有显著的生物活性，包括抗菌、抗肿瘤（细胞毒性）、抗真菌、抗病毒（甚至抗 HIV）等活性，尤其是细胞毒性化合物超过 10％，显著高于其他海洋动物（2％）、陆生植物（＜1％）或微生物（＜1％）。海绵动物分布广泛、容易采集，已成为提取具有生物活性海洋天然产物的主要来源之一。近年来，人们发现海绵动物的骨针具有优异的光导性能和机械性能，海绵生物硅化过程及仿生纳米和微米硅质生物材料合成的研究已经成为生物技术和材料科学的热点。

　　已有科学家提出"海绵生物技术"的概念。可以预见，海绵动物在海洋药物、海洋生物材料、海洋环境保护中将发挥重大作用。

拓 展 阅 读
——海绵动物的次生代谢产物及其生理活性

　　海绵动物长期与海洋微生物共存，其具备的不能被捕食不能被细菌分解的特性引起了人类极大的好奇。20 世纪 50 年代以来，人类开始大量研究海绵体内的化学成分和活性物质。结果证明，海绵动物体中含有大量具有细胞毒性和生物活性的次生代谢产物，如生物碱、萜类、甾体类化合物等，广泛分布于海绵动物各个种属中，帮助海绵进行正常生理活动。如蓖麻海绵（*Biemna fortis*）属中大量含有脂肪酸、甾醇、羟基苯甲醛、神经酰胺化合物，与此同时不同种属间次生代谢产物也存在一定关联，如二十多个海绵属中都存在生物碱。这些物质使海绵动物表现出一定的生理活性。

　　抗肿瘤（细胞毒）活性是海绵动物最广泛和特异的生理活性，研究发现海绵动物中生物碱、萜类、甾体类、肽类、酰胺类、苷类、酯类等化合物都具有一定强度的抗肿瘤作用或细胞毒抑制效果，这种活性存在于现已发现的大部分海绵种属中。从海绵 *I. purpurea* 的乙醇提取物中发现新生物碱 matemone(2)不仅对海胆卵的分裂具有抑制作用，还对三种肿瘤细胞系 NSCLC－N6L16（肺癌细胞）、MiaPaCa－2（胰腺癌细胞）和 DU145（前列腺癌细胞）具有中等强度的细胞毒活性。

　　从已研究的海绵中发现它们都或多或少地存在生物碱，而其中的生物碱都具有不同程度的抗真菌和抗细菌活性。

海绵动物抗病毒活性仅局限于 HIV 的抑制作用。HIV 病毒诱发艾滋病,至今都没有特别有效的治疗手段。而从 Batzeasp. 中得到一系列新多环胍类生物碱,其具有潜在的抑制 CD/gpl20 结合的活性,另外,它还能阻止病毒 HIV－1 表面糖蛋白 gp120 和人类 T4 细胞的 CD4 受体的选择性结合,从而避免 T4 细胞的感染,因此对 HIV 的治疗有潜在的作用。

许多学者开始使用具有作用机制的酶抑制和受体结合方法来寻找海洋生物活性代谢产物的时候,在海绵中发现了某些可利用的酶抑制剂。三浦半岛海绵 Halichondria okadai 产生的大田软海绵酸是一种肿瘤促进剂,还能抑制由钙激活的磷脂依赖的蛋白激酶,是特殊的蛋白质磷酸酯酶抑制剂,可用作研究细胞调控的工具药。

近年来有学者发现许多有活性的海洋代谢物可作为受体拮抗剂及作为设计治疗剂的潜在的生化工具或结构向导物。冲绳岛海绵 Xestopongia bergguista 产生的一种类固醇 Xestopongsterol A 能强烈抑制免疫球蛋白 E 介导的从肥大细胞释放组胺的受体拮抗剂,其潜在活性要比众所周知的变态反应药物 Disodiumcromoglycate 高 5000 倍以上。

海绵动物的次生代谢产物的明显药理作用为海洋生物天然活性物质新药研制提供了先导化合物,成为海洋天然产物研究中最为活跃的领域。近几十年来各国科学家对海洋天然产物的关注和研究越来越深入,已经有 60 余种海洋天然产物运用于临床研究,部分化合物有望进入到临床阶段;对抗病毒活性成分,尤其是抗 HIV 活性成分的研究也非常活跃,现已发现了一些具开发潜力的化合物;对抗炎症成分的研究也取得丰硕成果,其他如抗过敏活性成分的研究也很具吸引力。

我国海绵资源丰富,有海绵品种 5000 多种,占国际海域海绵品种的 50%。但是,目前报道过化学成分的海绵仍旧很少,有价值的活性物质分离出的更少,真正能应用上市的几乎没有,这与我国丰富的海绵生物资源很不相称。如何真正把海绵资源应用于现实生活仍是一个难题,必须加大对海绵动物资源研究的投入,使我国在 21 世纪治疗疾病药物与新药开发的激烈竞争中有一席之地。

对海绵动物的研究,不仅是研究其本身,而更重要的是用它作为研究生命科学基本问题的材料,如细胞和发育生物学等方面的一些基本问题,因此海绵动物对科学研究也有其特殊的意义。

本 章 小 结

海绵动物全为固着生活,因体表多孔,故又称多孔动物。

海绵动物是最原始的多细胞动物,仅有细胞的分化,但没有形成组织。海绵动物无消化腔,只能行细胞内消化,其特殊之处是有领细胞、水沟系、骨针。海绵动物有无性生殖和有性生殖两种生殖方式。胚胎发育有胚层逆转现象,又名侧生动物。

思 考 题

1. 为什么说海绵动物是最原始、最低等的多细胞动物?
2. 如何理解海绵动物演化是一个侧支?

第6章　腔肠动物门

腔肠动物是真正的两胚层动物。身体辐射对称或两辐射对称，这与它们在水中营固着或飘浮的生活方式相适应。腔肠动物门（Coelenterata）分为水螅纲（Hydrozoa）、钵水母纲（Scyphozoa）和珊瑚纲（Anthozoa），除水螅纲中的水螅等少数种类生活于淡水中外，其他均为海产。

6.1　代表动物和主要特征

6.1.1　代表动物——水螅

水螅（图6-1）是腔肠动物门常见的淡水种类，固着生活于水草或落叶上，在较清洁的池塘和水沟中较多。身体呈细管状，口在体前端正中圆锥形的突起——垂唇上。垂唇周围有中空的触手5~10个，呈辐射状排列，体下端为基盘，用于附着在水草等物体上。垂唇与基盘之间的圆柱体称为体柱，长0.5~1 cm。有时体柱上可见一个或数个芽体，有性生殖时还可见到体柱上存在的精巢或卵巢。对于雌雄同体的种类，精巢多在柱体上段，呈锥状；卵巢多在柱体下段近基部处，呈圆包状（图6-2）。

1. 体壁（内胚层、外胚层和中胶层）

水螅的体壁由内、外两层细胞及其间薄而无结构的中胶层所组成，表皮层（外胚层）包括皮肌细胞、感觉细胞、神经细胞、刺细胞、间细胞和腺细胞（图6-3）。在外胚层中以皮肌细胞数目最多，皮肌细胞基部的肌原纤维沿着身体的纵轴排列，收缩时可使水螅的身体和触手变短。感觉细胞分散在皮肌细胞之间，特别是在口周围、触手和基盘上较多。感觉细胞体积很小，细胞质浓，端部有感觉毛，基部与神经纤维连接。神经细胞位于外胚层细胞的基部，接近于中胶层处。神经细胞的突起彼此连成网状，传导刺激并向四周扩散，当局部受较强的刺激时，可引起全身的收缩反应。刺细胞在外胚层中普遍存在，尤其在触手处特别多。刺细胞一般呈椭圆形，内具一较大的刺丝囊，囊内有一盘曲的刺丝（有的还储有毒液）。细胞核位于细胞的基部，细胞表面具一针状的刺针（图6-4）。当刺针受到刺激后，刺丝囊内的刺丝立即射出，有捕食及

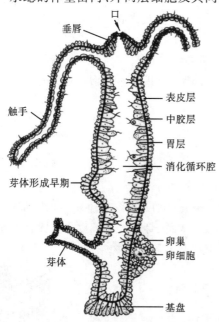

图6-1　水螅的纵剖面图（自刘凌云等）

图中标注：口、垂唇、触手、芽体形成早期、芽体、表皮层、中胶层、胃层、消化循环腔、卵巢、卵细胞、基盘

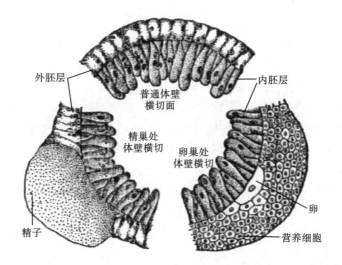

图 6-2 水螅的普通体壁横切、过精巢横切和过卵巢横切（仿江静波等）

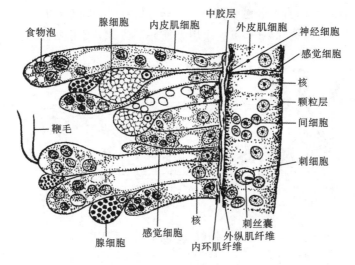

图 6-3 水螅部分体壁横切放大（自刘凌云等）

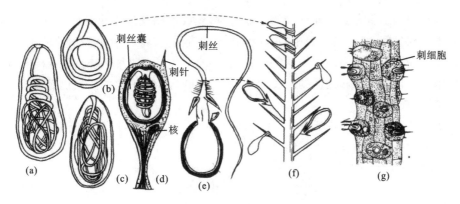

图 6-4 水螅的刺细胞（自江静波等）

（a）（c）黏性刺丝囊；（b）卷缠刺丝囊；（d）刺细胞（内含有穿刺刺丝囊）；
（e）穿刺刺丝囊的刺丝向外翻出；（f）翻出的卷缠刺丝囊在甲壳动物的刺毛上；（g）一段触手的刺细胞

御敌的功能。在水螅中通常可观察到 4 种刺丝囊。

间细胞为小型尚未分化的细胞,常三五成群地聚集在其他细胞基部或填塞于上皮肌细胞的间隙处,可分化成刺细胞和生殖细胞等。腺细胞以基盘和口周围最多,能分泌黏液,可使水螅附着于物体上或在其上滑行;也可分泌气体,身体各部分都有,由黏液裹成气泡,使水螅由水底上升至水面。

内胚层细胞排列较整齐,但较外胚层厚,包括内皮肌细胞、腺细胞、少数感觉细胞和间细胞。内胚层中主要是内皮肌细胞,但它的肌原纤维呈环状排列,收缩时可使虫体变细。有的内皮肌细胞先端有鞭毛,能促成水流;有的先端能变形,可捕捉食物微粒,进行细胞内消化。分散在皮肌细胞间的还有腺细胞,能分泌消化酶至消化腔中进行细胞外消化;分布在垂唇部分的腺细胞,能分泌黏液,帮助摄食。

内、外两胚层间的中胶层,一般无细胞组织或纤维(神经细胞可能包括其中),主要由水分、无机盐和蛋白质的胶状物质组成。

2. 运动

水螅营固着生活,除身体和触手能收缩及转变方向外,也可移动离开原来的(固着)地点。它们的运动方式较特殊(图 6-5),或用翻筋斗的方式,或用丈量的方式,还能靠基部细胞分泌气体而由水底浮至水面。

图 6-5 水螅的运动(自刘凌云等)
1.收缩;2.伸展;3~7.翻筋斗运动;8~10.尺蠖样运动;11、12.借黏液气泡上升及漂动

3. 摄食和消化

水螅利用刺细胞和触手捕获食物。捕食时,先放出刺丝射入小动物体内,使之麻痹,再用触手送到口部,吞入消化腔中,由腺细胞分泌消化液,将其消化。此种消化方式称细胞外消化。经初步消化后的食物颗粒,由内胚层的一些上皮肌细胞伸出伪足将其吞入,再进行细胞内消化。水螅和其他的腔肠动物都没有肛门,不能消化的残渣仍经口排出。

4. 呼吸和排泄

水螅无特殊的呼吸和排泄器官,体内多余的水分通过身体收缩从口中排出。气体交换和代谢废物则通过体表渗透作用进行。

5. 感觉和行为

水螅有网状的神经系统(图 6-6),对外界刺激的反应主要表现为全身性的收缩和移动。水螅对光线刺激有反应,它能避开极强和极弱的光线,停留在较明亮而不受阳光直接照射的地方。水螅生活的最适温度为 18~20 ℃,低温时收缩现象缓慢。当水温在 31 ℃以上或 0 ℃以下时,水螅立即死亡。

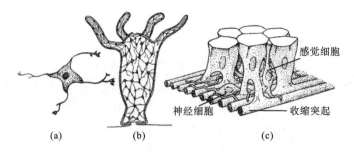

图 6-6 水螅的神经细胞和神经系统(自刘凌云)
(a)神经细胞;(b)皮层神经网;(c)皮肌细胞、神经网和感觉细胞

6. 生殖

水螅的生殖方式有无性生殖与有性生殖两种。在温度适宜和食物充足的情况下,出芽生殖十分普遍,往往一个水螅体上同时能出现多个芽体,待芽体长成后,其基部立即脱离母体,营独立生活。

有性生殖在自然界一般发生在春末和深秋,一年两次,与气温的升高或降低有关。水螅为雌雄异体(少数为雌雄同体,但多为异体受精),有性生殖时,外胚层内的间细胞产生雄性或雌性生殖细胞,并分别形成锥形的精巢或圆形的卵巢。卵巢内往往只有一个卵子发育成熟。卵子成熟后,周围的外胚层细胞破裂并退缩形成一柄(杯状垫),卵子裸露于体表。这时,精子也从精巢内逸出,渐渐靠近卵子并与之结合。受精卵经完全均等卵裂后,以内移法和分层法形成具有内、外两个胚层的实心原肠胚。其外胚层在外边分泌一层角质保护物(胚壳),此时胚胎暂时停止发育,脱离母体沉入水底越冬,次年春季胚胎逸出,继续发育成新的个体(图 6-7)。

此外,水螅有强大的再生能力,被切成数段后,在适宜的条件下能再生成多个完整的水螅。

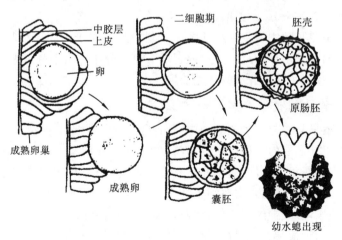

图 6-7 水螅的胚胎发育(仿 R. A. Booloofian)

6.1.2 腔肠动物的主要特征

6.1.2.1 辐射对称

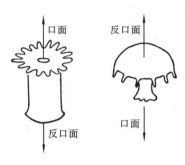

图 6-8 对称形式图解

本门动物一般为辐射对称,即通过身体的中轴(由口面到反口面)有多个切面(至少有三个切面)可以把身体分为两个大致相等的部分(图6-8)。这是一种原始的对称形式,与腔肠动物在水中物体上固着或漂浮生活有关。具有这种对称形式的动物的身体只有上、下之分,没有前后、左右之分,它们在辐射方向重复着类似的结构。本门中有的种类已由辐射对称发展为两辐射对称(或称两辐对称),即通过身体的中轴,只有两个切面可以把身体分为相等的两部分(如海葵)。

6.1.2.2 两胚层及原始消化腔

腔肠动物的体壁通常由两层排列整齐的细胞构成,相当于胚胎发育中原肠胚期的外胚层和内胚层,外层的主要功能为保护、运动和感觉;内层的主要功能是消化。内、外两层之间有由内、外胚层细胞所分泌的中胶层。体内的空腔与海绵动物的中央腔不同,有消化作用(本门动物有细胞内及细胞外两种消化方式)。没有肛门,不能消化的残渣仍由口排出。消化腔能将营养物质输送到身体各部分,所以又称为消化循环腔。

6.1.2.3 细胞和组织的分化

海绵动物仅存在细胞分化,而腔肠动物不仅存在细胞分化(如皮肌细胞、腺细胞、间细胞、刺细胞、感觉细胞、神经细胞等),而且还存在原始的组织分化。

腔肠动物的皮肌细胞是组成外胚层和内胚层的主要细胞,一般在皮肌细胞的基部延伸出一个或几个细长的突起,其中有肌原纤维分布。可见它既是上皮细胞,又是肌肉细胞。上皮和肌肉没有完全分开,说明其具有原始性。

具有刺细胞是腔肠动物的主要特征之一。刺细胞分布于外胚层细胞中,以触手上最多,但有些种类(如海月水母、海葵等)在内胚层上也有分布。由于刺细胞的形态结构较为稳定,常用来作为鉴别物种或分类的补充依据。

6.1.2.4 散漫的神经系统——神经网

腔肠动物是最早具有神经系统的动物,其神经系统为原始的神经网(图6-6(b))。细小的神经细胞位于外胚层的一侧近中胶层的地方,这些细胞有二三个或更多的细长的突起,彼此互相联络成网状(不过联络处并没有愈合,而是用与高等动物相似的神经突触相联络);神经细胞又与感觉细胞、皮肌细胞相联系。这样感觉细胞接受刺激,神经细胞司传递,皮肌细胞司动作,形成神经肌肉体系,对外界的光、热及化学的、机械的、食物的刺激产生有效的反应,有利于捕食、逃避敌害及协调活动。腔肠动物无神经中枢,也说明其具有原始性。

6.1.2.5 水螅型和水母型

腔肠动物有10000余种,它们的形态虽然各异,但其个体可分为两种基本类型,即水螅型与水母型。它们的基本构造是一致的(图 6-9),如都为两胚层、辐射对称,有触手、刺细胞、口面及反口面等。但由于受生活方式的影响,产生了下列一些不同的特征(表6-1)。

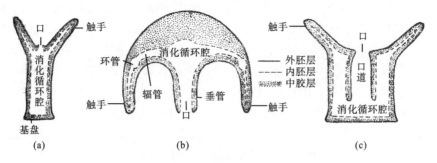

图 6-9 水螅型和水母型的比较(自鲍学纯)
(a)水螅型;(b)水母型;(c)水螅型(珊瑚虫)

表 6-1 腔肠动物的类型特征

特征　　　　类型	水　螅　型	水　母　型
体形及生活方式	圆筒形,固着生活,多形成群体,多行无性出芽生殖	多为盘状,浮游生活,不形成群体,行有性生殖
中胶层	薄,多数无细胞	厚,有少数细胞及纤维
口部	向上	向下
神经系统及感觉器官	神经系统不发达,感觉器官较简单	神经系统及感觉器官较复杂
骨骼	有些种类有石灰质骨骼	无
辐管	无	有

6.1.2.6 生殖和世代交替

腔肠动物的生殖方式有无性生殖和有性生殖两种。无性生殖通常是出芽生殖,若芽体长成后不脱离母体,则构成群体。有性生殖也很普遍,海产种类在发育过程中要经过一个浮浪幼虫时期。浮浪幼虫有内、外胚层,中有原肠腔,且体表长有纤毛,在水中游泳一段时间后,附着于物体上,再发育为新个体。

在具有水螅型和水母型的种类中,水螅型可用无性出芽的方式产生水母型,水母型个体又以有性生殖的方式产生水螅型个体。在它们的生活史中,有性世代与无性世代交替出现,称为世代交替(详见后述)。不过有些种类是以无性世代(水螅型世代)为主,如薮枝螅;而有些则以有性世代(水母型世代)为主,如海月水母。

6.2 腔肠动物的多样性

按照腔肠动物的形态特点和世代交替现象,将本门动物分成水螅纲、钵水母纲和珊瑚纲。

6.2.1 水螅纲

本纲生活史中大多有水螅型和水母型两个世代,但水螅仅有水螅型世代,淡水湖泊或池塘中的桃花水母仅有水母型世代。不论是水螅型还是水母型结构,它们都比其他两纲简单。

世代交替现象在本纲中最典型的例子是海产的薮枝螅(图 6-10)。它是固着在沿海海藻或岩石上的小型树枝状群体,茎呈分枝状,同一群体上有营养体(又称水螅体)和生殖体两种类型的个体。水螅体有口和触手,可完成取食和摄取营养功能。生殖体无口和触手,具有中轴(又称子茎),成熟后子茎以出芽的方式形成很多水母芽,水母芽成熟即脱离子茎在海水中自由生活,称水母体。水母体雌雄异体,受精卵发育成浮浪幼虫,在水中浮游一段时间后,固着下来,以出芽的方式发育成水螅型群体。像薮枝螅这样,水螅型群体以无性出芽的方式产生水母体,水母体又以有性生殖方式产生水螅型群体,有性与无性世代交替出现,称世代交替。

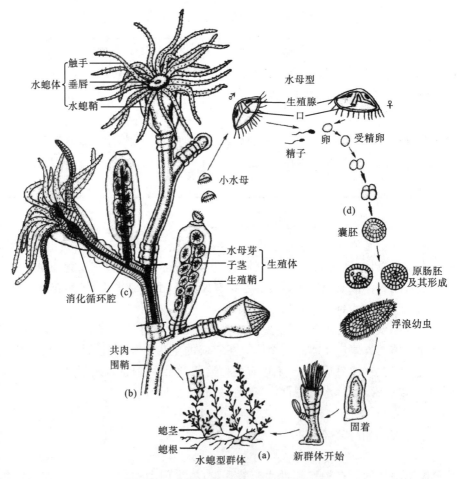

图 6-10　薮枝螅及其生活史(自刘凌云)

(a)群体;(b)群体部分放大;(c)部分剖面观;(d)生活史

本纲群体种类中,有一些出现了群体多态现象,即在同一个群体上,有多种不同形态的个体。较简单的如薮枝螅群体,有生殖体和营养体之分;另一种僧帽水母除有营养体和生殖体外,还有充满气体供飘浮的浮囊体、协助捕食和起保护作用的指状体等(图6-11)。这些不同形态的个体,彼此分工合作,它们虽在形态和功能上有差别,但基本上仍是由水螅型或水母型演变而来的。

图6-11 僧帽水母(自鲍学纯)

6.2.2 钵水母纲

6.2.2.1 常见种类

(1)海月水母。海月水母为本纲代表种类(图6-12),我国青岛、烟台等沿海地区都有分布。

海月水母体呈圆盘伞状,直径为10~30 cm。在内伞面中央有口,由口的四角各向外伸出一条口腕,口腕有协助取食和运动的功能。伞缘布满细丝状的触手,在伞缘间隔均匀的8个缺刻中,有称为触手囊的感觉器,其上有眼点、平衡石和嗅觉器,具有感光、平衡和化学感觉作用。消化循环系统分为两部分:一为消化管道部分,包括口、食道、胃和由胃向四方发出的4个胃囊;二为循环管道部分,包括许多放射状的辐管和伞缘的环管。海月水母以浮游动物及溶于水中的有机物为食,胃囊内有内胚层细胞形成的胃丝,其上有刺细胞和腺细胞分布。消化循环系统完成食物的消化和运输功能。

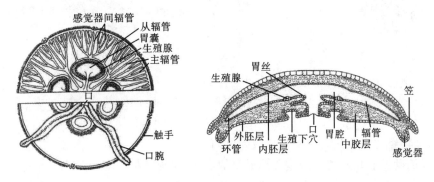

图6-12 海月水母(自侯林、吴孝兵)

海月水母雌雄异体,在胃囊底部有由内胚层形成的4个马蹄形生殖腺。受精卵发育到浮浪幼虫后离开母体,在海中浮游一个时期,然后固着形成水螅幼体(即水螅体)。水螅体以横分裂方式形成横裂体。横裂的结果是,盘状个体依次脱离母体游离到水中,形成碟状体,然后逐渐长大发育成圆盘状的水母体。可见整个生活史中的不同阶段,分别出现水母型世代和水螅型世代,但水母型发达,水螅型不显著(图6-13)。

(2)海蜇。腔肠动物中食用价值最高的是海蜇。我国海蜇资源丰富,东海、黄海、渤海、南海四大海区的内海近岸处皆有分布(图6-14)。

海蜇与海月水母在外形上的主要区别为:海蜇的伞部不呈圆盘形,而呈半球形;中胶层厚而硬,伞缘无触手;成体口腕基部愈合,未愈合的下端分枝成根状,大形口消失,根状口腕部有吸口与外界相通(吸口由小管道通入胃腔);以浮游生物为食;从吸口中分泌出

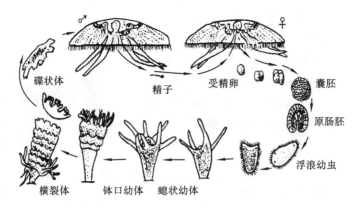

图 6-13 海月水母的生活史(仿 Storer)

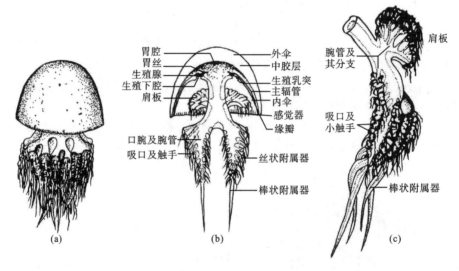

图 6-14 海蜇(自刘凌云)

(a)外形图;(b)纵剖面;(c)口腕(示腕管及吸口)

消化液,食物经初步消化后再由吸口吸入体内。

我国是世界上开发利用海蜇资源最早的国家(比国外早 1400 年左右)。每年 7—8 月份是捕捞海蜇的旺季。渔民将伞部与口腕切开,加石灰与明矾压榨,除去水分,洗净后再加食盐浸渍,伞部叫蜇皮,口腕叫蜇头。海蜇富含蛋白质、多种维生素和钙、磷、铁等无机盐,营养价值相当高。我国海蜇成品出口已有悠久历史,且享有盛誉,被视为水产珍品。

6.2.2.2 钵水母纲的主要特征

本纲动物全部为海产,且大多数是大型的水母类。生活史中水母型发达,中胶层较厚,水螅型非常退化;水母型的构造比水螅水母的复杂,感觉器官为触手囊,有复杂的消化循环系统,胃囊内有胃丝,生殖腺起源于内胚层。

6.2.3 珊瑚纲

6.2.3.1 常见种类

(1)海葵。海葵常作为本纲的代表动物,为海滨常见种类,尤以温暖的海区最丰富。

海葵营固着生活,颜色一般都很鲜艳,当触手伸展时,很像盛开的菊花,故有"花虫"之称(图6-15)。

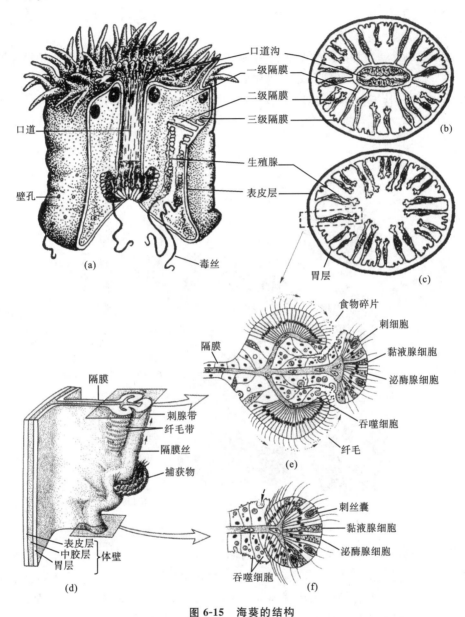

图6-15 海葵的结构

(a)部分体壁纵横切;(b)过口道横切;(c)过消化循环腔横切;(d)~(f)隔膜及隔膜丝放大;

((a)~(c)自刘凌云;(d)~(f)自 Ruppert 等)

　　海葵躯干远比水螅的粗大,在口盘处有由外胚层内陷形成的口道。口道内有1~2个纤毛沟,称口道沟,使身体呈两辐射对称。当海葵收缩、口道关闭时,水流仍可由口道沟流入消化循环腔。触手数目多,一般为6、8或其倍数。消化腔内有由内胚层和中胶层向消化腔突出而成的隔膜,其数目常与触手数相同,隔膜上有发达的肌肉,隔膜的游离端具有生殖腺和隔膜丝。隔膜丝可沿隔膜的边缘下行,形成游离的枪丝(或毒丝),其中含有丰富的刺细胞和腺细胞。枪丝常由口或壁孔射出,有防御及进攻的功能。海葵多为雌雄异体,少数为雌雄同体。生活史中无水母型世代。受精卵在母体内发育形成浮浪幼虫,出母体游动一段时间后,固着下来发育成新个体。无性生殖为纵分裂或出芽。海葵是本纲中不形成群体和不具骨骼的种类。

（2）珊瑚虫。珊瑚纲中多数种类为群体并有骨骼,即通常所说的珊瑚。珊瑚是珊瑚虫群体所形成的骨骼。当仔细观察一块珊瑚时,可以发现有无数的小孔,每一小孔就是一个珊瑚虫生前的“住宅”。珊瑚虫的结构和海葵相似。珊瑚虫中也有单个生活而不形成群体的,如石芝(图 6-16)。珊瑚中骨骼的成分有石灰质的或角质(有机质)的,群体的形状千姿百态。

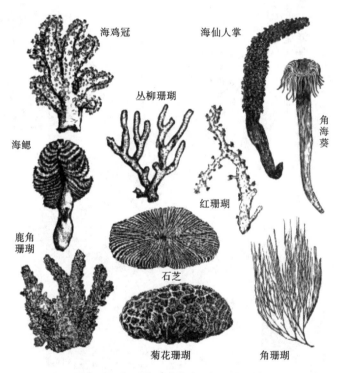

图 6-16　常见的珊瑚种类(自刘凌云等)

现以造礁珊瑚的主要类群——石珊瑚为例,介绍其骨骼形成的大致过程。这类珊瑚虫的外胚层能分泌碳酸钙骨骼(首先由细胞吸收海水中的钙离子,与二氧化碳结合生成碳酸钙,再释放出来)。从浮浪幼虫尾端固着开始,在固着部位由外胚层分泌石灰质基盘(好比房子的地基),珊瑚虫就位于基盘上。随着珊瑚虫幼体的长大,虫体下端外胚层细胞的分泌物(石灰质骨骼)连同体壁在成对隔膜之间陷入,形成围鞘和辐射状排列的骨质隔板,并逐渐增大,最后完成“住宅”的建造。珊瑚虫体上部的柔软部分仍露在外面,好像每个柔软虫体的下部被嵌在一个石灰质基座上。

除石珊瑚外,珊瑚骨骼的形成还有其他形式,如外胚层的细胞移入中胶层中分泌骨针或骨片。其中有的种类的骨针或骨片相集而成骨骼,当群体中的珊瑚虫死后就留下管状骨骼,如笙珊瑚;有的种类的骨针游离于中胶层中或突出于体表,如海鸡冠(图 6-16)。红珊瑚中胶层中的小骨片和中胶层所分泌的石灰质相结合,形成坚硬的中轴;柳珊瑚则是由外胚层分泌的角质骨骼,渐次由群体的基部陷入内部,形成中轴。

造礁珊瑚对温度的要求严格,海水年平均温度在 20～30 ℃,才能大量繁殖(低于 20 ℃或高于 30 ℃都不行),因此我国南方海域内有大量的珊瑚分布。珊瑚以微小动物为食物,气候适宜时骨骼发育很快,可形成珊瑚礁或珊瑚岛。我国的西沙群岛就是由珊瑚礁形成的,面积达 50 km²。珊瑚礁可形成储油层,珊瑚化石对鉴定地层、地质找矿很重要。美丽的珊瑚还可做成工艺品,供人们观赏。

6.2.3.2 珊瑚纲的主要特征

本纲在腔肠动物中是种类最多的一群,有 6000 种以上,全部海产。单体或群体,多数具有骨骼(少数例外,如海葵),口道沟的存在使身体呈两辐射对称。生活史中仅有水螅型世代,无世代交替现象。本纲个体与水螅纲的水螅型基本相似,但有口道和隔膜,生殖腺由内胚层产生。

为了方便记忆和比较,现将腔肠动物三个纲的主要特征列举如下(表 6-2)。

表 6-2 腔肠动物三个纲的主要特征比较

纲 \ 项目	水 螅 纲	钵 水 母 纲	珊 瑚 纲
水螅型和水母型	多有两个世代,但以水螅型世代为主,少数仅有水螅型或水母型	以水母型世代为主,水螅型世代不显著或无	只有水螅型世代,无水母型世代
构造特点	单个或群体,有的有群体多态现象,水螅型及水母型构造均简单	单个,多为大型的水母类,构造复杂	多为群体(少数单体),构造复杂,有口道和隔膜
刺细胞分布	外胚层	外、内胚层皆有	外、内胚层皆有
生殖腺来源	外胚层	内胚层	内胚层
种数、分布及举例	2700 种,多数海产(薮枝螅、僧帽水母),少数淡水产(水螅、桃花水母)	200 种,全部海产。代表种类有海月水母、海蜇	6100 种,全部海产(多在温带及热带浅海)。代表种类有海葵、珊瑚

6.3 腔肠动物的生态(珊瑚礁/岛及其自然保护区)

腔肠动物数量很多,对于海洋生态系统多样性有重要作用。例如,珊瑚礁是生物多样性最丰富的生态系统,也是许多海洋生物的安身立命之所。珊瑚礁生态系统经历了漫长的演化历史,逐步达到自然的生态平衡状态。在珊瑚礁生态系统里,珊瑚礁具有适宜各门类生物生长的极好自然条件,最重要的是海水清洁,温度适宜,有丰富的浮游植物、浮游动物及藻类和海草等,可为珊瑚、海葵、草食性动物、底栖生物,以及鱼类及其他掠食者提供充足的饵料。这些饵料和珊瑚组织内的共生黄藻,都是很有效的初级生产者,在珊瑚礁生物的食物链中起重要作用。这种饵料生物的增多,也为其他经济动物提供有利条件,使生物资源更为丰富。不同形态的造礁珊瑚分泌的钙质骨骼,创造了多层次的空间,为各种喜礁生物提供栖息、附着或庇护的场所。底栖生物中,有的穴居礁中,有的固着在礁的表面不动,或缓缓移动于礁表面;一些鱼类有的与珊瑚、海葵或海绵共生,有的则穿梭于珊瑚枝杈之间,有的则在礁的上层水域;更有的微小生物共生于珊瑚虫体的活组织之中。总之,众多的生物汇集珊瑚礁里,充分利用珊瑚礁的各个层次的空间,使珊瑚礁成为热带海洋生物的大都会。珊瑚礁里的生物极其复杂、丰富,构成一个多样性极高的顶级生物群落。

我国早在 1990 年就将三亚珊瑚礁自然保护区批准设立为国家级海洋自然保护区,总面积 8500 hm²(1 hm² = 0.01 km²)。三亚珊瑚礁自然保护区属于三亚市沿海区,以鹿回头、大东海海域为主,包括亚龙湾、野猪岛海域及三亚湾东西玳瑁岛海域,总面积 40 km²,保护对象为珊瑚礁及其生态系统。保护区属珊瑚礁海岸,位于天然海湾内,海水盐度年变化范围为 33.4‰~33.8‰,水温年变化范围为 23.6~29.3 ℃。海浪破坏作用小,海水交换充分,浅水区大,污染小,有机质含量丰富,基质坚硬,是珊瑚生长的良好场所。三亚珊瑚礁自然保护区水质良好,海水透明度大,现有造礁珊瑚 87 种,生长较密集,分布面积大,从 2~3 m,再到 50 m 水深处均可采到,水下大片珊瑚礁,斑斓绚丽,色彩纷呈。这里是迄今保持近原始状态破坏最小的地区,珊瑚礁区为许多珍贵优质鱼类提供了良好的生长、发育、繁殖场所,仅在鹿回头就发现贝类 300 多种,海化石 300 多种,种类之多,居全国之冠。

6.4 腔肠动物与人类

腔肠动物大约有 1 万种,有少数种类生活在淡水中,但多数生活在海水中。人类很早就对腔肠动物有了很深入的了解和认识,也找到了有食用价值的种类(如海蜇等)。此外,很多腔肠动物都具有较高的学术研究价值和观赏价值,如淡水的桃花水母,其作为生物进化过程形成的一个物种,以自己独特的生命形成记录着地球生命的发展历程,其特有的基因对现代基因工程的研究具有重要价值,同时也为研究和了解物种的遗传、进化提供了条件。目前,对保护桃花水母的呼吁,已引起国内学术界及各方面的关注,我国已开始研究拯救桃花水母的具体措施,试图努力挽救这一极危物种。一些水母和珊瑚具有非常高的观赏价值,在很多水族馆里都能看到,而且目前市场上也有很多用珊瑚做成的工艺品,形状和姿态十分优美,有一些甚至是国家级文物。

另外,腔肠动物中也有很多种类对人体是有害的,如僧帽水母、箱式水母等水母类的种群能分泌一些对人体有剧毒的化合物,甚至几分钟即可致人死亡。僧帽水母的武器是它的触手,很多游泳者在看到僧帽水母的时候再躲避已经迟了,僧帽水母中分泌致命毒素的是触手中微小的刺细胞,虽然单个刺细胞所分泌的毒素微不足道,但是成千上万的刺细胞所积累的毒素之烈不亚于当今世界上任何一种毒蛇分泌的毒素。而一些大型水母,如北极霞水母的伞径可达 2 m,触手长达 30 m,这些体形庞大的水母类群在海洋里会起到驱赶鱼群的作用,对海洋捕鱼业十分不利。而珊瑚纲动物形成的一些珊瑚暗礁对航行也十分有害。

本 章 小 结

腔肠动物身体呈辐射对称,有的为两辐射对称。腔肠动物的体壁有两胚层。具有消化循环腔,有细胞内和细胞外两种消化方式,无肛门。腔肠动物存在组织的分化,但很原始,如无神经中枢而为网状神经系统。肌肉与上皮也未分开。有刺细胞为腔肠动物门的特点。腔肠动物的生殖方式有无性生殖和有性生殖两种,不少种类有世代交替现象。海产种类有浮浪幼虫期。

思 考 题

1. 简述腔肠动物门的主要特征。

2. 腔肠动物分哪几纲? 并各举两例。

3. 名词解释:辐射对称;刺细胞;上皮肌细胞;细胞外消化;世代交替;群体多态。

第7章　扁形动物门

扁形动物是两侧对称、三胚层、无体腔、背腹扁平的动物。它们具有不完全的消化系统(有口无肛门)、原肾管型的排泄系统、梯形神经系统和较发达的生殖系统,比腔肠动物要复杂、高级。现记录最多的约为 20000 种,包括涡虫、华支睾吸虫、血吸虫、猪绦虫等,除营自由生活的涡虫纲种类外,多数种类(吸虫纲和绦虫纲)寄生于人、畜、禽或其他动物体内或体表。

7.1　代表动物和主要特征

7.1.1　代表动物——三角涡虫

7.1.1.1　生活习性和外形

日本三角涡虫(*Dugesia japonica*)在中国、日本、朝鲜等东亚地区分布极为广泛,生活于淡水溪流中的石块或其他物体上,避强光,以小型水生动物(甲壳类、螺类、环虫等)为食。

三角涡虫身体柔软,左右对称,背腹扁而呈柳叶状,长可达 15 mm(图 7-1)。前端略呈三角形,两侧各有一发达的耳突,司触觉和嗅觉。头部背面有一对黑色眼点,可感光。背面稍凸,有许多黑色素,腹面较平而色浅,密生纤毛,与运动有关。在近体后 1/3 的腹面中线上有口,口的稍后为生殖孔,无肛门。

图 7-1　三角涡虫的外形(自 Hickman)

7.1.1.2　皮肌囊

三角涡虫的体壁是由表皮层和多层肌肉相互紧贴而组成的囊状物,称皮肌囊(dermomuscular sac,图 7-2)。表皮层由柱状上皮细胞组成,其间有腺细胞和感觉细胞。表皮细胞多数含有杆状体(rhabdites),当虫体遇刺激时,杆状体被排出体外,弥散为有毒性的黏液,有利于捕食或御敌。表皮细胞间的其他腺细胞可分泌黏液,有利于保湿、气体交换、运动等。表皮之下有底膜,再下面为肌肉层。肌肉层分为三层,外层为环肌,中层为斜肌,内层为纵肌,此外还有贯穿背腹的背腹肌。皮肌囊内无腔,被中胚层的实质与内部器官所填充。这样皮肌囊除有保护的功能外,还强化了运动机能。

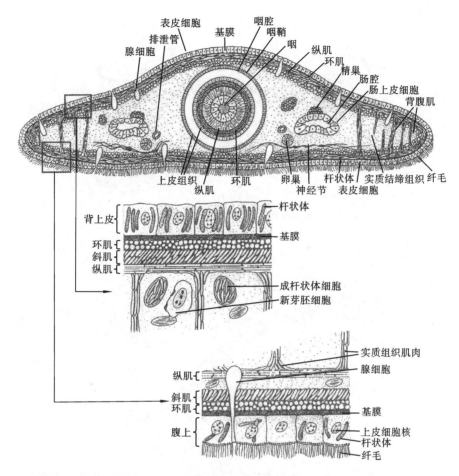

图 7-2 三角涡虫过咽的横切面(自徐润林)

7.1.1.3 消化系统

不完全消化道:有口无肛门。在腹面近体后 1/3 处有口(图 7-3),其内有棒状肌肉质的咽(pharynx)及其内翻形成的咽鞘,二者之间为咽囊或咽腔,取食时咽可从口处伸出。紧接咽的是肠,它分为三支主干,一支向前,两支向后,每条主干又反复分出若干末端为盲管的小支,分布到全身各部分。取食时三角涡虫先用体前端裹住猎获物,由咽所分泌的消化液行初步消化,然后靠咽的吸吮作用吸到肠中,被肠壁细胞所吞噬并进行细胞内消化,不能消化的残渣从口排出。

7.1.1.4 循环系统和呼吸系统

三角涡虫无专门的循环系统和呼吸系统。营养物质通过肠的分支和实质中的液体扩散分送到身体各处。呼吸由体表的气体交换来完成。

7.1.1.5 排泄系统

三角涡虫具有原肾管型的排泄系统,由外胚层来源的焰细胞、排泄管和排泄孔所组成(图 7-4)。在身体两侧各有一多次分支的纵行排泄管,其结构特点是一端有通向体外的排泄孔,另一端在体内为许多分支的小盲管,这些盲管的末端有特殊的焰细胞。每个焰细

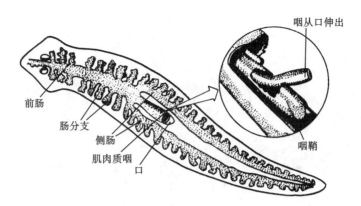

图 7-3　三角涡虫的消化系统(引自 Moore 和 Olsen)

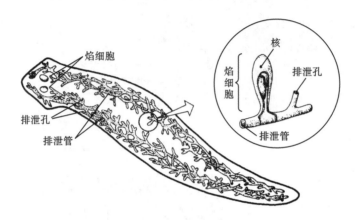

图 7-4　三角涡虫的排泄系统(自 Moore 和 Olsen)

胞向管内伸出两条或多条鞭毛,鞭毛不停地摆动犹如火焰,故名焰细胞。焰细胞能将体内多余的水分和液体废物排入排泄管内,再通过排泄孔排出体外。

原肾管主要是调节渗透压,也有部分排泄作用,其含氮废物主要由体表排出。

7.1.1.6　神经系统

三角涡虫的神经系统比水螅的发达,其前端开始出现脑的雏形,由脑神经节向后伸出两条腹神经索主干,其间有横神经连接,构成较典型的梯形神经系统(图 7-5)。耳突在头部的两侧,司触觉和嗅觉。眼点能感受一定强度的光,但不能成像。

7.1.1.7　生殖系统

三角涡虫可行无性生殖和有性生殖。无性生殖为断裂生殖,多从身体咽后的部位缢断,再发育成为两个个体。有性生殖雌雄同体,生殖器官结构复杂(图 7-6)。

雄性生殖器官包括精巢、输精小管、输精管、贮精囊、阴茎等部分。多个精巢,呈球形,位于身体两侧,每个精巢有一输精小管与纵行输精管相通,这对输精管近末端膨大为贮精囊,再汇合为富含肌肉的阴茎,阴茎腔与生殖腔相通。

雌性生殖器官包括前方身体两侧各一个卵巢且各有一条向后行的输卵管。输卵管沿途与许多卵黄腺相连,并在后端汇合形成阴道,通入生殖腔中,由生殖孔通体外。此外,还有一交配囊并开口于生殖腔。由此,雌、雄性生殖器官均与生殖腔相通,并由一个共同的

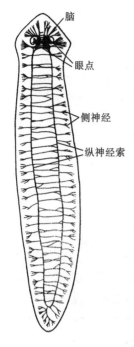

图 7-5　三角涡虫的神经系统
（自 Moore 和 Olsen）

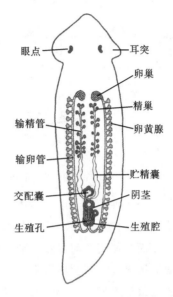

图 7-6　三角涡虫的生殖系统（自姜乃澄）

生殖孔开口于体表。

三角涡虫虽是雌雄同体，但为异体受精。交配时三角涡虫从各自生殖孔伸出阴茎并插入对方的生殖腔中，将精子送到对方交配囊内储存。待卵子成熟后，交配囊中的精子移行到输卵管上方与卵子受精，几个受精卵与多个卵黄细胞在生殖腔分泌的黏液包裹下形成卵袋，排入水中，黏附于水中的石块或其他物体上，在繁殖季节经 2～3 周即发育为幼体。

7.1.1.8　再生

三角涡虫有较强的再生能力。一种为生理性的再生，如长期处于饥饿状态下的三角涡虫能吸收中胚层的实质或生殖器官作为营养物质，虫体体积缩小到原体积的 1/10，一旦获得足够的食物，实质中的形成细胞又进行分裂和分化，使被消耗的器官重新恢复；另一种为损伤性的再生，将三角涡虫切割为许多段，每一段都能再生成一完整的三角涡虫（图 7-7）。如果从体前端（或后端）中线上加以纵切，就可产生出双头（或双尾）的三角涡虫来。由于三角涡虫体前端、后端的代谢率不同，前端较强，后端较弱，故再生的速度也不一样；若在切块大小相同的条件下，前端比后端的再生速度快些。最新的研究表明，三角涡虫的再生与其体内未分化的干细胞有关。

7.1.2　扁形动物门的主要特征

7.1.2.1　两侧对称

从扁形动物开始，绝大部分的动物都具有两侧对称的体形，即通过动物体的中央轴只有一个对称面将动物体分成左右相等的两部分，也称左右对称，这种体形主要是由于动物

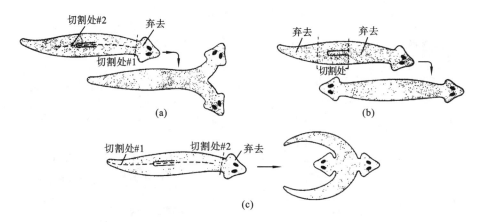

图 7-7　三角涡虫的再生（自 Jan A. Pechenik）

从水中漂浮生活进入到水底爬行生活的结果。两侧对称的出现促使动物身体明显地分出前、后、左、右、背、腹，这种分化又与相应的机能分化有关。背面承担保护作用（保护色、杆状体等），腹面主司爬行与摄食机能，神经及感觉器官则向体前端集中，使动物能够定向运动和主动地摄取食物。与辐射对称的腔肠动物仅能固着生活或被动地随水漂浮相比，扁形动物适应范围更加广泛，对外界环境的反应更为主动和准确，为动物由水生到陆生发展创造了条件，在进化上具有重要意义。

7.1.2.2　中胚层的产生

扁形动物为三胚层动物，即除内、外胚层外，还有中胚层。中胚层的出现对动物体结构与机能进一步发展有很大意义，是动物由水生到陆生的基本条件之一。中胚层形成的肌肉减轻了内、外胚层某些机能的负担，特别是运动机能的负担，并引起一系列组织器官的分化，为动物体的结构进一步复杂完备提供了条件，使扁形动物达到了器官系统水平。肌肉的复杂化增强了运动机能，取食范围更广，促使消化系统更发达和排泄系统的形成，同时促进了新陈代谢的加强；另外运动机能的加强还促进了神经系统的发展（神经系统和感觉器官向前端集中）；中胚层取代了内、外胚层的生殖机能，有了固定的生殖腺和生殖管道，同时出现交配和体内受精现象（这是动物由水生到陆生的一个重要条件）；中胚层产生的实质可储存营养（耐饥饿）和水分（抗干旱）并保护内脏。事实上，扁形动物门是最先出现适合于潮湿土壤表层生活的陆生种类，因此中胚层的产生在动物界的进化中有着非常重大的意义。

7.1.2.3　皮肌囊

腔肠动物的上皮和肌肉组织未分开，仅有皮肌细胞，中胚层的出现导致扁形动物产生了复杂的肌肉构造——环肌、纵肌、斜肌。中胚层产生的肌肉与外胚层形成的表皮相互紧贴而组成的体壁称为皮肌囊。皮肌囊除有保护系统的功能外，还强化了运动机能。

7.1.2.4　不完全消化系统

从扁形动物开始出现消化系统，但有口无肛门，属于不完全的消化系统。自由生活的种类其消化系统较发达，肠管分成多支（如三角涡虫）；而寄生生活的种类其消化系统趋于退化（如吸虫），有的甚至消失（如绦虫）。

7.1.2.5　排泄系统和呼吸

扁形动物具有外胚层来源的原肾管型的排泄系统,它由焰细胞、排泄管和排泄孔所组成,分布遍及全身(图7-4)。原肾管型排泄系统的特点是一端有通向体外的排泄孔,另一端在体内有许多分支而端部封闭的小盲管,这些盲管的末端有特殊的焰细胞。原肾管的主要功能是调节渗透压,也排出一些代谢废物,但扁形动物的含氮废物主要由体表排出。一些海产种类的原肾管已缩小或消失。

扁形动物没有专门的呼吸器官,自由生活种类主要通过体表扩散作用进行气体交换,寄生种类一般行厌氧呼吸。

7.1.2.6　神经系统

扁形动物的神经系统比腔肠动物的网状神经系统有了明显的进步,扁形动物已有了原始的中枢神经系统,包括神经细胞在体前端集中形成的"脑"及向后分出若干纵行的神经索。有的高等种类中纵神经索只有两条发达的腹神经索,神经索之间还有横神经相连,称为梯形神经系统。

7.1.2.7　生殖与发育

大多数扁形动物雌雄同体。由于中胚层的出现,不但形成了产生雌雄生殖细胞的固定生殖腺,而且生成了生殖管道(输卵管、输精管等)和附属腺(如卵黄腺)等构造。还出现了交配和体内受精的现象,这是动物由水生到陆生的一个重要条件。淡水的三角涡虫直接发育,不经过变态,但海产种类如平角涡虫要经过一个特殊的牟勒氏幼虫(Müller's larva)期。这种幼虫呈卵形,全身被纤毛,有8片游泳用的纤毛瓣,有脑和眼点,腹面有口,营漂浮生活,数天后沉入水底发育成成体(图7-8)。

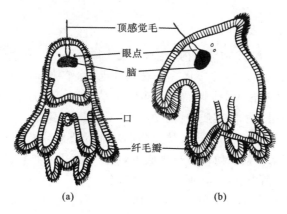

顶感觉毛
眼点
脑
口
纤毛瓣

(a)　　　　　　　(b)

图 7-8　牟勒氏幼虫(自 Hyman)
(a)腹面观;(b)侧面观

7.2　扁形动物的多样性

扁形动物约有20000种,一般分为涡虫纲、吸虫纲和绦虫纲。

7.2.1 涡虫纲

涡虫纲的绝大多数种类营自由生活,海产种类如平角涡虫(图 7-9(a)),淡水种类如三角涡虫(前述),在潮湿陆地上生活的有笋蛭涡虫(图 7-9(b))。

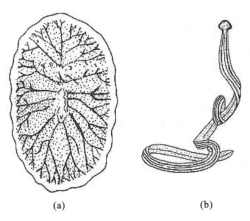

(a)   (b)

图 7-9　平角涡虫和笋蛭涡虫

(a)平角涡虫;(b)笋蛭涡虫

涡虫纲体表具纤毛、腺细胞和杆状体,杆状体可用来捕食和防御敌害。运动和捕食能力的提高使得消化系统、神经系统和感觉器官发达。淡水种类直接发育,海产种类间接发育(经牟勒氏幼虫期),螺旋式卵裂。

7.2.2 吸虫纲

7.2.2.1 主要特征

本纲全部营寄生生活,多数为体内寄生,少数为体外寄生。寄生生活使其在形态结构和生理功能上都产生了一系列的变化。体表无纤毛、腺细胞和杆状体,出现了附着器官(如吸盘和小钩等),并具有兼保护功能及吸收营养物质的外皮层(为原生质的合胞体,其细胞本体下沉到肌肉层之下的实质中(图 7-10))。该外皮层不仅可抵抗宿主体内消化酶的作用,还具有吸收营养物质和进行气体交换的功能。消化系统趋于退化,神经系统不发达,感觉器官消失,仅某些幼虫阶段可出现眼点,适应短暂的自由生活(幼虫体表具纤毛)。生殖系统特别发达,生活史复杂,有更换宿主的现象。

多数吸虫为雌雄同体,少数雌雄异体。典型的生活史要经过受精卵、毛蚴(miracidium)、胞蚴(sporocyst)、雷蚴(redia)、尾蚴(cercaria)、囊蚴(metacercaria)和成虫等发育阶段,不同发育阶段的个体有差异。毛蚴是生活史中第一个自由游泳时期,身体呈梨形,被纤毛,毛蚴很活跃,在水中自由游泳,寻找中间宿主。胞蚴是毛蚴进入中间宿主(如沼螺)后脱去纤毛形成的一囊状物,保留毛蚴的体壁和原肾,靠体表吸收宿主的营养,可进行无性繁殖。雷蚴是胞蚴体内经繁殖出来的小个体,呈长圆形,后端较钝,具口、咽及不分支的肠道,通过肠道或体表吸收宿主的养料进行无性繁殖,是吸虫扩大种群数量的阶段。尾蚴是生活史中第二个自由生活阶段,有一长形尾,有口、口吸盘、肌肉质咽及分支的肠道,身体前端有穿透腺,也有原肾。囊蚴呈椭圆形,无眼点,大多寄生于鱼类肌肉中。成

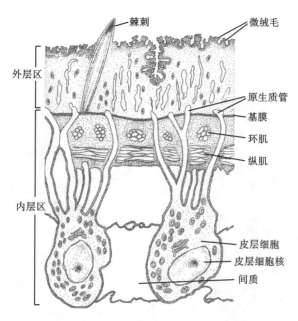

棘刺　微绒毛

外层区

原生质管
基膜
环肌
纵肌

内层区

皮层细胞
皮层细胞核
间质

图 7-10　吸虫体壁的超微结构(自徐润林)

虫虫体柔软扁平,前窄后宽,形成口吸盘及腹吸盘,寄生于终末宿主的肝、肺及血液处吸取营养。生活史中更换宿主是本纲寄生种类的典型特征。寄生虫成虫或有性生殖阶段寄生的宿主称为终末宿主,幼虫期或无性生殖阶段寄生的宿主称为中间宿主。若有两个以上的中间宿主,则按顺序称为第一、第二中间宿主。

7.2.2.2　代表动物

1. 华支睾吸虫

华支睾吸虫是人、猫、狗等哺乳动物肝胆管内的较常见寄生虫,在我国以寄生于猫、狗的情况居多,人也可被感染。患者会食欲不振、腹泻、肝区疼痛、黄疸、肝脾肿大,甚至会肝硬化、肝癌,严重者死亡。

成虫体呈叶片状,长为 10～25 mm,宽为 3～5 mm。具口吸盘及腹吸盘,但腹吸盘较小。肠分为两盲管,直达体后端。精巢两个,呈树枝状在虫体后 1/3 处前后排列,故而得名为华支睾吸虫,这也是该虫的主要特征之一。

华支睾吸虫生活史复杂,需要两个中间宿主(图 7-11)。受精卵经胆总管入小肠,然后随粪便排出体外,虫卵小,呈灯泡状,其内已含有发育成熟的毛蚴;进入水中被淡水螺(第一中间宿主)吞食,在螺体内毛蚴从卵内孵出;经胞蚴、雷蚴、尾蚴的发育释放出大量尾蚴,进入第二中间宿主(鱼、虾)的体内,发育成囊蚴;囊蚴是感染期,人或动物(终末宿主)经口食入而感染。

由于华支睾吸虫病是经口感染,囊蚴集中在鱼、虾体内,因此不吃生的或未熟的鱼、虾,喂给猫、狗的鱼、虾也应该煮熟;加强粪便管理,防止未经处理的新鲜粪便落入水中;治疗患者和管理猫、狗等动物。

2. 日本血吸虫

日本血吸虫是寄生在人和家畜血液中的一种吸虫。血吸虫病曾是我国五大寄生虫病

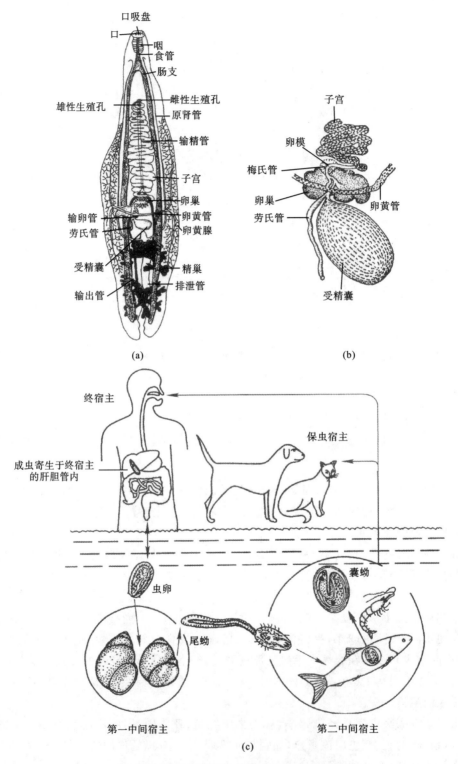

图 7-11 华支睾吸虫的结构及生活史（自徐润林）

（a）成虫整体结构；（b）雌性生殖系统局部；（c）生活史

之一（也是危害最严重的），目前仍是我国重点防治的寄生虫病之一。血吸虫病主要流行于长江流域及长江以南的省、市、自治区。据调查，新中国成立初期，全国约 1/4 的人受此病威胁。经不懈努力，我国血吸虫病的防治工作取得了显著成绩，但要根除此病，仍需努力。

日本血吸虫形态上最大的特点是雌雄异体。雄虫长 9～12 mm，宽 0.5 mm，乳白色，常向腹面弯曲呈镰刀状。口、腹吸盘明显，自腹吸盘以后虫体两侧向腹面弯曲，形成抱雌沟。雌虫较细长，常在抱雌沟内与雄虫成对出现。消化道包括口、食道和肠管，肠管在腹吸盘背面前方分成左右两支，后端合并。雄虫精巢 7 个，排成一行；雌虫体中部有卵巢 1 个。生殖孔位于腹吸盘后面（图 7-12）。

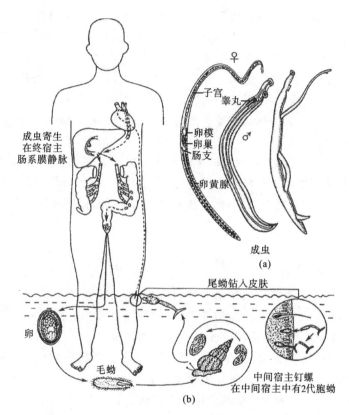

图 7-12　日本血吸虫成虫及其生活史（自徐润林）

(a)成虫；(b)生活史

日本血吸虫的生活史没有华支睾吸虫复杂，只需要一个中间宿主。成虫寄生在人（或畜）的肝门静脉及肠系膜静脉血管内，雌、雄虫交配后，雌虫多逆血流移行至肠壁静脉末梢处产卵，一部分虫卵随血流运行至肝脏，另一部分虫卵在血管内经 11 天左右逐渐发育为成熟虫卵，内含毛蚴。由于毛蚴分泌的溶组织性物质破坏血管壁并使周围的肠黏膜组织发炎、坏死，加上肠壁肌肉收缩，使得含有虫卵的坏死组织进入肠腔，随人（或畜）粪便而排出宿主体外。虫卵在水中孵化出毛蚴，遇到中间宿主钉螺就主动侵入。毛蚴入螺体后纤毛脱落，发育成母胞蚴（又称第一代胞蚴），胞蚴体内的胚球进行分裂，发育成无数子胞蚴（或称第二代胞蚴），子胞蚴继续发育而成无数尾蚴。成熟的尾蚴尾部分叉，活动力强，是血吸虫的感染期,从螺体逸出后密集于水面游动,其侵袭力可保持3天左右。人及其他终宿主接触水体中的尾蚴时,尾蚴凭借其机械推进作用并分泌溶蛋白酶类溶解终宿主皮肤组织,脱去尾部进入宿主体内变为童虫。童虫随微小血管至静脉系统,随血流经右心、肺、左心进入体循环,其中部分到达肠系膜静脉,随血流移到肝门静脉系统,经初步发育后再回到肠系膜静脉中定居(图7-12)。从尾蚴经皮肤感染至交配产卵,一般为30天左右。虫卵在组织内的寿命为21天左右,成虫在人体内的寿命为10~20年。

血吸虫的整个生活史有以下几个特点:一是只有一个中间宿主(钉螺);二是有两代胞蚴而无雷蚴和囊蚴期;三是由尾蚴直接经皮肤感染,尾蚴尾部分叉,易与其他吸虫的尾蚴区别。

血吸虫病对人、畜危害严重。尾蚴穿透皮肤能引起皮炎。大量童虫在人体移行时可使患者出现咳嗽、发热等症状。当体内成虫进入排卵期,大量虫卵阻塞肝脏血管,同时虫卵内毛蚴成熟后,其分泌物会破坏宿主正常组织,如肝脾充血、组织坏死。感染后约一个月,患者出现腹泻、腹痛、发热等症状。在重感染情况下,随着虫卵的钙化,结缔组织增生,常导致肝硬化、脾肿大、腹水,以至腹部内脏上升压迫胸部而造成呼吸困难,呈典型的大肚子病症状,可延续数年之久。病人黄瘦贫血,食欲不振,疲劳不适,小孩则停止发育形成侏儒症。严重时可导致死亡。

血吸虫病的防治主要根据血吸虫的生活习性和生活史特点综合治理。首先要消灭中间宿主钉螺,这是消灭血吸虫的最重要的措施;查治病人、病畜,处理其他保虫宿主,以杜绝传染源;加强人、畜的粪便管理,避免污染水源;杀灭尾蚴,做好疫区个人防护。

7.2.3 绦虫纲

7.2.3.1 主要特征

本纲全为体内寄生,虫体一般呈扁平带状,由许多节片连接而成。其形态、结构特征表现出对寄生生活有了更高的适应,如绦虫体表纤毛消失,感觉器官退化,消化器官也全部消失而由整个体表从宿主体内吸收营养。绦虫的体壁结构与吸虫的基本相似,不同之处是在外皮层表面有许多微毛(图7-13),增加了吸收营养物质的面积。附着器除吸盘外,还可有吸槽和小钩。具更发达的生殖系统和强大的繁殖能力。多数种类生活史中无自由生活的幼虫阶段。与扁形动物其他两个纲的区别如表7-1所示。

表7-1 扁形动物三个纲的主要区别

纲名＼项目	涡 虫 纲	吸 虫 纲	绦 虫 纲
体表纤毛、杆状体,以及眼点、耳突等感觉器官	有	无	无
附着器(吸盘或小钩)	无	有	有
消化系统	较发达	有	无
生活方式	自由生活(海水、淡水、潮湿土壤)	体内或体外寄生	体内寄生
举例	三角涡虫(淡水)、平角涡虫(海产)	日本血吸虫、华支睾吸虫	猪绦虫

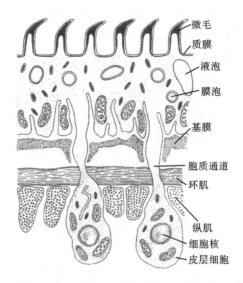

图 7-13　绦虫体壁的超微结构(自徐润林)

7.2.3.2　代表动物——猪绦虫

猪绦虫是绦虫纲常见的种类,体呈长带状,长达 2～4 m,头节有 4 个吸盘及 25～50 个小钩,用以牢固地吸附在宿主肠壁上。头节后为颈区,颈区有强大的分生能力,以横分裂的方法产生新的节片,按发育程度节片可分为未成熟节片、成熟节片和怀卵节片三种,共有 700～1000 片。未成熟节片较小,各部分构造尚未分化。成熟节片宽大于长,其中具有各种内部器官,节片中除位于两侧的神经索和排泄管外几乎全被生殖器官所充塞。猪绦虫雌雄同体,雌性生殖器官主要有卵巢(分左右两叶及中央一小叶)、卵黄腺、输卵管、子宫、阴道、生殖孔等(图 7-14)。雄性生殖器官主要有 150～200 个泡状精巢,各通输精小管,合成输精管,其末端有阴茎囊,内有阴茎通生殖腔,并由生殖孔通体外。怀卵节片(又称妊娠节片)一般长大于宽,多数器官都显著退化,唯独子宫发达,并有许多分支,其中充满受精卵。怀卵节片可逐节或数节脱落,随宿主粪便排出体外。

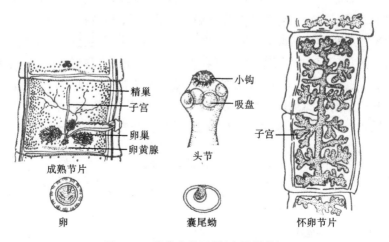

图 7-14　猪绦虫外形图(自鲍学纯)

猪绦虫生活史中也要更换宿主。成虫寄生于人体小肠中,人是该虫的唯一终宿主,中间宿主最常见的是猪,此外人、狗、猫、羊也可成为中间宿主。一般生活史是虫卵在子宫内即开始发育,长出三对小钩称为六钩蚴,它们随怀卵节片一起排出宿主体外,被中间宿主猪吞食后六钩蚴在猪肠中逸出,钻入肠壁,随血流至身体各处的横纹肌中,在那里发育为囊尾蚴。囊尾蚴呈乳白色,黄豆大小,囊内充满半透明的液体,其内陷的头节与成虫头节相似。有囊尾蚴寄生的猪肉俗称"米猪肉"。当人进食未煮熟的"米猪肉"时,人小肠内囊尾蚴的头节翻出,以小钩及吸盘固着在肠壁上,由颈部向后逐渐生出节片而发育为成虫(图 7-15)。

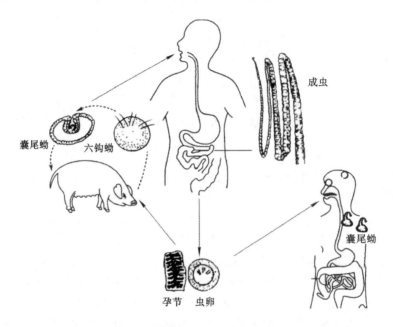

图 7-15　猪绦虫的生活史(自徐润林)

人若不慎吞食了含有虫卵的食物、水、瓜果、蔬菜,或已感染成虫的患者,因消化道的逆蠕动将怀卵节片送入胃内,受消化液的作用逸出六钩蚴,钻入肠壁,随血流至皮下肌肉、眼、脑等处发育为囊尾蚴,后者称为自体感染。人即成为中间宿主。

当成虫寄生于人体小肠时,因吸取营养、分泌毒素,可引起患者消化不良、腹痛、腹泻等症状。若人为中间宿主,则表现为皮下囊虫结节,可有肌肉酸痛或麻木。若囊尾蚴寄生在眼部,可引起视力障碍或失明;寄生在脑部,可引起癫痫、阵发性昏迷、半身不遂等症状。因此对猪绦虫引起的流行病的预防十分重要。首先是治疗病人,同时要加强肉类市场管理,禁止"米猪肉"上市,不食未煮熟的猪肉,还要管理好粪便,避免污染饲料,猪圈、牛圈应与人的厕所分开等。

科 学 热 点

扁形动物涡虫即使被切成百段,一两周后每段都会再生出完整的涡虫。涡虫这种超强的再生能力一直吸引着研究人员的目光。德国研究人员曾发现,涡虫再生的奥秘在于其体内有一种散布于全身的全能干细胞。涡虫的身体被切断后,这些干细胞能转变成神经、肌肉、肠等各种组织细胞,重新长出那些失去的部分。科学家通过 RNA 干扰技术抑制涡虫体内一种名叫"Smed-SmB"的蛋白质的合成后,涡虫全能干细胞均不能分裂,也就失去了再生能力。这表明该蛋白质是促进涡虫干细胞分裂的关键因子。

为什么涡虫被切成三段后,中间的断体依然是靠近头的一侧再生出头,而靠近尾的一侧再生出尾?京都大学的一个研究小组详细研究了涡虫被切断后干细胞中的基因变化后,发现在靠近头部的部分,有一种名为"细胞外调节蛋白激酶"的基因表现活跃,促使其再生出头;而在靠近尾部的部分,有一种名为"β-链蛋白"的基因表现活跃,促使其再生出尾。

在 Sanchez Alvarado 博士及其同事关闭涡虫的 1065 个基因中有 240 个基因与再生有关,而且这些基因中的 85％在包括人类在内的其他生物体基因组中有同源基因。我们有理由相信,以上研究成果不仅有助于人类干细胞研究,而且可以开发出新的干细胞再生医疗技术。

本 章 小 结

扁形动物是两侧对称、背腹扁平、三胚层、无体腔的动物。开始出现了器官和系统;消化道有口而无肛门(绦虫纲消化系统完全退化)。原肾管型的排泄系统,主要调节渗透压,也有部分排泄功能。无呼吸、循环系统。梯形神经系统,自由生活种类有眼点、耳突等感觉器官。生殖系统结构复杂,大多数为雌雄同体(血吸虫雌雄异体),寄生种类生活史复杂。海产种类发育过程中有牟勒氏幼虫期,寄生种类可经过多种幼虫阶段;淡水涡虫则为直接发生。

思 考 题

1. 试述两侧对称和三胚层的出现对动物演化的意义。

2. 本门分哪几纲,各纲的主要特征是什么?(结合理解涡虫对自由生活和吸虫、绦虫对寄生生活的适应性)

3. 简述日本血吸虫的生活史、危害及预防。

4. 简述猪绦虫的形态特点及生活史。

5. 简述涡虫再生机理研究进展及其意义。

6. 名词解释:左右对称(或两侧对称);中间宿主;终宿主;原肾管;米猪肉;梯形神经系统;再生;妊娠节片。

第 8 章　假体腔动物

8.1　假体腔动物简述和主要特点

　　假体腔动物又叫原腔动物(Protocoelomata)，是由一群庞杂、形态结构差异较大、亲缘关系也不十分清楚的类群组成，约 18000 种，分为线虫动物门、腹毛动物门、轮虫动物门、线形动物门、棘头动物门、动吻动物门和内肛动物门等(图 8-1)。

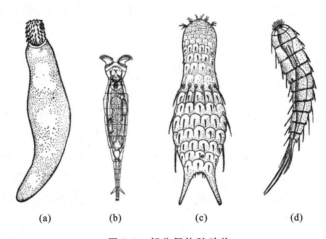

图 8-1　部分假体腔动物

(a)棘头虫(改自 Miyazaki)；(b)旋轮虫(改自 Brusca)；(c)鼬虫(改自 Hickman)；(d)动吻虫(改自 Andrey)

　　假体腔动物不是一个自然类群，各门除都具有假体腔(pseudocoelom)外，其他方面的差异较大。假体腔是胚胎发育中囊胚腔(blastocoel)持续到成虫时形成的(图 8-2)，并非由中胚层包围而成，即体壁具有中胚层来源的肌肉层，却无肠壁中胚层与肠系膜(mesenterium)，在体壁与消化管之间无体腔膜包围，由体腔液将体壁和肠道分开。假体腔内或充满体腔液(coelomic fluid)，或含有胶质和间质细胞(mesenchymal cell)。体腔液不仅可输送营养物质，而且可起到流体静力骨骼的作用，使虫体保持一定形态。

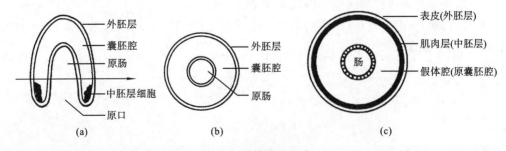

图 8-2　假体腔的形成

(a)原肠胚纵切；(b)示(a)图箭头所示的横切面；(c)成体横切面

假体腔动物的共同特征:①具假体腔(或称原体腔);②多呈蠕虫形,体两侧对称,不分节,体表被有非细胞结构的角质膜;③角质膜下为一合胞体的表皮层;④具有皮肤肌肉囊;⑤消化系统完全,有由外胚层内褶形成的后肠和肛门,无特殊的消化腺,寄生种类消化系统退化;⑥无任何形式的循环系统和呼吸器官,自由生活种类由体表呼吸,寄生生活种类为厌氧呼吸;⑦排泄器官仍属原肾系统,有的种类仍保留原肾管和焰细胞,有的种类原肾管特化为管状,属于细胞内管;⑧神经系统仍为梯形,但较扁形动物集中,有咽神经环,向前后各发出6条神经,6条神经间彼此都有横背腹神经连合,感觉器官不发达;⑨大多数是雌雄异体,生活史简单,有的经多种幼虫阶段和中间宿主。

假体腔动物在进化上虽比无体腔动物高级,但没有再进一步向前发展,也是进化中的盲支之一,是介于无体腔动物和真体腔动物之间的类群。它们的亲缘关系较难确定,仅轮虫动物门和腹毛动物门可能与扁形动物门有较密切的关系。本章重点介绍线虫动物门(Nematoda)、轮虫动物门(Rotatoria)、腹毛动物门(Gastrotricha)。

8.2 线虫动物门

本门动物约有15000种,有自由生活的,也有寄生的。自由生活的种类分布很广,在土壤、淡水和海水中均可见到。寄生的种类分布也很广,可寄生在无脊椎动物、脊椎动物和植物体内。

8.2.1 代表动物——人蛔虫

人蛔虫(拟蚓蛔线虫,*Ascaris lumbricoides*)是一种最常见的人体寄生虫,分布地区广,感染率高,寄生于人小肠,可引起蛔虫病。

8.2.1.1 形态和构造

1. 外形

人蛔虫体呈圆柱状,向两端渐细,通体乳白色。雌虫长20～35 mm,雄虫长15～30 mm,直径为5～6 mm。雌虫较长而粗;雄虫较短而细(图8-3(a))。仅从大小来区分仍较难,但是雌虫身体后部直,在体前端全长1/3处的腹面有一生殖孔,肛门位于体后端腹侧的中线上;雄虫后端向腹面歪曲,呈钩状,雄性生殖孔与肛门合并称为泄殖孔,自孔中伸出一对几丁质交合刺(copulatory spicule)(图8-3(c))。虫体表面的角质膜稍透明,隐约可见许多细的横纹,在身体表皮上可看到沿身体全长有两条纵行面较宽的侧线(lateral cord)和较细的背线(dorsal cord)与腹线(ventral cord)。在身体前端为口,口周围有三片唇(lip),背唇(dorsal lip)上有两个乳突(papillae),两侧的腹唇(ventral lip)上各有一个乳突(图8-3(b)),乳突可能有感觉作用。口后方约2 mm处的腹中线上有一极小的排泄孔。

2. 体壁

人蛔虫的体壁有三层,由角质层、上皮层和肌层构成皮肌囊。角质层发达,为体壁最外层,是由表皮细胞分泌的一层非细胞结构的厚膜,由皮层(cortex)、中层(基质,matrix)、基层(纤维层,fiberous)构成(图8-4),具有保护作用,以免被宿主的消化液消化。上皮层位于角质层内侧,细胞界限不清楚,为多核的合胞体构造。在虫体外隐约可见其上皮层向

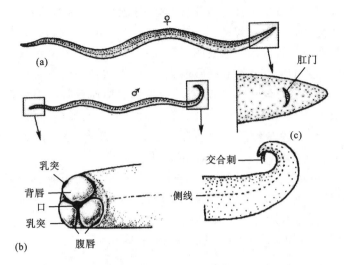

图 8-3　人蛔虫外形图

(a)雌雄成虫;(b)人蛔虫的前端,示 3 个唇片及其上的小乳突

(仿扫描电子显微镜图绘);(c)雌雄虫后端(自刘凌云)

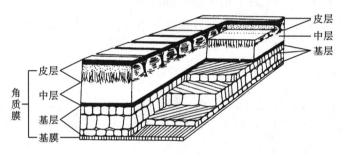

图 8-4　人蛔虫成虫角质膜图解(改自 A. F. Bird)

内加厚成四条纵线,分别称为背线、腹线及侧线(图 8-5)。两侧线发达,其内各有一条纵排泄管,背线及腹线明显,内有背神经和腹神经。肌细胞的基部为可收缩的含纵行肌纤维的收缩部(contractile portion),端部为未分化的、呈泡状不能收缩的原生质部(protoplasmic portion),细胞核即位于此处。人蛔虫只有纵肌而无环肌,因此虫体只能弯曲而不能改变粗细。肠和体壁之间有一个腔,即没有体腔上皮(体腔膜)的假体腔(或原体腔)。腔内充满体腔液,因无孔道与外界相通,除运输营养物质外,还可使内部保持一定的压力,具有静力骨骼的作用,使虫体保持一定的形状。

3. 消化系统

人蛔虫的消化管简单,为一直管,分为口、咽(或食道)、肠、直肠和肛门几部分。口后为一肌肉性的管状咽,有吮吸功能。咽后为肠,肠壁由单层柱状上皮细胞构成(图 8-5),内有微绒毛。直肠短,以肛门开口于体外,雄性直肠实为泄殖腔。由于食物为宿主肠内的半消化物质,不需要再消化便可吸收作为养料,所以消化系统简单,无消化腺。咽和直肠均来自外胚层,整个消化道只有中肠部分来自内胚层。

4. 排泄系统

线虫的排泄系统有管型和腺型两种(图 8-6),人蛔虫排泄器官属管型,由一个原肾细

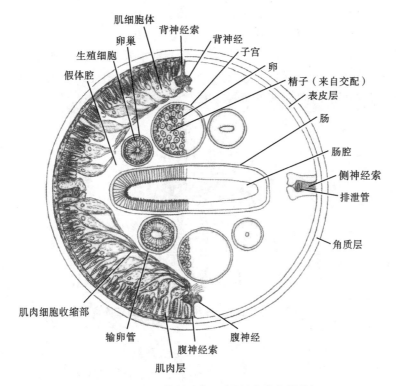

图 8-5　人蛔虫横切结构示意图（自陈小麟等）

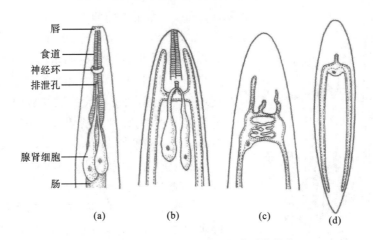

图 8-6　线虫的排泄系统不同类型的代表

(a)小杆线虫的腺型排泄系统；(b)秀丽线虫管型与腺型结合；(c)、(d)蛔虫的管型排泄系统

((a)仿 Hyman；(b)仿 Nelson 和 Albert 等；(c)、(d)仿 Hickman 等)

胞衍生而成的管状或"H"形，没有焰细胞的排泄系统，所以排泄管实际上是这个大细胞的细胞内管。人蛔虫的排泄系统位于表皮层的侧线内，每侧各有一条纵行的排泄管伸向体后，到食道处汇合成一条，在腹面开头于排泄孔，通向体外。

5. 神经系统

在人蛔虫咽的周围有一环状的围咽神经环，向前后各分出 6 条神经，前端的神经分布到唇、乳突及化感器等。向后的 6 条神经中，一条为背神经，一条为腹神经，以及两对侧神经,6 条神经之间都有横的背腹神经相连,呈圆筒状。两对侧神经离开脑环后很快合并成一对,最后这四条神经分别位于相应的纵行上皮索内,其中腹神经最发达,有腹神经节,由腹神经发出的分支布及肠和肛门(图 8-7)。感觉器官不发达,唯一的感觉器官是乳突,如口唇上的乳突有感觉功能,泄殖腔孔前有不明显的 70～80 对生殖乳突,后有 7 对生殖乳突也是感觉突起,有助于雌虫、雄虫交配之用。

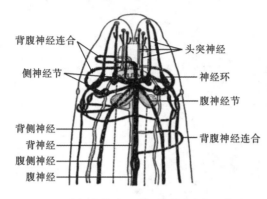

图 8-7　人蛔虫神经系统示意图(改自江静波)

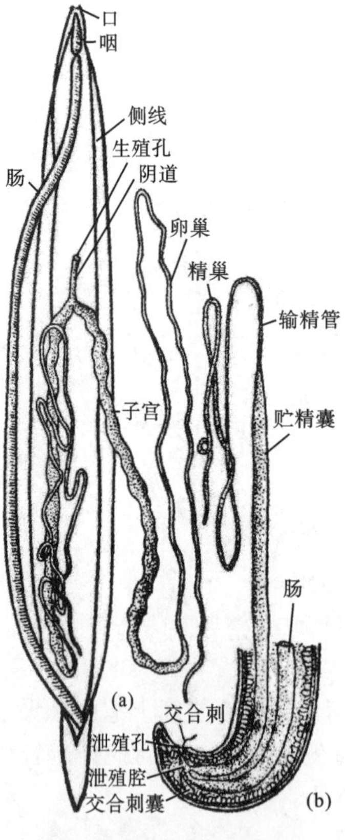

6. 生殖系统

　　人蛔虫雌雄异体、异形(图 8-8)。雌性有一对细管状的卵巢(ovary)、输卵管(oviduct)和子宫(uterus)。卵巢和输卵管细长,前后盘曲于原体腔内,卵巢经输卵管各通至逐渐膨大的子宫,子宫粗大,两个子宫汇合成短的阴道(vagina),以雌性生殖孔开口于体外。雄性由细管状且盘曲的精巢(testis)、输精管、较粗大的贮精囊和射精管组成。射精管入直肠,以泄殖孔开口于体表。泄殖腔的背侧形成一对交合刺囊,内各有一条交合刺,交配时从囊中伸出,伸入雌虫的生殖孔。

7. 呼吸器官

　　人蛔虫营寄生生活,寄生于宿主体内,因此无呼吸器官,一般进行与发酵作用相同的厌氧呼吸(anaerobic respiration),在某些酶的参与下将体内储存的糖原分解并释放能量。

8.2.1.2　生活史

　　人蛔虫成虫在人体小肠内交配并产卵,直接发育。每条雌虫日产卵量可高达 20 万粒,卵随宿主粪便排到体外。受精的卵在阳光充足、潮湿松软的土壤中和适宜的温度条件下(20～30 ℃),经两周后发育成第一期幼虫卵,一周后幼虫在卵内

图 8-8　人蛔虫的生殖系统
(a)雌虫;(b)雄虫(仿陈心陶)

蜕皮一次成为第二期幼虫卵,这种虫卵即为感染性卵。人如果误食了感染性卵即被感染,感染性卵能几小时内在十二指肠孵化出幼虫,随后两个小时内幼虫穿过肠黏膜进入静脉,并随血液在体内循环,经过肝、心脏最后到达肺部,穿过毛细血管进入肺泡内寄生,在肺泡内蜕皮两次,随咳嗽等动作沿气管逆行又回到咽部,再经吞咽活动进入消化道中,到小肠后再蜕皮一次,数周后发育成成虫。自人体感染虫卵到雌虫产卵,需60~70天,成虫在人体内存活一年左右(图8-9)。

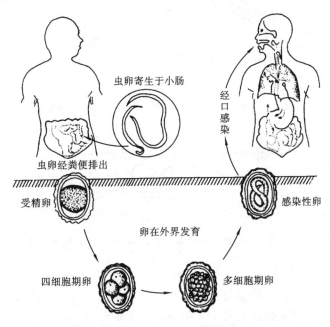

图 8-9　人蛔虫生活史(改自浙江大学医学院《病原生物学》)

8.2.2　代表动物——秀丽线虫

秀丽线虫自20世纪70年代被用做模式生物,对它的研究开创了一个对今日发育生物学、遗传学和基因组学等发展具有举足轻重作用的创新领域。

秀丽线虫(*Caenorhabditis elegans*)为自由生活线虫,以微生物为食,如大肠杆菌(*Escherichia coli*),易人工养殖,对人、动物和植物没有危害。

8.2.2.1　主要特征

秀丽线虫成体呈蠕虫状,全长仅1~1.5 mm,全身透明,有雌雄同体及雄性两种性别,雌雄同体成虫全身共有959个体细胞。因其具有结构简单、生活周期短等优点,是分子生物学和发育生物学研究领域的主要模式生物之一。消化系统基本解剖构造包括口、咽、肠和肛门。雄性有一个单叶的性腺、输精管及一个特化为交配用的尾部(交合伞)。雌雄同体有两个卵巢、两个输卵管、两个藏精器及单一子宫(图8-10)。绝大多数个体为雌雄同体,雄性仅占0.05%。

秀丽线虫具有简单的神经系统(图8-11)。雌雄同体中总共有302个神经元,其连接形式也已完全被建立出来。一些特殊行为包括化学趋向性、趋温性及雄性交配行为等与神经机制有密切关联。

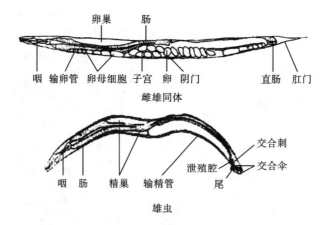

图 8-10　秀丽线虫内部解剖示意图(自 J. E. Sulston)

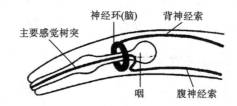

图 8-11　秀丽线虫神经系统解剖示意图(自 J. B. Rand)

8.2.2.2　生活史

秀丽线虫的野生型线虫胚胎发育中细胞分裂和细胞系的形成具有高度的程序性,由一个受精卵发育为成熟的成体只要 2 天多(25 ℃时需 52 h),在实验室 20 ℃的环境下,平均寿命为 2～3 周,而发育一个世代约为 4 天。从卵到成体,每个细胞的命运及其遵循的一定程序,以及在特定时间的分裂和迁移的研究已十分透彻(图 8-12)。

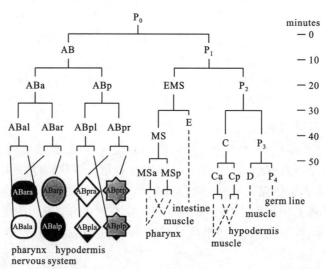

图 8-12　秀丽线虫早期胚胎发育细胞谱系(25 ℃)(自 J. E. Sulston)

秀丽线虫是由雌雄同体产下卵,卵孵化后会经历四个幼虫期(L1～L4)。当族群拥挤或食物不足时,秀丽线虫会进入另一种幼虫期,称为 dauer 幼虫(dauer larva)。Dauer 能对抗逆境,而且不会老化。雌雄同体在 L4 期生产精子,并在成虫期产卵。雄性能使雌雄同体受精,雌雄同体会优先选择雄性的精子。

8.2.3 线虫动物门的分类

8.2.3.1 线虫动物的分类

本门动物一般分为两纲,即无尾感器纲(Aphasmida)和尾感器纲(Phasmida)。

(1)无尾感器纲或称腺胃纲(Adenophorea),无尾感器,排泄器官腺状或退化或消失,雄虫只有一个交合刺,多数营自由生活,其中包括:毛首目(Trichocephalida),如旋毛虫(*Trichinella spiralis*)和鞭虫(*Trichuris trichura*);索虫目,如中华卵索线虫(*Ovomermis sinensis*)、武昌罗索线虫(*Romanomermis wuchangensis*)。

(2)尾感器纲或称胞管肾纲(Secernentea),有尾感器,排泄器官胞管状,雄虫具一对交合刺,大多数营寄生生活,包括:小杆目,如小杆线虫(*Rhabditida*)、秀丽线虫;蛔虫目(Ascaridoidea),如人蛔虫、蛲虫(*Enterobius vermicularis*)等;圆线虫目(Strongylidea),如十二指肠钩虫(*Ancylostoma duodenale*)、美洲钩虫(*Necator americanus*)等;旋尾目(Spiruridea),如班氏丝虫(*Wuchereria bancrofti*)和马来丝虫(*Brugia malayi*);垫刃目(Tylenchida),如小麦线虫(*Anguina tritici*)。

8.2.3.2 几种重要的寄生线虫

1. 钩虫

十二指肠钩虫(十二指肠钩口线虫,*Ancylostoma duodenale*)成虫体小,雌性长 10～13 mm,雄性长 8～11 mm,头端略向背面仰曲,形似钩,乳白色。活体微红,以口囊吸附在宿主的肠黏膜,以血液和组织为营养。雌虫尾部呈尖锥状,雄虫后端有交合伞。虫卵椭圆形,约 60 μm×40 μm,壳薄而透明,两端钝圆。新鲜粪便中,虫卵一般含有 4～8 个卵细胞,卵细胞和卵壳间有较大且清晰的空隙。寄生人体的钩虫,除了十二指肠钩虫外还有美洲板口线虫(美洲钩虫,*Necator americanus*)。两种钩虫形态和生活史相似,形态学特征是均具有发达的口囊,主要区别在于口囊(buccal capsule)和交合伞(copulatory bursa),如表 8-1 所示。十二指肠钩虫的口囊腹侧前缘有两对钩齿,交合伞背肋远端分为两支,每支再分为三支,交合刺两根,末端分开;而美洲钩虫口囊腹侧前缘有一对板齿,交合伞背肋基部先分两支,每支远端再分两小支,交合刺一根,末端呈倒钩状(图 8-13)。

表 8-1 两种钩虫成虫主要形态鉴别

鉴别要点	十二指肠钩虫	美洲钩虫
雌虫大小/mm	(10～13)×0.6	(9～11)×0.4
雄虫大小/mm	(8～11)×(0.4～0.5)	(7～9)×0.3
体形	头端与尾端均向背面弯曲,虫体呈"C"形	头端向背面弯曲,尾端向腹面弯曲,虫体呈"S"形
口囊	腹侧前缘有两对钩齿	腹侧前缘有一对板齿
背辐肋	远端分两支,每支再分三小支	基部先分两支,每支远端再分两小支

鉴别要点	十二指肠钩虫	美洲钩虫
交合刺	两刺呈长鬃状,末端分开	一刺末端呈倒钩状,被包裹于另一刺的凹槽内
尾刺	有	无

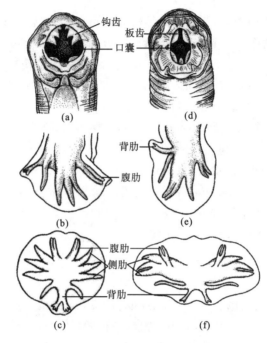

图 8-13　钩虫的口囊和交合伞

(a)和(c)十二指肠钩虫;(d)~(f)美洲钩虫,示口囊及交合伞的侧面观((b)、(e))和顶面观((c)、(f))。

注意:十二指肠钩虫的交合伞背肋分两支后又分为三支,侧肋均等分为三支;美洲钩虫交合伞的背肋分两小支,侧肋三支不完全均等分开(仿中国医科大学:人体寄生虫学,王福溢等修改)

　　十二指肠钩虫成虫寄生于人体小肠,虫卵随粪便排出体外后在适宜条件下一天内发育孵化为第一期杆状蚴,以土壤中的细菌及有机物为食。第一期杆状蚴生长很快,在两天内进行第一次蜕皮,发育为第二期杆状蚴。此后虫体继续增长,并可将摄取的食物储存于肠细胞内。经5~6天后,虫体口封闭,停止摄食,咽管变长,进行第二次蜕皮发育为丝状蚴,即感染期蚴。第二次蜕皮呈鞘状仍被覆在其表面,具有保护作用。此期幼虫抵抗力很强,一般可活2~3周,但不超过6周。绝大多数的感染期蚴生存于1~2 cm深的表层土壤内,并常呈聚集性活动,还可借助覆盖体表水膜的表面张力沿植物茎或草枝向上爬行,最高可爬20 cm左右。

　　丝状蚴有明显的向温性和向湿性,当与人体皮肤接触并受到体温的刺激后,虫体活动力显著增强,经毛囊、汗腺口或皮肤破损处主动钻入人体,需30 min至1 h侵入皮肤内,除主要依靠虫体活跃的穿刺能力外,可能也与咽管腺分泌的胶原酶活性有关。丝状蚴钻入皮肤后在皮下组织移行并进入小静脉或淋巴管,随血流经右心至肺,穿出毛细血管进入肺泡。此后,幼虫沿肺泡并借助小支气管、支气管上皮细胞纤毛摆动向上移行至咽,随吞咽活动经食管、胃到达小肠。幼虫在小肠内迅速发育,并在感染后的第3~4天进行第三次蜕皮,形成口囊、吸附肠壁,摄取营养,再经10天左右进行第四次蜕皮后逐渐发育为成虫。自感染期蚴钻入皮肤至成虫交配产卵一般需5~7周。成虫借虫囊内钩齿(或板齿)咬附在肠黏膜上,以血液、组织液、肠黏膜为食。十二指肠钩虫日平均产卵为10000~30000个,美洲钩虫为5000~10000个。成虫在人体内一般可存活3年左右,个别报道十二指肠钩虫可活7年,美洲钩虫可活15年(图8-14)。

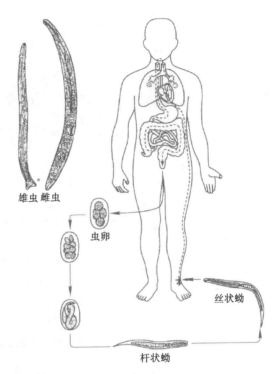

图 8-14　钩虫及其生活史

2. 丝虫

在我国,寄生于人体的丝虫有班氏丝虫(班氏吴策线虫,*Wuchereria bancrofti*)和马来丝虫(马来布鲁线虫,*Brugia malayi*)两种。二者成虫皆为乳白色细长绒状,幼虫称为微丝蚴(microfilaria)。

班氏丝虫和马来丝虫的生活史基本相似,都需要经过两个发育阶段,即幼虫在中间宿主蚊虫体内的发育及成虫在终宿主人体内的发育。成虫寄生在人的淋巴系统内,卵胎生,所以产出时已是微丝蚴。微丝蚴随淋巴循环进入血液,并在夜间周期性地出现在人体皮下毛细血管中。

当雌蚊叮吸带有微丝蚴的患者血液时,微丝蚴随血液进入蚊胃,经1~7 h脱去鞘膜,穿过胃壁经血腔侵入胸肌,在胸肌内经2~4天,虫体活动减弱,缩短变粗,形似腊肠,称腊肠期幼虫,然后再进一步发育成丝状的感染性蚴。在适宜温度等条件下,从微丝蚴进入蚊体到发育为感染性蚴,马来丝虫约需7天,班氏丝虫约需10天,期间蜕皮4次。感染期蚴(丝状蚴)成熟后向蚊的口器移行,当蚊再次叮人吸血时,幼虫自蚊下唇逸出,经吸血伤口或正常皮肤侵入人体,先移行至大淋巴管中寄生,经过三个月至一年发育成熟,产生微丝蚴(图8-15)。

3. 蛲虫

蛲虫(*Enterobius vermicularis*),又称蠕形住肠线虫,成虫细小,乳白色,似白棉线头。雌虫长8~13 mm,直径为0.3~0.5 mm,虫体中部膨大,尾端长直而尖细,常可在人新排出的粪便表面见到活动的虫体。雄虫较小,长2~5 mm,直径为0.1~0.2 mm,尾端向腹面卷曲,呈"6"字形。虫卵无色透明,长椭圆形,两侧不对称,一侧扁平,另一侧稍凸,大小(50~60)μm×(20~30)μm。刚产出的虫卵内含一蝌蚪期胚胎(图8-16)。

蛲虫主要寄生在人的盲肠、阑尾、升结肠及回肠下段,易在儿童之间传播,分布广。成虫以肠腔内容物、组织或血液为食。雌雄交配后,雄虫很快死亡并被排出体外,雌虫子宫

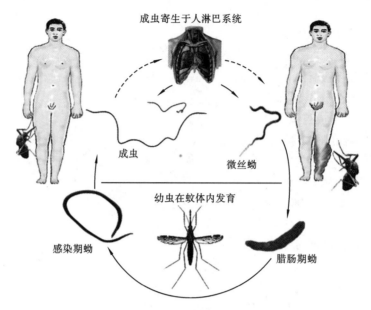

成虫寄生于人淋巴系统

成虫

微丝蚴

幼虫在蚊体内发育

感染期蚴

腊肠期蚴

图 8-15 丝虫生活史

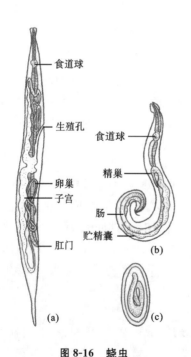

食道球

生殖孔

食道球

精巢

卵巢

肠

子宫

贮精囊

肛门

(b)

(a)

(c)

图 8-16 蛲虫

(a)雌虫;(b)雄虫;(c)虫卵(仿陈心陶)

内充满虫卵。当宿主入睡后肛门括约肌松弛,雌虫下移行至肛门外,产卵于肛门周围和会阴皮肤皱褶处。每条雌虫平均产卵万余个。产卵后雌虫大多自然死亡,少数可返回肠腔,也会误入阴道、子宫、尿道、腹腔等部位,引起异位损害。温度、湿度等条件适宜时,黏附在肛门周围和会阴皮肤上的虫卵卵胚约经 6 h 发育为感染期卵。

雌虫在肛周蠕动刺激会引起肛门周围发痒,患儿用手挠痒时感染期卵污染手指经口形成自身感染;虫卵也可在肛门口孵化,幼虫再爬入肛门,侵入大肠引起逆行感染;感染期卵也可经手散落在衣裤、食物等物品上,经口或空气吸入等方式感染他人。误食的虫卵在十二指肠内孵出幼虫,蜕皮两次后沿小肠下行,在盲肠等处发育为成虫。从食入感染期卵至虫体发育成熟产卵需 2~4 周,雌虫寿命一般为 1~2 个月。症状主要是患者肛门处皮肤瘙痒,常有烦躁不安、失眠、食欲减退、消瘦等症状。集体生活(幼儿园等)的儿童极易相互感染,反复感染且长期不愈对儿童身心健康均有影响。

五种人体寄生线虫的比较,如表 8-2 所示。

表8-2　五种人体寄生线虫的比较

名称	生殖方式	寄生部位	感染方式	感染虫态	主要危害
蛔虫	卵生	小肠中	经口感染	人吞入感染性虫卵	夺取营养或引起胆道蛔虫、肠穿孔等
钩虫	卵生	小肠中	皮肤接触	丝状幼虫通过手、足等处的皮肤而进入人体	贫血、浮肿,影响儿童发育
丝虫	卵胎生	成虫在人体淋巴组织中,幼虫在微血管内	蚊吸血传播	丝状幼虫随蚊吸血进入人体	淋巴管炎、头痛、疲倦或四肢、阴囊等处象皮肿
蛲虫	卵生	大肠中	经口感染	人吞入感染性虫卵	肛门、会阴等处奇痒,睡眠不安,严重时影响儿童发育
鞭虫	卵生	盲肠内	经口感染	人吞入感染性虫卵	轻者无症状,严重时有腹痛、恶心、呕吐等现象

8.3　线形动物门

本门动物体线形,和线虫很相似,如铁线虫(*Gordius aquaticus*)(图8-17)。但这类动物表皮细胞界限清晰(不是合胞体),没有背线、腹线和侧线;体腔有实质组织,成虫无排泄

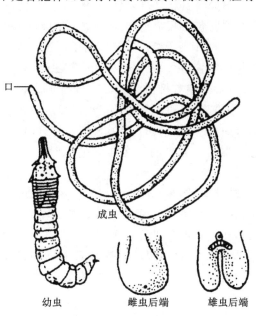

口

成虫

幼虫　　雌虫后端　　雄虫后端

图8-17　铁线虫成虫及幼虫示意图(改自江静波)

器官,消化器官退化(幼虫的消化道完全,而成虫的消化道退化或封闭),雄虫的精巢和雌虫的卵巢很多,成对排列在身体两侧,不与管相接。成虫自由生活于水中,幼虫寄生于昆虫。自由生活于水体的雌虫所产的卵在水内孵化,幼虫分泌出一种胶状物质形成包壳,被水生昆虫(如蜉蝣)幼虫吃进后营寄生,靠身体表面吸取宿主体内的脂肪体生长,由于宿主身体过小会阻碍其生长,当宿主被较大的节肢动物(如龙虱、螳螂等)吞入后,幼虫更换宿主在节肢动物体内继续发育至离开宿主,然后在水中自由生活并进行交配产卵。这类动物全世界共有 50 种左右,铁线虫目(Gordiodea)生活于淡水、土壤,游线虫目(Nectonematoidea)为远洋浮游生活。

8.4　轮虫动物门

轮虫均水生,身体微小(0.1~0.4 mm),过去常被误认为是原生动物。多自由生活,淡水最多,海产的少,寄生的更少。除具原腔动物的基本特征外,某些器官系统的结构与生理具有特殊性。

轮虫的体分头、躯干和尾三部分。头的前端有头冠(corona)或轮盘(trochal disc),其上 1~2 圈纤毛,形似车轮,故名轮虫。头冠有游泳、摄食和滤食的功能。尾又称足,常分叉。足上具有使轮虫暂时吸附到水底植物或其他物体上的足腺(pedal gland)。足末端一般有一对趾(toe),有固着的作用。身体有口的一面为腹面,相对一面是背面,背面后端正中的小孔为消化道和排泄器官的共同开口,称为泄殖孔。体壁是一层多核的表皮层,消化道分口、咽、胃、肠、肛门(通泄殖腔)等部分。咽部特别膨大,肌肉发达,又称咀嚼囊(mastax),其内具有形式多样的咀嚼器,以磨碎食物,咀嚼器的形态为轮虫分类的依据之一。此外,还有一对唾液腺开口在咽内。口、咽和泄殖腔来自外胚层,胃和肠则来自内胚层。轮虫的排泄器官为一对原肾,位于假体腔的两侧,但轮虫的原肾在结构上不完全相同于扁形动物的原肾。每个原肾包括几个到 20 个焰茎球(flame bulb)及一个排泄管。焰茎球呈倒杯形,由杯顶向管腔伸出许多鞭毛,焰茎球内壁周围还有大小不等的原生质柱,焰茎球的两侧有原生质管与排泄管相通,原生质柱代表轮虫焰细胞的小孔,通过它液体可进入焰茎球腔内,再进入排泄管。左右排泄管在后端联合形成膀胱(bladder),开口到泄殖腔,原肾的功能主要是水分的调节,随水分的排出可以带走一些代谢产物。利用体表的渗透作用进行呼吸。咽的背面有一分叶状的脑神经节,由它分出两条神经索直达身体后端,由脑向前发出神经到感觉器官。轮虫的感觉器官包括小眼、触须及轮盘处的感觉毛(图8-18)。

轮虫是直接发育,雌雄异体、异形。没有发现一些轮虫有过雄虫,即使有雄性个体的,其雄性个体仅在年周期的一定时间内出现,因此生殖方式主要是孤雌生殖,或配合以有性生殖。轮虫的生殖方式与环境有很密切的关系,在环境条件良好时营孤雌生殖,经多代孤雌生殖,当气候转冷或环境不适宜时行两性生殖,其受精卵卵壳较厚,又称为休眠卵,可以度过严寒或适应其他不利条件,所以有性生殖是对不良环境的一种适应。

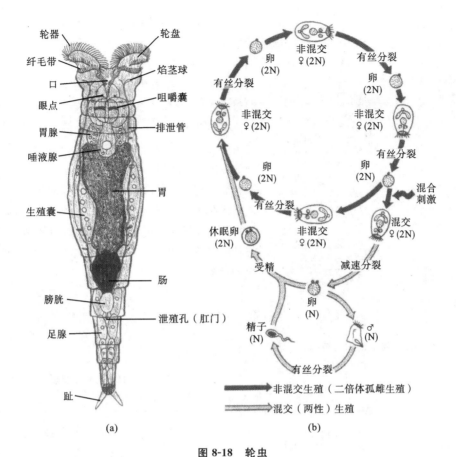

图 8-18 轮虫

(a)旋轮虫内部结构(仿 Hyman);(b)轮虫生活史(自 Birky)

8.5 腹毛动物门

腹毛动物是一类很细小的多细胞动物,体长一般不超过 1 mm,少数种类可达 4 mm,全自由生活,种类不多,大多产于淡水,也有海产,是典型的底栖动物,因身体腹面被有纤毛而得名。纤毛比较发达,为行动工具,但仅分布于腹面和头区,纤毛的形态、分布和功能与涡虫腹面的纤毛相似,说明两者之间可能有亲缘关系。但也有的种类其纤毛排列在身体两侧或者排列成纵行或者横排,少数种类仅于头部腹面两侧存有纤毛,其功能不再是运动而变成了感觉器官。纤毛的变化和排列是种的特征之一。较原始的种类其上皮细胞为单纤毛上皮细胞,即每个上皮细胞仅有一根纤毛,这个特征还见于颚口动物门(Gnathostomulida),除了这两类动物外绝大多数后生动物都是多纤毛上皮细胞。

身体不分节,呈长圆筒形、带形或卵圆形,尾部通常分叉(图 8-19(a))。外有一层表皮分泌形成的角质膜,角质层内为来源于外胚层的上皮细胞,细胞间界限清楚。上皮细胞内为环肌与纵肌,通常有 6 对纵肌束,收缩时可使身体缩短或弯曲,借肌肉和纤毛的配合进行游泳或爬行运动。肌肉内层为假体腔,腹毛动物假体腔空间小且不发达。

口位于身体前端,口腔内有突出的齿和钩,咽发达,周围被肌肉,呈球状,咽内有腺体。

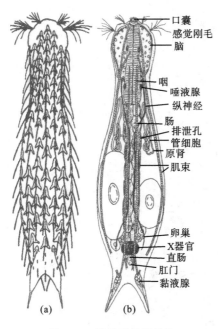

图 8-19 腹毛动物的结构

(a)外形;(b)内部结构

图中标注:口囊、感觉刚毛、脑、咽、唾液腺、纵神经、肠、排泄孔、管细胞、原肾、肌束、卵巢、X器官、直肠、肛门、黏液腺

咽后为中肠,由单层上皮细胞构成。肛门开口在近后端的腹面。以原生动物、细菌、硅藻等为食。淡水生活种类在腐烂植物丰富地方较多。海产种类咽部有一对咽孔,用以排出随取食而进入咽内的过多水分。

身体的前、后和侧面生有黏腺,用以附着于其他物体上。排泄系统为一对具有焰茎球的原肾管,以排泄孔开口在身体中部腹侧面。淡水种类原肾管发达,兼有排泄和水分调节的功能;海产种类缺乏原肾管。神经系统有一对脑神经节和一对侧神经索,但未与外胚层分开,脑神经节发达,没有特殊的感觉器官,主要由头部感觉刚毛和身体腹面的纤毛行感觉功能(图 8-19(b))。多为雌雄同体,淡水种类雄性生殖系统完全退化,行孤雌生殖,可产两种类型的卵:一种在产后 3～4 天即孵化;另一种是滞育卵,抗逆性强,外界环境好时孵化。无幼虫期。卵裂为全裂。

假体腔动物四个门的比较,如表 8-3 所示。

表 8-3 假体腔动物四个门的比较

项目 \ 门名	线虫动物门	线形动物门	腹毛动物门	轮虫动物门
体形	大多细长如线,无明显头部	线形,极细长,无明显头部	极小,一般体长 1 mm 左右	极小,体形多样,常可分头、躯干和足三部分
背、腹、侧线(皮层向内加厚而成)	有,体表可见	无	无	无
咽部咀嚼囊	无	无	无	有
体表纤毛	无	无	腹面有	纤毛集中在前端形成轮盘
分布	淡水、海水、土壤中皆有,有的寄生于动物、植物	成虫自由生活(潮湿土壤、淡水、个别在海水),幼虫寄生生活	海水、淡水皆有	淡水中多,少数海产
举例	蛔虫、钩虫	铁线虫	鼬虫	旋轮虫

8.6　假体腔动物与人类

假体腔动物与人类的关系十分密切。一方面,其许多种类对人类有一定的经济利用价值。有许多是农业害虫(如蝗虫、蝼蛄、金龟子幼虫等)的寄生虫,能在一定程度上控制害虫的生物量,因此是近年来进行害虫生物防治研究的主要内容之一;土壤中聚居着的线虫是组成土壤生物的主要成分,常以腐败的有机物质为营养,在增加土壤肥力方面起着很大的作用;多数轮虫以水中的原生动物、藻类和食物碎屑为食物,有净化水池的作用,同时轮虫又是鱼类的优良饵料,如褶皱臂尾轮虫(*Brachionus plicatilis*)具有生长快、繁殖力强和营养丰富等特点,现已成为鱼、虾、蟹等人工育苗不可缺少的优良动物性饵料,开展此类动物的人工培养,可以促进渔业的发展,特别是提高四大家鱼的产量。

另一方面,许多假体腔动物的寄生严重危害人、畜、禽和其他经济动物,以及农作物,造成极大的经济损失。蛔虫病、蛲虫病、丝虫病、钩虫病都是世界性的流行病,给人类带来很大的危害;植物寄生线虫可破坏农作物的正常发育,降低质量和产量,使农业生产遭受损失。这些特点都不利于经济发展。

在科学研究领域,假体腔动物也占据十分重要的地位。如轮虫的某些群落有季节变化和昼夜垂直移动的习性,水质的优劣影响该类群在水体的分布,可在生物监测中发挥指示作用;秀丽线虫由于其结构简单完善、通体透明等特点成为了生物研究的模式生物之一,在神经发育及神经调节、细胞程序化死亡及衰老机制等研究领域发挥着重要作用。

科 学 热 点

秀丽线虫是生物学研究中最重要的模式生物之一,被大量应用于现代发育生物学、遗传学、基因组学的研究中。秀丽线虫在研究细胞分化(cellular differentiation)方面特别有贡献,而且是第一个基因组(genome)被完全测序(sequencing)的多细胞生物。

20 世纪 60 年代,分子遗传学中心法则的确立解决了分子生物学的主要问题,生物学研究的主要方向向发育生物学和神经生物学等复杂问题转移。秀丽线虫具有结构简单、通体透明等生物学特征,被 Brenner 确定为研究对象,并于 1974 年发表了 *The Genetics of Caenorhabditis elegans* 这一里程碑式的文章。自 Brenner 开始,以秀丽线虫为模式生物的研究几乎涉及生命科学的各个领域并取得了重大突破,如 MAPK 信号传导、细胞程序性死亡、TGF-b 信号传递途径、RNA 干扰(RNAi)和 RNA(microRNA,mRNA)、衰老和年龄及脂肪代谢等。

秀丽线虫的优势在于其是一种多细胞的(multicellular)真核生物(eukaryote)。雌雄同体,成虫有 959 个体细胞;雄成虫有 1031 个细胞,且每一个体细胞(somatic cell)的发育情况都研究得较为清楚。这个细胞谱系(cell lineage)的规律在各个个体之间是几乎不变的。两种性别的个体都有许多多出的细胞(雌雄同体 131 个,大部分原本会成为神经元)将经由细胞凋亡(apoptosis)的过程被除去。除此之外,秀丽线虫还是具有最简单的神经系统(nervous system)的生物之一。

在短短的 40 年期间,以秀丽线虫为研究对象的重大科学发现层出不穷,线虫已成为当代生命科学研究中的一个重要的模式生物。以秀丽线虫为实验材料的生命科学研究分别在 2002 年(发现器官发育和细胞凋亡的遗传调控机制)和 2006 年(发现了 RNA 干扰——双链 RNA 引发的沉默现象)两次获得诺贝尔生理或医学奖。从 Brenner 开始,全世界的线虫研究者始终坚持材料、资源、信息和数据的无偿共享,使这一领域的研究得以飞速发展。随着越来越多的科研人员开始将秀丽线虫应用于自己的研究领域,坚信秀丽线虫的研究必将继续为人类探索生命规律的调控机制作出更大贡献。

本 章 小 结

假体腔动物为两侧对称,三胚层,身体不分节,具假体腔的动物。皮肌囊最外为角质层,其下为表皮层,最内为纵肌,无环肌。消化道完全,有口和肛门,肠壁无肌肉层,由单层上皮细胞组成。缺呼吸系统和循环系统;原肾型排泄管主要调节渗透压,代谢废物通过肠道排出或体表直接扩散。神经系统简单;多数种类雌雄异体且异形;直接或间接发育。分布广泛(水生或潮湿土壤);有的寄生于人体及动物、植物体内且造成危害。

思 考 题

1. 什么是假体腔,它是如何形成的? 假体腔的出现在动物进化上有什么意义?
2. 什么叫完全消化系统? 它的出现有什么进步意义?
3. 试分析人蛔虫复杂生活史的形成原因。
4. 试述轮虫动物的主要特征、生殖发育的特殊性及其意义。
5. 简述钩虫、丝虫、蛲虫的生活史。
6. 试述腹毛动物门的主要特点。为什么说它是介于假体腔动物和扁形动物之间的中间类型?
7. 名词解释:假体腔;雌雄异体;雌雄同体;孤雌生殖。

第9章 环节动物门

当动物演化到一个较高阶段,环节动物出现,这是高等无脊椎动物的开始。环节动物身体分节,并具有疣足和刚毛,运动敏捷;次生体腔出现,并促进循环系统和后肾管的发生,从而使各种器官系统趋向复杂机能增强;神经组织进一步集中,由脑和腹神经索形成,构成链状神经系统;感官发达,接受刺激灵敏,反应快速,能更好地适应环境。

9.1 代表动物和主要特征

9.1.1 代表动物——环毛蚓

蚯蚓为常见的一种陆生环节动物,世界范围记录的蚯蚓有 1800 多种,我国有 100 多种。

9.1.1.1 外部形态

环毛蚓的外部形态一般为长圆筒形,两端稍尖,腹面色淡而背面色深。环毛蚓全身的体节数目不定,80 节至 100 多节不等,但生殖孔和环带位于哪几节却是固定的(图 9-1)。除第一节、最后几节和环带外,其余每节有一圈刚毛(刚毛着生位置、数目为分类依据之一),当环毛蚓运动时刚毛可起支撑作用。各体节间有较深的节间沟。蚯蚓身体的最前端为口前叶,其基部中央有口。性成熟的环毛蚓身体前段第 14~16 体节的表皮变成腺肿状隆起,形成环带,该处的刚毛和节间沟消失。环带与生殖有关,故又称生殖。雌雄同体,在第 14 节腹面正中有雌性生殖孔一个,第 18 节腹面两侧有雄性生殖孔一对。受精囊孔的对数因种而异(1~5 对),通常为 3 对,位于第 6~7、7~8、8~9 节间。环毛蚓的背面中线上,自第 11~12 节起每两节间有一背孔与体腔相通,体腔液可由此射出,用以润湿体表。体末端为肛门。

9.1.1.2 内部构造

1. 体壁及体腔

环毛蚓体壁肌肉组织发达,皮肌囊的最外为角质膜,下为表皮细胞。表皮层多单细胞腺体(如蛋白腺和黏腺),有分泌作用。表皮层下为肌肉层,外为环肌,内为纵肌。最内为极薄的体腔膜(图 9-2)。

蚯蚓的运动是体壁肌肉层、刚毛和体液协调作用的结果。当蚯蚓前端某几节环肌收缩、纵肌舒张时,此段蚯蚓变细变长,而该处之前的几节纵肌收缩、环肌舒张,身体变粗变短。刚毛支撑在地上,将后端拖引向前。这种波浪式的蠕动逐渐由前向后,当蠕动尚未达到末端时另一新的蠕动又从前端开始,使蚯蚓不断前进(图 9-3)。蚯蚓的体壁与消化道之间有宽阔的空腔,为真体腔,并由隔膜隔成无数小室。腔内充满体腔液,体腔液可借隔膜上的孔自由通过。

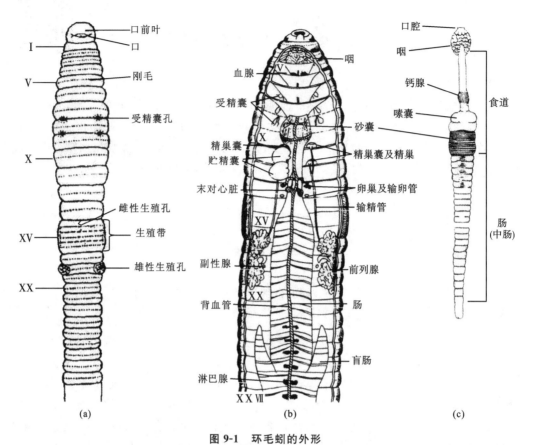

图 9-1 环毛蚓的外形

(a)前端腹面(数字为体节数);(b)环毛蚓的解剖背面观;(c)消化系统,注意钙腺位置

((a)自徐润林;(b)自陈义;(c)自 Jamieson)

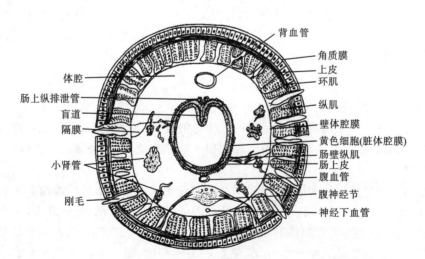

图 9-2 环毛蚓体中部横切图(自南京师范生物系《无脊柱动物学》)

2. 消化系统

环毛蚓的消化系统及其大致部位(图 9-4):口→口腔(第 1~3 节)→咽(第 3~5 节)→食道(第 5~8 节)→砂囊(第 8~9 节)→胃(第 9~14 节)→肠(第 15 节以后)→直肠(体末端的第 23~25 节)→肛门。肠管在第 26 节处的两侧有一对向前伸出的三角形锥状盲肠,是重要的消化腺体,其分泌物含有蛋白酶、淀粉酶及脂肪酶等。第 26 节以前(又称盲肠前部)的肠上皮多皱褶,肠壁血管极丰富;第 26 节以后(又称盲道部)的肠管背面有向内凹入的盲道,可增加食物的消化和吸收

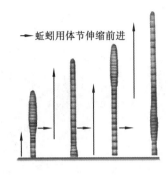

图 9-3　蚯蚓的运动图

面积,此段肠壁上有很多微细血管。盲道后部(又称直肠)壁上血管少,是囤积未消化的土粒及残渣的地方。咽周围有单细胞的咽腺,胃有胃腺,都可润湿食物并进行初步消化,砂囊中含有沙粒,能将食物磨碎。肠是消化和吸收的重要场所,未能消化和吸收的食物残渣由肛门排出。

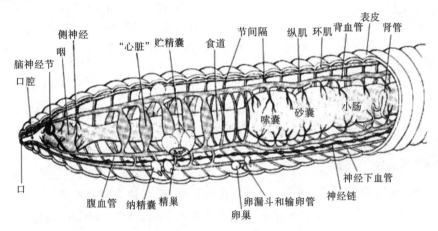

图 9-4　环毛蚓的内部结构图

3. 循环系统

蚯蚓已具循环系统且较复杂(图 9-5),主要的纵行血管包括:背血管,位于肠上方的中央,能搏动;腹血管,位于肠下方的中央;神经下血管,位于神经链的下面。此外,还有连接背腹的环血管,体前端第 7、9、12、13 节的几对较大的环血管能自行搏动,其内有瓣膜,又称"心脏"(或血管弧)。纵行血管中仅背血管的血流由后向前,其余的血流均由前向后;环血管及"心脏"的血流是由背向腹,即背血管的大部分血经 4 对"心脏"输入腹血管内。神经下血管在第 15 节后,每节分出一对壁血管(分支到体壁),血流方向由腹向背。各血管分支的末端均有毛细血管相连。蚯蚓为闭管式循环,即血液始终在血管和毛细血管中流动,而不流到组织间隙中去。蚯蚓的血液呈红色,但无血红细胞,血红蛋白溶解在血浆中。

4. 呼吸和排泄

环毛蚓无专门的呼吸器官,空气中的氧扩散到体表的水分中,再扩散入血中。背孔可喷出体腔液使体表湿润,以利呼吸。

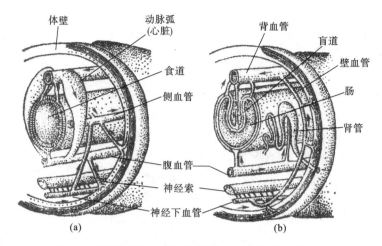

图 9-5　蚯蚓的循环系统示意图（自刘凌云、郑光美）

（a）前端；（b）后端

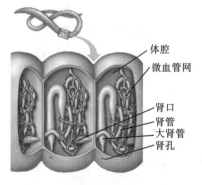

图 9-6　蚯蚓体壁小肾管示意图

环毛蚓的排泄系统与其他蚯蚓不同，它无每节一对的大肾管而有许多小肾管。肾管收集的废物或直接排到外界或排入肠管中，再随粪便一起排出。

环毛蚓的肾管有 3 种：第一种为咽肾管，位于咽和食道附近的隔膜上，较大且成束，开口于咽；第二种是体壁小肾管，形似绒毛，数目极多，每节 80～250 条，散布在体壁内侧，以环带区特别多，各肾管直接开口于体表，将收集的代谢废物排出体外；第三种为隔膜小肾管，大小介于前两种肾管之间，在环带第 2 节之后的各节隔膜的两面都有，每侧 40～50 条，是典型的后肾管（图 9-6），包括开口于体腔的肾口（肾漏斗），肾管盘曲部分称为肾体，肾管的末端开口于肠中。

5. 神经系统

环毛蚓中枢神经系统包括咽上神经节（脑）两侧的围咽神经、咽下神经节及由此向后发出的一对腹神经索。每节有一对膨大的神经节。腹神经索及神经节都由结缔组织包围而成一条腹神经链，为典型的链状神经系统（图 9-7）。

由中枢神经发出周围神经至口腔、体壁等处。交感神经包括由脑发出至咽、食道、胃、肠的神经，由它控制消化道的活动。感觉器官退化，在口腔附近有嗅觉及味觉器，有助于觅食。体壁两侧及腹面有许多小突起，有触觉作用。体的背面有感光细胞，可辨别光的强弱。

6. 生殖系统

蚯蚓雌雄同体，雄性器官在第 10～11 节有两对精巢囊，囊内前方为精巢，后为精漏斗；在第 11～12 节有两对贮精囊（储存自己的精子）；每边两条输精管，相并而行，到第 18 节加入前列腺管，后通第 18 节的雄性生殖孔。卵巢一对，在第 12～13 节隔膜的后方；漏斗一对，在第 13～14 节隔膜的前方，下连输卵管，通过隔膜后合并开口于第 14 节腹面中央的雌性生殖孔。另有受精囊(纳精囊)3 对(也有 1 对、2 对或 5 对的),在第 6~9 节间有 3 对受精囊孔通向体外。受精囊通常包括一囊状部(坛)和一盲管部,为交配时接纳对方精子之用(图 9-8)。

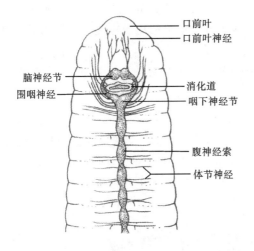

图 9-7 蚯蚓神经系统背面观(自 R. C. Brusca 等)　　图 9-8 蚯蚓的生殖系统(自姜乃澄、丁平)

7. 发生

蚯蚓为异体受精,且有交配现象(图 9-9)。生殖多在每年 4~6 月份或 8~9 月份进行。交配时两条蚯蚓头尾相反,腹面紧贴,雄性生殖孔对准对方受精囊孔,待各受精囊接纳对方精液后二蚓分离。当蚯蚓排卵时,环带分泌黏性物质,沿环带形成一圈如戒指状的蛋白质胶质管,卵落入其中,然后头部蠕动后退,使胶质管向前脱移,当脱至受精囊孔时精子放出,与卵受精,胶质管继续前移,离体后两端封闭,即成纺锤形的蚓茧,每个蚓茧内常含受精卵 1 个(或 2 个、3 个)。蚯蚓为直接发生,蚓茧内的卵在适宜的环境下 2~3 周即可孵化为小蚯蚓。

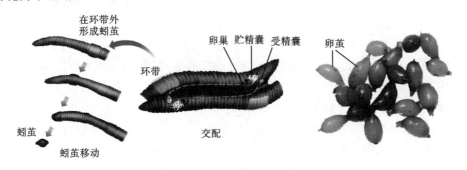

图 9-9 蚯蚓的交配和蚓茧

9.1.2 环节动物门的主要特征

9.1.2.1 分节现象

从外表看,身体被分成许多体节是环节动物最显著的特征之一。环节动物的分节不仅表现在外形上,如神经、循环、排泄、生殖等系统的内部器官也按节重复排列且与外部分节相吻合。

分节现象可分为同律分节和异律分节两种。除前两节和末一节外,其余各节的形态基本相同的分节形式称为同律分节。蚯蚓等大多数环节动物都属于同律分节。动物身体不同部分的体节形态和功能都不相同的分节形式称为异律分节。多毛纲的某些种类,其前、后体节的大小及附肢的有无有很大的差异,而节肢动物的昆虫则更进一步分化为头、胸、腹三部分。

分节现象的出现增强了运动的灵活性和有效性,为动物体进一步发展、分化提供了基础,是动物发展到更高阶段的前提。

9.1.2.2 真体腔的发生和意义

真体腔(又称次生体腔)的产生是动物界进化的重要标志。与线形动物的假体腔相比较,两者有显著的区别:从发生上看,真体腔不是囊胚腔的剩余部分,而是由中胚层体腔囊的腔隙扩大演变而成;从形态结构来看,真体腔被中胚层所形成的体腔膜所包围,体壁和肠壁均有发达的肌肉层(图9-10)。

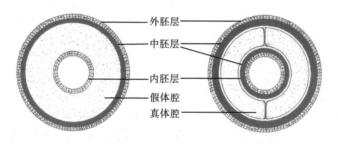

外胚层
中胚层
内胚层
假体腔
真体腔

图9-10 假体腔(左)与真体腔(右)的比较(自宋憬愚)

真体腔的形成促进了其他器官系统的发展。如环节动物的肠壁有了肌肉,肠管在真体腔内能够自由蠕动,提高了消化机能,进而促进了肠管本身在形态和机能上的分化。此外,真体腔的形成与循环、排泄、生殖、神经等系统的关系也极为密切,因而促进了各器官系统的机能发展。总之,环节动物在动物的演化进程上大大地提高了一步。

9.1.2.3 刚毛及疣足

多数环节动物的体节上长有刚毛,运动时比纤毛稳固且有力(图9-11)。刚毛是由表皮细胞内陷形成的刚毛囊中的一个毛原细胞(又称生毛细胞)分泌而成的。有些原始种类与环毛蚓不同,每节仅有4对刚毛。

海产种类(如沙蚕)在体节两侧往往有一对疣足(图9-11)。疣足是由体壁向外突出的扁平片状物,其上着生背腹两束刚毛及两根黑而粗的针毛。每个疣足可分背肢和腹肢,此外还有背须和腹须各一个。疣足为运动器官,它的出现扩大了动物体的活动范围,加强了游泳和爬行的能力。疣足除司运动外,因壁薄和富含微血管,有呼吸作用。

9.1.2.4 循环系统

环节动物的循环系统不仅构造复杂,而且血液的流动是由某些血管壁(背血管和被称为"心脏"的血管弧)收缩和扩张产生的有规律的搏动来推动的。环节动物循环系统的形成与真体腔的产生有密切关系。血管的内腔为原体腔,即囊胚腔的遗迹,由于左右的真体腔逐渐扩大,结果在消化管上下等处将原体腔挤得只剩下小空隙,这即是背血管和腹血管

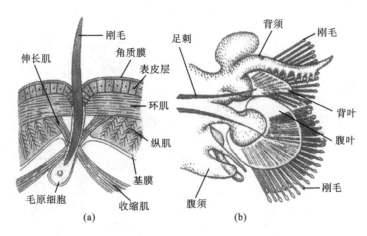

图 9-11 环节动物的运动器官（自姜乃澄、丁平）

(a)蚯蚓的刚毛；(b)沙蚕的疣足

的内腔，而前后两对体腔囊的体腔膜在接触的地方留下的空隙也就形成了血管弧。环节动物的循环系统一般为闭管式循环，即血液始终在血管和微血管中流动，不流到组织间隙中去（蛭纲例外），这与软体动物或节肢动物的开管式循环不同。环节动物的血浆中具血色素，能携带氧，流经体表或疣足上的血液可和外界进行气体交换。

9.1.2.5　排泄和呼吸

随着体腔的产生，环节动物的排泄系统也有了很大的变化。前面叙述的扁形动物和线形动物的原肾管是由外胚层细胞所形成的，只有向体外的开口，另一端为盲管；而环节动物的肾管是两端开口的，一般按节排列，其构造包括向体腔开口且具纤毛的肾漏斗（或肾口）、细肾管、排泄管和向体外开口的排泄孔（或肾孔）等部分。两端具有开口的肾管称为后肾管，而具有后肾管的排泄系统称为后肾管型排泄系统。有的后肾管司排泄功能，有的司生殖功能，有的兼司排泄和生殖功能。

环节动物一般靠体表呼吸，疣足也有部分呼吸作用。有的种类有很原始的鳃。

9.1.2.6　神经系统

环节动物的神经系统为链状神经系统，包括脑（又称咽上神经节）、围咽神经、腹神经链等，比低等蠕虫的神经系统更为集中。每对神经节发出神经到体壁等处，司各种反射动作。脑和腹神经链协同控制全身的感觉和运动。

9.1.2.7　生殖系统

真体腔的形成与生殖系统的关系十分密切。真体腔动物的生殖细胞都是直接或间接起源于中胚层形成的体腔膜。蚯蚓的生殖腺只在某几个体节上，而沙蚕却没有固定的生殖腺，是在生殖季节由体腔上皮产生生殖细胞。有的种类雌雄同体，如蚯蚓；有的则为雌雄异体，如沙蚕。环节动物一般为体外受精，但有的种类有交配现象，如蚯蚓。

环节动物的卵裂为螺旋式卵裂，海产的环节动物在发育过程中一般具有担轮幼虫时期。担轮幼虫形状略似陀螺（图 9-12），幼虫体中部通常有两纤毛环可用于游泳，口在两纤毛环之间，故分别称为口前纤毛环和口后纤毛环。研究担轮幼虫对了解动物的亲缘关系具有重要意义，例如环节动物与软体动物在成体时虽然差异很大，但它们都有担轮幼

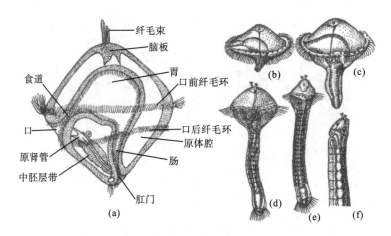

图 9-12 多毛类的担轮幼虫(自许崇任、程红)

(a)担轮幼虫的构造;(b)~(f)担轮幼虫的变态

虫,说明彼此间的亲缘关系比较接近。

9.2 环节动物的多样性

环节动物约有 18000 种,在海水、淡水及陆地均有分布,少数营内寄生生活(花索沙蚕科,Arabellidae),主要分为多毛纲、寡毛纲和蛭纲。

9.2.1 多毛纲

9.2.1.1 常见种类——沙蚕

沙蚕(*Nereis succinea*)是海产自由游泳的多毛纲(Polychaeta)种类,肉食性,体色常很鲜艳,有红、黄、绿、黑等色,有的夜间还能发磷光。沙蚕的头部发达而明显,口前叶通常具有触手和感觉器(如眼点)等,围口节上也有多对触手。身体明显分节,除围口节及末节外,每节两侧有一对疣足(图 9-13)。

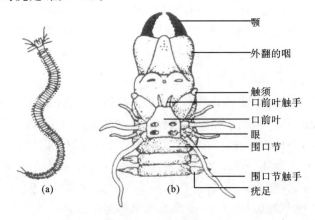

图 9-13 沙蚕(自吴常信)

(a)外形;(b)头部背面观

沙蚕的内部结构也反应出分节现象,如体腔被隔膜分成许多小室,以及肾管、环血管和神经节的按节排列现象。与蚯蚓的结构相比差异较大:一是消化系统,由于多数沙蚕为肉食性,它的口腔很大,其背、腹面排列有许多齿,咽部前端有一对强大的颚,取食时能翻出,以捕捉食物;二是生殖系统,沙蚕为雌雄异体,无固定或永久的生殖腺,生殖腺只在生殖季节出现,性细胞由体腔上皮产生。沙蚕有一对精巢(有些种类精巢多对),分布于第19~25 节,卵巢几乎分布于每体节中。成熟的精子由肾管排出,卵由背侧临时的开口排出。沙蚕的生殖习性与月亮的盈亏有一定关系,在月圆的晚上雌雄群游水面,进行排精和产卵。体外受精,发生时有自由游泳的担轮幼虫期。

9.2.1.2　多毛纲的主要特征

多毛纲的主要特征是头部显著,有疣足和刚毛,多数雌雄异体,发育时有担轮幼虫期,一般为海产,少数淡水产,如各种沙蚕。本纲另有一类为管栖种类,生活时栖于管状的分泌物中,头、疣足及颚均退化或不发达,以水中有机质为食,如固着于海滨岩石或贝壳上的龙介(*Serpula*),在其体表有弯曲的石灰质小管(图 9-14)。

9.2.2　寡毛纲

蚯蚓是寡毛纲(Oligochaeta)的代表动物,其主要特征是头部退化,无疣足,刚毛着生于体壁上。有环带,雌雄同体,直接发育。大多数陆地生活,穴居于土壤中,称陆蚓;少数生活在淡水中,底栖,称水

图 9-14　龙介

蚓。蚯蚓为陆地钻洞穴居的动物,它对土壤生活的适应性表现在:

(1) 体表有黏液腺,可分泌黏液,背孔也可喷出体腔液湿润皮肤,在运动时有润滑和保护作用,并有利于呼吸;

(2) 穴居生活使头部退化,触须、眼点等感觉器官消失;

(3) 因疣足柔软不利于钻洞,故疣足退化而代之以刚毛,刚毛使身体前进或钻洞时得到有力的支撑;

(4) 口前叶有发达的纵肌,加上体液的压力,可以伸缩,既可摄食又利于钻土;

(5) 眼点退化,体表有较多的感光细胞,白天受光刺激使蚯蚓隐居在潮湿土壤中,可避免干燥;

(6) 环带可分泌戒指状的胶质管,保证了在陆地干燥的环境中受精作用和胚胎发育的顺利进行。

9.2.3　蛭纲

蛭纲(Hirudinea)一般称蛭或蚂蟥,营暂时性体外寄生生活。体背腹扁,体节固定,一般为 34 节,末 7 节愈合成吸盘,故体节可见只有 27 节。每体节又分为数体环(体内无隔膜)。头部不明显,常具眼点数对,无刚毛。体前端和后端各具一吸盘,称前吸盘(口吸盘)和后吸盘,有吸附功能,并可辅助运动(图 9-15)。

蛭类的次生体腔多退化,大多数由于肌肉、间质或葡萄状组织的扩大而缩小形成一系

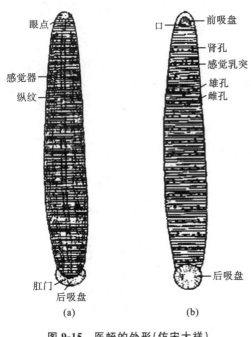

图 9-15　医蛭的外形(仿宋大祥)

(a)背面；(b)腹面

列腔隙。棘蛭目较原始,次生体腔发达,血管系统存在,为闭管式。吻蛭目舌蛭科中体腔形成背腔隙(内含背血管)、腹腔隙(内含腹血管和腹神经链)及侧腔隙等,背、腹腔隙由网状结构的连接腔隙相连接,皮肤下尚有皮下腔隙。颚蛭目医蛭科(Hirudinidae)中体腔进一步被间质占据而退化缩小,真正的血管系统已消失,代之以背血窦、腹血窦和侧血窦等。窦是指血管系统的内腔,所谓血液实为血体腔液,通过源出于体腔的管道循环,即一系列血体腔管。因此,血体腔系统代替了血循环系统。

蛭类的消化管分化为口、口腔、咽、食管、嗉囊、胃、肠、直肠及肛门等(图 9-16(a))。吸血性的蛭类如颚蛭目的医蛭、蚂蟥等,口腔内具 3 片颚,背面一、侧腹面二,上有齿,可咬破宿主的皮肤。咽部具有单细胞唾液腺,能分泌蛭素,蛭素是由 65 个氨基酸组成的低相对分子质量的多肽,为一种最有效的天然抗凝剂,有抗凝血、溶解水栓的作用。食管短,嗉囊发达(图 9-16(a)),其两侧生有数对盲囊(医蛭有 11 对,蚂蟥有 5 对),可储存血液。蛭类除少数肉食性外,大多数以吸食无脊椎动物的体液和脊椎动物的血液为生。蛭类为雌雄同体,异体受精,有交配现象,具有生殖带,这些特点与蚯蚓相似。雄性生殖器官有精巢数对至十余对(医蛭为 10 对)、输精管、贮精囊、射精管、阴茎等。阴茎可自雄性生殖孔(医蛭为第 10 体节)伸出。雌性生殖器官有卵巢一对,输卵管一对,阴道开口为雌性生殖孔(医蛭为第 11 体节)。生殖季节蛭类交配时,以阴茎将于射精管末端膨大处由前列腺分泌物形成的精荚送入对方的雌性生殖孔内(图 9-16(b))。受精卵产于由生殖带分泌的卵茧内,直接发育。

蚂蟥对吸血生活的另一适应性是它的触觉相当敏锐。吸血蚂蟥能根据水波相当准确地确定波动的中心位置,并迅速游去,这是因为蚂蟥体表有触觉"感觉器"。它的表皮中有部分表皮感觉细胞,感觉细胞外端有纤细的感觉毛,露出体表约 10 μm,内端通感觉神经纤维。这些感觉细胞能灵敏地感受水波的刺激并作出相应的反应。

环节动物三个纲的主要特征比较,如表 9-1 所示。

表 9-1　环节动物三个纲主要特征比较(自姜乃澄、丁平)

比较要点	多 毛 纲	寡 毛 纲	蛭 纲
头部和感官	头部明显,感觉器官发达	头部不明显	头部不明显,具眼点
运动器官	疣足	刚毛	无刚毛和疣足
体腔	发达	发达	退化为血窦
生殖	无生殖环带,雌雄异体	有生殖环带,雌雄同体	有生殖环带,雌雄同体
发育	间接发育具担轮幼虫	直接发育	直接发育
习性	绝大多数海洋生活	大多陆生	多淡水,暂时性体外寄生

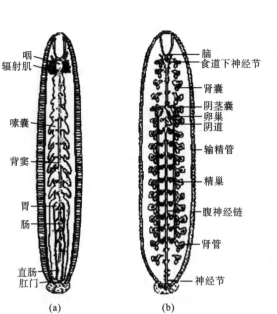

图 9-16　医蛭的内部结构(仿 Mann)

(a)消化系统；(b)生殖系统

9.3　环节动物的生态

9.3.1　多毛纲的生态

多毛类动物具有几种不同的生活方式,使其在形态、运动、习性上都表现出不同,常见的生活方式有以下几种。

(1) 表面爬行生活：多毛纲中的许多种类可以自由生活在浅海海底表面、石块或贝壳下、珊瑚礁及海藻等植物表面,例如沙蚕科(Nereidae)等。营表面生活的多毛类动物口前叶具触手、眼等感觉器官,疣足发达,躯干部体节相似,一般善于运动,运动是通过疣足、体壁肌肉及体腔液的联合作用而完成的。沙蚕的步行运动是由疣足完成的,游泳运动相似于爬行运动,疣足像桨一样有力地向后划动,使水流产生反作用力,以推动身体更快地向前游动。

(2) 远洋生活：多毛纲中一些种在大洋中营浮游生活,例如玻璃虫科(Tomopteridae)等。它们像其他浮游动物一样身体往往是透明的,其运动的方式也像沙蚕的爬行运动一样,例如玻璃虫(*Tomopteris*),其疣足特化成膜状羽枝,刚毛已消失,触手极长,适合于浮游生活。

(3) 钻穴生活：多毛纲中很多种类营钻穴生活,例如游走亚纲的吻沙蚕科(Glyceridae)等。它们多在海底泥沙中钻穴移动,同时分泌黏液,形成一黏液环绕的走道,并在其中生活。这些钻穴生活的种类似乎与寡毛纲的蚯蚓平行发展,例如吻沙蚕(*Glycera*)的口前叶相应变得小而尖,眼、触角、触须等感官消失,疣足不发达,但体壁的肌肉及体腔间隔膜较发达,使其在穴道中易于做蠕动及收缩运动。

(4) 管居生活：多毛纲中相当多的种类是营管居生活的。它们利用外界的有机物或无机物,由自身的分泌物黏着,做成各种形状及质地的管道,并用这种管道作为保护自己的巢穴或捕食的隐蔽所。如潮间带很丰富的巢沙蚕(*Diopatra*)能形成很坚韧的蚕管,蚕管是由其身体分泌一层很厚的有机质膜再黏着外界的一些海藻、砂粒、贝壳碎片等其他杂物做成的,壳口处常黏着更多的海藻等杂物,以利于隐蔽与捕食。

(5)共生与寄生生活:一些多毛类动物与其他动物有共生或寄生关系,许多管居或穴居的多毛类动物,其管道内或穴道内共生有甲壳类、软体动物或其他多毛类动物。另一些多毛类动物则可作为寄生物存在,例如鱼沙蚕(*Ichthyotomus*)是海鳝的体外寄生物,以口刺附着在海鳝的皮肤或鳍上,吸食其血液。

9.3.2 寡毛纲的生态

寡毛类动物可分成陆生及水生两种类型。

(1)陆生:大量的寡毛类动物是陆生的,营穴居。除了沙漠地区,在任何土壤中都有分布,例如各种蚯蚓。它们主要在土壤的表层分布,那里有机质比较丰富。土壤的结构、酸碱度、含水量、通气性等都是限制其分布及数量的因素。酸性土壤不利于寡毛类动物生存,因土壤中缺乏游离的钙离子,而钙离子是维持其血液 pH 值的重要因素,所以酸性土壤中寡毛类动物较少。一些大型的种类在环境不利(如在干旱或寒冷)时可潜入土壤深层,有时深 1 m 多。它们靠身体的头端不断地挖掘,吞噬土壤,并分泌黏液,做成穴道。

(2)水生:水生的寡毛类动物主要分布在各种淡水水域,特别是有机质丰富的浅水。一般水生种类体形较小,结构简化。许多种类是世界性分布的。水域中寡毛类动物数量的多少常标志着水质污染的程度。

9.3.3 蛭纲的生态

蛭类动物中少数种类是捕食性的,它们取食小型的蠕虫、螺类及昆虫的幼虫等。蛭类动物中 3/4 的种类过着吸血的半寄生生活,其中原始的种类吸食各种无脊椎动物的血液或身体的软组织,如螺类、多毛类、甲壳类及昆虫等。较高等的种类吸食脊椎动物的血液,如医蛭可吸食各种脊椎动物的血。

由于蛭类动物的取食习性,其消化道的结构与功能都有了适应性。口位于前吸盘的中央,吻蛭目(包括扁蛭及鱼蛭)都有一个可外翻的吻。吻是高度肌肉化的,吻内具有三角形的吻腔,并有大量的单细胞唾液腺开口到吻腔内。取食时吻由吻腔内伸出,刺入宿主以吸食。颚蛭目无吻,在口腔内具有三个呈三角形排列的颚,旁边还有细齿,吸血后在宿主皮肤上可留下"Y"形切口。口腔后为肌肉质的咽,咽壁周围也有发达的肌肉,以利于抽吸血液。在咽壁周围还有单细胞的唾液腺,它可以分泌蛭素,注入伤口防止血液凝固。咽后为一短的食道。捕食性种类的胃为一简单的直管,吸血种类的胃变成了有 1~11 对侧盲囊的嗉囊(图 9-16),其中最后一对侧盲囊较长,直达身体后端,其功能不是消化食物,而是用以储存吸食的血液,每次吸血可吸食其体重的 2~10 倍。胃或嗉囊之后为肠,肠是其食物消化的主要场所。蛭类动物一般取食后可以数月内不再取食,医蛭甚至可以生存一年半而不取食。肠后为短的直肠,以肛门开口在后吸盘前背面。

9.4　环节动物与人类

环节动物生活在淡水、海水中,或陆地上,少数营寄生生活。它们与人类的关系密切,有一些种类可作食用和药用,有一些种类可改良和监测环境,也有的种类会给人类健康和养殖生产带来危害。

9.4.1　环节动物的利用价值

1. 作为动物饲料

沙蚕营养丰富,不仅是鱼虾嗜食的饵料生物,也可以作为优良的钓饵,素有海钓"万能饵"的美誉,诱食性强,鱼儿恋钩,其中以双齿围沙蚕为主,它是我国出口量最多的沙蚕品种之一。沙蚕的成虫和幼虫均可作为经济鱼类和虾类的饵料。

蚯蚓含有丰富的蛋白质,其含量占干重的 $50\%\sim65\%$,含 $18\sim20$ 种氨基酸,其中 10 余种为禽畜必需的,故蚯蚓是一种动物性蛋白添加饲料,对家禽、家畜、鱼类的产量提高效果明显。我国市面出售的赤子爱胜蚓和美国红蚓,称为"大平二号蚓",寡毛类动物中的水蚓类都可作为淡水鱼类的饵料。

2. 环境保护方面的应用

蚯蚓可分泌能分解蛋白质、脂肪和木质纤维的特殊的酶。垃圾中除金属、玻璃、橡胶、塑料以外,其他废物通过蚯蚓的消化系统均可迅速分解和转化,从而成为自身或其他生物易于利用的营养物质。蚯蚓每天能食进相当于自身体重的食物,其中约有 1/2 成为蚓粪排出体外。蚓粪中含有氮、磷、钾等成分,对作物有显著的增产效果。因此,利用蚯蚓处理生活垃圾化害为益已引起人们浓厚的兴趣。近年来,日、美、英、法等国相继成立蚯蚓养殖工厂,并把它称为"环境净化装置"。

3. 对土壤的改良

蚯蚓对土壤的改良有着重要的作用,其一是粉碎及分解落入土壤中植物的有机物。由于蚯蚓的取食习性,大量的表面落叶层植物被消化及分解,使表面形成一层肥沃的未被完全分解的有机物碎屑,成为土壤疏松的表层,为其他生物的进一步分解创造了条件。其二是促进土壤微生物分解。进入土壤中的有机物经蚯蚓的初步分解后被土壤中的微生物进一步地分解。蚓粪也是土壤微生物传播的一种方式,土壤中的蚯蚓可增加土壤微生物数量的 $5\sim10$ 倍,这就加速了土壤中有机物的进一步分解及土壤的腐殖化过程。其三是增加土壤肥力。土壤中大量的蚯蚓不断地繁殖与更替,腐烂的尸体使土壤中氮的总含量得到增加。陆蚓类穴居土壤中,在土壤中穿行,吞食土壤,能使土壤疏松,改良土壤的物理和化学性质。经过蚯蚓消化管的土壤排出成蚓粪,含有的氮、磷、钾的成分较一般土壤高数倍,是一种高效的有机肥料。

4. 作为监测动物

有人发现蚯蚓能吸收土壤中的汞、铅和镉等微量重金属,这些金属元素在蚯蚓体内的聚集量为外界的 10 倍,因此有的科学家认为蚯蚓可作为土壤中重金属污染的监测动物。蚯蚓吞食土壤和有机物质的能力很大,可利用蚯蚓处理城市的有机垃圾,可保护环境、防止污染、化害为利、抑制公害。各国都兴建了养殖蚯蚓的工厂,繁殖蚯蚓,处理废料,生产有机肥料。还可收集蚯蚓来处理受重金属污染的土壤,以达到减轻污染的目的。

某些蛭类动物因对水域中铅、锌的忍耐程度不同,可作水域污染的指示动物。

5. 药用

蚯蚓在中药中称为地龙,性寒味咸,有退热、镇痉、平喘、降压和利尿等作用,具有清热、平肝、止喘、通络功能,主治高热狂躁、惊风抽搐、风热头痛、目赤、半身不遂等。

近年来发现蚯蚓含蚓激酶,对心血管疾病有较好的治疗效果,临床治疗血栓病有效可达 80% 以上。蚓激酶还有降低血液黏度、抑制血小板凝集、抗凝血、促进血流通畅等作用,对卒中后遗症、动脉硬化、高血压和高血黏度症等有治疗作用。蚓激酶已被开发成药,服用方便、安全,不会像链激酶、脲激酶等药易引起高纤溶酶血症而导致大出血。

利用医蛭吸血的特性,可在整形外科中消除手术后血管闭塞区的淤血,减少了组织坏死发生;再植或移植组织器官中,用医蛭吸血可使静脉血管通畅,从而提高手术的成功率。蛭素为最有效的天然抗凝剂,具有抗凝血、溶解血栓的作用。用干燥的蛭类动物入药,因含有蛭素、肝素等,有破血通经、消积散结、消肿解毒之功效。

9.4.2 环节动物对人类的危害

疣吻沙蚕和多齿围沙蚕常栖于稻田,咬食稻根。腺带沙蚕在盐田里钻穴,可使卤水外溢,为制盐业的一害。寡毛纲动物中的水蚓类动物都可作为淡水鱼类的饵料,但它们繁殖过多时会损害鱼苗或堵塞输水管道。

吸血蚂蟥(包括医蛭、牛蛭和山蛭)吸食人、畜血液,田间或林间工作者深受其害,在牛、马的腿上和肚皮下也可见到吸饱了血的蚂蟥。有的种类吸食鱼、蛙、龟鳖的血液,危害养殖业。蛭类动物吸血的伤口血流不止,易感染细菌,引起化脓溃烂等。一些种类在吸血过程中还可以传播皮肤病病原体和血液寄生虫,或为其中间宿主。人或家畜在喝水、涉水或洗澡时会感染上内侵袭性的蚂蟥(鼻蛭),它们寄生于鼻腔、咽头、食道、尿道、阴道或子宫。鱼蛭和湖蛭寄生在鱼体上,严重时可引起鱼的死亡。大量的晶蛭幼蛭侵入水鸟的鼻孔或气管内吸血,也可造成水鸟的死亡。

科 学 热 点

整形外科和显微外科医生发现利用医用吸血蚂蟥可以清除手术后血管闭塞区的淤血,使静脉血管通畅,减少了组织坏死发生,为静脉血管形成侧支循环赢得时间,从而大大提高了再植或移植手指、脚趾、耳朵、鼻子的成功率。1987 年,中国科学院水生生物研究所与湖北医学院协作,成功地用饥饿的吸血蚂蟥——日本医蛭(*Hirudo nipponia*)为一例断指再植病人治疗术后淤血。我国医生用吸血蚂蟥处理皮瓣静脉淤血,俄国医生用吸血蚂蟥治疗耳鸣和口咽缺损再造手术后的淤血,均获得成功。

蛭素具有强烈的抗凝血作用,能与凝血酶特异结合,是已知的最强的凝血酶天然抑制剂,系列试验表明蛭素无毒性,无明显抗原性。作为抗凝剂它比肝素优越,对动脉血栓及静脉血栓等各种血栓性疾病及弥散性血管内凝血均有很好的预防及治疗效果,具有很好的的临床应用前景。

美国的生物化学家从一种墨西哥水蛭唾液腺中分离出一种含 119 个氨基酸的多肽,

该多肽能通过抑制血清酶阻止血凝固和血栓形成,也能减少实验动物肿瘤细胞的扩散,十分有利于肿瘤患者体内免疫系统将其各个击破。水蛭注射液能使肿瘤细胞坏死、消失,对网状内皮细胞有增强作用。

本 章 小 结

环节动物两侧对称,三胚层,体分节,有发达的真体腔(蛭纲除外)。消化道完全,肠壁具肌肉。循环系统发达,一般为闭管式(蛭纲除外)。呼吸主要通过体表进行,疣足也有呼吸作用。排泄系统为后肾管型排泄系统。链状神经系统。雌雄同体或异体,直接发育或间接发育,间接发育的海产动物具担轮幼虫期。

思 考 题

1. 环节动物门的主要特征是什么?
2. 身体分节和真体腔的出现在动物进化上有什么意义?
3. 环节动物门分哪几纲? 各举一例。
4. 说明蚯蚓对土壤中生活的适应性。
5. 吸血蛭类对体外寄生生活有哪些适应?
6. 名词解释:同律分节;真体腔;疣足;砂囊;闭管式循环;后肾管;蛭素。

第10章 软体动物门

软体动物门(Mollusca)是动物界中仅次于节肢动物门的第二大门类,种类较多,分布广泛,其种类超过16万种,约占动物种类总数的10%,从寒带、温带到热带,从海洋到河川、湖泊,从平原到高山,处处可见。这一类动物的身体柔软,左右对称,体不分节,内脏团由外套膜包覆,大多能够分泌碳酸钙质的外壳,部分物种的外壳隐藏至体内(乌贼)或是退化消失(蛞蝓)。成体缺乏贝壳,在幼体时期一般要经过有贝壳的阶段,故此类通称贝类。贝类与人类关系较为密切,常见的种类有田螺、蜗牛、河蚌、乌贼、章鱼等。

10.1 代表动物和主要特征

10.1.1 代表动物——河蚌

河蚌(*Anodonta woodiana*)是无齿蚌的俗称,隶属瓣鳃纲(Lamellibranchia),即双壳纲(Bivalvia),真瓣鳃目(Eulamellibranchia),珠蚌科(Unionidae),无齿蚌亚科(Anodontinae),无齿蚌属(*Anodonta*),分布于亚洲、欧洲、北美和北非;广栖于江河、湖泊、池塘水底的泥沙中,营埋栖生活;以微小生物及有机碎屑为食。河蚌行动迟缓,生活被动。与此种生活方式相适应,它在形态结构上也发生了相应的变化。

10.1.1.1 外部形态

1. 贝壳

河蚌没有明显的头部,整个身体被两片对称的贝壳所包围,贝壳前端稍钝,后端稍尖。壳顶位于背面,以壳顶为中心,在壳的表面有许多呈同心环排列的生长线。壳顶附近的背缘上常有齿和齿槽构成铰合部,而河蚌铰合部无齿,故又称无齿蚌。铰合部有具弹性的韧带,其作用与闭壳肌的作用相反,依靠弹力可使两壳张开(图10-1)。

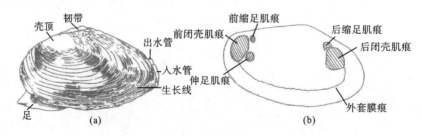

图 10-1 无齿蚌外形及贝壳内观面(仿 Matbeeb)
(a)无齿蚌外形;(b)贝壳内观面

两片贝壳背内面有肌肉韧带(前闭壳肌,anterior adductor muscle 和后闭壳肌,posterior adductor muscle)相连,其肌肉收缩可使贝壳关闭。贝壳的结构分三层。外为角质层,较薄,黑褐色,能防止酸碱的腐蚀。角质层下为白色较厚的棱柱层,此两层都是由外套膜边缘分泌而成的。最内层表面极光滑,并具有珍珠光泽,称珍珠层,由整个外套膜的外层上皮分泌而成,在整个生长过程中能不断加厚(图10-2)。

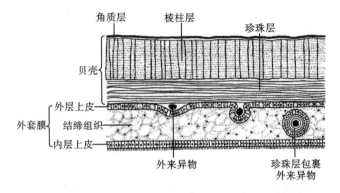

图 10-2 瓣鳃类贝壳及外套膜的横切面(自徐润林)

2. 软体部分

河蚌的软体部分主要有外套膜、鳃、足、内脏团四部分。外套膜亦为两片,紧贴两壳内,其背面与内脏团的皮肤相连,腹缘游离,生活时左、右腹缘互相紧贴,构成了外套腔。外套腔的后端形成两个短管,上为出水管,下为入水管。入水管稍大,有感觉乳突。食物及氧随水流从入水管进入外套腔中,而代谢废物、食物残渣及性产物皆由出水管排出(图10-3(a))。

外套膜由内、外两层上皮细胞和中间的结缔组织及少数肌纤维组成。前面谈到贝壳的珍珠层是由外套膜的外层上皮分泌而成。在自然情况下,当沙粒或小虫等异物偶然侵入外套膜与贝壳之间时,刺激该处外套膜上皮组织增生,并陷入结缔组织内形成包围异物的珍珠囊,分泌的珍珠质沉积在异物上,则成为自然珍珠(图10-2)。人工育珠即运用自然成珠的原理,取一育珠贝外套膜的外层上皮,制成小片,用手术方法插入另一育珠贝的外套膜结缔组织中,使之形成珍珠囊,生产出无核珍珠。若在植入小片的同时插入人工珠核,则可育成有核珍珠。具体过程为:外物、砂粒、虫卵、寄生虫→偶然进入贝壳(外套膜外上皮细胞)→刺激局部→增生,外表皮下陷→继续下陷→连同异物脱离外套膜→形成珍珠。

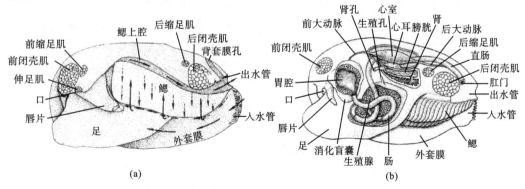

(a)　　　　　　　　　　　　　　(b)

图 10-3 无齿蚌内部结构(仿 Hickman 等)

(a)除去壳和左侧部分外套膜;(b)内部结构剖面

河蚌的肌肉与贝壳的开闭及足的伸缩和运动有关。主要肌肉有闭壳肌(前、后各一)，收缩时可使壳闭合；缩足肌(前、后各一)；伸足肌，仅前端一个，皆与足的伸缩有关。足本身亦有发达的肌肉。

10.1.1.2 内部构造

1. 呼吸系统

河蚌以鳃和外套膜呼吸。在内脏团的两侧各悬挂着两个鳃瓣。外套腔腹侧为进水区，背侧为出水区，纤毛摆动使水从外套膜的进水孔进入外套腔，通过鳃表面的鳃小孔进入鳃的垂直管道——鳃水管。在鳃水管中，血液和水非常接近，可以通过逆流扩散完成气体交换。交换后的水流从鳃背面外套腔部分，即鳃上腔流出，通过出水孔流出外套膜(图10-4)。

河蚌鳃的构造比较复杂。以一侧的鳃为例，靠外套膜的一瓣称为外鳃瓣，靠内脏团的一瓣称为内鳃瓣，每个鳃瓣都由内、外两片鳃小瓣及其间的许多隔膜(瓣间隔)构成；内、外鳃小瓣的前缘、后缘、腹缘互相愈合，但背面分开，称为鳃上腔，其后端开口于出水管。每片鳃小瓣由许多鳃丝及丝间隔构成。鳃丝表面又有许多纤毛，丝间隔有许多鳃小孔。由于鳃丝上纤毛的摆动，激起外界进入的新鲜水流在体内流动，当水流与鳃瓣接触时，分布于丝间隔内的微血管即可进行气体交换(图10-4)。

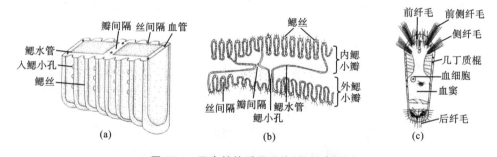

图10-4　无齿蚌的呼吸系统(仿刘凌云)
(a)瓣鳃的结构模式图；(b)瓣鳃的横切面；(c)鳃丝的结构

2. 消化系统

河蚌为适应"静坐式""滤食"的生活方式，一些结构发生相应改变，即头和齿舌消失，覆盖纤毛的鳃扩张。消化系统包括口、食道、胃、肠和肛门(图10-3(b))。口即身体的前端。关于食物的捕捉机制目前依然未知。主要是依靠鳃捕捉进入外套腔的食物颗粒。食物一旦被捕捉，纤毛摆动驱使食物颗粒沿着鳃边沿腹侧进入口。在口的左、右两侧边各有两片叶状唇瓣(又称触唇)，其上的纤毛能分选滤过的食物颗粒，小的颗粒入口，大的颗粒到达唇瓣和鳃边缘，落到外套膜上，通过外套膜的纤毛状管道进入外套腔，最终排出体外。口后接短的食道，它通膨大的胃。胃两侧有一对赤褐色的发达的肝脏，肝脏以管通入胃中，分泌淀粉酶、蔗糖酶。胃之后为弯曲的肠，肠埋于生殖腺间。胃、肠相接处或肠内有时可见晶杆(crystalline style)。晶杆为细长的胶质棒状物，位于肠内，较粗的前端突出于胃中。晶杆能释放消化酶，且晶杆囊中纤毛摆动能使晶杆转动，可使食物进入胃的深部。肠在内脏团中折卷3次后通向背方，即为直肠。较为特殊的是河蚌的直肠穿过围心腔和心室，末端的肛门开口于后闭壳肌的背面。

3. 循环系统

河蚌的循环系统由心脏、血管、血窦组成，为开管式循环系统，即血液不是始终在血管中流动，有一阶段要流入无血管壁包围的血窦（多数软体动物由于真体腔退化，微血管和部分动脉和静脉的腔扩大了，没有血管壁包围，血液在这种空隙中流过，称为血窦）内。心脏位于身体中部背侧的围心腔中（围心腔即软体动物体腔的剩余部分，内有心脏，外有围心腔膜包围）（图 10-5），包括一个心室和两个薄而略呈三角形的心耳。心室向前、后各发出动脉管一条，前大动脉在直肠背方，后大动脉在直肠腹方。大动脉血管分支成小动脉，分布于足、胃、肠及外套膜等处。河蚌血循环的基本途径是心室→动脉→血窦→静脉→心耳。

4. 排泄系统

在河蚌围心腔腹面左、右两侧有一对"U"形肾脏，为后肾管特化而成，又叫鲍雅诺氏器（organ of Bojanus），包括一黑褐色的海绵状腺体部（也叫肾体，位于下方，以肾口开于围心腔前端腹面的两侧）和一个具纤毛的薄壁"U"形管状体（也叫膀胱，位于上方，以外肾孔开口于内鳃瓣的鳃上腔），排出的废物随水流经出水管排出体外。此外，蚌类围心腔前方还有一团分支的腺体，叫围心腔腺，也称凯伯尔氏器（Keber's organ），其中密布血管，亦能吸收血液中的废物，并排入围心腔中，最后也经肾脏排出体外（图 10-6）。

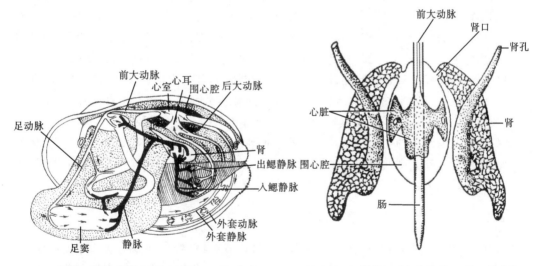

图 10-5　无齿蚌血循环（自 Buchsbaum）　　　图 10-6　河蚌的心脏与肾的关系（仿江静波等）

5. 神经系统

河蚌的神经系统不太发达，主要由 3 对相互连接的神经节及节间的神经连索组成；3 对神经节即脑神经节、足神经节和脏神经节，呈现为倒写的"L"形（图 10-7）。脑神经节实际上与侧神经节愈合成一对，位于食道两侧；足神经节一对，彼此相连，位于足基部；脏神经节一对，彼此紧密相连，位于后闭壳肌腹面。感觉器官不甚发达，主要有感觉上皮（化学感受器）、平衡囊等；在外套膜内面边缘、唇瓣表面、入水管乳突处有许多感觉细胞分布。

6. 生殖系统

河蚌大多雌雄异体，体外受精。生殖腺一对，位于内脏团肠的周围，一对生殖孔开口于内鳃瓣的鳃上腔中，和肾孔同开口于外套腔中。雌雄在外表上不易辨认，但首先可根据

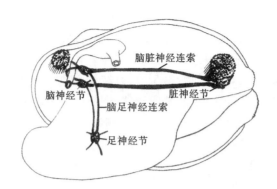

图 10-7　双壳类神经节与神经连索(自 Buchsbaum)

生殖腺的颜色判断,生活时的精巢呈白色,而卵巢呈淡黄色;其次可根据鳃丝的粗细判断,雌蚌鳃丝细,雄蚌鳃丝粗,为雌蚌鳃丝的 2～3 倍。

7. 发生

河蚌多在夏季繁殖。成熟的精子通过一对生殖孔进入外套腔的鳃上腔,随水流经出水管排出体外,被雌蚌从进水管的水流带入;进入雌蚌体内后,卵在外套腔的鳃上腔中受精。受精卵在外鳃瓣中发育;经过不均等卵裂,发育为囊胚,以外包和内陷法形成原肠胚,发育成幼体,如钩介幼虫(图 10-10)。此时雌蚌外鳃瓣肿大,起着育儿室的作用。钩介幼虫具两片壳,壳腹端弯曲成钩状,钩上列生小齿,壳内有紧贴贝壳的外套膜,外套膜上有多束感觉用刚毛;此外还有一发达的闭壳肌和一条足丝。至第二年春天钩介幼虫才离开母体,用足丝及钩附着于鱼的鳃、鳍及皮肤等处,营暂时的寄生生活。鱼体被附着处因受幼虫刺激而导致组织增生,幼虫埋入组织内,吸收鱼体养分而进行变态发育;待幼虫变态终了即破囊而出,落入水底,开始其底栖生活。河蚌生长很慢,一般要到第 5 年才性成熟。河蚌的生殖与鳑鲏鱼的生殖关系密切。鳑鲏鱼到产卵季节,常觅寻河蚌的栖息场所,将产卵管插入河蚌外套腔中并产卵于其中,受精卵亦在蚌体内发育。在鳑鲏鱼产卵的同时,雌蚌亦将钩介幼虫放出,有利于钩介幼虫寄生生活的完成及蚌的广泛分布。

10.1.2　软体动物门的主要特征

软体动物是身体柔软、不分节、有真体腔(与环节动物相比,软体动物真体腔不发达,仅存在于围心腔、肾腔和生殖腺腔之中)的动物。软体动物因其在形态结构上较特殊,易与其他动物区别。

10.1.2.1　体制与身体分区

软体动物躯体一般由头、足和内脏团三部分组成,此外还有包围内脏团的外套膜。除腹足纲(螺类)因发育过程中内脏团发生扭曲而不对称(但头和足还是对称的)外,其他软体动物及腹足类的头、足均为两侧对称。在本门,各纲动物因其生活方式不同,头、足和内脏团的发展亦有显著的差别(图 10-8)。

(1) 头部:肉食性或活动性强的种类(乌贼、螺类)具有明显的头部,感觉器官发达(图 10-8(b)、(d));不太活动的种类无明显的头部(图 10-8(a)、(e))。

(2) 足部:运动的足也与生活方式相适应,蜗牛(图 10-8(b))和石鳖(图 10-8(e))有扁而宽的肉足,适宜爬行;蚌类(图 10-8(a))的斧形足适宜插入泥沙;乌贼(图 10-8(d))的足演变为腕及漏斗,适于快速游泳和掠食。

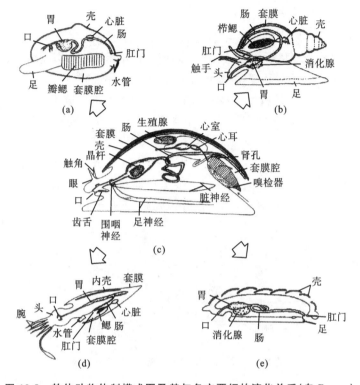

图 10-8 软体动物体制模式图及其与各主要纲的演化关系(自 Brusca)

(3)外套膜:外套膜是背部皮肤向两侧延伸而成的,它通常覆盖软体动物的一部分或全部,也随各类体制而有所改变;外套膜除能保护内脏外,还有分泌珍珠质形成贝壳和辅助呼吸的功能。

(4)内脏团:内脏团位于足背面,是集中成团的内脏,包括消化、呼吸、循环、排泄、生殖等器官。外套膜是身体背侧皮肤褶向下伸展而成的包在内脏团背面的肉膜;外套膜与内脏团的空腔是外套腔,内有消化、排泄、生殖等器官开口,结构上由内层表皮细胞、结缔组织、外层表皮细胞组成,其外层上皮分泌物能形成贝壳,内层表皮密生纤毛,能借助纤毛的摆动驱动外套腔的水流动,有效完成呼吸、排泄和生殖等功能。

(5)贝壳:具有贝壳是软体动物标志性特征之一,因此,软体动物又称贝类。贝壳的数目和形状在各纲中差别较大,呈帽状、螺旋状、管状、瓣状,或退化为内壳、无壳,如螺类有单一螺旋状的贝壳;蚌类有两片左右对称的瓣状贝壳;石鳖有八片复瓦状排列的贝壳;而乌贼的一片疏松的石灰质的贝壳则埋藏在体背方的外套膜下。本门少数种类的贝壳退化(如海牛、海兔、蛞蝓),而原始种类(无板纲)则完全不具有贝壳。贝壳由外套膜分泌而成,其主要成分为碳酸钙(95%)和壳质素,用以保护柔软的身体。

10.1.2.2 专门的呼吸器官

软体动物是动物界最早出现专职呼吸器官(鳃或肺)的类群,其水生种类以鳃呼吸,鳃由鳃轴和鳃丝组成,分为栉鳃(梳状)、丝鳃、瓣鳃等。鳃有丰富的血管和肌肉,一般为1~2

对,但腹足纲因内脏扭转而致一侧鳃消失,故不成对。有的水生种类无鳃,以外套腔呼吸。陆生种类(如蜗牛)则无鳃,靠外套膜上密生血管形成的"肺"来进行呼吸。

10.1.2.3 消化系统

软体动物的消化系统由消化道和消化腺组成。消化系统完全,由口、口腔、食道、胃、肠、肛门组成,消化管呈"U"形或弯曲。消化腺发达,由肝、胰脏、唾液腺组成。多数瓣鳃类和一些腹足类的胃内还有晶杆,为胶质棒状物,能在胃酸的作用下释放消化酶。

软体动物的口腔中常有颚片与齿舌(图 10-9)。齿舌是口腔发达种类所具有的锉刀样的取食器官,也是软体动物独有的结构(仅瓣鳃纲及其他少数种类无齿舌)。角质齿舌位于口腔底部的软骨舌突起上,摄食时,连接到齿舌上的肌肉牵动齿舌在舌突起上前后移动来锉刮食物。齿舌呈带状,通常为透明,由许多排列整齐的横列小齿组成。齿舌的数目、大小和形状可作为分类的重要特征。一般植食性种类的小齿数目多,先端圆,如蜗牛;肉食性种类的小齿数目少,强有力,先端常有钩或刺,如乌贼。

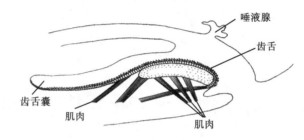

图 10-9 原始软体动物的齿舌(仿 Barnes)

10.1.2.4 体腔和循环系统

软体动物的次生体腔不发达,缩小到只有围心腔、生殖腔和肾管内腔;初生体腔广泛存在于身体各组织器官之间,充满血液,因此称为血腔或血窦。循环系统由心脏、血管(动脉、静脉)、血窦组成。心脏位于围心腔中,由心室和心耳组成。心室 1 个,壁较厚;心耳 1 个或 1 对,与鳃的数目一致,壁通常很薄。软体动物的血液一般含血青素,故血液无色或呈淡青色。血液中含有变形虫状的血细胞。软体动物大多数种类为开管式循环系统。当心室收缩,血液从心室流入动脉,经血窦汇集于静脉后流回心耳,然后再流归心室。动脉和静脉之间无直接联系,血液不完全在封闭的血管中流动,而流入到无血管壁的各器官组织间的血窦中。河蚌等多数软体动物都属于这种类型,而本门中快速游泳的种类却为闭管式循环系统,如头足类十腕目(乌贼),在动脉和静脉之间有微血管联系。

10.1.2.5 后肾型排泄系统

软体动物属后肾型排泄系统,肾口(具纤毛)开口于围心腔,肾孔开口于外套腔,能将围心腔的代谢废物排出体外;排泄系统还有一种叫围心腔腺或凯伯尔氏器,位于围心腔前方,也具有排泄作用。其管壁的腺质细胞从血液中吸取代谢产物,然后从肾管排出。

10.1.2.6 神经系统及感觉器官

大多数软体动物具有与其体制相适应的数对神经节,一般为 4 对神经节及与之相对应的侧神经(神经索),即位于食道背侧的脑神经节(cerebral ganglia,其发出神经通向头部及体前端)、足内的足神经节(pedal ganglia)、食道两侧的侧神经节(pleural ganglia)和脏神经节(visceral ganglia)等。各神经节间都有神经连接。在不同的纲中,神经节有不同程度的相对集中的现象。但石鳖为较原始的类群,仍为梯状神经系统。有的种类神经系统及感觉器官(如有触角、眼和平衡器等)较为发达,如头足类的主要神经节集中在食道周围形成了脑,外包有软骨,是无脊椎动物中最高级的神经中枢;头足纲的眼也十分发达,其结构甚至与脊椎动物的眼相似。

10.1.2.7　生殖与发育

大多数的软体动物为雌雄异体,异体受精,少数雌雄同体(如蜗牛)。卵裂方式除头足纲为盘裂外,其余皆为不等全裂中的螺旋式卵裂。生殖方式大多为卵生,少数种类为卵胎生(如田螺),受精卵在子宫内发育成幼螺后才产出。生殖腺由体腔上皮产生,有固定的生殖导管。头足类和腹足类为直接发育,其余种类则为间接发育。海产种类一般要经过担轮幼虫(trochophore)和面盘幼虫(veliger),后者由前者发育而来(图 10-10),即担轮幼虫的口前纤毛环发育成为能游泳的纤毛面盘,然后经变态逐渐生出头部、足部、外套膜及贝壳。淡水蚌类发生中具有钩介幼虫(glochidium)期,在鱼体表面营临时性寄生。

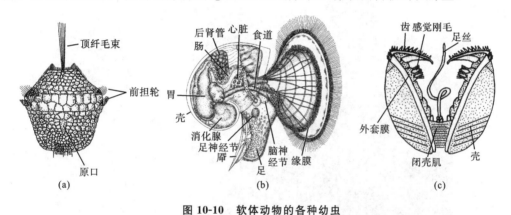

图 10-10　软体动物的各种幼虫

(a)担轮幼虫(自 Brusca);(b)面盘幼虫(自 Brusca);(c)钩介幼虫(仿锥野季雄)

10.2　软体动物的多样性

一般以软体动物贝壳的形状与数目、体制是否对称、鳃、外套膜、神经和行动器官的发生以及生活习性、生理变化等方面的特点为依据,将软体动物门分为五纲,即多板纲(Polyplacophora)、掘足纲(Scaphopoda)、腹足纲(Gastropoda)、瓣鳃纲(Lamellibranchia)、头足纲(Cephalopoda)。近年来的分类多将本门分为七纲,除了原来的五纲以外尚还有单板纲(Monoplacophora)(如新蝶贝)及无板纲(Aplacophora)(如龙女簪)。此两纲种类极少,皆海产,为本门中的原始类群。一般也将单板纲、无板纲和多板纲合并为双神经纲(Amphineura)。本章拟重点介绍腹足纲、瓣鳃纲和头足纲,其他各纲仅作略述。

本门各纲的主要特征如下。

单板纲:贝壳 1 枚,帽状;足广阔、扁平。

无板纲:无贝壳,足退化。

多板纲:贝壳 8 枚,着生于背部,覆瓦状排列;足肥大,块状。

掘足纲:贝壳为牛角状两端开口的管;足呈圆柱形。

腹足纲:贝壳一般1枚,螺旋形;足块状。

瓣鳃纲:也称双壳纲,贝壳两瓣,左右合抱;足斧状。

头足纲:除原始种类具有贝壳外,一般退化为内壳或消失;足特化成腕。

软体动物类群的进化,如图10-11所示。

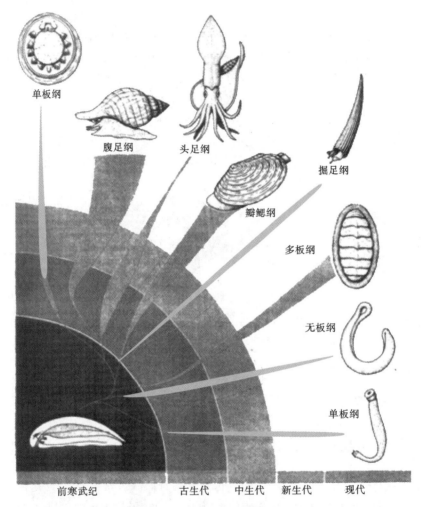

图 10-11　软体动物类群的进化

10.2.1　双神经纲

双神经纲动物全部海产,是软体动物中较原始的种类,因具有两对纵神经索而得名。本纲包括单板类、无板类和多板类三个类群。

(1) 单板类的身体左右对称,腹部具足,足广阔、扁平;贝壳1枚,帽状;最显著的特征是内部器官分节排列,有2对心耳、2对生殖腺、5对栉鳃、5对肾脏、8对缩足肌、10对足神经;具齿舌。单板类多为化石种类,见于寒武纪到泥盆纪的地层中。1952年在哥斯达黎加(Costa Rica)3570 m深海处发现了这种现代生活的种类,称为新碟贝(*Neopilina*

galathea）（图 10-12）。目前这类动物已在太平洋、大西洋和印度洋各深海陆续发现了 20 多种。这类"活化石"类群的发现，为探讨贝类的起源与进化提供了新的材料。

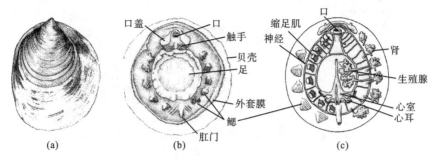

图 10-12　双神经纲的单板类新碟贝（仿 Hickman 和 Brusca 等）

（a）背面观；（b）腹面观；（c）腹面观（移去足）

（2）无板类：不具有贝壳，头不发达，体呈蠕虫状。其外套膜发达，密生有许多石灰质小刺，腹面中央常有一沟，足退化，梯状神经，无明显神经节，是最原始的软体动物。一般生活在较深的海底珊瑚类和水螅类丛生的地方。我国也仅在南海用拖网采到过一种龙女簪（*Proneomenia*）（图 10-13）。

（3）多板类：最常见的为附着于海滨岩石上的红条毛肤石鳖（*Acanthochiton rubrolineatus*）（图 10-14），它多生活在潮间带和浅海，主要以海滨礁石上的藻类或

图 10-13　龙女簪（仿刘凌云）

其他微小动物（如有孔虫或海绵）为食。石鳖的身体一般为椭圆形，背腹扁平，左右对称；最大的特点是身体背面有 8 片石灰质贝壳呈覆瓦状排列。贝壳不能覆盖住整个身体；在不为贝壳所遮盖的部分，体表常有角质层或石灰质的小棘、针骨、角质毛或小鳞等。在贝壳与外套膜边缘间留有一圈裸露部分，称为环带（girdle）。头部不明显，口腔中具有齿舌（radula），无眼和触角。腹面平坦，足扁而宽，块状，肥大。足与外套膜之间形成一个狭沟，称为外套沟（pallial groove）。沟中有多对栉状鳃着生在足的两侧。神经系统较为原始，为梯状神经系统。在食道周围有一神经环，从它分出两对神经索，通向身体后部，一对为足神经索，另一对为侧神经索，故得名双神经类。神经索之间有神经互相连接，但无明显的神经节；神经细胞不是集中在神经节中，而是分散在神经索中，这种神经系统尚停留在梯状神经系统的水平（图 10-14（d））。雌雄异体，体外受精，间接发育，有担轮幼虫期。

10.2.2　腹足纲

腹足纲（Gastropoda）以其足位于身体腹面而得名。已命名的现生种类约 6 万种，化石 1.5 万种，是软体动物门最大的纲，也是动物界除节肢动物门昆虫纲外种类最多的一纲（是动物界的第二大纲）。腹足纲分布十分广阔，在海洋、淡水和陆地都有分布。具有一个贝壳，螺旋形，因此称为螺类。给人类留下重要印象的有食用蜗牛、田螺、鼻涕虫等，有的还是人类一些重要寄生吸虫的中间宿主，如钉螺等。

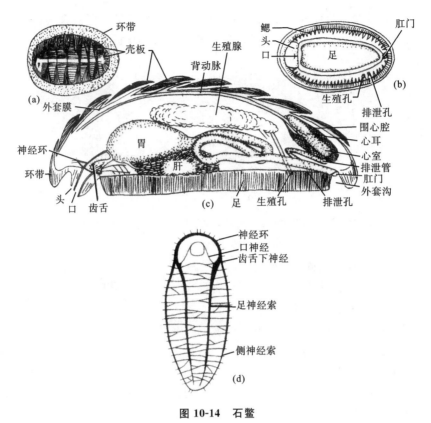

图 10-14 石鳖

(a)背面观;(b)腹面观;(c)纵剖面观(自 Storer);(d)石鳖的神经系统(自 Thiele)

10.2.2.1 常见种类——中国圆田螺

中国圆田螺(*Cipangopaludina chinensis*)是常见的淡水螺类,一般栖息于湖沼、池塘、河流、水库及水田等地,以宽大的足在水底或水草上爬行,采食水生植物的叶及藻类,在水草繁茂的地方最为多见,也是世界性分布的物种。

1. 外部形态

中国圆田螺的螺壳呈圆锥形,壳大,薄而坚固,有 6～7 个螺层,螺层明显,缝合线深,表面光滑,体呈黄褐色。壳口近卵圆形,有厣,为梨形、角质,具有同心圆花纹,较薄。螺壳内的软体部可分头、足、外套膜和内脏团四部分。受刺激时,头和足能全部缩入壳内,厣可盖住壳口,起保护作用。

头部明显,前端有圆柱状突出的吻;吻端腹面为口;吻基两侧有一对稍能伸缩的触手,眼分别位于两个触角基部外侧的隆起上;雄性田螺右侧触角粗短,特化成交接器。田螺头部前方的两侧有肌肉折卷而成的颈叶,其左叶较小,卷曲成入水管,右叶较宽大,卷曲成出水管。田螺的足亦紧接头部的腹面,足背面为内脏团,外面由一层外套膜覆盖,两者之间的空隙为外套腔。雄螺在外套腔的右前方有肛门和肾孔的开口。雌螺在肾孔旁还有一生殖孔(图 10-15)。

2. 内部构造

(1)摄食和消化。中国圆田螺以水生植物和藻类为食,其口腔内有狭长的齿舌,后半部藏于齿舌囊中,取食时由齿舌和齿担通过前后伸缩活动,刮取食物。咽和食道间有 1 对

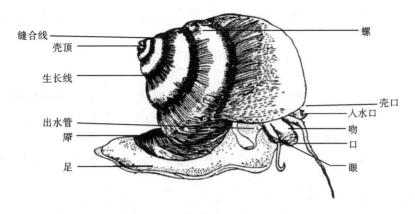

图 10-15　田螺的外形(自姜云垒)

唾液腺,分泌的黏液以导管送入口腔,但仅有润滑作用。其消化系统发达,咽后为细的食道,后接膨大的胃;胃周围有一大型黄褐色肝脏,位于壳顶最后几个螺层内,肝由许多分枝管腺组成,以肝管通胃。肝能分泌淀粉酶和蛋白酶,是圆田螺的主要消化腺。胃后接短的小肠,大肠从胃后扭转 180° 折向前,以肛门开口于外套腔右侧的出水孔附近(图 10-16)。

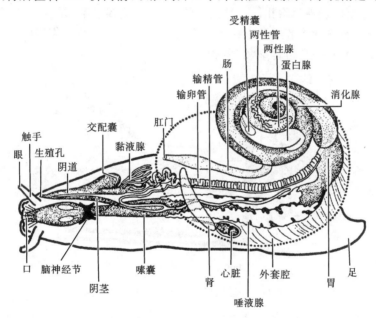

图 10-16　腹足纲的内部结构(自徐润林)

　　(2) 呼吸与循环。圆田螺因为扭转导致只有 1 个栉状鳃,着生于外套腔左侧(图 10-16)。鳃叶上皮具有纤毛,上皮下为结缔组织层,内层有血管,充满着血液。水从入水管进入外套腔,流经鳃面,由出水管流出,在此过程中进行气体交换,同时排遗物、排泄物也随同水流从较长的出水管排到远离入水管的地方。此外,密布血管的外套膜也有一定的呼吸作用。

　　心脏位于胃旁的围心腔内,有 1 个心室、1 个心耳,心室、心耳壁薄,连同血管、血窦一起组成开管式循环。血液无色,含有变形细胞,血浆中的呼吸色素为血蓝蛋白。血液除能运送氧气和营养物质外,还有流体静力骨骼的功能,协同肌肉完成一些伸头、足的动作等。

心室连接着头动脉和内脏动脉,分支于身体各部分,开口至各血窦。血液由心室压出,经过动脉进入血窦;从外套窦中出来的血液直接由静脉送回心耳,其他血液由静脉收集后,流经肾、入鳃动脉,再流入鳃中,完成气体交换后,由出鳃动脉将血液送回心耳,完成循环。

(3)排泄系统。圆田螺的排泄系统为1个后肾型肾脏,三角形,淡褐黄色,位于围心腔前。肾脏的腺体部以肾口开口于围心腔底部,以围心腔管通入肾,肾后再接一细长、薄壁的输尿管,与肠平行向前,一侧和子宫或精巢壁相连,另一侧游离,末端以肾孔开口于外套腔中肛门右侧稍后处和出水管的内侧,以便排泄物能尽快排出体外。圆田螺的排泄终产物为氨。

(4)神经系统和感觉器官。圆田螺的神经系统由多对发达的神经节及其间的神经索组成,各神经节多集中于身体前端的咽和食道周围(图10-17)。身体前部的神经节主要有4对。脑神经节1对,位于口球之后、食道的背侧,较大,发出神经到头部的触角、眼、口等器官,两个脑神经节间有神经索相连;侧神经节1对,较小,位于脑神经节之后,发出神经到外套膜等器官;足神经节1对,发达,位于食道腹侧、内脏团与足交界处,发出神经到足,两足神经节间以神经索相连;脏神经节1对,形小,位于食道末端,发出神经到内脏器官,两个脏神经节间以神经索相连。每侧的脑神经节、侧神经节、足神经节间均有神经索相互连接。一般将侧神经节经食道神经节连接脏神经节的神经称为侧脏神经索,侧脏神经索在食道上下左右交叉扭转呈“8”字形。

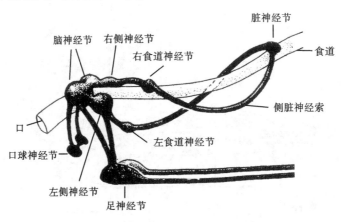

图 10-17　中国圆田螺的神经系统(自李赋京)

感觉器官发达,除有眼、皮肤感觉器官、触手、平衡囊外,在鳃的基部还有可鉴别水质的嗅检器。眼1对,由皮肤内陷形成,有视网膜和晶体。触角1对,其顶端有感觉细胞及神经末梢分布。平衡囊1对,似脊椎动物的内耳,位于足神经节内侧,由纤毛上皮内陷形成,可维持身体平衡。嗅检器1个,为皮肤突起形成,位于外套膜前部,靠近鳃的游离端,由食道神经节发出神经支配。另外在足边缘、出水管和入水管处还分布有许多化学感受器。

(5)生殖系统及发育。中国圆田螺雌雄异体,两性异型,雄性右侧触角较雌性右侧触角要粗短。生殖系统构造复杂,雄性生殖系统由1个肾形精巢、输精管、前列腺和阴茎组成。精巢位于外套腔右侧,黄棕色,较大,与直肠并行。精巢后端左侧为较短的输精管,膨大成贮精囊(即前列腺),并与前面细长的射精管相连,射精管伸入右侧触角中,雄田螺的右侧触角特化成交接器,雄性生殖孔开口于触角的顶端(图10-16)。雌性生殖系统由卵巢、输卵管、子宫组成。卵巢1个,不规则细长带状,黄色,与直肠上部平行。卵巢后接输卵管,后端通入膨大的子宫。子宫位于右侧,内侧缘有一个导精沟。子宫末端变细呈管状,顶部为雌性生殖孔,开口于肾孔的右侧。田螺为体内受精,受精卵在子宫内发育生长,生下即为幼螺,卵胎生。

10.2.2.2　腹足纲的主要特征

腹足纲的身体左右不对称,可明显地分为头、足和内脏团三部分。主要特征如下:

(1) 头部发达,具有1～2对触角;具有明显的眼,位于触角的顶端或基部;口球内有齿舌和颚片。

(2) 块状足,足发达,紧接头后,位于体的腹面,组成腹面的体壁,多扁平适于爬行,故有腹足类之称。

(3) 多数种类有一螺旋形的贝壳,左右不对称,称单壳类;少数种类壳退化或消失,壳的形态特征常作为分类依据。

(4) 有的腹足类的壳有厣,厣由足的分泌物所形成,为一种保护器官,当环境不良或受刺激时,腹足类将头和足缩入壳内,并用厣将壳口盖住。厣的成分和形状差异较大,如田螺为角质厣,海产的蝾螺为石灰质厣,而蜗牛则为膜厣。

(5) 腹足类的内脏团左右不对称,由于扭转,一部分内脏器官如鳃、肾、心耳等仅一侧的保留,而另一侧的消失。神经系统呈"8"字形。

(6) 水生种类多为雌雄异体,陆生种类均为雌雄同体,大多卵生,也有卵胎生,如田螺。

(7) 陆生种类为直接发育,海产种类为间接发育,常有担轮幼虫期和面盘幼虫期。

10.2.2.3　腹足纲的重要类群

主要依据贝壳的形态、鳃的有无及位置、侧脏神经连索是否交叉呈"8"字形等主要特征,将腹足纲分为以下三个亚纲。

1. 前鳃亚纲

前鳃亚纲(Prosobranchia)是腹足纲最大的一个亚纲,胚胎在发育期间发生扭转,使左、右侧脏神经连索交叉呈"8"字形,故又称扭神经亚纲(Streptoneura)。贝壳发达,具厣,触角1对,鳃和心耳位于心室前方,故称前鳃类。多数雌雄异体。有2万多个物种,大多为海产,也有小部分生活在淡水中。有些种类的齿舌具有毒液,如织锦芋螺。常见种类有圆田螺、钉螺(日本血吸虫的中间宿主)和鲍等(图10-18)。

2. 后鳃亚纲

后鳃亚纲(Opistobranchia)的侧脏神经连索不扭呈"8"字形,鳃和心耳在心室后方,故称后鳃类,或有次生鳃。壳小,甚至完全退化。无厣,触角两对。雌雄同体,全部海产。如海兔(*Notarchus*)等(图10-19)。

3. 肺螺亚纲

肺螺亚纲(Pulmonata)鳃退化,以外套膜形成的"肺"进行呼吸。各神经节集中于食道前端,侧脏神经连索不扭曲呈"8"字形。大部分具有螺旋形贝壳,亦有退化或消失者,均

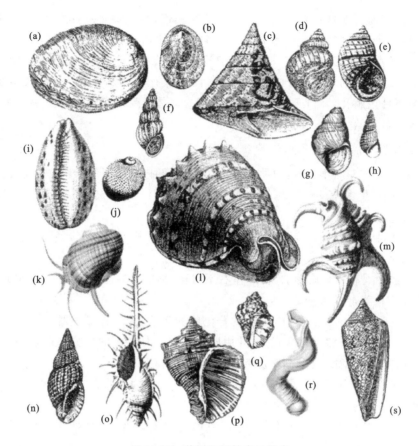

图 10-18　前鳃亚纲的常见种类
(a)鲍;(b)笠贝;(c)马蹄螺;(d)圆田螺;(e)滨螺;(f)钉螺;(g)沼螺;(h)黑螺;(i)虎斑宝贝;(j)斑玉螺;
(k)福寿螺;(l)唐冠螺;(m)水字螺;(n)织纹螺;(o)骨螺;(p)红螺;(q)荔枝螺;(r)延管螺;(s)芋螺

无厣。雌雄同体,异体受精。多栖息于陆地或淡水中。如椎实螺(*Lymnaea*)(羊肝片吸虫的中间宿主)、蜗牛(*limax*)、蛞蝓(*Limax*)、扁卷螺(*Hippeutis*)(姜片虫的中间宿主)等(图 10-20)。

10.2.3　掘足纲

掘足纲(Scaphopoda)也称管壳纲(Siphonoconchae),全部生活于海域,全世界仅有200多种。大部分生活在内海湾或较深的海底。我国常见的有角贝(*Dentalium*)(图10-21)和胶州湾角贝等。

角贝体较小,有一个两端开口、呈牛角状或象牙状的管形贝壳,体左右对称。壳较粗的一端即前端,开有大孔,为头足孔;细的一端即后端,开有小孔,为肛门孔,水流从此处进出。足发达,呈圆柱状,可伸出壳外很长,能挖掘泥沙,使身体前半部埋于泥沙之中,仅留下后 1/3 的部分露出泥沙,由此得名掘足类。头部不明显,无眼和触角。仅具一个吻状突起,称口吻,内为具颚片和齿舌的口球;口吻不能收缩;其基部两侧有触手叶,叶上生有丝状附属物,称头丝,司触角的功能且能摄食。其末端有吸盘,无鳃,呼吸作用靠外套膜内表面的纤毛进行活动,尤以前腹面作用最显著。循环系统简单,心脏位于直肠背侧,极不完

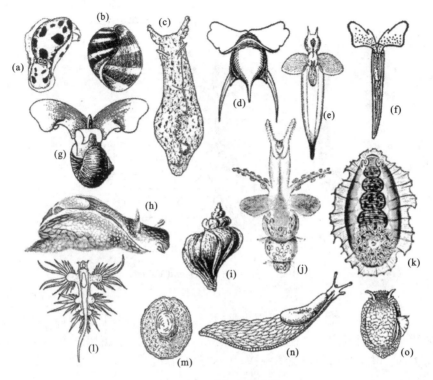

图 10-19　后鳃亚纲种类

(a)腹翼螺;(b)泡螺;(c)海兔;(d)龟螺;(e)海若螺;(f)笔帽螺;(g)蠊螺;(h)海天牛;
(i)双壳螺;(j)皮螺;(k)海牛;(l)海蛞蝓;(m)伞螺;(n)无壳螺;(o)无壳侧鳃

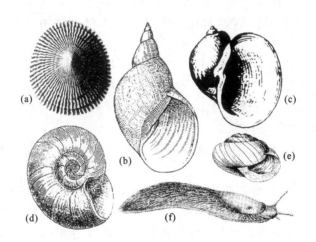

图 10-20　肺螺亚纲种类

(a)菊花螺;(b)椎实螺;(c)萝卜螺;(d)圆扁螺;(e)巴蜗牛;(f)蛞蝓

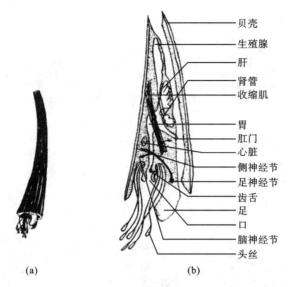

贝壳
生殖腺
肝
肾管
收缩肌
胃
肛门
心脏
侧神经节
足神经节
齿舌
足
口
脑神经节
头丝

(a)　　　　　(b)

图 10-21　角贝(仿 Storer and Usinger)
(a)外形;(b)结构

善,仅有一个腔,无围心腔,血管几乎不可见,仅有血窦。排泄器官主要是一对肾。神经系统具有脑神经节、侧神经节、足神经节、脏神经节,雌雄异体,生殖腺一个。发育过程中经过面盘幼虫期。其游泳盘与双壳类一样,并不分成两叶。

10.2.4　瓣鳃纲

这类动物因鳃多呈瓣状,故称瓣鳃纲(Lamellibranchia);它们一般有两个贝壳,故也称双壳纲(Bivalvia);足呈斧状,故称斧足纲(Pelecypoda);无头部,也称无头类(Acephala)。双壳纲动物有 30000 余种,全部生活在水中,不善活动,大部分为滤食性,常见种类有河蚌、扇贝、贻贝、蛤、牡蛎等。

前面介绍的本门代表动物河蚌即属于瓣鳃纲。其主要特征如下:

(1)本纲动物全为水生,多数生活于海水中,少数产于淡水中。身体侧扁,即指身体的左右轴小于背腹轴(若左右轴大于背腹轴,即属于身体扁平)。身体左右对称,有两个贝壳保护柔软的身体,故称双壳类。

(2)头不明显,口的位置即代表体的前端,口球内无颚片及齿舌,无触角及感觉器官,故又称无头类。

(3)足多呈斧形,适于掘铲泥沙,又称为斧足类。有的以壳固着生活的种类足退化,如牡蛎。

(4)鳃 1~2 对,河蚌和本纲多数种类具有瓣状鳃,故称瓣鳃纲。本纲种类多为雌雄异体,生殖孔开口于鳃上腔,海产种类发生时常有担轮幼虫期和面盘幼虫期,淡水蚌类则有钩介幼虫期。

(5)心脏由 1 心室、2 心耳构成,开管式循环。

(6)排泄器官为 1 对后肾管来源的肾。

(7)神经系统较简单,有脑神经节、脏神经节、足神经节。

　　(8) 本纲常见种类(图 10-22),海产的有蚶、贻贝、蛏、牡蛎、扇贝和珍珠贝,淡水种类除河蚌外,尚有三角帆蚌、褶纹冠蚌等,后二者为淡水育珍珠的主要贝类。

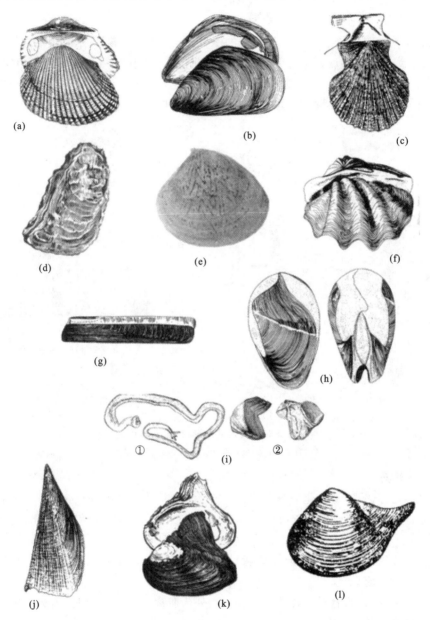

图 10-22　瓣鳃亚纲和隔鳃亚纲代表种类((d)、(e)自郭冬生;其余自张玺等)
(a)毛蚶;(b)贻贝;(c)栉孔扇贝;(d)牡蛎;(e)文蛤;(f)库氏砗磲;(g)竹蛏;
(h)海笋;(i)船蛆(①软体部;②贝壳);(j)江珧;(k)三角帆蚌;(l)中国杓蛤

10.2.5　头足纲

　　头足纲(Cephalopoda)是无脊椎动物中最高等的类群,全部为海产,肉食性,左右对称,分为头、足和躯干三部分。头部特别发达,足生于头前,特化为漏斗和腕,故名头足纲。

现存 700 余种,如乌贼、鹦鹉螺等,其中有一种大王乌贼,体长 18 m,触腕伸出长达 11 m,重达 30 吨,能与巨鲸搏斗。

10.2.5.1 代表动物——乌贼

乌贼(*Sepia*)是我国北方沿海最多见的一种头足类,也叫墨鱼;平时生活在远海,春季洄游到浅海藻类较多的地方产卵繁殖。行动敏捷快速,以小鱼、小型甲壳动物和其他软体动物为食。身体明显分为头及躯干两部分。乌贼(图 10-23)头部发达,足着生在头的前方,称为腕;为海产肉食性种类,适应快速游泳和捕食性的生活方式。

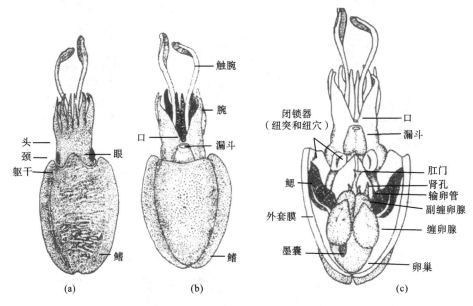

图 10-23　乌贼的外形(自鲍学纯)

(a)背面观;(b)腹面观;(c)解剖图(示闭锁器)

1. 外部形态

(1) 足部。乌贼的足特化成腕和漏斗。有 10 条腕(5 对);触腕(tentacular arm)为第 4 对,上有吸盘;生殖腕或茎化腕(hectocotylized arm)是交配器,能输送精荚入雌性体内;漏斗是外套腔与外界的通孔,有瓣膜,能防止水逆流(图 10-23)。

(2) 头部。头部有口和口膜(也称唇),头上有发达的眼(1 对);头部的椭圆形小窝是嗅觉陷,为嗅觉器官。

(3) 躯干。乌贼的躯干呈袋状,背腹略扁,外为肌肉发达的外套膜,内为内脏团;躯干两侧有鳍,鳍在躯干末端分离(图 10-23)。

(4) 色素细胞。在乌贼躯干背侧上皮有很多囊状而富有弹性的色素细胞,周围有许多放射状的肌肉牵引,肌纤维与神经末梢相连,肌肉的伸缩可引起色素细胞的收缩与扩张,从而变换体色,以适应深浅不同的海水颜色。

(5) 运动系统。作为捕食者,乌贼能够快速敏捷行动依靠的是喷射推进系统。飞乌贼甚至可以达到 30 km/h,速度之快有"海里火箭"之称。位于乌贼头部后方腹面外套腔内的锥状漏斗与快速游泳关系密切;外套膜含有放射肌和环肌,放射肌通过扩大外套腔体积使水进入外套腔;环肌收缩,外套腔体积变小,同时项圈样的瓣膜关闭,阻止水外流,水只能通过狭小的漏斗流出,借助推力,乌贼就能快速运动;漏斗肌肉能控制运动方向,利用水的反作用力使身体迅速前进或后退;躯干两侧及后侧有狭窄的肉质鳍,游泳时有平衡作用。

2. 内部构造

(1)内骨骼。乌贼的内骨骼由内壳和软骨组成。其贝壳退化,位于体背侧皮肤下的壳囊内,埋于外套膜下,故称内壳,仍为外套膜所分泌;内壳石灰质,背侧硬,腹侧疏松,可以增加身体的坚固性,而且能使身体的相对比重下降,有利于游泳和保持身体平衡。内壳还可入药,俗称海螵蛸。乌贼的软骨发达,主要包括头软骨、颈软骨和腕软骨等。

(2)摄食和消化系统。乌贼有强大的捕食和攻击能力。其捕食器官是10只腕,尤其是其中一对特长的触腕最为发达。腕上有吸盘,上有黏蛋白,有时还有小钩。口内有发达的颚与齿舌,适于掠食。其消化管呈"U"形,肌肉质,肌肉蠕动代替了纤毛摆动。消化主要发生在胃(贲门部和幽门部)和消化腔(digestive cecum);乌贼进行细胞外消化,有发达的消化腺,包括唾液腺、肝脏、胰脏,能分泌消化酶,有利于食物的消化(图10-24)。肛门靠近漏斗,外套腔排出的水可带走废物。

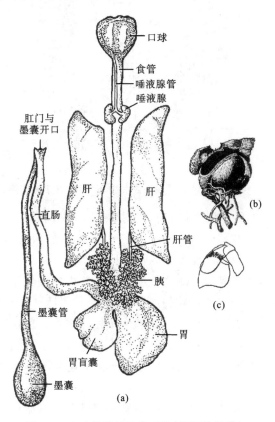

图 10-24 头足类的消化系统(仿江静波等)

(a)乌贼消化系统解剖;(b)口球的结构;(c)颚的结构

乌贼还有墨囊(ink sac),其结构为直肠处的盲囊,末端梨形膨大部分形成墨囊(图10-24(a)),墨囊内的腺体能分泌墨汁,经导管由肛门排出。遇敌时能经漏斗喷出墨汁,可使周围200~300 m以内的海水染黑,犹如烟幕,自己则趁机逃跑,故得名乌贼。研究还表明,墨汁内含有毒素,因此喷出墨汁除了具有消极的防御作用外,还有积极进攻的效果。

(3)呼吸系统与循环系统。乌贼的呼吸系统由1对羽状鳃组成,包括鳃轴、鳃叶、鳃丝和微血管。

乌贼具有发达的闭管式循环,即血液始终在血管里流动,与本门其他各纲的开管式循环不同。其心脏包括1个心室和2个心耳,主要动脉包括前大动脉和后大动脉。心脏的血液经过动脉,通到全身各处的微血管,从微血管集合到小静脉,再到大静脉。乌贼的另一特殊之处是除心室能搏动外,还有两个鳃心(位于两个鳃的基部,此处入鳃的静脉血管膨大,形成鳃心)亦可搏动;静脉血流入鳃心后,通过鳃心的搏动,能将血液送入鳃血管进行呼吸,交换后的富氧血由出鳃血管经两侧心耳回到心脏。鳃心搏动可加快静脉血入鳃的速度,加速气体交换,增强循环、代谢效率(图10-25)。

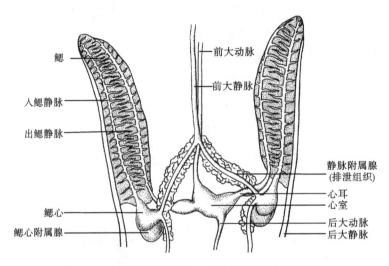

图 10-25 乌贼的呼吸系统和循环系统(仿江静波等)

(4)排泄系统。乌贼的排泄系统包括1对肾脏(肾囊)和静脉腺。肾脏由腺体部、肾口、肾孔组成,肾口与围心腔相通,以肾孔开口于肠两旁。静脉腺则与静脉相通,静脉腺的一层腺质上皮可从血液中吸收代谢产物,排入肾囊。

(5)神经系统及感觉器官。乌贼的神经系统包括中枢神经系统、周围神经系统和交感神经系统。中枢神经系统主要由脑神经节、脏神经节和足神经节组成,它们都集中在咽的周围,外有中胚层形成的软骨包围。脑神经节发出神经到达眼球内侧,膨大为视神经节;侧脏神经节发出外套神经到达外套膜上,形成星芒神经节;足神经节与各腕也有神经相连,并在腕的基部形成膨大的腕神经节,然后再由上述各神经节发出神经通往身体各处(图10-26)。

乌贼的感觉器官也很发达,包括眼、平衡囊和嗅觉陷。其眼的构造非常复杂,和高等动物的眼基本相似(图10-27)。

(6)生殖和发育。乌贼雌雄异体,体外受精,直接发育。其雄性生殖系统包括精巢、输精管、贮精囊、前列腺、精荚囊、阴茎,以生殖孔开口于外套腔;雌性生殖系统包括卵巢、输卵管、缠卵腺、副缠卵腺,缠卵腺能分泌物质包裹卵。卵成熟后,通过开口于外套腔的生殖孔排到外套腔(图10-28)。

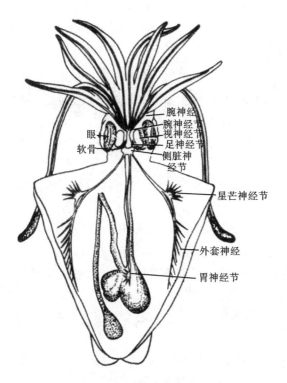

图 10-26 乌贼的神经系统(自鲍学纯)

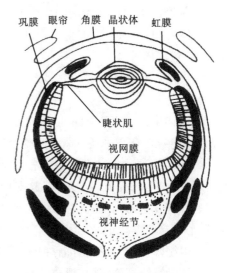

图 10-27 乌贼眼的结构(自 Borradalle 和 Potts)

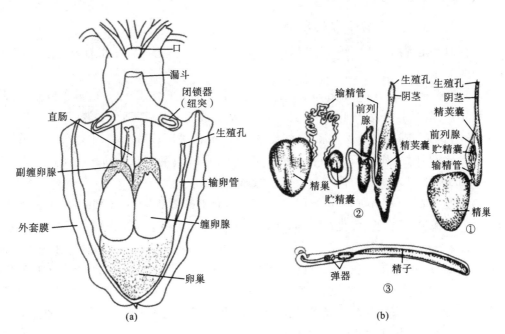

图 10-28 乌贼的生殖系统

(a)雌性;(b)雄性(①自然状态;②各器官展开;③精荚)((a)仿江静波;(b)自江静波、张玺)

乌贼具有生殖洄游,产卵前交配;雄性以茎化腕将精荚送入雌性外套腔,精荚破裂,精子、卵在外套腔内受精,端黄卵行不完全卵裂(盘式卵裂),并以外包法形成原肠胚;直接发育,幼体与成体相似,小乌贼孵出后即能游泳觅食。

10.2.5.2 头足纲的主要特征

本纲动物均为海产、肉食性种类;它们与瓣鳃纲被动的生活方式恰恰相反,因此获得了许多与掠夺式的肉食性生活相关联的特点。其主要特征如下:

(1) 体两侧对称,分头部与躯干部(又称胴部);躯干圆形或背腹扁平;外面为肌肉质的外套膜,包裹内脏。

(2) 头部位于身体中部,有一对发达的眼;口位于头的顶端,口腔内有 1 对角质的颚和齿舌。

(3) 足特化为条状腕与漏斗,腕位于口周围,章鱼有 8 条腕(八腕目),乌贼为 10 条腕(十腕目),鹦鹉螺有 90 条腕;漏斗是外套腔与外界的通孔,借助喷水,能协助运动。

(4) 原始种类(如鹦鹉螺)有外壳;大多数种类的壳在外套膜下(即内壳),或仅存残迹或完全退化;这种内壳质轻而疏松,起支持作用,有利于游泳。

(5) 具有发达的闭管式循环系统(如本纲的高等类群十腕目);心脏有 1 个心室、2～4 个心耳,心耳数常与鳃的数目相当。

(6) 用鳃呼吸,多数种类都有墨囊(鹦鹉螺例外)。

(7) 神经系统高度集中,形成了脑,脑有软骨保护;感觉器官发达。

(8) 雌雄异体,体内受精;直接发育,概无变态。

10.2.5.3 头足纲的常见类群

现存的头足类约有 400 种,主要以鳃和腕的数目及其形态等特征作为分类上的依据,可分为两个亚纲。

(1) 四鳃亚纲(Tetrabranchia)。体外具壳,又称外壳亚纲(Ectocochlia)。其鳃、心耳和肾均 4 个;漏斗由左、右 2 叶构成,大而分离,不形成完整的管子,无墨囊;腕数很多,可达 90 条,上无吸盘,但能分泌黏液;具螺旋形外壳,壳内被隔成数十室;眼球外不具薄膜。本亚纲除化石种类,如菊石(*Ammononite*,图 10-29(b))、箭石(*Belemnite*)(属菊石目,Ammonoidea,图 10-29(e))外,现存仅鹦鹉螺属 4 种。

鹦鹉螺(*Nautilus pompilius*)(图 10-29(a)),是鹦鹉螺目(Nautiloidea)的主要种类,为我国一级保护动物,有"活化石"之称,在研究动物进化上很有价值。鹦鹉螺分布于我国西沙群岛、海南岛、台湾等海区。其主要特征为:体左右对称;贝壳大而坚硬,在一个平面上卷曲,表面光滑,呈淡黄色或灰白色,散布有火焰状的红褐色斑纹;在贝壳内面有隔片,分为 32～36 个简单而不等的壳室;各室之间有一通管(siphuncle)相连,动物体位于最后一个壳室,称为"住室";其余的壳室储有空气,称为"气室"。通过调节室内空气的分量,便可操纵身体使之浮沉于海洋之中。

(2) 二鳃亚纲(Dibranchia)。贝壳石灰质或角质,埋没于皮下,成为内壳,故称内壳亚纲(Ectocochlia)。也有贝壳完全退化的种类。其鳃、心耳、肾均 2 个,也称二鳃类;漏斗 1 个;有墨囊;腕 8～10 条,上有吸盘。

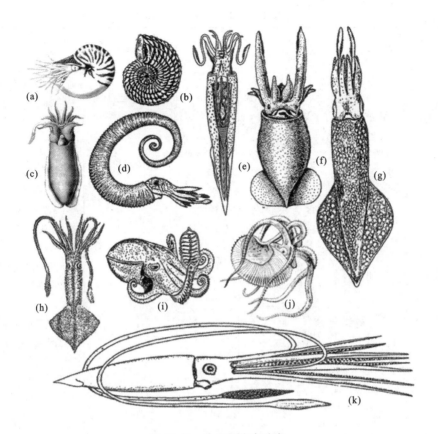

图 10-29　头足纲代表种类
(a)鹦鹉螺;(b)菊石;(c)无针乌贼;(d)旋壳乌贼;(e)箭石;(f)玄妙微鳍乌贼;
(g)枪乌贼;(h)柔鱼;(i)大王乌贼;(j)船蛸;(k)章鱼

本纲共分为2个目。

① 十腕目(*Decapoda*)。腕有10条,吸盘有柄;有内壳;一般具有缠卵腺。代表动物有乌贼和柔鱼等。另外,日本大王乌贼(*Architeuthis japonica*)(图10-29(i)),体巨大,长可达1 m以上,腕长4 m,是无脊椎动物中体形最大的动物。

② 八腕目(*Octopoda*)。腕有8条,吸盘无柄;内壳小或消失,无缠卵腺。

蛸(*Octopus*)又称章鱼,俗名"八带鱼",不善于游泳,为底栖肉食性种类,常潜伏在泥沙或岩石缝中,依靠腕上吸盘的吸着力在海底爬行,以底栖的瓣鳃类及蟹等动物为食。

章鱼和乌贼在外形上的主要区别是其躯干部呈圆球形或长椭圆形,无鳍,头的前方仅4对腕而无触腕。其腕长,彼此相似,腕间有短小而宽的膜,吸盘2行;内壳退化消失。

10.2.6　软体动物的多样性比较

软体动物主要纲的比较,如表10-1所示。

表 10-1　软体动物主要纲的比较

项目＼纲	双神经纲	腹 足 纲	掘足纲	瓣鳃纲	头 足 纲
贝壳	8 片,覆瓦状排列	1 个,螺旋形(少数消失)	1 个,象牙状,两端开口	2 片,包于身体左右两侧	四鳃亚纲:1 枚外壳 二鳃亚纲:无或有内壳
体制	两侧对称	不对称	两侧对称	两侧对称	两侧对称
足	宽大,柱状,头的后方 1 个	多为块状,头的后方 1 个	柱状,1 个	斧形,1 个	一般 8 或 10 个,称腕,在头的前方
头部	不明显	明显,有 1 或 2 对触角	不明显	无	明显,体分头部与躯干部
鳃	6 对至数十对	1 对	无	2 对	四鳃亚纲:有 2 对鳃 二鳃亚纲:有 1 对鳃
齿舌	有	有	有	无	有
分布	海产	海产、淡水、陆地	海产	海产、淡水	海产
代表动物	石鳖	鲍鱼、田螺、蜗牛、钉螺、宝贝	角贝	蚶、牡蛎、河蚌、三角帆蚌、扇贝	乌贼、章鱼、长蛸、鹦鹉螺

10.3　软体动物的生态

10.3.1　软体动物的分布

软体动物的生态习性因种类而异。软体动物中以腹足类分布最广,无论是平原和高山,海洋和江湖,从热带到南、北两极,都有它们的足迹;其次是瓣鳃类,它们营水生生活,在海洋和淡水中分布也很广;其他类群基本上生活在海洋中。

贝类水平分布范围的大小,主要取决于它们对外界环境的温度和盐度等因素的适应能力。对温度适应力强的广温性贝类,可以分布在几种不同气候的地带,例如,船蛆的分布几乎遍及全世界,泥蚶、金乌贼等在我国南北沿海都有广泛分布。贝类的垂直分布范围也很广,例如,菜豆蛤在 10400～10700 m 深的海底还能被发现;在海拔 5470 m 以上的地方也能找到霍氏萝卜螺(*Radix hookeri*)。贝类在分布上虽受外界环境的影响,但可以通过人为的移植与驯化,扩大它们的分布范围。近年来我国北方产的皱纹盘鲍和贻贝,已南移到福建、浙江沿海试养,获得了良好效果。

10.3.2 软体动物的生活类型

软体动物的生活类型可分为如下几种。

（1）游泳生活型：如曼氏无针乌贼和中国枪乌贼具有活泼的游泳能力，能抵抗波浪及海流自由游动。

（2）浮游生活型：如贝类的担轮幼虫、面盘幼虫和腹足类中的异足类（Heteropoda）、被壳翼足类（Thecosomata），以及裸体翼足类（Gymnosomata）等，其游泳能力过于薄弱，随浪漂浮，不能抵抗海流和波浪。

（3）底栖生活型：大多数的腹足类和多板类等，匍匐生活在岩石的表面，泥沙、沙滩和海藻上面；双壳类的牡蛎等能用贝壳固着在岩石以及其他物体上生活；当贝壳固着后，终生不能移动。

（4）寄生、共生和群聚：如腹足类的内壳螺（Entoconcha）、内寄螺（Entocolax）和瓣鳃类的内寄蛤（Entovalva）等，常寄生在棘皮动物身上。恋蛤（Peregrinamor）能用足丝附着在螲蛄虾的腹面中线上营共生。砗磲能聚合光线使虫黄藻（Zooxanthellae）大量繁殖，砗磲可利用虫黄藻作为自身养料的一部分，这种蛤、藻的特殊关系称为互惠共生（symbiotic mutualism）。贝类（如牡蛎）有时候能群聚生活在一起，形成贝堆，称为牡蛎山等。

10.3.3 软体动物的食性与取食方式

软体动物的食物种类多而复杂，成体与幼体的食性取食方式又有所不同，一般可以分为以下三类。

（1）肉食性及捕食：头足类和某些腹足类，它们具有强有力的运动器官，感觉器官也比较发达，所以能主动觅食或追逐食物，成为肉食性的种类，主要以甲壳类、鱼类、其他贝类、水螅、水母、蠕虫，以及其他小动物的尸体为食，如玉螺、芋螺，喜食蟹类及动物尸体。底栖生活的种类如章鱼，以底栖甲壳类（虾、蟹）和其他贝类为食；游泳生活的种类如乌贼，以鱼、甲壳类为食。

（2）植食性及舔食：海产软体动物植食性种类的主要饵料为褐藻和红藻；陆生的植食性种类如腹足类，主要以显花植物为食，还有不少的栽培植物和蔬菜；水生的田螺食藻类。摄食时利用发达的吻部伸缩活动，齿舌前端即从口腔中伸出，用齿舌的面舔取附着在岩礁表面上的小型海藻等。

（3）滤食和杂食性：有些腹足类及头足类成体以微小生物为饵料，如硅藻、原生动物和单鞭毛藻占多数，其他如藻类的孢子、海绵骨针、有孔虫、各种卵和小动物的肢体也能作为食物。在一些瓣鳃类的胃中还发现大量有机碎屑，其滤食和选食是在外套膜、鳃及唇瓣等的配合下靠水流而滤食，这些有机碎屑不是单一的植物碎屑，其组成和来源与周围环境中生长的植物群落有着相应的关系。

10.4 软体动物与人类的关系

软体动物分布广泛，数量庞大，与人类关系密切，既有益又有害。

1. 有益方面

（1）食用：大多数种类可供食用，不仅肉味鲜美，而且富含蛋白质、无机盐和各种维生素。如螺类中的田螺、蜗牛、鲍，双壳类的河蚌等，蚶、蛏、牡蛎（生食，我国有 24 种）、乌贼、柔鱼、江瑶、鲍鱼、帆蚌、扇贝、贻贝等都是有名的海味，许多种类已进行人工养殖。其中尤以牡蛎和乌贼的经济价值高和产量大。乌贼为我国四大海产（大黄鱼、小黄鱼、带鱼和乌贼）之一，雌性乌贼缠卵腺干制品名为乌鱼蛋，是海味珍品。我国养殖牡蛎的历史悠久，经验丰富，牡蛎不仅可鲜食，还可加工成牡蛎豉、蚝油等。

（2）药用：珍珠、石决明（鲍的贝壳）、海螵蛸（乌贼骨）、蜗牛等皆可作药。盘大鲍的壳生用或煅用，有明目、通淋、止血、平肝潜阳、镇静熄风的功效；毛肤石鳖全身可入药，治疗淋巴结核；泥蚶、毛蚶等壳入药，可活血祛痰、制酸止痛、散结消炎。据国外报道，用蜗牛提取物可检查乳腺癌患者治疗后存活的时间。当把这种蜗牛提取物施于受检查者的乳房部组织时，若提取物变为棕色或红色，说明有癌糖存在。

（3）工农业用：贝壳的主要成分为碳酸钙，是烧石灰的好原料；贝壳还能加工成纽扣；头足类的墨汁可制作上等的中国墨以及喷漆调和剂墨。砗磲为世界上最大的瓣鳃类，壳长可超过 1 m，体重超过 200 kg，甚至可做婴儿浴盆，稍小的个体，沿海民众用它做建筑材料和工艺品。小型贝类可做农田肥料、鱼饵，以及家畜、家禽的饲料。

（4）装饰和观赏：很多贝壳形状独特，色彩艳丽，如宝贝、芋螺、竖琴螺等，是深受欢迎的观赏品。我国养殖珍珠有悠久的历史，海产的珠母贝、淡水产的三角帆蚌、褶纹冠蚌都是优良的育珠品种。我国的贝雕、镶嵌等工艺美术品亦享有盛誉。

（5）地质学应用：至今已记载的 12 万多种软体动物中，约有 30％为化石种类，如头足类现存的仅 400 种，而化石种类达 1 万种。它们对鉴定地层年代、找矿有重要意义。

2. 有害方面

（1）危害港湾建筑：瓣鳃纲中的船蛆、海笋，专门穿凿木材或岩石，对海中木船，以及其他木、石建筑危害甚大。被船蛆严重危害时，一只木船只需 3 个月即可被完全毁坏。

（2）有毒和传播疾病：现知大约有 85 种贝类被人类食用后，可出现中毒或接触中毒现象。芋螺口腔内有毒腺和箭头状的齿舌，被刺后可引起溃烂；以有毒双鞭藻类等为食的贝类可以蓄积各种贝毒。软体动物中有不少种类还是人、畜寄生蠕虫的中间宿主，如椎实螺、钉螺、扁卷螺分别是肝片吸虫、日本血吸虫、布氏姜片虫的中间宿主等。

（3）危害水产养殖和农业（园艺）：肉食性的螺类如红螺、玉螺捕食牡蛎、贻贝、珍珠贝的幼贝，有的也危害鱼类，给水产养殖业带来危害；植食性的种类如蜗牛、蛞蝓等则刮食蔬菜和果树的嫩苗、嫩叶，受害植物可达四五十种之多。

（4）影响船速和堵塞水管：固着生活的种类如贻贝、牡蛎大量固着船底时，能严重地影响船速或堵塞水管，影响水流。

（5）带来生态入侵问题：部分软体动物是生态入侵的种类，能给侵入地区带来严重的生态问题，危害作物，并成为寄生虫和病原体的中间宿主，如非洲大蜗牛（也即褐云玛瑙螺）和福寿螺等。

科学未解之谜：为何腹足类身体不对称？

腹足类身体不对称这个现象至今仍没有得到很好的解释。一般认为腹足类身体不对称是由左右对称的祖先经过漫长的演变过程而实现的。目前有如下一些可能的证据支持此观点。

（1）古生物学研究发现，距今约 5.5 亿年的下寒武纪腹足类化石，身体左右对称；

（2）腹足类的担轮幼虫是左右对称的，到了面盘幼虫后期才发生扭转；

（3）除腹足类外，软体动物其他类群均为左右对称。

那么腹足类身体又是如何变成不对称的呢？目前扭转学说能大致解释这个现象。

扭转学说也认为，腹足类的祖先是左右对称的，背面有一个碗状贝壳，口在前，肛门在后，鳃、肾及心耳成对。由于在海底爬行生活，足逐渐发达起来，当遇到危险时原有贝壳不能容纳下已长大的足及内脏团。因此，贝壳也长大长高。但是高耸的贝壳不利于海底爬行，迫使贝壳倒向后方，这虽然解决了阻力问题，但使原来位于体后的外套腔出口受压，腔内水流难以畅通，严重地影响了正常的生理活动。为了克服这一新矛盾，身体发生了扭转，外套腔开口向一侧扭转了 180°，使一侧的内脏受压而退化。同时贝壳和内脏团也发生旋转，形成螺旋形，保证了贝壳的容积不减小，又大大降低了高度，最终形成了现在的样子——鳃、肾、心耳只剩一侧，肛门向前，侧脏神经连索扭转成"8"字形等（图 10-30）。

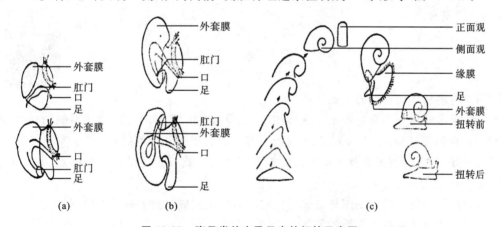

图 10-30　腹足类幼虫及贝壳的扭转示意图

（a）（b）面盘幼虫在发育期间内脏团扭转示意图；（c）贝壳扭转的演化示意图

扭转（torsion）以后的腹足类区别于其他软体动物的主要改变为：扭转以后，腹足类的头、足变成了两侧对称，而内脏团因为早期发育而发生扭转，呈现为螺旋形而失去对称性。这种扭转是 180°逆时针扭曲，包括内脏团、外套膜和外套腔。扭转后，消化管为环状，外套腔开口在头附近；足最后收进壳，盖（operculum）封闭壳开口。

本 章 小 结

软体动物种类多，为动物界第二大门类。绝大多数软体动物为海产，但也有淡水（部分瓣鳃纲和腹足纲)和陆生种类(部分腹足纲)。它们与人类关系极为密切。

(1) 身体柔软,身体不分节或假分节,多数两侧对称(腹足类不对称的体制是由于在进化过程中的旋转和扭转造成的),体分头(瓣鳃纲除外)、足、内脏团(visceral mass)三部分;外套膜(mantle)能分泌石灰质壳包裹内脏团;外套腔(mantle cavity)在分泌、气体交换、排出代谢废物和释放生殖产物中发挥作用;绝大多数有由外套膜分泌的石灰质贝壳(1~2片或8片;少数无贝壳或消失),故本门又称贝类。

(2) 真体腔不发达,仅缩小到围心腔、生殖腔和肾管内腔。

(3) 足为运动器官,头足类的足变为腕和漏斗。

(4) 消化系统呈现为"U"形,有消化腺。除瓣鳃纲外,口球内一般有颚片和齿舌(radula),用于磨碎和绞烂食物。

(5) 水生种类主要以鳃呼吸,陆生种类有"肺"。

(6) 开管式循环系统(头足类十腕目例外,为闭管式循环系统),心脏在围心腔内,通常有一心室二心耳(腹足纲仅一心室一心耳)。

(7) 后肾型排泄系统,通常具肾一对(腹足类因扭转仅具肾一个)。

(8) 神经系统一般有脑、侧、足、脏四对神经节(各纲有不同的愈合现象)和其间相连的神经索。

(9) 多数种类雌雄异体,少数雌雄同体,卵生或卵胎生;除头足类属于盘状卵裂外,其余均为螺旋卵裂;间接发育的海产种类有担轮幼虫或面盘幼虫期,河蚌有钩介幼虫;头足纲为直接发育。

思 考 题

1. 简述软体动物门的主要特征。

2. 软体动物分为哪几个纲? 从体制特点、贝壳、头、足、外套膜、神经系统的特点、呼吸特点、血液循环特点、生活方式、发育特点等方面比较这几个纲的异同。

3. 分析、说明瓣鳃类及头足类适应于不同生活方式以及生活环境的特点,并比较其形态、结构上的差异。

4. 软体动物的贝壳是怎样形成的? 它由哪几层构成? 贝壳有什么作用?

5. 论述软体动物与人类的关系。

6. 分析软体动物种类多、分布广与其形态结构和生活习性的关系。

7. 名词解释:外套膜;外套腔;开管式循环;围心腔;入水管;血窦;血腔;担轮幼体;鳃心;齿舌;贝壳;内脏团;围心腔腺。

第11章 节肢动物门

节肢动物门(Phylum Arthropoda)是动物界中最大的一门,它们种类多、分布广,已记载的种类有100万种以上,约占动物种类总数的85%。它们对环境的适应能力极强,淡水、深海、土壤、空中都有分布。节肢动物不仅种类多,而且个体数量也十分惊人,如一群蜜蜂、一群白蚁或一群蚂蚁的个体数量可达数万个。它们与人类的关系非常密切。常见的节肢动物有虾、蟹、蜘蛛、蝎子、蝗虫、蜜蜂、白蚁、蚂蚁、蜈蚣、马陆等。

11.1 代表动物和主要特征

11.1.1 代表动物——中华稻蝗

中华稻蝗($Oxya\ chinensis$)隶属直翅目(Orthoptera)、蝗总科(Acridoidea)、稻蝗属($Oxya$),分布很广,分布范围北起黑龙江,南至海南。中华稻蝗多栖息于植物茎叶上,主食禾本科植物,危害水稻、高粱、玉米、甘蔗、茭白等农作物。

11.1.1.1 外部形态

中华稻蝗的身体分为头、胸、腹三部分。全身绿色或黄绿色,两侧有暗褐色纵条纹,从复眼后一直延伸到前胸背板后缘(图11-1)。

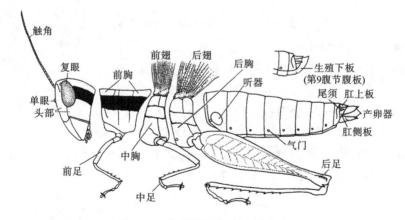

图11-1 中华稻蝗外形(自堵南山)

1. 头部

中华稻蝗的头部是感觉与取食的中心。头部外骨骼愈合成一坚硬的头壳,前方为额,额上方有一对复眼,额中央及两复眼内侧有三个排成倒"品"字形的单眼,额上部两侧还各有一条丝状触角。口器位于头部的下方,包括上唇(labrum)一片、大颚(或称上颚,mandible)和小颚(或称下颚,maxilla)各一对、下唇(labium)一片及舌(hypopharynx)一个。上唇为一长方形片状构造。大颚为一坚硬的几丁质块,分齿状部和臼状部两部分,用以切断和咀嚼食物。小颚在大颚之后,由小颚须、外颚叶及内颚叶三部分组成,其主要功能是协助大颚咀嚼食物,小颚须有触觉和味觉功能。小颚之后为一整片下唇,其作用是与上唇协同托持食物。在下唇两侧有分 3 节的下唇须及中间的唇舌,下唇须主要司味觉。舌是口腔底壁突出的 1 个膜质袋形结构,其基部有唾液腺的开口,具搅拌食物和味觉功能(图11-2)。

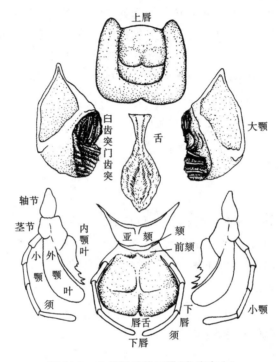

图 11-2　中华稻蝗的口器(自堵南山)

2. 胸部

稻蝗的胸部由 3 个体节愈合而成,节间分界明显,可分为前胸、中胸和后胸,为运动中心。每个胸节各有一对足,分别称为前足、中足和后足。足由基节(coax)、转节(trochanter)、腿节(femur)、胫节(tibia)、跗节(tarsus)和前跗节(pretarsus)组成,前跗节包括爪(claw)及中垫(arolium)。后足的基节和转节很短,从外侧看分界不明显,腿节发达,胫节细长,其后侧有 2 行坚硬的刺。跗节分为 3 节,末节长,末端有二爪,爪间有一扁平的爪中垫。后足强健,适于跳跃(图 11-3)。

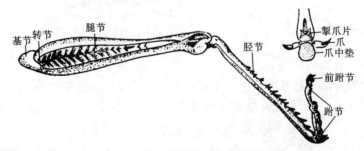

图 11-3　蝗虫的后足(自华中师院等《动物学》)

稻蝗的中胸和后胸背面各着生一对翅。前翅革质,常称为革翅,用于保护后翅;后翅薄膜质,折叠于前翅之下,呈淡红色,用于飞翔。胸部共有 2 对气门,一对为前胸背板的后缘所遮盖,另一对位于后胸侧板中部前缘。

3. 腹部

稻蝗的腹部共分 11 节,背板发达,向两侧下延,侧板退化成连接背板与腹板的膜状构造。蝗虫的大部分内脏器官和生殖器官集中于腹部,所以腹部为营养和生殖中心。第一腹节两侧各有一圆形的膜状构造,为鼓膜听器(tympanal organ)。腹部第 1~8 节的两侧各有 1 个气门(spiracle),第 10~11 节之间有一对短的尾须。雌虫腹部末端有一对背瓣和一对腹瓣组成的产卵器(oviscapte),内产卵瓣不明显;雄虫第 9 节的腹板后延长成生殖下板(genital hypoplastron)(图 11-4)。

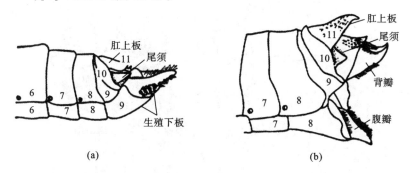

图 11-4　蝗虫的腹部末端(自华中师院等《动物学》)
(a) 雄虫;(b) 雌虫

11.1.1.2　内部构造

1. 消化系统

稻蝗的消化系统包括消化道和消化腺两部分。

稻蝗的消化道是一条纵贯体腔中央的管道,分为前肠、中肠和后肠三部分(图 11-5)。前肠包括咽(pharynx)、食道(oesophagus)、嗉囊(crop)和前胃(preventriculus)。咽和食道是食物通过的管道;嗉囊的作用是暂时储存食物;前胃也称砂囊(gizzard),内壁有几丁质齿,蠕动时能磨碎食物。中肠又称胃(ventriculus),能分泌多种消化酶,是食物消化和吸收的场所。前肠与中肠交界处着生有 6 个突出的胃盲囊(gastric caecum),或称肠盲囊(diverticulum),有分泌和吸收的作用。后肠可分为回肠(ileum)、结肠(colon)及直肠(rectum),其作用是回收食物中的水分,形成和排除粪便。中肠与后肠交界处着生有马氏管(Malpighian tube)。前肠和后肠由外胚层内陷形成,而中肠内壁则为内胚层细胞。

消化腺是位于胸部腹面的一对唾液腺(salivary gland),各以一条唾液管通向口腔,在进入口腔前汇合,开口于舌后壁基部。唾液中有消化酶,能湿润食物和对食物进行初步分解。

2. 循环系统

稻蝗的背血管是循环系统的唯一管道,位于消化道的背面,前端开放,后端为心脏,由若干心室组成,末端封闭。循环系统为开放式,血液充满整个体腔。每一心室各以瓣膜开口于前一心室,可防止血液倒流,每一心室的两侧各有一对心孔,为体腔内血液进入心脏的孔道。心脏靠两侧翼肌的收缩而搏动,使脏中血液自后向前流动(图 11-6)。

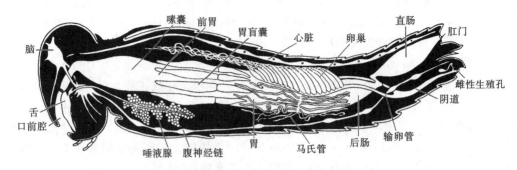

图 11-5 蝗虫的内部解剖模式图(自堵南山)

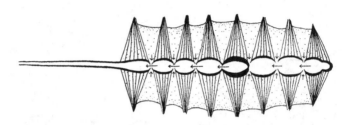

图 11-6 蝗虫的循环系统(示背血管和心室,自堵南山)

3. 呼吸系统

稻蝗的呼吸器官为气管和气门。气管是由体壁向内凹陷而成,其内壁有几丁质形成的螺旋形弹丝,能支撑气管以利于气体流通。在稻蝗的身体背面、两侧和腹面各有几条纵行的气管主干,彼此间有横的气管相连,由此分出很多支气管和微气管,分布于全身组织间(图 11-7)。某些气管局部膨大成气囊,可增强通气效率,在飞行时还有增加浮力的作用。微气管细小,内壁无弹丝,为气体交换的主要场所。气管主干在虫体两侧与体壁的气门相通。气门开放的大小可以调节,除控制气体出入外还有防止水分过量蒸发的作用。蝗虫呼吸时可见腹部伸缩,前 4 对气门开时吸气,闭时呼气,后 6 对气门作用相反。

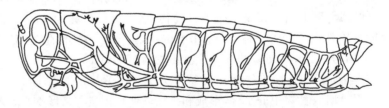

图 11-7 蝗虫的呼吸系统(自堵南山)

4. 排泄系统

稻蝗的排泄器官为外胚层来源的马氏管,约有 240 条,分成 12 束,基部开口于胃、肠交界处的前方,游离端封闭,分布于血体腔中。马氏管先从血液中吸收代谢废物并排入肠内,再随粪便排出体外。

5. 神经系统

稻蝗的中枢神经系统与环节动物相似,为链状神经系统(图 11-8),包括脑神经节(cerebral ganglion)、围咽神经(circumpharyngeal connective)、咽下神经节

(subpharyngeal ganglion)及腹神经索(ventral nerve cord)等部分。但由于身体分部和机能的分化,神经节有相对集中的现象。胸部有 3 个神经节,其中第 3 个胸神经节是由后胸神经节与腹部第 1～3 个神经节合并而成;腹部有 5 个神经节,最后一个神经节由第 8 腹节以后各节的神经节合并而成。除中枢神经系统以外,蝗虫还有交感神经系统,是从脑分出的支配消化系统等内脏的神经。

6. 生殖系统

蝗虫为雌雄异体(图 11-9)。雌虫有卵巢一对,位于消化道背面,由许多卵巢小管(ovariole)构成。每个卵巢小管的端丝集合成悬韧带(suspensorium),向前伸并连接到中胸和后胸之间的体壁上,借以固定卵巢的位置。卵巢两侧各有一条膨大的卵萼,为暂时储藏卵粒的地方。卵萼之后连接侧输卵管(lateral oviduct),它绕过肠道下行到腹面正中汇合成中输卵管(medianoviduct),末端与阴道相连,开口于生殖腔(genital atrium),由腹产卵瓣腹面的生殖孔通体外。在生殖腔背面有一椭圆形的受精囊(seminal receptacle),是交配时接受精子的地方。卵萼的前端有一管状腺体称为副性腺(accessory gland),它的分泌物使卵黏附形成卵块。雄蝗虫有一对紧贴在一起的精巢,向后伸出两条输精管及膨大的贮精囊(seminal vesicle),后有射精管(ejaculatory duct),末端与外生殖器相连。此外还有管状的副性腺。

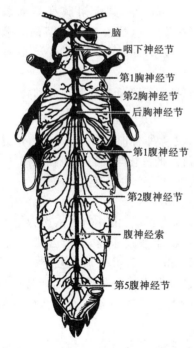

脑
咽下神经节
第1胸神经节
第2胸神经节
后胸神经节
第1腹神经节
第2腹神经节
腹神经索
第5腹神经节

图 11-8　蝗虫的中枢神经系统(仿武汉
大学等《普通动物学(第二版)》)

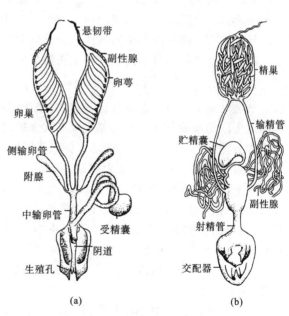

悬韧带
副性腺
卵萼
卵巢
侧输卵管
附腺
中输卵管
受精囊
阴道
生殖孔
(a)

精巢
输精管
贮精囊
副性腺
射精管
交配器
(b)

图 11-9　蝗虫的生殖系统(改自张雨奇《动物学》)
(a) 雌虫;(b) 雄虫

7. 发生

蝗虫有交配行为,雄蝗虫将精子射入雌虫受精囊中储存,卵成熟后在生殖腔内受精,然后产于泥土中。稻蝗一年发生一代,以卵越冬,翌年 5 月上旬孵化,跳蝻经 5 次蜕皮,于7 月中、下旬羽化为成虫,8 月交尾产卵,9～10 月份成虫即相继死亡。

11.1.2 节肢动物门的主要特征

节肢动物与环节动物有密切的亲缘关系,它们有很多相似之处,不过节肢动物具有更高级和更复杂的有机结构。

11.1.2.1 异律分节和附肢分节

环节动物一般为同律分节,而节肢动物主要是异律分节(heteronomous segmentation)。异律分节的动物身体明显可分成若干部,如昆虫的身体分为头部、胸部和腹部三部分,蜈蚣的身体分为头部和躯干部两部分,虾的身体分为头胸部和腹部两部分。各部的体节常互相愈合,如昆虫的头部由 6 节组成,但外表已无分节的痕迹。异律分节使身体各部有了进一步的分工,器官趋于集中,机能有所分化。例如:昆虫的头部着生感觉和取食的器官,脑也在头部,成为感觉和摄食的中心;胸部着生运动器官,成为运动中心;腹部集中了许多内脏器官系统,成为营养和生殖中心。

节肢动物中原始的种类其附肢也是按节排列的,而高级的类群腹部附肢多消失。与环节动物的疣足相比,节肢动物的附肢不仅与躯体之间有关节相连,而且附肢本身也是分节的,从而大大增加了附肢的灵活性,使其可以适应多种功能,如感觉、运动、摄食、咀嚼、呼吸和生殖等。

节肢动物的附肢除第一对触角是单肢型(uniramous)外,其余附肢都是双肢型(biramous)或由双肢型演变而来。双肢型附肢的基本模式包括着生于体节的原肢节(protopodife)及连接在其上的内肢节(endopodife)和外肢节(exopodife)三部分,这三部分的形态结构会随机能的不同而产生相应的变化。

具有分节的附肢是本门动物的主要特征之一,因此把这一类动物称为节肢动物。

11.1.2.2 外骨骼及蜕皮

节肢动物的另一个重要特征,是具有坚硬的体壁,又称外骨骼(exoskeleton),这是适应陆地生活的重要条件。外骨骼不仅具有保护内脏器官、抵抗化学伤害和机械损伤、防止体内水分蒸发的功能,其内表面还可供肌肉附着,借肌肉收缩产生强有力的动作。

外骨骼(图 11-10)通常由上皮层、基膜及表皮层三部分组成。上皮层为一活细胞层,它向内分泌薄的基膜,向外分泌表皮。表皮很厚,一般分为三层,由外向内依次为上表皮(epicuticle)、外表皮(exocuticle)和内表皮(endocuticle)。上表皮很薄,主要含蜡质层,不透水,也可防止化学物质的侵入。外表皮厚,含几丁质(chitin)。几丁质是复杂的含氮多糖化合物,与纤维素相似,不溶于水、酒精、弱酸和弱碱,本身柔软而富有弹性,能为水所渗透。外表皮有骨蛋白质或钙质沉积,因此质地坚硬。内表皮最厚,主要成分为蛋白质和几丁质,富有弹性。

上皮分泌的外骨骼一经骨化便不能继续扩大,这就限制了身体的增长。节肢动物身体长到一定长度后便蜕去旧皮,重新形成新皮,在新皮还未骨化时大量吸水而迅速扩大身体。这种蜕去旧皮的现象称为蜕皮(ecdysis)。在蜕皮之前,上皮细胞分泌酶将内表皮溶解,最后外表皮破裂并与虫体脱离,然后再由上皮细胞层分泌新的几丁质外骨骼。本门中的昆虫仅在幼虫阶段蜕皮,而虾和蟹的成体也蜕皮。

11.1.2.3 肌肉系统

环节动物的肌肉与体壁构成皮肌囊,且为平滑肌。节肢动物的肌肉与环节动物的不

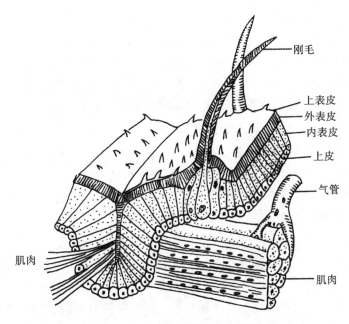

上标注：刚毛、上表皮、外表皮、内表皮、上皮、气管、肌肉、肌肉

图 11-10　节肢动物体壁外骨骼构造图(仿 Barnes)

同,不形成皮肌囊,而且是横纹肌。许多肌纤维集合成束,附着在外骨骼的内面,其收缩运动的能力远比环节动物强。如蚂蚁能拖动超过自身重量数倍的物体,而跳蚤能跳跃的距离相当于自身长度的数百倍。

11.1.2.4　混合体腔与开管式循环

节肢动物在胚胎发育早期也出现体腔囊,与环节动物相似。但体腔囊不继续扩大成像环节动物那样宽阔的次生体腔,而是退化成几部分,仅某些排泄器官和生殖器官的内腔代表退化了的次生体腔。消化管和体壁之间很大的空腔是初生体腔和次生体腔混合而成的,称混合体腔(mixed ceolom)。因为混合体腔中充满血液,所以又称血腔(haemocoel),各种内脏器官直接浸润在血液中。

节肢动物为开管式的循环系统,心脏和背血管在消化道的背面,血液由心脏至背血管,再沿背血管向前至头部,然后流入各血窦,通过心孔(ostia)再流入心脏,重复开管式循环途径。由于血液在血腔和血窦中运行,压力较低,可避免因附肢折断而引起的大量失血,这也是其对陆地生活的一种适应现象。

11.1.2.5　呼吸系统

水生种类的节肢动物呼吸器官为鳃(gill)或书鳃(book gill),为体壁表皮层向外的突起;陆生种类通常用气管(tracheae)或书肺(book lung)呼吸,是由体壁表皮层内陷而成,使水分不易蒸发。少数小型的节肢动物直接靠体表进行呼吸,如剑溞、恙螨等。

11.1.2.6　消化系统

节肢动物有完全的消化系统,可分为前肠、中肠和后肠。前肠可暂时储存食物和对食物进行初步分解,中肠是消化吸收的主要场所,直肠可回收食物中的水分,是其对陆地生活的一种适应。

11.1.2.7 排泄系统

节肢动物的排泄器官有多种。甲壳纲的排泄器官为颚腺（maxillary gland）和触角腺（antennal gland），蛛形纲的为基节腺（coxal gland），它们由肾管演变而来，其末端的端囊是退化了的体腔，与此相连的为体腔管，有排泄孔通体外。昆虫和蜘蛛的排泄器官是马氏管，它们由肠壁外突而成，所收集的废物需经直肠由肛门排出。

11.1.2.8 神经系统和感觉器官

节肢动物的神经系统和环节动物的神经系统相似，都为链状神经系统。但是由于异律分节，节肢动物的神经节常有愈合现象，较环节动物更为集中。节肢动物的感觉器官复杂，可分平衡、触觉、视觉、味觉、嗅觉、听觉等器官。如舞毒蛾雄蛾头上的双栉状触角上有很多嗅觉感受器，能嗅到数千米以外雌蛾分泌的外激素。

11.1.2.9 生殖与发育

节肢动物绝大多数为雌雄异体，仅极少数甲壳类为雌雄同体。生殖方式有卵生（oviparity）、卵胎生（ovoviviparity）、孤雌生殖（parthenogenesis）、幼体生殖（paedogenesis）和多胚生殖（polyembryony）等。卵为中黄卵，表面分裂，直接发育或间接发育。

11.2 节肢动物的多样性

节肢动物是动物界中最大的一个门，其分类存在较大争议。根据多数学者的意见，将节肢动物分为 5 亚门 16 纲。本书重点介绍 10 纲，其中现存 9 纲。

三叶虫亚门（Trilobitomorpha）：早在 2 亿年前已经灭绝，全部为化石种类。身体分为头部、胸部和尾部三部分，被两条纵沟分为三叶。仅有一纲即三叶虫纲。

甲壳亚门（Crustacea）：绝大多数水生。身体分为头胸部和腹部两部分。用鳃呼吸，头部有触角 1 对或 2 对。如鳃足纲（蚤状溞）、颚足纲（剑溞）、软甲纲（虾、蟹）。

螯肢亚门（Chelicerata）：水生或陆生。呼吸器官为书鳃或书肺，有的有简单的气管。附肢 6 对，无触角，第 1 对、第 2 对附肢组成口器，其余 4 对为足。如肢口纲（鲎），蛛形纲（大腹园蛛、钳蝎）。

多足亚门（Myriapoda）：陆生。身体分为头部和躯干部两部分。头部有触角 1 对，躯干部由许多形态相同的体节组成，每节有附肢 1 对或 2 对。如唇足纲（蜈蚣、蚰蜒）、倍足纲（马陆）。

六足亚门（Hexapoda）：绝大多数陆生，少数水生。身体分为头部、胸部和腹部三部分。头部有触角 1 对，胸部有足 3 对。如内颚纲（跳虫）、昆虫纲（蝶、蛾、蝇、蚊等）。

11.2.1 三叶虫亚门

三叶虫纲（Trilobita）动物存在于古生代地层中，是最原始的海栖节肢动物，在晚寒武纪和奥陶纪兴盛，到志留纪开始衰退，二叠纪以后灭绝。目前记述的三叶虫约有 4000 种，全部为化石。

化石三叶虫身体扁平，呈椭圆形，因背面有两条纵行背沟将身体分为三叶而得名。身体分为头部、胸部和尾部三部分。头部由 4～5 个体节愈合而成,外被半圆形的头甲(cephalon)。头甲两侧各有 1 个复眼。口位于腹面中央。头部有附肢 5 对,第一对为触角,其余 4 对位于口的两侧。胸部又称躯干部,体节数不定,随身体生长而增加,每节有附肢一对。附肢全为双肢型,外肢节不分节,有刚毛,有人认为外肢节有鳃的功能;内肢节共7 节,一般认为尾部体节数不定而且愈合,除最后一节外,各节有一对附肢(图 11-11(a)、图 11-11(b))。

某些三叶虫在发育过程中有幼虫期。早期的幼虫只有头部和尾部,随着发育在尾部之前增生新的体节(图 11-11(c))。

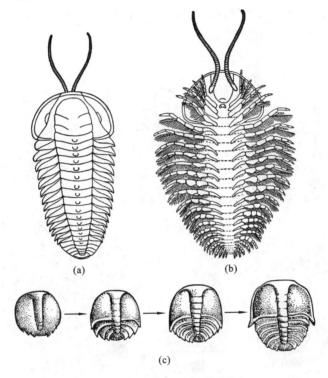

图 11-11　三叶虫(自江静波等)
(a) 背面观;(b) 腹面观;(c) 幼体的发育过程

11.2.2　甲壳亚门

甲壳亚门是节肢动物门的第三大类群,已记载的种类有 65000 种以上,其中虾、蟹是人们十分熟悉的代表动物。

11.2.2.1　代表动物——克氏螯虾

克氏螯虾(*Cambarus clarkii*)原产北美,后移至日本,19 世纪 20 年代末经日本引入我国,是淡水螯虾的一种。因其体外形特征与海水龙虾相似,在市场上常被称为小龙虾。克氏螯虾常在田畦、河堤水平线下穴居,白天隐伏在水底或在水草间游动,黄昏、夜间和清晨爬出活动,以底栖贝类、环节动物、小鱼及动物尸体为食。

1. 螯虾的一般形态

(1) 头胸部和腹部。螯虾的身体分为头胸部和腹部。头胸部由头部 6 节和胸部 8 节愈合而成,外有坚硬的外骨骼,称头胸甲(carapace)。头胸甲前端的中央有一扁宽的额剑(rostrum),其两侧有锯齿,为自卫武器。额剑的形状和上下缘的锯齿数为分类特征之一。头胸甲两侧与体壁分离并覆盖于鳃片之上,故称鳃甲(branchiostegite)。一对复眼位于眼柄上,眼柄可自由转动,其视野范围达 200°以上。

螯虾共有 19 对附肢(图 11-12),由前往后依次是第一触角(小触角,antenule)、第二触角(大触角,antenna),为感觉器官;1 对大颚,为咀嚼器;2 对小颚,取食时能把持食物;胸部 8 对附肢,前 3 对为颚足(maxilliped),也能把持食物,内侧有鳃,兼有呼吸的作用,后 5 对为步足,有捕食、爬行和保护的作用;腹部有 6 对游泳足,其中最后 1 对附肢宽大,称为尾肢(或尾足,uropod),与尾节合成尾扇,受到攻击时借尾扇的急剧运动向前方拨水,使身体向后逃逸,尾扇还具有舵的功能。

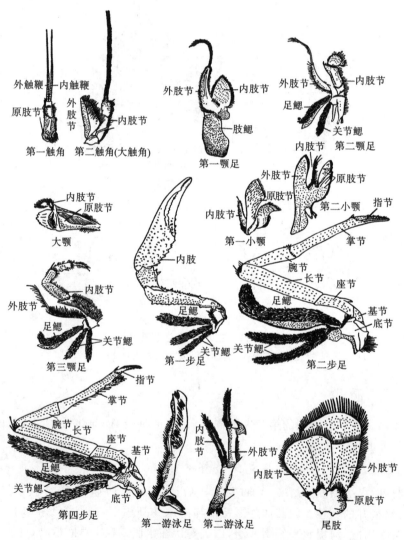

图 11-12　克氏螯虾的附肢(自华中师院等《动物学》)

(2)附肢的类型。螯虾的附肢可分为以下两类。

双肢型:由着生于体节上的原肢节、并列于原肢节上的外肢节和内肢节三个基本部分组成,如大触角、游泳肢等皆为双肢型。

单肢型:是由双肢型附肢的外肢节退化而形成的,如 5 对步足。

(3) 蜕皮与体色。甲壳类动物与昆虫不同,成体仍继续蜕皮。甲壳纲的色素中最常见的为类胡萝卜素,遇高温和酒精时便分解成为虾红素和蛋白质一起沉淀,所以酒精浸泡的标本或煮后的虾、蟹均为红色。

2. 几种常见虾的外形比较

我国地域辽阔,常用来作为实验材料的有对虾(图 11-13(a))、螯虾(图 11-13(b))和沼虾(图 11-13(c)),它们外形的主要特征如表 11-1 所示。

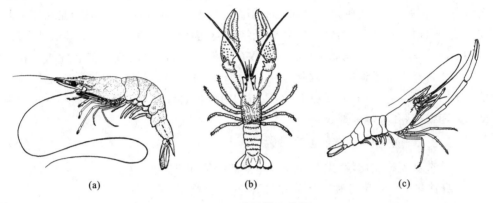

| (a) | (b) | (c) |

图 11-13　常见的几种虾

(a) 对虾(自刘瑞玉);(b) 螯虾(自刘瑞玉);(c) 沼虾(仿华中师院等《动物学》)

表 11-1　几种常见虾的外形比较(自鲍学纯《动物学》)

种类项目	对　虾	螯　虾	沼　虾
大小及体色	大,体长 13～24 cm,透明,又称明虾。常成对出售,又称对虾	大而粗壮,外骨骼坚硬,深红褐色	小,有棕绿色斑纹,又称青虾
额剑	侧扁,上、下缘皆具齿	扁平,两侧具齿	侧扁,上、下缘皆具齿
步足	前 3 对末端钳状,不发达;后 2 对末端爪状	前 3 对末节钳状,尤以第 1 对特别强大,故名;后 2 对爪状	前 2 对末端钳状,雄性第 2 对显著长大;后 3 对末节爪状
腹部第 2 节侧甲	被第 1 节侧甲覆盖	被第 1 节侧甲覆盖	前缘覆盖在第 1 节侧甲的上面
交配器	明显。雌性位于第四与第五步足基节之间,圆盘状;雄性由第一腹肢的内肢变异而成	雄性第一、二对腹肢变成管状交接器	仅雄性第二游泳肢内肢的内缘有一棒状突起,称雄性附肢

种类项目	对 虾	螯 虾	沼 虾
鳃的类型	枝状鳃,羽状鳃丝上有许多分枝	丝状鳃,主轴上直接生出许多细长的鳃丝	叶状鳃,主轴上突出两排并列的小片
分布	海产,黄海、渤海多	在田畦或河堤下穴居	淡水产,全国大部分地区都有

对虾盛产于我国黄海、渤海,随着环境因子(特别是水温)的变化,每年都要做规律性的迁移,称为洄游,可分为生殖洄游与越冬洄游。生殖洄游(又称产卵洄游)是每年3月份气温开始回升时,黄海南部的越冬虾群成群结队向北迁移,行程超过1000 km,历时2个月,4月底至5月初进入渤海和辽东湾,分散在浅海地带,产卵繁殖。在丰富的食物与温暖的气候条件下幼虾迅速成长,到秋末冬初(10—11月份),雄虾成熟进行交配。越冬洄游是指11月至翌年1月北方气温下降,浅海的对虾向远洋水域集中,然后沿着它们南来的路线向南游去,在黄海南部过冬。

11.2.2.2 甲壳亚门的主要特征

与其他节肢动物相比较,甲壳动物最主要的特征如下。

(1) 身体多分为头胸部和腹部,头胸部常具有头胸甲。

(2) 头部一般有2对触角,胸部有8对单肢型步足,腹部有6对双肢型游泳足。

(3) 大型种类的消化系统较复杂,胃中有胃磨。

(4) 用鳃呼吸,开管式循环。

(5) 幼体用触角腺和小颚腺排泄,成体只有其中之一。

(6) 高等种类的神经系统明显愈合。

(7) 一般雌雄异体,两性生殖,发育经历几种幼虫期。

11.2.2.3 甲壳亚门的重要类群

1. 鳃足纲(Branchiopoda)

本纲约有900种。体小型,胸肢扁平叶状,可辅助摄食和运动。腹部一般无附肢,体末端常有尾叉。主要生活于淡水湖泊或间歇性小水域中。常见的有丰年虫(*Chirocephalus*)(图11-14(a))、鲎虫(*Apus*)(图11-14(b))和蚤状溞(*Daphnia pulex*)(图11-14(c))。

2. 颚足纲(Maxillopoda)

本纲约有12000种,多生活于海水。体短,胸部和腹部的体节在10节以下。成体有中眼,胸肢为双肢型,腹部无附肢。自由生活的种类有剑溞(*Cyclops*)(图11-15(a))等,是浮游动物的重要组成部分。寄生种类有中华鳋(*Sinergasilus*)(图11-15(b)),雌虫的第二触角末节变为爪,用以钩住宿主,寄生于鱼鳃、皮肤、鳍和鼻孔内,分泌消化酶行体外消化,使宿主消瘦、贫血,严重时引起宿主死亡。藤壶(*Balanus*)(图11-15(c))固着在海中的岩礁或木桩上,体周围有6块钙质壳板,顶部有4块壳盖,胸部6对附肢,当壳盖打开时,可伸出体外拨水,以获取新鲜氧气和食物。茗荷儿(*Lepus*)(图11-15(d))有柄,固着生活。

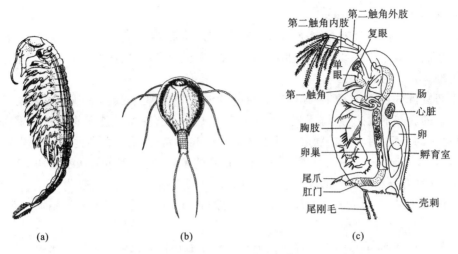

图 11-14   鳃足纲代表动物(自华中师院等《动物学》)

(a) 丰年虫;(b) 鲎虫;(c) 蚤状溞

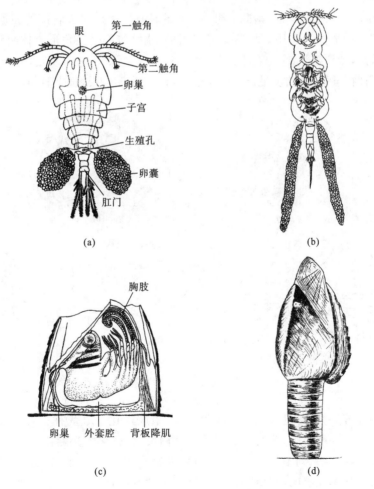

图 11-15   颚足纲代表动物(自华中师院等《动物学》)

(a) 剑溞;(b) 中华鳋;(c) 藤壶;(d) 茗荷儿

3. 软甲纲(Malacostraca)

软甲纲动物体节数固定,头部 6 节,胸部 8 节,腹部 6 节,尾部 1 节。身体一般较大,体节明显而且有一定数目。高等种类复眼有柄,有头胸甲,无尾杆。虾和蟹是本亚纲中高级的类群。

寄居蟹(*Diogenes*)(图 11-16(a))为海边沙滩上常见种类,因其寄居在空的螺壳内而得名。它的腹部不发达,末端无尾扇,第 4、5 对步足也已萎缩。遇到危险时全缩入螺壳内,以发达的螯足挡住壳口,随着身体的长大会舍弃旧壳,另觅一大小适合的空螺壳居住。

河蟹(*Eriocheir sinensis*)(图 11-16(b))俗称螃蟹,为我国著名的淡水蟹,凡是与海相通的河、湖都有分布。因它的两只螯上着生许多绒毛,又称"中华绒螯蟹"。

三疣梭子蟹(*Portunus trituberculatus*)(图 11-16(c))广泛分布于我国沿海一带,是我国重要的海产。

溪蟹(*Potamon denticulatus*)(图 11-16(d))是我国南方内陆溪流的常见种。

鼠妇(*Porcellio*)(图 11-16(e))生活于阴暗潮湿处,其腹足的外肢节有呼吸器官。

粗看虾和蟹似乎差异很大,但仔细比较后发现它们的结构基本上是一致的。最大的区别是蟹的头胸甲特别发达,呈圆方形,而腹部萎缩且折贴在头胸部的腹面,所以从背面所看到的仅仅是它的头胸甲。雌蟹腹部呈圆形,雄蟹腹部呈三角形。体两侧有 5 对附肢,第 1 对为螯足,特别粗壮,末端有钳,用以捕食和抗敌;后面 4 对为步足,因步足的关节只能向下弯,爬行时常用一侧的步足指尖抓住地面,另一侧步足在地面上直伸,使身体侧着横行。

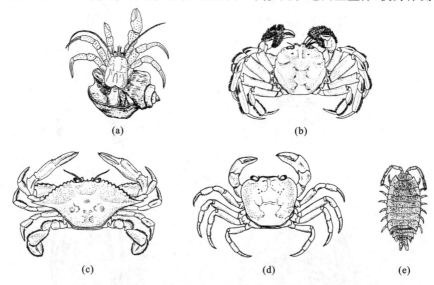

图 11-16 软甲纲代表动物(自华中师院等《动物学》)
(a) 寄居蟹;(b) 河蟹;(c) 三疣梭子蟹;(d) 溪蟹;(e) 鼠妇

将蟹的腹部展开,可见肛门开口在腹末端,附肢退化。雌蟹有 4 对双肢型附肢,繁殖时可将卵黏附在外肢节上;雄蟹有 2 对单肢型附肢,已特化为交配器。

河蟹生活在江河、湖泊的泥岸洞穴内,以动物尸体、螺、蚌、昆虫、蠕虫等为食,也食水生植物。每年秋季成熟的河蟹从河、湖入海作生殖洄游,到海边交配产卵。雌蟹抱卵于腹肢上,翌年早春或初夏幼体由卵内孵出。幼体发育也有明显变态,经多个幼体阶段发育成幼蟹,逆水向上游迁移,到淡水中定居生长,成熟后再入海产卵。

11.2.3 螯肢亚门

11.2.3.1 肢口纲(Merostomata)

肢口纲为残遗动物,约有120种化石,现存种类不多。仅有1目,即剑尾目(Xiphosurida);1科,即鲎科(Limulidae);3属,即美洲鲎属(*Limulus*)、鲎属(*Tachypleus*)和蝎鲎属(*Carcinoscorpius*)。共4~5种。我国已知3种,即东方鲎(*Tachypleus tridentatus*)、南方鲎(*T. gigas*)和圆尾鲎(*Carcinoscorpius rotundicauda*),其中分布较广的是东方鲎(又称三刺鲎、中国鲎、日本鲎),在我国浙江以南浅海都有分布。

鲎(图11-17(a))体棕褐色,体形似瓢,分头胸部、腹部及剑尾(telson)三部分。头胸部有马蹄形的背甲,背面有3条纵脊。单眼一对,位于背中央隆脊前端两侧,复眼一对,分别位于背侧纵脊的外侧。附肢6对,前2对为头部的附肢,第一对短小,仅3节,为螯肢(chelicera);第二对长,由6节组成,称脚须(pedipalp)。脚须在幼体时末二节呈钳状,至成体时产生雌雄差异,雌性脚须的末二节仍为钳状,但雄性脚须的末端变成弯钩状,交尾时用于抱持雌体。其余4对附肢为胸肢,位于口的两侧,基节常有倒刺,可以嚼碎食物,故称颚肢。4对胸肢的前3对末二节也呈钳状,后一对较复杂,适合于在沙土上挖洞和爬行。腹部略呈六角形,两侧有可活动的倒刺,也具6对附肢。第一对左右连合,盖住生殖孔,故又称生殖厣(genital operculum)。其余各对腹肢的外肢节内侧都有150~200页薄板状的书鳃,是鲎的呼吸器官。排泄器官为一对四叶的基节腺,位于头胸部。神经系统简单,有一口上神经环,在腹面与腹神经索相连。

鲎为卵生,雌鲎产卵后,雄鲎将精液撒在卵上受精。初孵化的幼虫体长仅7~8 mm,腹部8节,仅有4对附肢,无剑尾,身体分为中央及两侧三部分,与三叶虫的成虫极相似,故称三叶幼虫(图11-17(b))。说明肢口纲与三叶虫纲有亲缘关系。

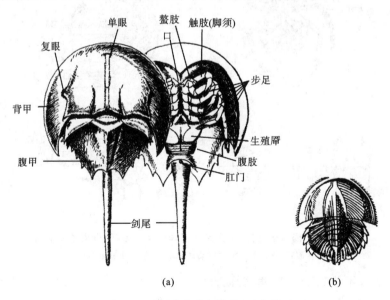

图11-17 鲎(自华中师院等《动物学》)
(a)成体背面及腹面;(b)幼体

11.2.3.2　蛛形纲(Arachnida)

1. 代表动物——大腹园蛛

大腹园蛛(*Araneus ventricosus*)常在屋檐、庭院和树丛间织大型车轮状垂直圆网。昼伏夜出,晚间居于网中央,白天多隐藏在网旁的缝隙、树枝叶等隐蔽处,以信号丝与网相连。当昆虫或其他小动物触到蛛网后,先被黏丝黏住,在网上挣扎产生不同的振动频率,园蛛通过信号丝获得信息,随即快速出击,以螯肢捕捉捕获物并向其体内注射毒液和消化液,并用蛛丝将其固定于网上,待捕获物身体的组织溶解为液状时再吸食,吸食完毕后将猎物的空壳抛出网外。

园蛛身体分为头胸部及腹部,二者之间常常有一节由腹部第一节变成的细柄相连(图11-18(a)、图11-18(b))。头胸部前端有8个单眼,排成前后两列,无复眼,无触角。有附肢6对,第1对称螯肢(图11-18(c)),分为2节,其基部膨大部分为螯节,端部尖细部分为螯牙。螯牙(图11-18(d))为管状,在螯节内或头胸部有毒腺,分泌的毒液由螯牙导出,可注入捕获物体内,使之麻醉。第2对附肢称为脚须(或称触肢),能辅助摄食。雄蛛的脚须末节特化为交配器,具有储精和传精的结构(图11-18(e))。后4对为步足。

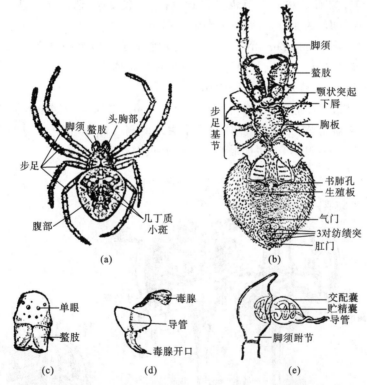

图 11-18　园蛛的外形(自南京师范学院生物系《无脊椎动物学》)

(a) 背面观;(b) 腹面观;(c) 螯肢;(d) 螯牙;(e) 雄蛛脚须跗节

园蛛的腹部不分节,圆形略扁,背面具斑纹。腹面前端有一横沟(或称生殖沟),其正中有一生殖孔,在雌蛛生殖孔上方有一指状突出物覆盖,称为生殖板(epigynum)。生殖沟两侧各有一书肺孔,内有书肺。园蛛除用书肺呼吸外还具气管,在书肺孔后端腹中线处有一个气门,为气管通向体外的开口。紧接气门之后有3对纺绩突(spinneret),其上有许多小孔,体内有纺绩腺(spinning gland),由纺绩突喷出的分泌物遇空气即凝固成蛛丝,用以结网、捕食或做卵茧。腹部末端为肛门。

园蛛为肉食性,但不具上颚,不能直接吃固体食物。当园蛛用网捕获食物后,先由中肠分泌消化酶灌注入捕获物组织内,将其分解成液态或半液态后再吸吮其汁液。

园蛛的消化道分为前肠、中肠及后肠三部分(图 11-19),前肠包括口、咽、食道及吸吮胃(pumping stomach),中肠包括中央的中肠管及两侧的盲囊(caecus),两侧盲囊各自分出 4 个管,伸入 4 个步足的基部,用以储存液体食物。循环为开管式,心脏位于体背方,为一简单的血管,两侧有心孔。用书肺和气管呼吸。排泄器官为起源于内胚层的马氏管,幼蛛还有一对基节腺,但到成蛛时基节腺多退化。

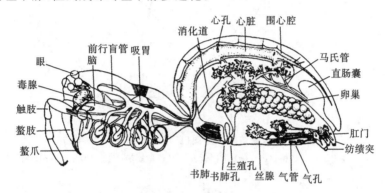

图 11-19　园蛛的内部结构(自华中师院等《动物学》)

园蛛雌雄异体,雌大雄小,生殖期间需要进行交配。交配后雄蛛立即逃开,否则可能被雌蛛吃掉。雌蛛产卵于丝茧内越冬,卵茧悬挂于树梢或屋角,翌年春天孵化。初孵若蛛靠体内残余卵黄维持生命,约 4 次蜕皮后为成蛛,分散生活。

园蛛结车轮状圆网。在结网开始时,园蛛居高处放出游丝,游丝随气流飘荡,黏到另一处先搭成"桥"。园蛛在"桥"上往返几次以加固,然后抽出框丝,结成做网的外围框架。在框架内,先织无黏性也无弹性的经丝,经丝交叉的中心即为网的中枢。从中心开始,园蛛粗略地结成一螺旋线,作为纬丝支架,然后从外向内再细致地在支架上织与经线成直角的、有黏性和弹性的螺旋丝(图 11-20)。

2. 主要目及常见种类

(1) 蝎目(Scorpionida)。

蝎喜干燥,昼伏夜出,肉食性,捕食昆虫、蜘蛛等。体表外骨骼高度骨化。体长形,分头胸部和腹部。头胸部第 1、2 对附肢末端均为钳状,第 2 对称脚须,粗壮。腹部又分为前腹和后腹两部分。前腹部 7 节较宽,后腹部 6 节狭长,末节有尾刺,内有毒腺,尖端为毒腺开口,毒腺分泌神经性毒物用以蜇杀猎物。人被蜇时产生剧痛、肿胀、眩晕等症状,小孩被蜇有时会有生命危险。蝎毒也可入药,目前我国很多地方对其进行人工养殖。腹部附肢退化,仅见遗迹。卵胎生,初生幼蝎常负于母蝎背面,经一次蜕皮后自行生活。常见的有蝎(*Scorpio*)和钳蝎(*Buthus*)(图 11-21)等。

(2) 蜘蛛目(Araneida)。

蜘蛛目动物头胸部与腹部均不分节,两者以细柄相连,螯肢端部有毒腺开口,脚须与4 对步足相似,雄蛛脚须末节膨大成交配器,腹部末端有纺绩突 2～4 对,内有丝腺,可牵

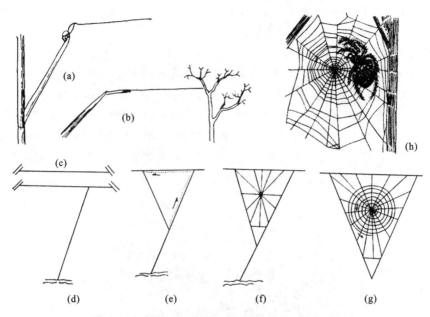

图 11-20 园蛛结网示意图(自华中师院等《动物学》)

(a)～(b) 抽出游丝并搭桥;(c)～(e) 搭框丝;(f) 结经丝;(g) 结螺旋形纬丝;(h) 网已结成

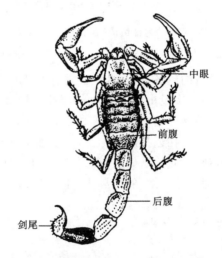

图 11-21 钳蝎(自华中师院等《动物学》)

丝结网。蜘蛛种类丰富,生活范围广,其生活方式基本上可分为游猎型和定居型,游猎型无永久住所,定居型有结网的也有挖洞穴居的。除各种结网的蜘蛛外,也有不结网的类型(如游猎型)。常见的蜘蛛有管巢蛛(*Clubiona*)、拉土蛛(*Latouchina*)、蝇虎(*Menemerus*)、球腹蛛(*Theridum*)、漏斗网蛛(*Agelena*)和壁钱(*Uroctea*)(图 11-22)等。蜘蛛雌雄异体,卵生,直接发育。

(3) 蜱螨目(Acarina)。

蜱螨目又称壁虱目。种类多,体型差异大。一般体小,头胸部和腹部愈合而不分节。螯肢和脚须突出在体前端形成假头。成体有步足 4 对,末端有爪或吸盘。以气管或体表呼吸。发育有变态,食性多样。肉食性的种类可捕食害虫,植食性的种类如棉红蜘蛛(图

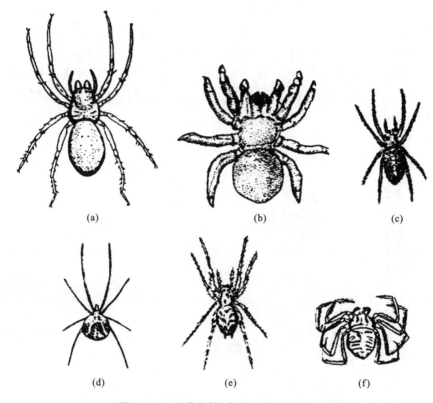

图 11-22 六种蜘蛛（自张雨奇《动物学》）

（a）棕包管巢蛛；（b）拉土蛛；（c）蝇虎；（d）球腹蛛；（e）漏斗网蛛；（f）壁钱

11-23）为重要的农作物害虫，棉株严重受害时如火烧，落蕾、落铃，形成光杆。寄生种类如人疥螨（图 11-24）使人生疥疮，奇痒难忍。

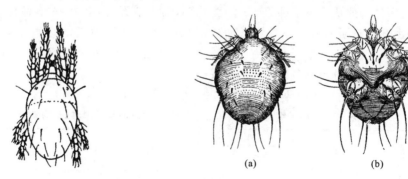

图 11-23 棉红蜘蛛（自张雨奇《动物学》）   **图 11-24 人疥螨（自华中师院等《动物学》）**

（a）背面；（b）腹面

11.2.4 多足亚门

11.2.4.1 唇足纲（Chilopoda）

本纲动物的常见代表是蜈蚣（*Scolopendra*），已知种类约为 2800 种。蜈蚣生活于阴暗潮湿的枯枝落叶或石块下，昼伏夜出，行动迅速，以蚯蚓、昆虫等小动物为食。身体分成头部和躯干部,外骨骼比较柔软。头部有触角 1 对,口器由 1 对大颚和 2 对小颚组成。躯干部体节有长节和短节之分,且长短相间。第 1 对附肢称颚足,末端成一毒爪(poison claw),有毒腺的开口,蜇人时可注入毒液,引起剧痛。躯干部除体末 2 节无足外,每节具足 1 对。生殖孔在倒数第 2 节腹面,肛门在末节(图 11-25(a))。内部构造和昆虫的构造大同小异,如气管呼吸、马氏管排泄、开管式循环等。蚰蜒(*Thereuopoda*)(图 11-25(b))体较小,灰白色,足细长,其生活方式与蜈蚣相似。

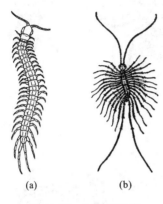

(a)　　　　(b)

图 11-25　唇足纲动物

(a) 蜈蚣外形(自华中师院等《动物学》);(b) 蚰蜒(自陈义)

图 11-26　马陆(自华中师院等《动物学》)

11.2.4.2　倍足纲(Diplopoda)

本纲常见种类为马陆(*Oxidus*)(图 11-26),已知约 10000 种,腐食性,以腐烂的植物碎屑为食。常栖息于枯枝落叶下层、树皮或石块下,也常见于山间潮湿的道路旁。体壁坚硬,受刺激时将身体蜷缩。体呈圆筒形,分头部和躯干部两部分,体节 11～192 节。头部小,触角短。一般认为躯干部的前 4 节为胸部,第 1 节无足,第 2～4 节各有一对足,其余各节是由胚胎时期的两个体节愈合而成,故每个体节有两对足。多数体节分布有臭腺(scent gland),能分泌挥发性的有毒液体,对小型动物有驱避的作用。毒物一般对人无害,但大型种类的分泌物可以使人的皮肤起泡。

唇足纲与倍足纲常见种类的特征比较,如表 11-2 所示。

表 11-2　唇足纲与倍足纲常见种类的特征比较(自鲍学纯《动物学》)

种类\项目	蜈　蚣	蚰　蜒	马　陆
体形	长而扁平,分头部和躯干部;体节长短相间	体较短,躯干部背板极发达,盖于短体节上,故只见第 8、9 节	体长呈圆筒状,躯干部的胸部、腹部稍有区别
附肢	除体末 2 节无足外,躯干部每节足 1 对,着生在体两侧	每节足 1 对,触角及足极细长	胸部 4 节(第 1 节无附肢,余 3 节每节足 1 对);腹部每节足 2 对,着生在腹方,附肢短小
生殖孔	1 个,位于体后端第 2 节腹面中央	同蜈蚣	1 对,在体前端第 3 节腹面

续表

种类 项目	蜈　蚣	蚰　蜒	马　陆
气孔	气孔成对,部分体节无气孔	气孔不成对,7个,在背侧正中线上	气孔每节2对
自卫方法	第1对足为毒颚,与毒腺相连	足触之易断,借以逃脱	某些体节背面两侧有皮肤腺的开孔,发出恶臭,触之全身蜷成球状
习性	昼伏夜出,行动敏捷,以蚯蚓、昆虫、蜘蛛等为食	昼伏夜出,屋内可见,行动迅速,捕食小虫	行动迟缓,植食性

11.2.5　六足亚门

六足亚门包括较原始的内颚纲和种类繁多的昆虫纲,种类约1000万种,已描述的种类约100万种。

早期的教科书将六足动物归于昆虫纲,将昆虫纲分为无翅亚纲和有翅亚纲,其中无翅亚纲包括原始无翅的弹尾目、原尾目、双尾目和缨尾目。近年来,许多学者通过对原来的昆虫纲高级分类阶元进行系统研究,趋向于将其提升为六足亚门,而在六足动物门之下再分内颚纲和昆虫纲。

11.2.5.1　六足亚门的主要特征

六足动物是动物界中最大的一个类群,占整个节肢动物的80%以上。其中昆虫纲种类繁多,个体数量惊人,而且分布也极为广泛,从赤道到两极,从高山到深海,从绿洲到沙漠,从空中到地下,甚至动植物体内都有它们的踪迹。因此,昆虫与人类的关系极为密切。尽管各类六足动物的形态千差万别,但其基本结构大致相同,其特征是身体分为头部、胸部和腹部三部分,头部有1对触角,胸部有3对单肢型的附肢,多数还有1~2对翅。

1. 外部形态

(1)头部及其附属器官。

一般认为六足动物的头部由6节组成,但它们完全愈合而成一个头壳。头前方有触角1对,触角基部第1节称柄节(scape),第2节称梗节(pedicel),其余部分称鞭节(flagellum)。不同种类的昆虫其触角的形态差异很大,常见有刚毛状、丝状、念珠状、锯齿状、双栉状(或称羽状)、膝状、具芒状、环毛状、棒状、锤状、鳃叶状等(图11-27)。触角的类型为分类的重要依据之一,触角具有触觉和嗅觉功能。

六足动物头部有复眼(compound eye)1对及单眼(ocellus)(2~3个或消失),复眼能成像,单眼仅能感知光线的强弱。口器(mouthpart)由头部后面的3对附肢和头部的一部分联合组成,包括上唇、大颚(上颚)、小颚(下颚)、下唇及舌等部分。由于要适应各自不同的生活环境及食性,昆虫的口器变化很大,可分成下列几种主要类型。

①咀嚼式(chewing type):如蝗虫和蜚蠊的口器。各部分粗短,特别是大颚强壮有力,适于以固体食物为食,可咬碎植物或动物的组织,是口器最原始的形式,其他口器均由

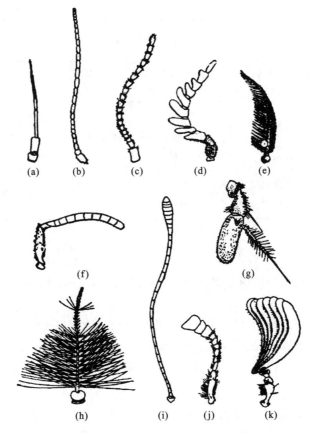

图 11-27 昆虫的触角类型（自管致和等）

(a) 刚毛状（蜻蜓）；(b) 丝状（蝗虫）；(c) 念珠状（白蚁）；(d) 锯齿状（萤）；(e) 双栉状（毒蛾）；(f) 膝状（蜜蜂）；
(g) 具芒状（蝇）；(h) 环毛状（雄蚊）；(i) 棒状（蝶）；(j) 锤状（长角蛉）；(k) 鳃叶状（金龟子）

此基本结构演化而成（图 11-2）。

②刺吸式（piercing-sucking type）：上、下颚细长，呈针状，下唇也延长成喙，不用时口针藏在喙内，取食时将口针刺入动物或植物体内，通过口针形成的吸管吸取汁液，喙则留在外面，起着把持口针的作用，如蝉、蝽象和蚊的口器（图 11-28）。

③嚼吸式（chewing-lapping type）：蜜蜂具有既能咀嚼又能吮吸的嚼吸式口器。它的上唇和大颚没有什么变化，大颚可用来咀嚼花粉和嚼蜡筑巢，而下颚与下唇均延长，取食时可合并成食物管，借以吸取花蜜（图 11-29）。

④虹吸式（siphoning type）：主要变化是左右小颚的外叶合抱成长管状，平时盘卷在头部前下方，如钟、表的发条一般，用时伸长，以吸取花蜜。如蝶、蛾的口器（图 11-30）。

⑤舐吸式（sponging type）：此类口器适于舐食半液体食物，其特点是仅保留了上唇、下唇及舌三部，大、小颚退化。其中下唇延长成喙，末端特化为唇瓣。瓣上有许多环沟，用以收集物体表面的汁液。舌中的唾液管能分泌唾液，可先将食物溶解后再吸入（图 11-31）。

不同的口器类型不仅是分类的重要依据，而且在害虫防治时也需考虑到。如对咀嚼式口器的害虫可用胃毒剂，因为植物表面的农药可随植物组织同时进入害虫胃内而起毒

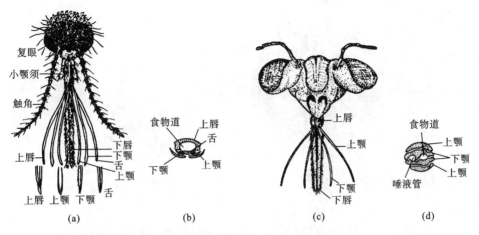

图 11-28 雌蚊的口器(左)和蝉的口器(右)(自华中师院等《动物学》)

(a)、(c) 头部;(b)、(d) 口器横切面

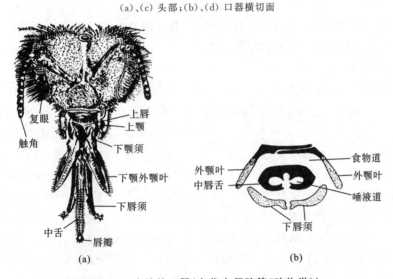

图 11-29 蜜蜂的口器(自华中师院等《动物学》)

(a) 头部;(b) 口器横切面

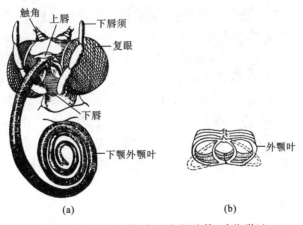

图 11-30 蝶的口器(自华中师院等《动物学》)

(a) 头部;(b) 口器横切面

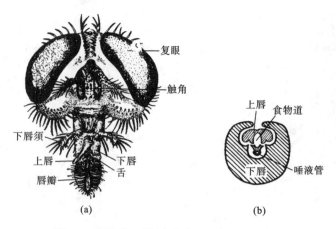

图 11-31　蝇的口器（自华中师院等《动物学》）
(a) 头部；(b) 口器横切面

杀作用；对刺吸式口器的害虫，则应用内吸剂或熏蒸剂等农药，因为它的口器是吸食内部
汁液，撒在植物表面的胃毒剂对它不起作用。

（2）胸部及其附属器官。

①足：六足动物的胸部为 3 节，依次称前胸、中胸和后胸，每节各具足一对。足由 7 节
组成（图 11-32）。昆虫足的形态多与其各自的功能相适应，变化也很显著。如蟑螂的足
各节比较细长，适于疾走，称步行足（图 11-32（a））；蝗虫的后足腿节强壮有力，适合跳跃，
称跳跃足（图 11-32（b））；螳螂的前足基节较长，胫节与腿节生有棘刺，两相吻合，适于捕
捉小动物，称捕捉足（图11-32（c））；蝼蛄的前足粗短，胫节扁平如铲，跗节呈齿状，适于地
下生活时掘土，称开掘足（图 11-32（d））；龙虱的后足扁平如桨，适于游泳，称游泳足（图
11-32（e））；蝇类可在光滑的玻璃上行走，甚至在天花板上仰行也不会跌落，这是因为它的
足末端爪垫多毛，并能分泌黏液，称吸着足；雄性龙虱的前足跗节上有吸盘，在交配时用以
抱持雌虫，称抱握足（图 11-32（f））。蜜蜂的后足结构更复杂：胫节宽扁而外缘凹陷，边缘
围以长毛，称花粉筐；跗节分为 5 节，第一节扁平而长，内侧有数排硬毛，称花粉梳；胫节与
跗节之间还有一压粉器。工蜂采集花粉时，用花粉梳将黏附在体表的花粉刷下，经压粉器
将花粉压紧成团，然后置于花粉筐中带回，故蜜蜂的后足称携粉足（图 11-32（g））。足的
类型在分类上也有重要的参考意义。

②翅：原始的六足动物无翅，某些寄生性昆虫（如跳蚤、臭虫）的翅退化，有些有翅昆虫
在一年的不同时期或不同的发育阶段也无翅（如蚂蚁、白蚁），多数昆虫都有翅 1～2 对。
在整个无脊椎动物中只有昆虫才有翅。翅的出现，使昆虫在取食、避敌、求偶、迁徙等方面
的活动能力大大加强，也是昆虫得以广泛分布的重要原因之一。翅由中、后胸背板两侧的
体壁向外延伸而成，上下两层膜紧密黏合，其间的表皮细胞消失，留下气管、血液和神经，
形成翅脉（vein）。翅脉有纵脉与横脉，翅脉在翅上分布的形相称脉相（veination），是昆虫
分类的重要依据之一。

昆虫的翅类型很多，常见的有下列几种。

膜翅：整个翅如薄膜状，如蜂、蝇等。

革翅（或复翅）：如蝗虫的前翅较厚且坚韧，用以保护后翅。

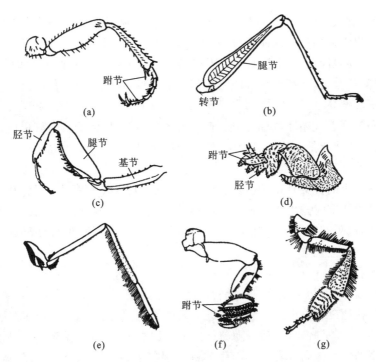

图 11-32　昆虫足的类型(自华中师院等《动物学》)

(a) 步行足；(b) 跳跃足；(c) 捕捉足；(d) 开掘足；(e) 游泳足；(f) 抱握足；(g) 携粉足

鞘翅：如金龟子、天牛的前翅，为厚的角质并硬化而无翅脉，有保护作用。

半鞘翅：如蝽象的前翅，基部为角质(较硬且厚)，端部为膜质。

鳞翅：如蝶、蛾的翅上被有鳞粉。

此外，蝇、蚊的后翅退化，形成哑铃状的平衡棒，在飞行时有平衡的作用。

(3) 腹部及其附属器官。

六足动物的腹部 11 节，但由于愈合的缘故通常见到的节数较少。腹部是六足动物消化、排泄、循环、呼吸、生殖的中心。

腹部一般无附肢，只在低等的类群可见附肢的痕迹。蝗虫在第 10 节、第 11 节之间两侧有一对很短的尾须(cercus or cercopod)。雌蝗虫的背、腹产卵瓣也是由附肢变化来的(蝗虫的内产卵瓣极不发达，也是由附肢变成)。蜜蜂工蜂的产卵器形成了注射毒液的螯刺。

2. 内部构造

(1) 体壁。

六足动物的体壁为含有几丁质和蛋白质成分的外骨骼，有保护作用，特别是蜡质层可控制体内水分的蒸发，也可防止外界有害物质及微生物的侵入。另外，有部分外骨骼内陷供肌肉附着，配合肌肉的收缩可产生复杂的动作，提高了运动的效能，这是六足动物适应陆地生活、分布广泛的原因之一。研究害虫的体壁结构，对于如何提高药物的穿透性以消灭害虫有重要意义。

(2) 消化系统。

六足动物消化系统分为前肠、中肠和后肠三部分，不同种类在局部结构和机能上有变化,如蜜蜂的嗉囊(craw)又称"蜜胃",花蜜在嗉囊中经唾液分泌的酶的作用可酿成蜂蜜。消化道的长度也随食性的不同而有所差别,一般植食性种类的消化道较长。由于动物个体小,少量的食物便能满足其生长发育所需的营养。同时,不同昆虫之间的食性差异很大,可减少种间的竞争,有利于种群的繁衍和发展,所以昆虫个体数量惊人。

(3)循环系统。

六足动物为开管式循环,血液无色,有时为黄色或绿色,多不具血红蛋白,故只能携带极少的氧,其主要功能是运输营养物质、代谢产物及激素。

(4)呼吸系统。

少数个体微小的种类直接靠体表进行气体交换,大多数种类都用气管呼吸,即使是水生种类大部分也需定时露出水面呼吸大气中的空气。气管有气门与外界相通,直接将空气输送到身体各部,有利于气体交换,在外骨骼的保护下又可防止水分蒸发,这也是其对陆地生活的一种适应现象。

(5)排泄系统。

六足动物以中、后肠交界处的马氏管排泄,马氏管是一种为了适应陆地生活的排泄器官。血液中的代谢废物以可溶性酸性盐进入马氏管后,马氏管基部可将水分吸收,管内则产生尿酸沉淀物(不是胺)进入后肠随粪便排出。尿酸呈结晶状,不溶于水,所以排出时不需要伴随多量的水。不同种类的马氏管数目差别较大;蝇类、蛾类为 6 条;棉蝗约有 240 条,分为 12 束。

(6)神经系统。

六足动物神经系统较为发达,可分为中枢神经系统(central nervous system)、交感神经系统(sympathetic nervous system)和外周神经系统(peripheral nervous system)三部分。中枢神经系统包括脑、围食道神经、食道下神经节和腹神经链等部分(图 11-33)。脑又可分为前脑(forebrain)、中脑(midbrain)和后脑(afterbrain)。前脑最发达,两侧膨大成两个视叶(optic lobe),为视觉中心。中脑发出一对神经分布到触角,为触觉中心。后脑最不发达,发出神经至上唇和前肠。脑是感觉和统一协调活动的主要场所。在脑的前后有交感神经节(sympathetic ganglion),如额神经节。交感神经发出神经至消化道和心脏等处,主要控制内脏的活动。外周神经系统是从中枢和交感神经节发出的神经,分布到身体各处,形成复杂的传导网络。

(7)激素。

六足动物的生长、蜕皮、变态和生殖等过程都受激素控制,神经系统与激素两者关系密切,以协调昆虫复杂的行为。一般将激素分为两大类,即激素和外激素(又称信息激素)。

外激素由体表的腺体分泌产生,直接散布于空气、水中或其他媒介物上,能引起同类其他个体产生反应,如雌蚕蛾尾部能释放出一种性外激素(sex pheromone),又称性引诱剂(sex attractant),招引雄蛾前来交尾。此外,工蜂、工蚁之间信息交换的物质也为外激素。

激素则是由内分泌腺所分泌的。内分泌腺无导管与外界相通,它的分泌物随血液或体腔液输送到全身各处,调节蜕皮、变态等生理功能。昆虫体内最重要的激素有三种:脑激素(brain hormone)、蜕皮激素(ecdysone)和保幼激素(juvenile hormone)。脑激素由脑神经分泌细胞分泌,蜕皮激素由前胸腺(prothoracic gland)分泌,保幼激素由咽侧体(corpus allatum)分泌(图 11-33)。

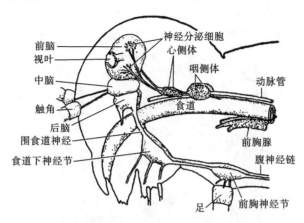

图 11-33　昆虫部分中枢神经系统及前胸部内分泌器官(自武汉大学等《普通动物学》)

　　脑激素是一种活化激素,具有活化前胸腺和咽侧体的功能。它刺激咽侧体产生保幼激素(有保持幼虫性状、抑制成虫性状出现的功能),同时刺激前胸腺产生蜕皮激素。在三种激素的共同作用下,昆虫出现蜕皮。开始时保幼激素较多,与蜕皮激素共同作用,昆虫蜕皮后仍为幼虫;到了末龄幼虫时期,咽侧体分泌的保幼激素的量相对地减少,不足以维持幼虫的性状,而蜕皮激素相对较多,蜕皮后进入蛹期(pupal stage);蛹期的保幼激素更少,蜕皮激素使蛹蜕皮后羽化(eclosion)为成虫。昆虫发育为成虫后,前胸腺退化,成虫也就不再蜕皮,而咽侧体又重新分泌少量保幼激素,促进生殖细胞的发育和成熟。

　　由此可见,这三种激素是互相协调、共同作用的。若缺乏某种激素,或某种激素的量过少或过多,都将对昆虫产生重要影响。根据此原理,可在害虫幼虫期大量施加某种激素,促使害虫提早或延迟蜕皮和羽化,扰乱害虫的正常生活规律,使害虫产生畸形或不育,甚至死亡。而在益虫方面,如把保幼激素喷洒在桑叶上,家蚕食入后可获得明显的增丝效果。在这一过程中,能否获得增丝成功的关键是要严格掌握喷药时间(一般在五龄蚕的后期),因五龄中期以后的家蚕绢丝腺充分发育,此时吸收的营养物质主要用于丝蛋白的合成,在 2～3 天内合成丝蛋白约占总丝量的 80%,在此期加入保幼激素使合成丝蛋白的时间适当延长,达到增加蚕丝的目的。其次是用药剂量要适当,太稀不起作用,太浓反而不结茧,甚至死亡。

　　(8) 感觉器官。

　　昆虫的触角有嗅觉和触觉功能。蝇和蛱蝶的跗节有味觉功能;蝗虫腹部的鼓膜听器有听觉作用;单眼能感知光的强弱,复眼则能成像。复眼是由许多小眼构成。家蝇一只复眼有 4000 只小眼,而蜻蜓的一只复眼有 20000 只小眼。每只小眼可分为集光和感光两部分。集光部分包括 1 个六角形的角膜(cornea)及由 4 个晶体细胞组成的圆锥形晶体(crystal);感光部分主要包括 7 个视觉细胞和这些细胞分泌的视杆(retinal rod)。视觉细胞与视神经相连。当物体的光线反射到 1 只小眼面上时,垂直的光线则透过角膜和晶体集成焦点进入视杆,为神经所感受,斜射的光线则被色素细胞所吸收。许多小眼集许多不连续的光点形成一个完整的像,这种方式称为并列像(paralleling image)或镶嵌像

（mosaic image），多为白天活动的昆虫所具有。小眼越多越小，形成的像也就越清晰。许多夜间活动的昆虫，小眼细长，视杆远离晶体，色素细胞的色素也可随光线的强弱而上下移动。当光线较弱时，色素上移，这样每只小眼能同时接受邻近几只小眼的光线，因而造成重叠像（overlap image）（图 11-34）。单眼的构造大致与小眼相似，只有一个角膜但有很多视觉细胞。

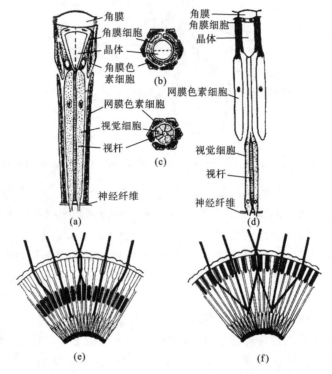

图 11-34　昆虫复眼构造及造像原理（自华中师院等《动物学》）
（a）并列像小眼结构图；（b）、（c）并列像小眼横切面；（d）重叠像小眼结构图；
（e）并列成像（光适应型）；（f）重叠成像（暗适应型）

3. 生物学特性

生物学特性包括繁殖方式、胚胎发育、胚后发育和变态以及成体的生命特征等。

（1）繁殖方式。

六足动物的繁殖方式多种多样，如有性生殖（包括卵生和卵胎生）、孤雌生殖、多胚生殖、幼体生殖等。

（2）胚胎发育。

除少数为卵胎生（如蚜虫）外，多数是卵生。昆虫的卵属于中黄卵（mesolecithal ovum），卵裂方式为表裂（surface cleavage）。昆虫的胚胎发育过程中有羊膜的出现，羊膜内为羊膜腔，腔内充满液体，这对于昆虫在干燥的陆地环境中顺利地进行胚胎发育具有重要意义（图 11-35）。

（3）胚后发育和变态。

龄与龄期：昆虫刚孵化出来的幼虫为第 1 龄幼虫。每蜕 1 次皮即增加 1 龄，如蜕第 1次皮后即为第 2 龄幼虫，依此类推。相邻两次蜕皮间所经过的时期称龄期（instar）。一般

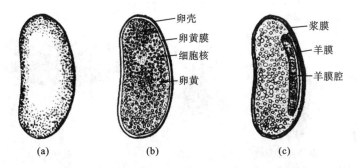

图 11-35　昆虫的胚胎发育的部分阶段(剖面)(自华中师院等《动物学》)

(a) 中黄卵；(b) 表裂；(c) 羊膜及羊膜腔的出现

来说，一种昆虫的蜕皮次数是相当稳定的，如蝗虫一生共蜕皮 5 次，前 4 次蜕皮均为若虫期，第 5 次蜕皮后即为成虫期。

无变态(epimorphosis)：又称表变态，这类昆虫的幼虫和成虫相比，除了身体较小和性器官尚未成熟外并无别的差别，如衣鱼。

发育与变态(metamorphosis)：在形态和生活习性上，有些昆虫的幼虫和成虫相似，在胚后发育中无变态；而有些种类就大不相同，甚至完全不同，在胚后发育过程中不仅体积增大，而且在形态结构上往往要经过一系列的变化，这一过程称为变态。一般把昆虫分为无变态和有变态两大类。在有变态中又可分为渐进变态、半变态和完全变态等类型。

如果幼虫和成虫相比，除了身体较小和性器官尚未成熟外还有其他差别，即称之为有变态，包括以下几种主要类型。

渐变态(paurometabola)：或称渐进变态，幼虫与成虫差别不大，生活习性也相似，只是翅未长成。在发育过程中除虫体逐渐增长外，翅芽也逐渐长大，故称渐变态，如蝗虫、蝽象(图 11-36)，其幼虫特称若虫(nymph)。

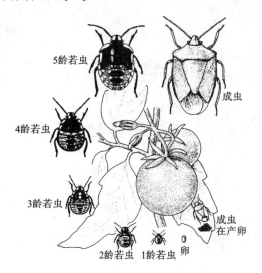

5龄若虫

成虫

4龄若虫

3龄若虫

成虫在产卵

2龄若虫　1龄若虫　卵

图 11-36　稻绿蝽的渐变态(仿 Helyetal)

半变态(hemimetabola)：幼虫不仅在形态上与成虫差别大，生活习性也不相同，幼虫

生活在水中,而其成虫飞翔在空中。半变态昆虫的幼虫特称为稚虫(naiad),如蜻蜓(图
11-37)。

卵　　　低龄稚虫　　　　　老龄稚虫　　　　　　　成虫

图 11-37　蜻蜓的半变态(仿 Atkins)

**图 11-38　君主斑蝶的完全变态
(自彩万志)**

完全变态(holometabola):此类幼虫的形态与成虫完
全不同,由幼虫变为成虫之前必须经过一个不食不动的
蛹期。在蛹期,内部器官发生了巨大的变化,蛹蜕皮后才
羽化为成虫,如蚕、蝇、蜜蜂、蝴蝶等(图 11-38)。

在有变态的昆虫中,通常根据变态时蛹期的有无义
可区分为完全变态与不完全变态(包括渐变态及半变态)
两类。

完全变态的昆虫其幼虫也有下列不同的类型。

多足型(polypod type):除具有 3 对胸足外还有数对
腹足,如蛾、蝶和叶蜂的幼虫(图 11-39(a)、(b)和(c))。

寡足型(oligopod type):仅有 3 对胸足而无腹足,如草蛉和金龟子等甲虫的幼虫(图
11-39(d)、(e)和(f))。

无足型(apodous type):既无胸足又无腹足,如蝇和胡蜂的幼虫(蛆)(图 11-39(g)、
(h)和(i))。

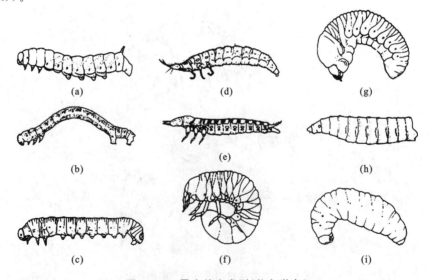

(a)　　　　　　　(d)　　　　　　　(g)

(b)　　　　　　　(e)　　　　　　　(h)

(c)　　　　　　　(f)　　　　　　　(i)

图 11-39　昆虫幼虫类型(仿各学者)

(a) 天蛾;(b) 尺蛾;(c) 叶蜂;(d) 翼蛉;(e) 步甲;(f) 金龟子;(g) 小蠹;(h) 丽蝇;(i) 胡蜂

（4）成虫的生命特征。

成虫是昆虫个体发育过程中的最后一个阶段，也是昆虫的繁殖时期。

羽化（eclosion）：昆虫在进入成虫期之前首先要经过羽化。对于完全变态的昆虫来说，羽化是指蜕去蛹壳，对于不完全变态的昆虫则是指它的若虫（或稚虫）蜕去最后一次皮而变为成虫的过程。蚕、柞蚕等结茧的种类，在羽化时一般用上颚将茧咬破，或分泌液体以溶解茧壳。

完全变态昆虫的成虫与幼虫的生活习性完全不同。如蝶类的成虫用虹吸式口器吸食花蜜，以维持生命，它本身对人类无害，还有美化人们的生活和传播花粉的作用，但其幼虫为咀嚼式口器，以叶片为食，给人们带来经济损失。有的昆虫成虫期口器退化，完全不进食，如家蚕的蛾子交配产卵后即死去。有趣的是，在自然界昆虫多将卵产在幼虫喜食的食物上或其附近，保证将来有充分的食物以供其生长、发育的需要。

雌雄二型现象（sexual dimorphism）：昆虫的雌虫、雄虫往往在形态上有区别。如锹形虫雄虫的上颚比雌虫的发达得多（图 11-40）。

多型现象（pleomorphism）：在同一个种群内，成体具有 3 种或 3 种以上的不同形态且生理分工也各不相同，这种现象称为多型现象或多态现象（polymorphism）。多型现象最明显的是一些营社会性生活的昆虫。如蜜蜂可区分为蜂王、雄蜂和工蜂 3 种形态；白蚁有 5 种类型，其中能生育的繁殖蚁有 3 种（长翅型、短翅型和无翅型），还有不能生育的工蚁和兵蚁（图 11-41）。社会性昆虫分工明确，但这是一种本能，与人类社会有本质差别。

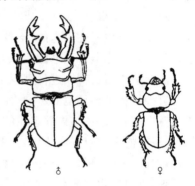

图 11-40　锹形虫的雌雄二型现象
（自华中师院等《动物学》）

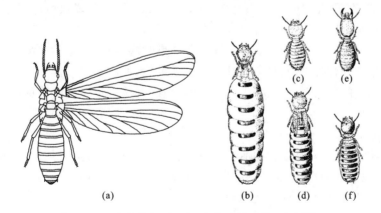

图 11-41　白蚁的多型现象（自华中师院等《动物学》）
(a) 有翅蚁后；(b) 脱翅蚁后；(c) 工蚁；(d) 短翅型雌蚁；(e) 兵蚁；(f) 无翅型雌蚁

（5）世代及生活年史。

世代（generation）：六足动物由卵开始到成虫为止的一个发育周期称为世代。各种昆虫世代的长短和一年内所能完成的世代数（又称化性）各不相同，有一年 1 代的（如棉蝗），一年 2 代的(如东亚飞蝗),一年多代的(如菜粉蝶、棉蚜),也有些需要几年(如天牛),甚至十几年才能完成一个世代(如美洲的十七年蝉)。昆虫世代的长短与环境因素有关。如三化螟在河南每年发生 3 代,在华中地区每年发生 4 代,在华南地区每年发生 5 代,在海南每年发生 6 代。显然,温度的高低起了重要作用。在一定范围内,气温的高低与昆虫发育的快慢成正比,但如果气温超出了这个范围就会限制昆虫的正常发育。因此,在昆虫的发育过程中可出现休眠现象(或称停育)。

休眠(dormancy)和滞育(diapause):六足动物在一年的发生过程中大多有或长或短的生长发育中止的现象,即休眠和滞育。两者的共同点是在某一阶段停止生长发育,蛰伏起来不食不动,抵抗不良环境的能力增强;不同点是引起反应的信号不同。

休眠主要是由温度引起。在北方的冬天与南方的夏天多出现休眠,也可称越冬和越夏。不同的昆虫,越冬虫态不同,如蝗虫、蟋蟀以卵越冬,松毛虫、玉米螟以幼虫越冬,菜粉蝶以蛹越冬,瓢虫、蚊子则以成虫越冬。有的昆虫其幼虫、成虫皆能越冬,如棕色金龟卿。因休眠主要是由温度引起的,不良环境一旦解除,休眠的昆虫即可恢复生长发育。如在冬季暖和的日子也能看到翩翩起舞的菜白蝶。

滞育是六足动物在进化过程中形成的更深度的新陈代谢被抑制的生理状态,它已经不再直接依赖外界环境的影响,而是动物本身对于有节奏的重复到来的不良环境条件的历史性反应,与动物体内部本质的变化有关。把动物置于相应的条件下,滞育仍将发生。例如,温度能引起家蚕卵滞育,家蚕一年中最后一次产的卵都是滞育卵,需经过冬季低温条件,次年气温升到合适的温度就能孵化。如果将这种滞育卵置于冰箱中经过一定的低温处理,再放回相应的温度条件下,卵即使不经过冬季照样能顺利孵化。

引起滞育的一个重要因素是光照,即光周期的变化(光周期是指一昼夜中光照时数与黑暗时数的节律,通常以光照时数表示光周期)。有些种类在短日照条件下正常发育,而长日照条件下出现滞育,称长日照滞育型动物,如家蚕。将二化性或四化性家蚕品种的卵和幼虫置于 15 ℃下,给以 0～12 小时光照(短日照),羽化后的成虫所产的卵全是非滞育卵;若给以 17 小时以上光照(长日照),约有 70% 的成虫产滞育卵。

生活年史:生活年史是指从头一年越冬期结束时起,到次年越冬期结束时止,其中所经历的各个生长发育阶段,所包括的可能是一个世代,可能是多个世代,也可能不到一个世代。一年一代的昆虫,其世代和生活年史的含意一样;一年多代的昆虫,其生活年史就包括了多个世代。

(6) 六足动物的生活习性。

昼夜节律:大多数六足动物的活动,如摄食、交配、飞翔等,均有昼夜节律。有的多在白天活动,称昼出性动物,如蝶类;有的喜欢在夜间活动,称夜出性动物,如蛾类。一般蚊子多在清晨或黄昏时活动,称弱光性动物。

①食性:通常人们根据六足动物食物性质的不同,把它们分成植食性、肉食性(如螳螂、蜻蜓、大多数瓢虫等)、杂食性(如蟑螂,或称蜚蠊)、腐食性(如蝇蛆)、寄生性(如体外寄生的体虱、昆虫体内寄生的各种寄生蜂)等几种主要类别。其中植食性昆虫占 50% 以上,绝大多数为农、林业害虫。

在植食性六足动物中,人们根据食物范围又进一步将它们分为单食性、寡食性和多食性三类。单食性六足动物只吃一种植物,如三化螟只吃水稻。寡食性六足动物能吃一科内或个别近似科的若干种植物,如菜粉蝶幼虫主要吃十字花科植物,同时也吃近缘的木樨科植物。而棉蚜除了危害锦葵科植物外,还能危害其他多科植物,称为多食性昆虫。一般来说,动物的食性是比较稳定的。对于单食性和寡食性的害虫,人们可以通过套种、轮作的方法来限制或消灭它。但是,动物的食性也不是一成不变的,许多动物在缺乏正常食物时可能被迫改食其他植物,它们常常以大量死亡的代价来取得新的适应并遗传到下一代。根据这一特点,人们可以训练蜜蜂吃其不愿意吃的花粉(如苜蓿花粉),使它建立与苜蓿的联系,并为苜蓿传粉。

②趋性:指六足动物对某种刺激进行趋向的或反趋向的定向活动。可引起六足动物趋性的刺激物很多,如热、光、声、化、地、湿等。对刺激作出一定的反应是六足动物得以生存的必要条件。高等动物的体外寄生虫常以它们的趋热性(常要求一定的温度范围)来寻找自己的宿主。以人体虱为例,若人因发烧而超过了正常体温,人体虱就会爬离人体,表现出负的趋热性。大多数蛾类具有趋光性,尤其对紫外光最为敏感。飞蛾扑灯自取灭亡的现象曾经是一个令人不解之谜,经研究后认为是在日暮期间蛾类不同个体之间由日眼转夜眼的速度快慢不一,存在着视力上的差别,所以点灯以后视力较好且能适应黑暗环境的个体表现出避灯飞行的反应。由于光源的亮度与周围地面的亮度过于悬殊,刺眼的灯光常常妨碍了它们对于地面的正常视觉,于是发生不正常的扑灯现象。

趋化性在昆虫的生存竞争中占有主要地位,能帮助昆虫寻找食物和配偶、逃避敌害和寻找产卵场所等。人们对昆虫性外激素的反应研究较多,如性成熟的雌蛾(少数种为雄蛾)能分泌性外激素,以吸引异性个体前来交尾。人们将人工合成的过量的性外激素释放在田间以扰乱雄蛾,使之无法辨认雌蛾的位置而不能完成交尾,俗称"迷向法",又或因性外激素浓度过高使昆虫性行为受到抑制。此外,用糖醋和农药的混合液诱杀黏虫和小地老虎的成虫也是趋化性的实际应用。

③保护色:许多昆虫在长期自然选择的作用下,其颜色与形态逐渐与生活环境相适应。如同一种蚱蜢或蝗虫,生活在青草中时体色为绿色,而生活在枯草中时体色为枯黄色,这样就不易被天敌捕获。动物和周围环境的色泽一致的现象称为保护色。

④闪现花样:即使是最完善的伪装,也不可能在所有的时间内欺骗所有的天敌,于是有的昆虫动用了它的第二道"防线",即闪现花样。眼状斑在这里的作用十分明显。鳞翅目昆虫(如眼斑大蚕蛾等)在正常休息时具有与环境相适应的保护色,但一旦感到情况危急,它会立刻显示出后翅上的一对突出的眼斑,使正要捕食它的天敌大吃一惊,大蚕蛾就会趁天敌犹豫之际逃之夭夭。

⑤警戒色:某些具有毒刺、恶臭或不适口的昆虫具有鲜艳的色彩和斑纹,以此警告那些企图捕食它们的天敌。那些侵犯它们的动物只要尝过一次苦头后,以后见了它们也都自愿避开,从而使此类昆虫有效地生存下来。

⑥拟态:一些昆虫虽然本身没有防御和保护器官,但它们可以模拟那些具有防御和保护能力的昆虫的颜色和形状,使其天敌不易分辨。如一种食蚜蝇能模拟蜜蜂的形态,常在花间飞来飞去,人和其他昆虫因害怕其有螫刺而不敢碰它。还有许多昆虫在静止时的形态与周围环境相似,如节虫的形态酷似植物的枝条;广西产的叶𧑓其颜色、形态和翅脉都很像树叶,足上也有类似叶托的结构;枯叶蝶停息时双翅合起,形似一片枯叶。动物在形态上和其他物体或其他生物相像的适应现象称为拟态(图 11-42)。

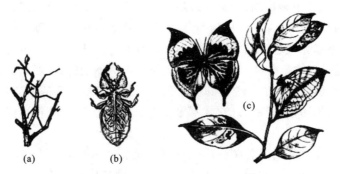

图 11-42　昆虫的拟态(自华中师院等《动物学》)

(a) 竹节虫;(b) 叶䗛;(c) 枯叶蝶

11.2.5.2　六足亚门的多样性

1. 内颚纲(Entognatha)

内颚纲是原始无翅类六足动物,约 7000 种。包括 3 个目:弹尾目(Collembola)、原尾目(Protura)和双尾目(Diplura)。口器基部隐藏于头壳内,马氏管不发达或无,足跗节仅一节,腹部有附肢的痕迹。常见的有绿圆跳虫(*Sminthurus*)(图 11-43(a))、双尾虫(图 11-43(b))和华山曙蚖(图 11-43(c))。

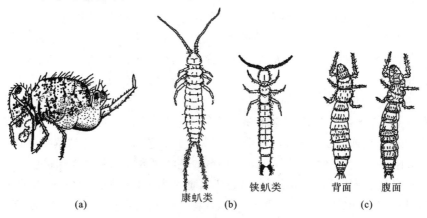

康蚖类　(b)　铗蚖类　背面　腹面　(c)

(a)

图 11-43　内颚纲动物

(a) 绿圆跳虫(自素木得一);(b) 双尾虫(仿 Palissa);(c) 华山曙蚖(自周尧)

2. 昆虫纲(Insecta)

传统的昆虫分类系统将昆虫纲分为 34 个目。现行的昆虫分类系统将弹尾目、原尾目和双尾目归于内颚纲(也有学者将此三目直接提升为纲,与昆虫纲平行),其余 31 个目归于昆虫纲。2002 年 5 月,Klass 等人在《科学》杂志第 296 卷上发表了一个新目,即螳䗛目(Mantophasmatodea),至此,昆虫纲增至 32 个目。本节主要介绍部分重要的目。

①石蛃目(Microcoryphia):体中、小型,体长通常小于 2 cm。体近纺锤形,胸部较粗,背面拱起,向后渐细(图 11-44)。体表面有鳞片和金属光泽。体多为棕褐色,常与生活环境颜色接近。

②衣鱼目(Zygentoma):原与衣鱼类合为缨尾目(Thysanura),但鉴于二者的特征在系统发育上有诸多的区别,故将它们分别开来,各自独立成目,即石蛃目和衣鱼目。

也有人保留原名称缨尾目。体小型,略呈纺锤形,背腹扁平而不拱起。体表被鳞片,通常褐色,有金属光泽。室内种类银灰色或银白色,主食纸张、书籍等物,有一定危害(图11-45)。

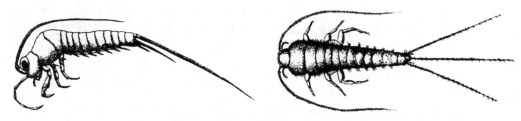

图 11-44　石蛃(仿张雨奇《动物学》)　　　图 11-45　衣鱼(自张雨奇《动物学》)

③蜉蝣目(Ephemeroptera):体小型,柔弱,触角刚毛状,成虫口器退化。翅1~2对,尾端有一对长的尾须和一条中尾丝(图11-46)。发育无变态。成虫不取食,寿命很短,一般仅生活1~2小时,多则数天,故有人用"朝生暮死"来形容其生命短暂。

④蜻蜓目(Odonata):多数为大、中型昆虫,触角刚毛状,复眼大,咀嚼式口器,翅2对,膜质,翅脉网状,半变态。稚虫生活于水中。如蜻蜓、豆娘(图11-47)。蜻蜓静止时两翅平展,体躯粗壮,翅基部宽,后翅略大于前翅。豆娘静止时两翅平竖,身体细长,翅基部柄状,前、后翅大小相似。成虫或稚虫都为肉食性,能消灭大量蚊、蝇和农业害虫,对人类有益。

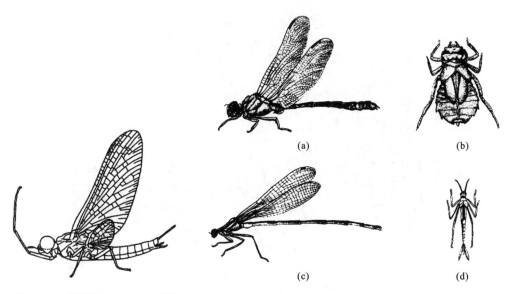

(a)

(b)

(c)

(d)

图 11-46　蜉蝣(仿 Edmunds 等)　　　图 11-47　蜻蜓目代表动物(自张雨奇《动物学》)

(a)蜻蜓成虫;(b)蜻蜓稚虫;(c)豆娘成虫;(d)豆娘稚虫

⑤蜚蠊目(Blattodea):体背腹扁平,前胸背板宽大,常盖住头部。触角丝状,口器咀嚼式,复眼肾形,足适于疾走(图11-48)。渐变态。野外种类生活于石块、树皮、枯枝落叶下,或在朽木和各种洞穴中。居室种类生活于墙缝、墙角、橱柜等处,或下水道中,为卫生害虫。

⑥等翅目(Isoptera):通称白蚁或蟁,为社会性昆虫。体柔软,工蚁和兵蚁无翅,繁殖

期有翅类型的繁殖蚁（雌蚁和雄蚁）具有两对膜质翅,翅的大小、形状及脉相相同(图 11-41)。触角念珠状,口器咀嚼式,尾须短。渐变态。

⑦直翅目(Orthoptera):多为大、中型种类。口器咀嚼式,触角线状。前翅革质、狭长,后翅膜质,宽大,不用时呈折扇状叠在前翅下面。渐变态。后足腿节粗壮,适于跳跃(或前足适于开掘)。常见的种类有蝗虫、蝼蛄、蟋蟀、螽斯等,多为农作物的重要害虫(图 11-49)。

⑧虱目(Phthiraptera):体小而扁平,无翅,口器刺吸式。渐变态。足粗短,具单一爪,特化为攀缘足,适于把握宿主体表的毛发。寄生于人体的种类如人体虱(图 11-50),人体虱可传播斑疹伤寒等疾病。还有寄生于猪、牛体表的猪虱、牛虱等。

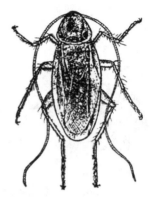

图 11-48 蜚蠊(自张雨奇《动物学》)

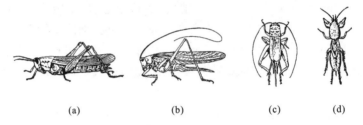

(a)　　　　(b)　　　　(c)　　　　(d)

图 11-49 直翅目代表动物(自华中师院等《动物学》)

(a) 蝗虫;(b) 螽斯;(c) 蟋蟀;(d) 华北蝼蛄

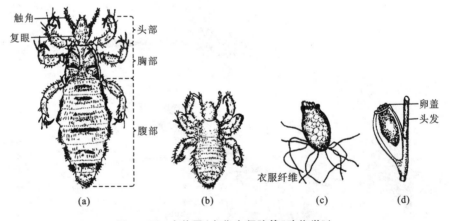

图 11-50 人体虱(自华中师院等《动物学》)

(a) 成虫;(b) 若虫;(c) 体虱卵;(d) 头虱卵

⑨半翅目(Hemiptera):包括传统分类系统中的同翅目和半翅目。体小型至大型,口器刺吸式,触角丝状或刚毛状。前胸背板发达,中胸明显,可见小盾片。前翅为半鞘翅、覆翅或膜翅,后翅膜翅,少数翅退化而无翅。渐变态。本目包括同翅亚目(Homoptera)和异翅亚目(Heteroptera)。前者常见的有蝉(俗称知了)、叶蝉、飞虱、棉蚜、白蜡虫、紫胶虫等(图 11-51)。后者大多数种类有臭腺,一般位于后胸侧面靠近中足基节处,如梨蝽、盲蝽、

吸吮人血的臭虫(翅退化)、水生的水黾和肉食性的猎蝽等(图11-52)。

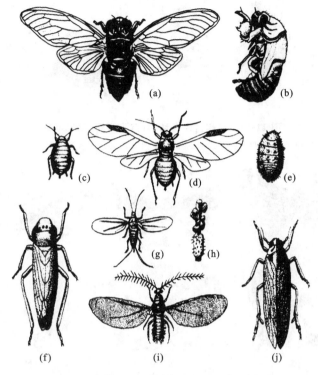

图11-51　同翅亚目代表动物(自张雨奇《动物学》)

(a) 蚱蝉;(b) 蚱蝉若虫;(c) 无翅型蚜虫;(d) 有翅型蚜虫;(e) 吹棉介壳虫(雌);

(f) 黑尾叶蝉;(g) 白蜡虫(雄);(h) 白蜡;(i) 吹棉介壳虫(雄);(j) 飞虱

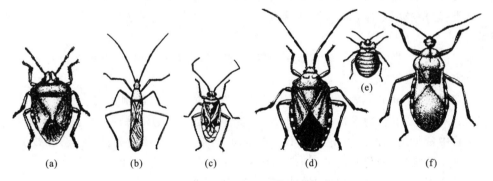

图11-52　异翅亚目代表动物(自张雨奇《动物学》)

(a) 黄褐蝽;(b) 稻蛛缘蝽;(c) 三点盲蝽;(d) 臭虫;(e) 梨蝽;(f) 猎蝽

⑩鞘翅目(Coleoptera):为昆虫纲中种类最多的一个目,俗称甲虫。前翅角质,硬化为鞘,不用时并合于背上,后缘相合成一直线,后翅膜质,折叠于前翅之下。口器咀嚼式,完全变态。幼虫多为寡足型。生活于土中的如蛴螬(金龟子幼虫),钻蛀于树干中的如天牛幼虫,藏于种子内的如豆象,捕食性的如瓢虫、步行虫,水生种类如龙虱等(图11-53)。

⑪鳞翅目(Lepidoptera):前、后翅均被有鳞片,成虫口器虹吸式(或退化),完全变态。幼虫为多足型(图11-54)。本目又分蝶类和蛾类。

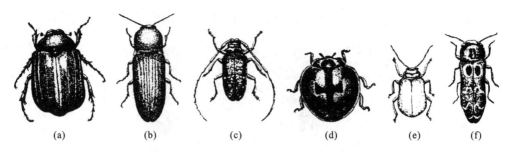

图 11-53 鞘翅目代表动物（自张雨奇《动物学》）

（a）金龟子；（b）叩头虫；（c）星天牛；（d）澳洲瓢虫；（e）黄守瓜；（f）小吉丁虫

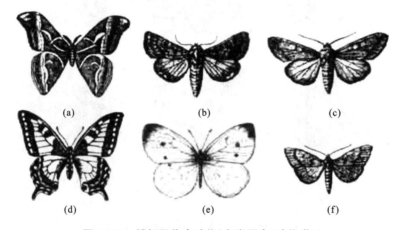

图 11-54 鳞翅目代表动物（自张雨奇《动物学》）

（a）蓖麻蚕；（b）棉铃虫；（c）黏虫；（d）凤蝶；（e）菜粉蝶；（f）玉米螟

蝶类：触角末端膨大，为棒状触角。休息时两翅竖立在体背面。大多在白天活动。

蛾类：触角类型多样，如丝状、栉状等，但不为棒状。休息时翅平铺在体背面。大多在夜间活动。

本目昆虫多以幼虫为害，蝶类有菜粉蝶、凤蝶等，蛾类有天蛾、二化螟等。对人类有益的则有家蚕、柞蚕等。

⑫双翅目（Diptera）：触角短，第 3 节的背面有触角芒。口器刺吸式或舐吸式，仅有膜质前翅一对，后翅退化为平衡棒（图 11-55）。完全变态。多数幼虫属无足型，俗称蛆。

本目中常见的类群有短角亚目（Brachycera，通称虻类）、环裂亚目（蝇类）和蚊类。蚊类的体细小而柔软，触角长且具环毛，幼虫有明显的头部，生活于水中，俗称孑孓。

本目有很多医学昆虫，传播多种疾病。危害农作物的有小麦吸浆虫、潜叶蝇等。有的寄生蝇是害虫的天敌。

⑬膜翅目（Hymenoptera）：口器咀嚼式或嚼吸式。翅 2 对均为膜质，翅脉显著退化，前翅较大，后翅前缘有小钩与前翅后缘连接。腹部第 2 节常缩小成腹柄。完全变态。本目又分两个亚目。

广腰亚目（Symphyta）：胸部与腹部连接处不为细腰状。幼虫为多足型。植食性，如叶蜂。

细腰亚目（Apocrita）：腹部第 1 节并入胸部，第 2 节收缩成细腰。多为寄生性种类。幼虫无胸足和腹足。常见的有蜜蜂、姬蜂、赤眼蜂、蚂蚁、胡蜂、蛛蜂等（图 11-56）。

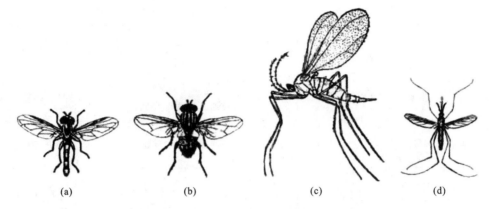

图 11-55　双翅目代表动物（自张雨奇《动物学》）
（a）食蚜蝇；（b）家蝇；（c）小麦吸浆虫；（d）蚊

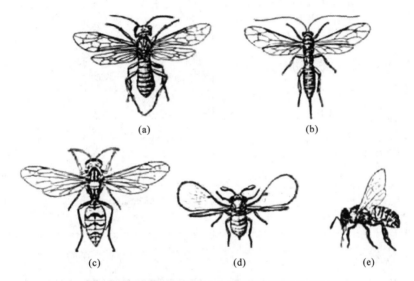

图 11-56　膜翅目代表动物（自张雨奇《动物学》）
（a）叶蜂；（b）姬蜂；（c）胡蜂；（d）赤眼蜂；（e）中华蜜蜂

　　本目昆虫除少数种类有害（如叶蜂、茎蜂以植物为食）以外，多数对人类有益。有益的类群中，捕食性的如土蜂、泥蜂、蛛蜂，能捕食直翅目、鳞翅目的幼虫。寄生性的有姬蜂、小茧蜂等，它们的寄生对象有鳞翅目、鞘翅目、同翅目、半翅目、叶蜂、茎蜂等。姬蜂常将卵产于害虫体内，孵出的幼虫取食害虫内部组织，直至将害虫杀死。而松毛虫赤眼蜂则产卵于松毛虫的卵内，其幼虫、蛹均在宿主的卵内发育，生产上可用来防治松毛虫。

　　昆虫主要目成虫的特征比较，如表 11-3 所示。

表 11-3　昆虫主要目成虫的特征比较

目名	口器	翅		变态	其他特征	俗名	举例
		前	后				
缨尾目	咀嚼	无		无	体有鳞片，尾须长，常有中尾丝		衣鱼

目名		口器	翅		变态	其他特征	俗名	举例
			前	后				
直翅目		咀嚼	革质	膜质	渐变态	后足适于跳跃，否则前足适于开掘		蝗虫、蝼蛄、蟋蟀
半翅目	异翅亚目	刺吸式	半鞘翅	膜质	渐变态	口器在头前端伸出	蝽象	麻皮蝽、臭虫
	同翅亚目	刺吸式	膜质(有时只1对或无)		渐变态	口器向后延伸，静止时翅在背上呈屋脊形"八"		蚜虫、蝉、介壳虫、紫胶虫
鳞翅目		虹吸式	鳞翅		完全		蛾、蝶	家蚕、白粉蝶、松毛虫
鞘翅目		咀嚼	鞘翅	膜翅	完全	静止时左右两鞘翅后缘在背中线上成一直线	甲虫	金龟子、天牛、瓢虫
膜翅目		咀嚼或嚼吸式	膜质(或无)		完全	腹部基部常狭小成腰状	蜂、蚁	蜜蜂、赤眼蜂、蚂蚁
双翅目		刺吸或舐吸式	膜质	平衡棍	完全		蚊、蝇	按蚊、库蚊、家蝇
蜻蜓目		咀嚼式	膜质		半变态	复眼大、触角短小、刚毛状		蜻蜓、豆娘
虱目		刺吸式	无		渐变态	足单爪、适于抱持毛发		虱

11.3　节肢动物与人类的关系

　　节肢动物种类多，分布广，直接或间接地影响着人类的生产和生活，与人类的关系十分密切。

11.3.1　节肢动物的有益方面

　　甲壳动物中的虾、蟹是人类重要的食品，其营养丰富、肉味鲜美，深受人们的喜爱，在我国渔业生产中占有重要地位。其中，对虾、河蟹在国际市场上为上等珍品，单靠捕捞早已不能满足人们的需要，因此都已进行人工养殖。小型甲壳动物如蚤状溞、剑水蚤是浮游动物的重要组成部分，为鱼类的主要饵料，它们在水体中的数量与鱼的产量直接相关。此外，甲壳动物的壳均含有一种类似纤维素的物质，可用来制作手术缝合线，优点是它可溶在人体里不需拆线，还能促进伤口愈合。

　　蜘蛛及肉食性螨类是害虫的重要天敌，在生物防治上有重要地位。蜘蛛和蝎毒可作药用,目前我国很多地方已进行人工饲养。蛛丝细而坚韧,可作测量仪瞄准器上的十字线。

六足动物中对人类有益的昆虫很多。养蜂和养蚕给我国广大农村带来了巨大的经济效益。

(1) 蜜蜂。

蜜蜂是营高度社会性生活的膜翅目的昆虫。蜂群中包括工蜂、母蜂(常称蜂王)和雄蜂三种成员。它们的职能有明确分工:蜂王和雄蜂在蜂群中是专司繁殖的个体,而采食、筑巢、饲养幼虫、清洁、保卫等工作都由工蜂来担任。

工蜂的结构与其功能相适应,如具有既能吮吸花蜜又能咀嚼花粉的嚼吸式口器;它的大颚还能嚼蜡筑巢;后腿上有花粉筐,便于携带花粉;腹部从第 4 节到第 7 节腹板上具有成对的蜡腺。工蜂如何将花蜜转变成蜂蜜呢? 一般是工蜂先将花蜜储存在嗉囊(又称蜜胃)里,在蜜胃中一部分水被吸收,同时由于唾腺分泌的淀粉酶和转化酶的作用,使花蜜转化为葡萄糖和果糖,回巢后工蜂将蜜汁吐在小室中储藏,并不断地振动翅膀以帮助蜜汁中水分的蒸发。蜂王浆则是工蜂咽腺分泌的一种乳状物质,营养丰富。

蜂群中的"级别"是明显的。工蜂的幼虫住小室,孵出后 1~3 天工蜂喂以蜂王浆,3 天以后则改喂花粉和花蜜调制的蜂粮。而蜂王幼虫住大室,终生享受有高营养价值和分量充足的蜂王浆。因此,虽同为一母所生的受精卵,小室的幼虫发育为个体小的工蜂(实为生殖系统发育不全的雌蜂),生命短暂,一般仅活 30~50 天,而大室的幼虫发育为蜂王。蜂王躯体壮实,生殖器官健全,一天可产卵 1000~8000 粒。蜂王的寿命长,可活 3~4 年。工蜂腹部末端有螫针,螫针与体内储有毒液的毒腺相连,自卫时就用螫针去攻击敌害,将毒液注射到敌害体内。由于螫针上有倒钩,工蜂在使用螫针时部分内脏也会被拔出,工蜂随之死亡,故工蜂是以死来换取全种群的安全的。

工蜂采食时个体之间信息传递的方式很特别,一般有两种方式。一种是外激素的作用。工蜂的腹部后端背板之间有一种腺体,称为芳香腺,当找到蜜源时,侦察蜂释放出由芳香腺分泌的物质,常称"追踪外激素",使其他蜜蜂追随而去。另一种则是侦察蜂通过"舞蹈语言"告诉同伴蜜源的距离和方位:如果蜜源在 100 m 以内,侦察蜂回巢后便绕着圆圈爬行(又称圆舞),前后两次的方向相反(图 11-57(a));若食物在 100 m 以外,侦察蜂回巢后的报信语言是 8 字舞,即沿着"8"字形的路线爬行,在两个弧线的中央部分路线是直的,直爬时侦察蜂的腹部还向左右摆动,故又称摆尾舞,食物离蜂巢越远,爬行的速度越慢,在中央线上腹部摆动的次数也就越多(图 11-57(b))。

侦察蜂的舞蹈还能指示食物所在地的方位。在平面的地方打转时,中央线便直接指向食物的方位;在垂直的地方打转时,如果食物和太阳是在同一个方向,那么中央线完全向上为垂直方向,此时侦察蜂头部向上爬行,若头部向下直爬则暗示蜜源与太阳方向相反;如果食物所在地与太阳之间的夹角为 35°,那么中央线与假想垂直线也成 35°夹角(图 11-58)。

蜂王是不轻易离巢外出的,它一生中最重要的一次外出就是"婚飞"。蜂王的交配在空中进行,雄蜂在空中依靠视觉和嗅觉来寻找飞行的蜂王,在为数相当多的雄蜂中只有最强健、飞行得最快的雄蜂才能有幸与蜂王交配,因为在迅速飞行时雄蜂腹部气管中充满空气,雄性交配器突出才易与蜂王性器官结合。蜂王将雄性生殖器官带走(使精子有充足的

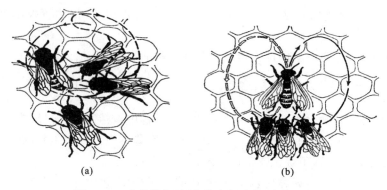

(a)　　　　　　　　　　　(b)

图 11-57　蜜蜂的舞蹈(自华中师院等《动物学》)

(a) 圆舞;(b) 8 字舞

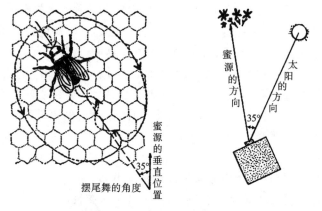

图 11-58　蜜蜂摆尾舞传递信息示意图(自华中师院等《动物学》)

时间进入蜂王的受精囊中),雄蜂也随即死去。故对短命的"新郎"来说,"婚飞"既是"婚礼"又是"葬礼"。雄蜂是由未受精卵发育而成的,一个蜂群中常有数百只雄蜂,唯一的任务就是等待与蜂王交配。它们的食量大,通常 1 只雄蜂的食量约等于 5 只工蜂的食量。晚秋时分,蜂巢附近常有被工蜂驱逐出来的雄蜂,最后饿死在外。

　　一个蜂群里不能没有蜂王(没有蜂王的蜂群会很快解散),但也绝不允许有两只蜂王出现。如果有第二只蜂王出现,必定会引起整个蜂群的大混战。所以,在新蜂王出来之前,老蜂王往往带领部分工蜂飞出蜂巢另筑新巢,称为分群。有时在养蜂场里,由于蜂群的强弱有差异,强蜂群依仗自己蜂多势众,常侵入弱蜂群的巢内抢蜂蜜,迫使弱蜂群奋起反击,终因寡不敌众,使工蜂纷纷战死,有时蜂王也被盗蜂蜇杀,蜂蜜被抢劫一空,残留的蜂群被迫解散,称为盗群。盗蜂现象常给养蜂场带来严重损失。防止的办法是选育优良蜂王,培养强群,加强管理。

　　蜜蜂对人类最大的益处是帮助作物传粉,提高作物的产量。因有蜜蜂授粉,油菜单位面积增产 37.5%,棉花单位面积增产 32%。据统计,蜜蜂使作物增产的价值比蜂产品本身的价值要高出 20～100 倍。此外,蜂产品本身如蜂蜜、蜂蜡、蜂毒、蜂乳(蜂王浆)都有重要的经济价值,广为人们所用。但也有的蜂种有害,据报道南美丛林中的蜂群能置人于死地。这种蜜蜂原产于非洲,常年生活在自然条件极为恶劣的丛林里,有惊人的团结性和战斗力,蜂蜇毒性极强。有人考虑到非洲蜜蜂具有勤劳、酿蜜多、适应性强的优点,于 1956

年将 35 只蜂王由非洲运往美洲,准备与当地蜜蜂杂交以改良蜂种。不料其中的 26 只蜂王于第二年逃出蜂房,率领工蜂潜入南美丛林,在适宜的环境条件下迅速繁殖,分布地区逐年扩大,给当地居民的健康与生命造成严重威胁。

(2) 白蜡虫。

白蜡虫属同翅亚目昆虫,寄生在女贞树和白蜡树上。雄虫能分泌白蜡,工业上可用于制作防雨防湿物品、防锈涂料、石蜡代用品、织品着光剂等,医药上用作药丸外壳及药膏原料。白蜡虫多产于四川、云南、贵州等省,为重要的昆虫资源。

(3) 紫胶虫。

紫胶虫属同翅亚目昆虫。雄虫有翅、有足,体红色,雌虫囊状,分节不明显,足退化,若虫末端有一对细腊丝。在云南每年发生两代。紫胶虫分泌的紫胶是优良的绝缘材料,为电机制造业极重要的原料,黏着性能良好,又是很好的涂饰剂,在工业上广泛应用。

(4) 五倍子蚜。

五倍子蚜属同翅亚目昆虫,寄生在盐肤木上。若虫孵出后即能刺入寄生的组织,引起局部组织畸形发展,产生虫瘿(又称五倍子),含有大量鞣酸,可以制革,也可制造染料和墨水,医学上也可作消炎剂用。

捕食性种类(如瓢虫、草蛉、蜻蜓)和寄生性种类(如寄生蜂、寄生蝇)能消灭大量害虫,在生物防治中有重要作用。

11.3.2　节肢动物的有害方面

有的甲壳动物寄生于鱼体,使鱼死亡,有的能传播人体寄生虫病,如剑水蚤是阔节裂头绦虫的中间宿主,溪蟹是卫氏并殖吸虫的中间宿主。蛛形纲中的植食性种类危害多种作物和果树,可造成经济作物大量减产,如棉红蜘蛛危害多种农作物,尤其棉株严重受害时引起大面积减产。蜱螨在吸食人、畜血液的同时还传播出血热等多种疾病。寄生于蜜蜂的螨类引起蜜蜂死亡,影响养蜂业的发展。

六足动物中有害的昆虫也很多,大致可分为四类,即家庭害虫(如蜚蠊、白蚁、蚂蚁)、农林害虫(包括危害粮、棉、油、蔬菜、果树等多种害虫)、仓库害虫(包括危害米、麦、面粉、皮革、干果、药材、书籍、衣物等的害虫)和医学害虫(损害人体健康、传播疾病的昆虫)。

(1) 蚊:属双翅目昆虫。由于蚊子的种类多、数量大、滋生地广泛、与人的接触频繁,不仅吸血骚扰,严重影响人们的休息和健康,而且还是多种重要疾病的传染媒介,如疟疾、流行性乙脑炎和丝虫病等。这里需要指出的是吸血的都是雌蚊,而且雌蚊必须经过吸血才能使卵巢发育,繁殖后代。雄蚊的口器不适于刺吸血液,它们以花蜜、果汁或植物的汁液为食。雌蚊和雄蚊在外形上的主要区别是雄蚊的环毛状触角特别发达,环毛长而浓密,而雌蚊的环毛短而稀疏。

蚊类属于完全变态,卵产于水中,夏季一般 2 天即可孵化,幼虫称为孑孓。体分头、胸、腹三部。除按蚊外,幼虫腹部末端有一呼吸管。幼虫蜕皮 3 次,共 4 龄,经最后 1 次蜕皮即变为蛹。蛹期不食不动,形似"逗号",体分头胸部及腹部,头胸部背面有一呼吸管,蛹羽化即为成虫。

蚊子的种类很多,全世界已记录的有 3000 多种,其中与人类疾病关系密切的主要是按蚊、库蚊和伊蚊三属,这三属的主要区别如图 11-59 和表 11-4 所示。

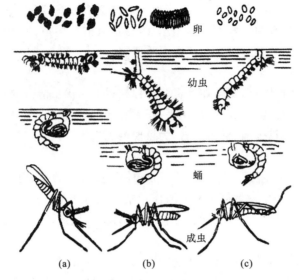

图 11-59 三属蚊虫各期形态的比较（自张雨奇《动物学》）

(a) 按蚊；(b) 库蚊；(c) 伊蚊

表 11-4 按蚊、库蚊和伊蚊的主要区别

虫期	属名 特点	按 蚊	库 蚊	伊 蚊
成虫	体色	灰白、无斑	淡褐色、无斑	黑色,有白斑
	触角	雌雄都有,与喙等长	雌短雄长	与库蚊相同
	翅	有黑白斑	无斑	与库蚊相同
	静态	体与喙成直线,与停留面成角度	体与喙成角度,但与停留面平行	与库蚊相同
	活动时间	吸血多在夜间	吸血多在夜间	吸血多在白天
卵	排列	单个散产,浮于水面	集成筏块,浮于水面	单个散产,沉于水底
	清水	清水	臭水或污水	少量积水
	形态	舟形,有浮囊	长椭圆形	橄榄形
幼虫	掌状毛	有	无	无
	呼吸管	无	有,长且细	有,短且粗
	静态	全体与水面平行	呼吸管末端与水面相接,躯体下垂成角度	与库蚊相同
蛹	呼吸管	短漏斗状、开口大	长、开口小	与库蚊相同

（2）蝇：双翅目昆虫,属于完全变态（图 11-60）。大多以蛹越冬,有的种类可以幼虫或成虫越冬。卵一般为白色,香蕉形,在夏季卵期 1 天。幼虫白色,前端尖细,缺眼和足,以腐败的液体有机物为食,幼虫期约 14 天,经 3 龄即化蛹。化蛹时并不蜕皮,外皮变硬后成为蛹的外壳,蛹椭圆形,多在干燥疏松的泥土中,蛹期 3～10 天。在温暖地区,它可常年繁

殖,在 30～40 ℃,8～10 天即可完成一代。成虫寿命约 1 个月。

苍蝇可传播多种疾病,这与其生活习性有关。它们喜滋生在腐败的有机物,如人、畜粪便以及动物尸体中,食性很杂,而且喜停留在粪、痰、脓血等污物上取食。家蝇在饱食以后常吐出嗉囊内的食物而形成一吐滴,吐滴悬在唇瓣上又被吸回去,此时若稍受惊扰吐滴就掉在停留物上。家蝇还有经常排粪的习性,特别是饱食以后排粪的次数更多。

苍蝇经常往返于人、畜的排泄物和各种食物之间,加上经常吐出吐滴和排粪的恶习,所以它除

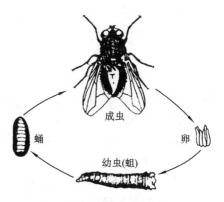

图 11-60　家蝇(自张雨奇《动物学》)

了体外机械地携带病原体以外,其粪便和吐滴中还带有更多的病原体,可传播霍乱、伤寒、痢疾、肺结核等消化道和呼吸道的疾病。有些蝇类的幼虫可侵入人或动物的组织,引起"蝇蛆病"。

灭蝇主要是消灭它的滋生地,如搞好环境卫生、保持畜舍清洁、改良厕所环境、及时处理垃圾等,同时还要杀灭蛆、蛹和成虫。

对害虫的防治应以预防为主,并进行综合治理。多年来偏重于化学防治的结果是一些剧毒和残毒期长的农药,不仅造成了对环境的污染,而且不少害虫还产生了抗药性。因此害虫防治应从全局出发,根据不同种类害虫发生的特点,综合利用农业、物理、化学、生物和植物检疫等方法来防治害虫。

11.4　节肢动物的系统发育

节肢动物是由环节动物进化而来的,这已被学者们所公认。其根据为:
(1) 两者身体都分节;
(2) 均为链状神经系统;
(3) 绿腺、颚腺等排泄系统与体腔管形成的后肾同源;
(4) 分节的附肢是在疣足的基础上演化来的;
(5) 循环系统在消化管的背方;
(6) 有爪动物门兼有节肢动物和环节动物的特点。

关于节肢动物各纲之间的关系目前尚未取得一致的意见。一派主张一元起源,即共同的环节动物祖先——类似三叶虫的原始节肢动物。另一派则主张多元起源,即由三个不同的环节动物祖先分别进化而来:①甲壳纲(幼虫 3 体节);②三叶虫纲、肢口纲、蛛形纲(幼虫 4 体节);③唇足纲、倍足纲、昆虫纲(幼虫 7 体节)。

科 学 热 点

黑腹果蝇(*Drosophila melanogaster*)是生物学研究中最重要的模式生物之一。以果蝇为科学研究材料取得的成果已经获得过 6 次诺贝尔奖。

20 世纪初,摩尔根(Morgan)选择黑腹果蝇作为研究对象,建立了遗传的染色体理论,奠定了经典遗传学的基础,开创了利用果蝇作为模式生物的先河,并于 1933 年因发现遗传中染色体所起的作用而获得诺贝尔奖。

1927 年,摩尔根的学生米勒(Muller)用果蝇进行实验,发现放射线可以导致遗传损伤和突变,从而可以进行人工诱变。该研究于 1946 年因发现用 X 射线的方法能够产生突变而获得诺贝尔奖。

20 世纪 30 年代,Painter 和 Bridges 发表了果蝇的多线染色体图,为基因组的物理图谱奠定了基础。

刘易斯(Lewis)、福尔哈德(Volhard)与威斯乔斯(Wieschaus)由于在胚胎早期发育遗传机制的重大发现而获得了 1995 年的诺贝尔生理学或医学奖。

2004 年,果蝇基因组计划及 Celera 公司完成了果蝇全基因组序列的测定,成为对人类基因组注释的理想模型。同年,美国科学家阿克塞尔和巴克因发现了果蝇嗅觉受体和嗅觉系统的组织方式而获 2004 年诺贝尔奖。

2011 年,法国科学家霍夫曼和美国科学家博伊特勒等分别以果蝇和鼠为研究对象,因发现"先天免疫激活的机制"以及"枝状细胞(DC 细胞)及其在获得性免疫中的作用"而获得诺贝尔医学奖。

2017 年,诺贝尔生理学或医学奖授予了三位美国科学家(杰弗里·霍尔等),因他们在果蝇的相关研究过程中发现了控制昼夜节律的分子机制。

本 章 小 结

节肢动物两侧对称,三胚层,身体不仅分节而且分部,分部情况各纲有差异。具分节的附肢为本门的特征,高级类群腹部附肢大多退化。附肢适应各种机能,变异大。具几丁质的外骨骼和发达的横纹肌。肠壁与体壁之间为混合体腔,开管式循环,因腔内充满血液,故称血腔。有专职的呼吸器官,如鳃、气管、书肺、书鳃等。陆生种类排泄系统为马氏管,水生种类排泄系统为绿腺和颚腺。具链状神经系统,感觉灵敏。以有性生殖为主,直接发育或间接发育。

思 考 题

1. 节肢动物种类多,分布广,这与其结构特征有什么关系?

2. 试述软甲纲、蛛形纲、唇足纲、昆虫纲的主要特征。

3. 简述直翅目、半翅目、同翅目、鳞翅目、鞘翅目、膜翅目、双翅目的主要特征(包括口器、翅、变态的类型,以及触角和足的特征等),并各举一常见种类。

4. 昆虫有哪些习性?

5. 试述昆虫与人类的关系。

6. 名词解释:血腔;书肺;马氏管;外骨骼;龄期;孵化;化蛹;羽化;世代;保幼激素;性外激素;不完全变态。

7. 比较六足动物各重要类群的特征。

第 12 章　棘皮动物门

棘皮动物(Echinodermata)与以前讲到的原口动物(protostome)存在很大的不同。在原肠胚期的后期,棘皮动物的口由原口(胚孔)相反的一端形成,称为后口,原口则形成棘皮动物的肛门。以这种方式形成口的动物,都称为后口动物(deuterostome)。因此,棘皮动物与大多数无脊椎动物相比,亲缘关系更接近同属于后口动物的半索动物和脊索动物,是无脊椎动物中最高等的类群。

12.1　代表动物和主要特征

12.1.1　代表动物——海星和海参

12.1.1.1　海星

海星(*Asterias*)又名海盘车或星鱼,分布于世界各海区,是我国北方沿海常见种类。海星生活在潮间带的岩石间或海底,昼伏夜出,肉食性,喜食瓣鳃类。

1. 外部形态

海星身体扁平,由体盘和腕组成,形似五角星(图 12-1)。体中央为体盘,腕一般为 5条或 5 的倍数,由体盘辐射伸出,两者间的界限模糊。口在体盘中央,周围有五角星形的围口膜(peristomial membrane),口面平坦,淡黄色。生活时口面朝下,反口面向上,匍匐爬行。各腕腹面有一条步带沟(ambulacral groove),沟内有 2 排或 4 排具吸盘的管足(podia)。步带沟外侧具有数列可动的棘(papilla)。反口面体表略隆起,颜色鲜艳,具有棘和刺(spine),在棘间有钳状的叉棘(pedicellaria)和泡状的皮鳃(papula),叉棘由一个基片(basal ossicle)和两个颚片(blade)组成,可排除体表的污垢。皮鳃是由体壁自骨片间隙外凸形成,内腔和体腔相通,有呼吸和排泄功能。反口面的近中央处有一极小的肛门,靠近肛门的两腕之间有一圆形多孔具凹纹的筛板(madreporite),是海水出入的通道。各腕基部两侧各具一对极小的生殖孔。各腕顶端有一触手(terminal tentacle),其下有红色眼点(由数个单眼组成)。

2. 体壁与骨骼

海星的体壁外表面是一层很薄的角质层,其下是一层单纤毛的柱状上皮细胞(monociliated columnar epidermis),在上皮细胞中夹杂有神经感觉细胞及腺细胞,基部有基膜与真皮分隔。基膜之下是神经层,随后是较厚的真皮层,包括结缔组织及肌肉层。肌肉为平滑肌,可分为外层的环肌纤维和内层的纵肌纤维,肌肉层之内即为一层体腔膜(peritoneum)。

海星的骨骼属于内骨骼,是由中胚层形成的。它是由许多排列规则的小骨板,通过结缔组织与肌纤维相连,形成的窗格状骨骼。各腕腹面中央两行不带棘的骨板为步带板(ambulacral plate)(图 12-2),前后步带板之间排列有整齐的小孔,管足由此伸出体外。

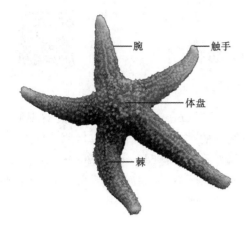

图 12-1 海星的外形

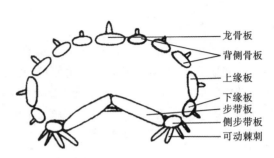

图 12-2 海星腕横切(示骨板的排列,自 Hyman)

3. 体腔

海星的体腔为发达的次生体腔,包围消化系统和生殖腺。此外,体腔的一部分还构成特殊的水管系统和围血系统(perihaemal system)。体腔内充满流动的体腔液,其内有两种有吞噬作用的变形细胞及海水。变形细胞在体腔液中收集代谢产物,然后通过皮鳃排出体外。

4. 水管系统

海星的水管系统是由体腔的一部分演变而来,是棘皮动物所特有的器官。它包括筛板、石管(stone canal)、环水管(ring canal)、辐水管(radial canal)、侧水管、坛囊(ampulla)及管足等部分(图 12-3)。管内充满体液,通过筛板与外界海水相通。筛板上的小孔与石管相通,石管由反口面向口面延伸与环水管相通。环水管环绕在口周围,向各腕辐射出辐水管直达腕的末端,辐水管两侧伸出左长右短和左短右长相间的侧水管。侧水管末端连于管足,管足上端为坛囊,下端有吸盘。管足与运动、捕食有关,也有呼吸和排泄的功能。

海星运动时坛囊收缩,同时侧水管处的瓣膜关闭,水被压入管足使之伸长,反之坛囊舒张,水流回坛囊内,管足缩短。海星通过坛囊的收缩促使管足伸长,通过末端的吸盘吸附外物,利用管足的收缩产生的牵引力,把身体拉向前方。

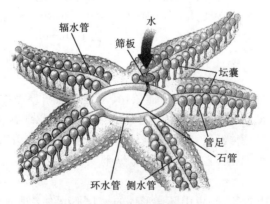

图 12-3 海星水管系统(自 Willer)

5. 循环系统和围血系统

海星的循环系统仅由血系统（haemal system）和围血系统（perihaemal system）构成（图 12-4）。血系统由微小的血管或血窦组成，是与水管系统相应的一套管道，包括与环水管平行的环血管（oral hemal ring）、与辐水管平行的辐血管（radial hemal canal）、位于反口面的反口环血管（aboral hemal ring）和分支到生殖腺的生殖血管，以及与石管平行的轴窦（axial gland）（图 12-5），血系统可能与物质的输送有关。围血系统是由体腔的一部分演变而来，包括环血窦（ring sinus）和生殖窦（genital sinus）。环血窦环绕在口的周围，通过轴窦（axial sinus）与反口面的环血窦相连。

6. 神经系统

海星有三套神经系统，它们的分布都与水管系统相平行。口面的外神经系统

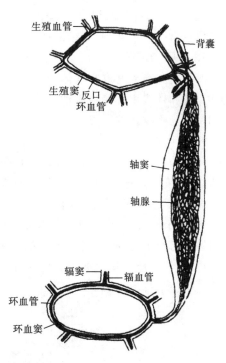

图 12-4　海星血系统和围血系统（自 Hyman）

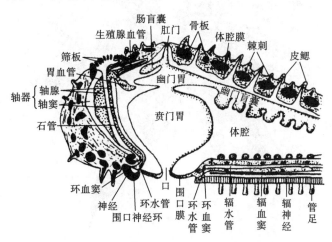

图 12-5　海星过体盘和腕的纵切（自 Hickman）

（ectoneural nervous system）来源于外胚层，在上皮之下，由围口神经环、辐神经（radial nerve）及神经丛组成，司职感觉。口面的下神经系统（hyponeural nervous system）分布在围血系统的壁上，在体腔上皮之下，其组成与外神经系统相同，司职运动；反口面的内神经系统（entoneural nervous system）由体腔上皮产生，无神经环，只有辐神经，是由上皮下神经丛在步带沟外边缘加厚形成的一对边缘神经索（marginal nerve cord），司职运动。内神经系统与下神经系统均是运动神经，由中胚层起源，这在动物界是唯一的例外。

海星的感觉器官不发达，表皮中有大量棱形的神经感觉细胞（neurosensory cell）构成感受器，除司触觉外还能对光和化学刺激作出反应。每个腕的末端有一感光的眼点，由

80～200 个色素杯小眼组成。每个小眼由上皮细胞组成杯状,在其外面的角质层加厚处有红色色素颗粒覆盖,起到结晶作用。

7. 呼吸和排泄

海星主要靠皮鳃进行气体交换,管足也起到一定作用。皮鳃内外的体腔上皮纤毛促使体腔液和体表水不停地流动,从而进行气体交换。管足在气体交换中也具有重要作用,特别是皮鳃不发达的种类。

8. 消化系统

海星的消化道也呈五辐射排列,口位于口面中央,周围有围口膜,膜上有括约肌和辐射肌纤维,随后通过很短的食道进入膨大的胃。胃壁上有一水平方向的缢缩,将胃分隔成近口面的大而多皱褶的贲门胃(cardiac stomach)和近反口面的小而扁平的幽门胃(pyloric stomach)。幽门胃向各腕伸出一对幽门盲囊(pyloric caeca),具分泌酶的功能。幽门胃后为很短的肠,末端开口为很小的肛门(图 12-6)。海星取食时,贲门胃可翻出裹住食物,在消化液的作用下于体外进行初步消化,再吸入幽门胃行细胞内消化,不能消化的残渣仍由口排出。

图 12-6 海星的内部结构

9. 生殖系统

海星为雌雄异体,各腕内有生殖腺一对(图 12-6),通过很短的生殖管同位于反口面腕基部的生殖孔相连。一般卵巢为黄色,精巢为白色,生殖细胞成熟后排入水中进行体外受精。胚胎发育过程非常典型,受精卵为均黄卵,进行完全均等分裂,以内陷法形成原肠胚,同时以肠体腔法形成中胚层和体腔囊。原口移到后方形成肛门,并在近中央腹面的外胚层内陷,和内胚层的外突形成幼虫的口。胚胎在水中发育成两侧对称的羽腕幼虫(bipinnaria larva)及短腕幼虫(brachiolaria),自由游泳一段时间后下沉水底,经变态发育成辐射对称的小海星。

10. 再生

海星的再生能力强,其腕受损后过一段时间,受损的部分就能再生出来成为一个完整的海星,但再生腕比原来的要小,不能恢复原形。

12.1.1.2　海参

海参营底栖生活,世界各地海洋均有分布,多在浅水中。

1. 外部形态

海参体呈长圆筒形,有前、后、背、腹之分。口在体前端,周围环列由管足演化而来的触手,一般为 20 只。触手的形状、数目及其排列是海参分类的重要依据。肛门位于体后端。共有 5 个步带区,背面有 2 个,管足已退化成肉质的棘状疣足(papillae),只司呼吸和感觉功能;腹面有 3 个,管足排列不规则,有运动功能。与海星辐射对称的体型不同,海参趋向于两侧对称(图 12-7)。

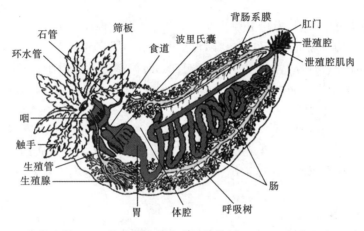

图 12-7　海参的外形和内部结构(自 Livingstone)

2. 体壁和骨骼

海参体壁柔软,无棘与叉棘,骨骼不发达,为极细小的骨片埋藏于体壁中,骨片的形状是海参分类的重要依据之一。

3. 消化系统和水管系统

海参消化道长管状,常超过体长 2～3 倍,在体内按一定方向盘旋,以有机碎屑、藻类和原生动物为食。食管围绕着石灰环(calcareous ring),由 5 个辐片和 5 个间辐片构成。各辐片前端有孔或凹痕,有辐水管和辐神经通过。海参水管系统发达,基本上与海星的相似,但筛板退化,位于体内。

4. 呼吸系统和排泄系统

除了管足与体壁具有呼吸和排泄功能外,海参还具有一特殊的呼吸器官——呼吸树(respiratory tree,或称水肺),是由肠后端膨大的排泄腔腔壁向体腔突出形成的两支树枝状管。海水从肛门进入排泄腔,腔收缩时将海水压入呼吸树,经管壁进行气体交换,同时也有部分排泄作用。受刺激时,海水可以从肛门喷出。

5. 生殖系统和发育

海参雌雄异体,仅一个生殖腺,呈树状,悬在体腔内。生殖孔开口在体前端的背面。体外受精,发生时有变态,个体发育中要经历耳状幼虫期(auricularia stage)、樽形幼虫

(doliolaria stage)和五触手幼虫期(pentactula stage),最终变态为幼参。

6. 再生

海参的再生能力极强,受刺激后能将肠、呼吸树等部分内脏从肛门排出,称为排脏现象,失去的器官以后可再生。

12.1.2　棘皮动物的主要特征

1. 次生性的辐射对称

除海参纲外,棘皮动物的体形均为辐射对称,而且主要为五辐射对称。本门动物的幼虫以及部分化石是左右对称的,可以推测棘皮动物的祖先体形为两侧对称,营自由游泳的生活方式。后来它们适应固着或缓慢移动的生活方式,形成辐射对称的体形,属于次生性的辐射对称,不同于腔肠动物原始的辐射对称。

2. 内骨骼

棘皮动物具有内骨骼,由中胚层形成,这和其他无脊椎动物的骨骼来源于外胚层不同。各类棘皮动物骨骼的形式也不一样,海星的骨片由肌肉和结缔组织相连,排列整齐而有一定的活动能力;海胆的骨骼愈合成一完整的壳;海参的骨片微小,在显微镜下才能看见。由于多数棘皮动物的骨骼常在体表形成棘和刺,使体表显得很粗糙,故得名。

3. 真体腔和水管系统

棘皮动物有宽阔的真体腔,发育过程中真体腔的一部分形成了水管系统。棘皮动物管足的分布有一定的规律,有管足分布的区域称为步带区,无管足分布的区域称为间步带区。其他系统如消化系统、循环系统、生殖系统、神经系统基本上都按水管系统的方式排列。

4. 血系统和围血系统

海胆和海参的血系统较明显,其他纲的血系统已退化。血系统排列方式与水管系统相同,外面由围血系统包围。

5. 神经系统

棘皮动物有三套神经系统,且都未与上皮分离,排列方式与水管系统平行。

6. 雌雄异体与变态发育

本门多数为雌雄异体,少数海参和蛇尾是雌雄同体。一般有 5 对(或 5 的倍数)生殖腺(海参纲例外),位于间步带区,体外受精。

胚胎发育极为典型,为变态发育。幼虫两侧对称,成体的辐射对称是一种次生现象。

12.2　棘皮动物的多样性

现存的棘皮动物约 6000 种,根据生活过程中有无固着的柄分为两个亚门,即有柄亚门和游走亚门(无柄亚门),根据体形、步带沟、骨骼和幼体形态等特点可分为五个纲。化石种类有 20000 余种。

12.2.1　海星纲

海星纲(Asteroidea)约有 1600 种,广布全球,我国主要分布在渤海以南海域。本纲动物体为五角星形或多角星形,腕数皆为5或5的倍数,多时可达50条。腕与体盘分界不明显。骨板在腕腹面规则排列,以结缔组织互相连接。体表有皮鳃、棘和叉棘。各腕腹面有明显的步带沟,沟内有2~4排管足,为运动器官。反口面有肛门及筛板。本纲的药用种类较多。如罗氏海星(*Asterias rollestoni*)、海燕(*A. pectinifera*)、多棘海盘车(*A. amurensis*)等(图12-8)。

图 12-8 多棘海盘车

12.2.2 蛇尾纲

蛇尾纲(Ophiuroidea)约有2000种,全球海域都有分布,多栖于深海地带,我国也有分布。本纲动物外形似海星,但体盘与腕的分界明显,腕细长,有很强的伸曲能力。无步带沟,步带沟为骨板所遮盖形成了神经外管。管足两行,管足不具坛囊和吸盘,只司感觉和呼吸功能。有口无肛门,筛板在口面。胃较小,仍呈囊状,结构简单。雌雄异体,幼虫称为蛇尾幼虫。腕的肌肉很发达,能自如活动,可像蛇尾一样蜿蜒运动。如真蛇尾(*Ophiura*)(图12-9(c))、筐蛇尾(*Gorgonocephalus eucnemis*)等。

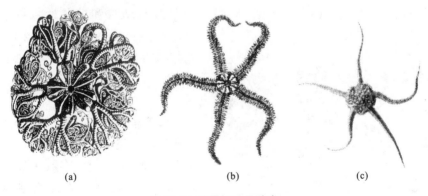

(a)   (b)   (c)

图 12-9 蛇尾纲习见种类

(a)海盘;(b)刺蛇尾;(c)真蛇尾((a)自 Ludwig;(b)自 Macbride;(c)自 Lycaon)

12.2.3 海胆纲

海胆纲(Echinoidea)现有800种,分布世界各地的海洋中。本纲动物呈球形、心形或盘形,无腕和触手,腕向上翻卷在反口面互相愈合。骨骼形成坚固的壳,体外有长刺,每两列骨片组成一区,共有 5 个步带区和 5 个间步带区。各骨板上均有疣状突起和可活动棘。口腔内有结构复杂的咀嚼器,称为亚里士多德提灯(Aristotle's lantern),其上有齿,可切碎食物。消化道管状,肛门在反口面。雌雄异体,体外受精。在发育过程中经历海胆幼体。如马粪海胆(*Hemicentrotus pulcherrimus*)(图 12-10(a))、心形海胆(*Echinocardium cordatum*)(图 12-10(d))等。

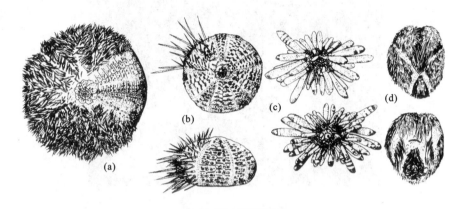

图 12-10　常见海胆

(a)马粪海胆;(b)细雕刻肋海胆;(c)石笔海胆;(d)心形海胆(自张凤瀛)

12.2.4　海参纲

海参纲(Holothuroidea)约有 900 种,广布世界海域,我国也有分布。本纲动物体为圆柱形或蠕虫状,通常有前、后、背、腹之分,趋向于两侧对称。口在前端,为一圈触手所包围。肛门在后端。步带区 2 个在背面,其管足退化为疣足,3 个在腹面,腹面管足排列不规则。无腕,无棘,内骨骼退化为微小骨片,分散在体壁内。水管系统发达,开口于体腔内。消化管细长盘曲,后端膨大成排泄腔。排泄腔的部分腔壁突向体腔伸出呼吸树。绝大多数为雌雄异体,生殖腺 1 个。发育过程中经耳状幼虫和桶状幼虫期。如刺参(*Stichopus japonicus*)(图 12-11(a))、梅花参(*Thelenota ananas*)(图 12-11(b))。

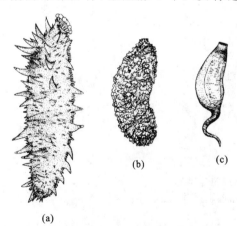

图 12-11　海参纲常见种类(自刘凌云)

(a)刺参;(b)梅花参;(c)海棒槌(自张凤瀛)

12.2.5　海百合纲

海百合纲(Crinoidea)是棘皮动物中最原始的种类,化石种类极多。它有两种类型,一种终生有柄,多数在深海中底栖,营固着生活,称海百合类(stalked crinoids);另一种无柄,生活在浅海处,营自由生活,称海羊齿类(comatulids)。海百合类的体分为根、茎和冠三部分。茎一般称柄,由许多骨板构成,其上常有根卷支(radiculus),具附着作用。海羊齿类的茎仅在幼虫期出现,以后退化。冠则是由萼(即体盘)和腕组成。腕一般最初为 5 个,但一般每个腕都会一再分支成多个。腕中有步带沟,管足无吸盘。体盘无筛板。消化道完整,以浮游生物为食。如海羊齿(*Antedon*)(图 12-12)、中华海羊齿(*Oligometra chinensis*)。

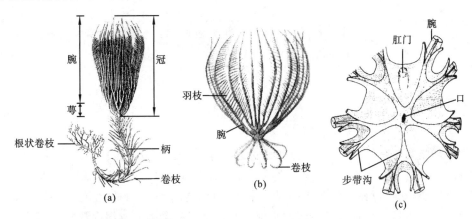

图 12-12　海百合((a)张雁云仿绘;(b)自 Miller 和 Harley;(c)仿 Hickman,修改)

(a)海百合模式图;(b)海羊齿;(c)海羊齿口面局部放大

棘皮动物五纲的外形比较,如表 12-1 所示。

表 12-1　棘皮动物五纲的外形比较

纲名 项目	海星纲	蛇尾纲	海胆纲	海参纲	海百合纲
体形	星形,腕与体中央盘无明显分界	扁形、星形,腕细长,与体中央盘分界极明显	球形、扁平或心形,腕翻向反口面愈合	长圆筒形,无腕	似植物,有柄或无柄,固着生活,腕呈羽状分枝
对称形式	辐射	辐射	辐射	两侧	辐射
步带区及管足	步带沟内有 2~4 列具吸盘及坛囊的管足	无步带沟(为骨板所盖),管足二列,不具吸盘及坛囊	步带区骨板上有小孔,管足从中伸出,有吸盘及坛囊	背面 2 个步带区的管足退化成肉刺,腹面 3 个步带区有管足	有步带沟,管足无吸盘
骨板	骨板之间稍能活动,有棘刺及棘钳	腕的骨板间肌肉发达,能活动自如	骨板嵌合成坚硬的壳,不能活动,有棘刺及棘钳	骨板微小,分散在体壁内,体柔软,无棘刺及棘钳	腕可弯曲自如,无棘钳

项目　　纲名	海星纲	蛇尾纲	海胆纲	海参纲	海百合纲
举例	海星、轮海星	阳遂足、刺蛇尾	马粪海胆、饼干海胆	刺参、梅花参	海羊齿、海百合

12.3　棘皮动物的生态

棘皮动物是重要的底栖动物,分布于世界各海洋。垂直分布范围很广,从潮间带到万米深的海沟都有。多为狭盐性动物,在半咸水或低盐海水中少见或偶见。棘皮动物对水质污染很敏感,在被污染了的海水中很少见到它们。栖息环境因种类而异,匍匐于海底或钻到泥沙底内生活。少数海参行浮游生活。自由生活的种类能够缓慢移动。摄食方式多样,有的为吞食性,有的为滤食性,还有的为肉食性。除板蛇尾外,棘皮动物没有寄生的种类。吸口虫类是专门寄生于海百合类的特殊多毛类。少数螺类寄生于棘皮动物。隐鱼是著名的寄生在海参泄殖腔内的动物。寄生于棘皮动物体内的还有纤毛虫、扁虫和圆虫。

海星等棘皮动物在海洋碳循环中起着重要作用。研究发现,棘皮动物会吸收海水中的碳,以无机盐的形式形成外骨骼。它们死亡后,体内大部分含碳物质会留在海底,从而减少了从海洋进入大气层的碳。通过这种途径,棘皮动物大约每年可吸收1亿吨的碳。

12.4　棘皮动物与人类

本门中的海参可供食用,在我国约有30种,如刺参、乌参、梅花参等,刺少肉多,蛋白质丰富,营养价值高,味道鲜美。近年来发现海参还有补肾、补血和治疗溃疡等效果,具有药用价值。我国已经进行了海参的人工养殖。海胆的卵和生殖腺均可供食用。蛇尾、海胆、海参可作鱼类的饵料,晒干后还可作肥料。海星、海胆的胚胎发育各期极为典型,且材料易得,实验条件也易控制,是发育生物学实验研究的良好材料。大多棘皮动物绚丽多彩、形状奇异,是不可多得的装饰品。本门化石种类繁多,对于古生物学研究具有重要的价值。棘皮动物常是海洋动物地理学上很好的指标种。此外,海星纲以软体动物为食,一个海星一天可吃20个牡蛎,是贝类养殖业的大害;海胆主要以藻类为食,危害海带、裙带菜的养殖。

本 章 小 结

棘皮动物为次生性的辐射对称。本门具有由中胚层形成的内骨骼,常因体表具棘刺而很粗糙,故得名。棘皮动物有宽阔的体腔及由体腔演变来的水管系统,管足有运动、呼吸、排泄、捕食等多种功能,其他器官系统也多按水管系统的方式排列。棘皮动物的胚胎发育极为典型,为后口动物,有别于前面学过的原口动物。雌雄异体,体外受精。海参的耳状幼虫与半索动物的柱头虫幼虫相似,说明两者亲缘关系密切。

思 考 题

1. 棘皮动物门的主要特征是什么?
2. 为什么说棘皮动物是无脊椎动物中最高等的类群?
3. 棘皮动物是如何再生的?
4. 名词解释:原口动物;后口动物;五辐对称;水管系统;棘皮;管足;呼吸树。

第 13 章　半索动物门

13.1　半索动物的基本特征

半索动物,又称隐索动物(Adelochorda),是从无脊索动物向脊索动物过渡的类群,因此其基本特征即有一部分类似于脊索动物,又有一部分类似于棘皮动物。全世界现存不到 100 种,均为海产。半索动物的基本特征包括以下几点。

(1) 有空腔的背神经索:一般认为是背神经管的雏形。该特点表明半索动物与更高等的脊索动物具有一定亲缘关系。

(2) 鳃裂:咽部背侧排列着许多成对的外鳃裂,每个外鳃裂各与一"U"形内鳃裂相通,并由此通向体表。彼此相邻的鳃裂间有丰富的微血管,水流经内鳃裂到外鳃裂排出时即进行呼吸。

(3) 口索(stomochord):为半索动物特有的结构,是口腔背面向前伸出的一条短盲管状结构。由于口索形甚短小,所以把具有这一结构的动物称为半索动物。

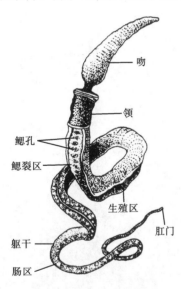

图 13-1　柱头虫的外形

(图中标注:吻、领、鳃孔、鳃裂区、生殖区、肛门、躯干、肠区)

本门常见的代表动物是柱头虫(*Balanoglossus*),体呈蠕虫状(图 13-1),在海底泥沙中掘穴而居,其生活方式和蚯蚓相似。

柱头虫体壁由表皮、肌肉层和体腔膜构成。身体分成吻、领和躯三部分。吻位于体前端,圆锥状,内有一吻腔,后背部以吻孔与外界相通。吻后为一较短的领,其内有一对领腔。吻和领都有发达的肌肉,吻可以缩入领中。躯干为圆柱状,具有成对的躯干腔。吻腔、领腔及躯干腔都是由体腔分化而来。当吻腔充水时,吻部变得强直而有力,犹如柱子,可用于穿洞凿穴,故称柱头虫。柱头虫是依靠吻腔、领腔的排水和充水及吻、领部的肌肉舒缩活动挖掘泥沙和运动。柱头虫的消化道是从前往后纵贯于领和躯干末端之间的一条直管。口位于吻、领的腹面交界处,口腔背壁向前突出一个口索。口后是咽部,在外形上相当于鳃裂区,背侧有许多成对的外鳃裂,与咽部的内鳃裂相通,具有呼吸功能。胃的分化不显著,在肠管靠后段的背侧有若干对黄、褐、绿等混合色彩的突起,为肝盲囊(hepatic caecum),故称肝囊区,肝盲囊是柱头虫的主要消化腺。肠管直达虫体末端,开口于肛门。循环系统属于开管式循环,主要由纵走于背、腹隔膜间的背血管、腹血管和血窦组成。具有两条紧连表皮的神经索,即背神经索和腹神经索(图 13-2),背神经索在伸入领部处出现有狭窄的空隙。这两条神经索在领部相连成环。此外,身体表皮基部布满神经感觉细胞。柱头虫为雌雄异体,躯干的前方两侧

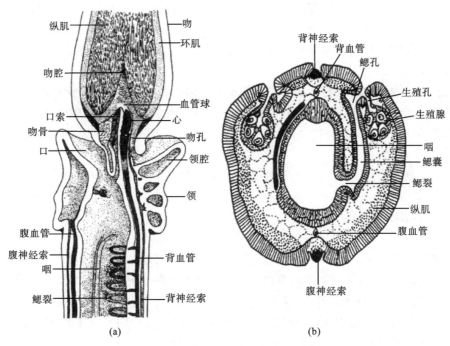

图 13-2　半索动物的剖面

(a)局部纵切面；(b)横切面

各有一生殖嵴(或称生殖翼)，其内为生殖腺。性成熟时卵巢呈灰褐色,精巢呈黄色。体外受精,卵和精子由鳃裂外侧的生殖孔排至海水中。柱头虫的卵小,卵黄含量也少,受精卵为均等全裂。胚体先发育成柱头幼虫(tornaria),酷似海参的耳状幼虫,然后经变态形成柱头虫。柱头幼虫体小而透明,体表有粗细不等的纤毛带,营自由游泳生活。

13.2　半索动物的多样性

半索动物分为两纲,即肠鳃纲(Enteropneusta)和羽鳃纲(Pterobranchia)。

肠鳃纲俗称柱头虫,营个体生活,雌雄异体,约有70种。大多数种类为泥沙中穴居或在石块下生活。身体蠕虫形,长2～250 cm,但大多数为9～40 cm。代表动物有柱头虫。

羽鳃纲约有20种,包括头盘虫、杆壁虫和无管虫三属,营聚生或群体生活。躯干呈囊状,体形小,无吻骨骼。具"U"形消化管,1对触手腕(杆壁虫)或4～9对触手腕(头盘虫和无管虫)。代表动物有头盘虫(*Cephalodiscus dodecalophus*)和杆壁虫(*Rhabdopleura*)等。

13.3　半索动物的分类地位

半索动物在动物界中的分类地位一直以来都有争论。由于其主要特征口索、背神经管雏形和咽鳃裂分别与脊索动物的三大特征即脊索、背神经管、咽鳃裂基本相符,因此曾经将半索动物列入脊索动物门,认为它是脊索动物中最原始的一个类群。

持否定观点的人则认为:首先,口索不是脊索,近年来通过组织学与胚胎学的研究表明口索与脊索既不是同功器官也不是同源器官;其次,半索动物有一些与无脊椎动物相似的结构,如具有腹神经索、开管式循环、肛门位于身体的末端等。就目前研究的情况来看,将半索动物划归无脊椎动物中独立的一门比较恰当,它是非脊索动物和脊索动物之间的一种过渡类型。

现有的动物学文献表明半索动物与棘皮动物的亲缘更近,它们可能是由一类共同的原始祖先分支进化而成。因为它们都是后口动物,都由肠体腔法形成中胚,柱头幼虫与棘皮动物的耳状幼虫形态结构非常相似,海胆、柱头虫肌肉中的磷肌酸同时含有肌酸、精氨酸。

本门动物种类虽少,但在研究动物进化上有重要意义。

13.4 半索动物的生态

肠鳃纲常见于潮间带和 400 m 或更深的近海中,为自由运动的种类。羽鳃纲生活在 600 m 以下的近海,营海底固着的群体生活。在外形上两个纲的差别很大,肠鳃纲的动物像蚯蚓,羽鳃纲的动物像苔藓虫,这是因为它们各自适应不同的生活环境而产生的结果。凡是分类地位很近的动物,由于分别适应各种生活环境,经长期演变终于在形态结构上造成明显差异的现象特称为适应辐射(adaptive radiation)。

思 考 题

1. 简述柱头虫的主要特征。
2. 半索动物和什么动物的亲缘关系最近? 有什么理由?
3. 适应辐射是指什么? 用半索动物为例来说明。
4. 半索动物在动物界中处在什么位置?

第 14 章 无脊椎动物门类的比较和演化

14.1 无脊椎动物的比较解剖

无脊椎动物的种类繁多,形态结构多种多样,各类动物在系统演化中有各种各样的选择和适应,根据细胞的多少、对称形式、胚层的特点和体腔及分节的有无等特征,对本书中提到的无脊椎动物各类群及其形态结构进行简单的比较和归纳。

动物界根据细胞的多少可划分为以下几类。

(1)原生动物:即原生动物亚界,为单细胞动物,仅包括原生动物门,产于海水、淡水或潮湿土壤,也有寄生。已经记述的原生动物计有 65000 多种,其中一半以上为化石。

(2)中生动物:介于原生动物和后生动物之间,仅具一层表皮细胞和若干轴细胞,营寄生生活,寄生于扁虫、纽虫、多毛类、双壳类、蛇尾类及其他动物体内,仅有 1 门 1 纲(桑葚纲)2 目(二胚虫目、直游虫目),约 50 种。

(3)后生动物:即后生动物亚界,身体由大量形态有分化、机能有分工的细胞构成。与构成群体原生动物兼有营养和生殖功能的细胞不同,其生殖细胞和营养细胞有进一步的分化。

后生动物根据形态结构可分为三个相应的水平:①细胞水平,如多孔动物门由皮层和胃层共两层细胞构成,之间的中胶层为游走层,各种机能由或多或少独立生活的细胞完成。②组织级水平,如腔肠动物开始出现内胚层和外胚层,分化出现上皮组织,但上皮组织与肌肉组织、神经组织关联在一起,具有肌肉的收缩功能和神经一样的传导功能。③器官系统级水平,从扁形动物起出现了中胚层,有了不同细胞、不同组织组成的结构、机能和不同的器官系统。

侧生动物与真后生动物:侧生动物无消化道,有水沟系统,胚胎发育具有胚层逆转现象,如海绵动物门,约 5000 种,海产,少数产于淡水。其他后生动物为真后生动物,有消化道,包括腔肠动物以后的各门。

原口动物和后口动物:以口的形成方式可将后生动物分为原口动物与后口动物。

原口动物是指胚胎发育过程中原肠胚时期的原口发育为成体的口的一类动物,如扁形动物、假体腔动物、环节动物、节肢动物和软体动物。后口动物指原肠胚时期的原口发育为成体的肛门,或者原口封闭,成体的口由原肠背部中央内外胚层紧贴穿孔而成,如棘皮动物、半索动物和脊索动物。

14.1.1 无脊椎动物一般构造的比较

1. 对称

单细胞原生动物无对称形式,肉足类具有球形对称的形式,多孔动物为非对称形式,不具有对称面。腔肠动物为辐射对称形式,通过动物身体中央轴具有无数个对称面,而珊瑚纲动物具有两辐射对称形式,只具有 2 个对称面。棘皮动物门幼体左右对称,成体五辐射对称,称之为次生性辐射对称,如自扁形动物门开始出现两侧对称,通过动物身体中央轴只有 1 个对称面,也称为左右对称,是动物最高级的对称形式(图 14-1)。

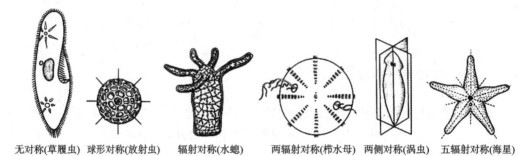

无对称(草履虫)　球形对称(放射虫)　辐射对称(水螅)　两辐射对称(栉水母)　两侧对称(涡虫)　五辐射对称(海星)

图 14-1　对称性的类型(仿刘凌云)

2. 体腔

后生动物体腔来自中胚层。扁形动物产生了中胚层,但消化管与体壁之间充满来源于中胚层的实质组织,无体腔存在,称为无体腔动物(acoelomate)。原腔动物的消化管与体壁之间有假体腔(原体腔或称初生体腔),只具有体壁中胚层,不具有脏壁中胚层。有假体腔的动物如线虫、轮虫、棘头虫等称为假体腔动物或原腔动物(pseudocoelomate animal)。自环节动物开始出现真体腔(图 14-2)。真体腔又称体腔、裂体腔、次生体腔,是在中胚层之内的腔,既有体壁中胚层,又有脏壁中胚层。具有体腔的动物,如环节动物、软体动物、节肢动物、棘皮动物和脊索动物等,都称为体腔动物(acoelomate animal)。体腔的形成为消化系统的复杂化提供了必要的条件,对循环、排泄、生殖等器官的进一步复杂

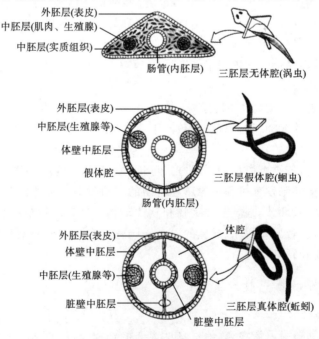

外胚层(表皮)
中胚层(肌肉、生殖腺)
中胚层(实质组织)
肠管(内胚层)
三胚层无体腔(涡虫)

外胚层(表皮)
中胚层(生殖腺等)
体壁中胚层
假体腔
肠管(内胚层)
三胚层假体腔(蛔虫)

外胚层(表皮)
体壁中胚层
中胚层(生殖腺等)
脏壁中胚层
体腔
脏壁中胚层
三胚层真体腔(蚯蚓)

图 14-2　无脊椎动物的中胚层和体腔(仿 Hickman)

化也有重大意义,被认为是高等无脊椎动物的重要标志之一。

原口动物以裂体腔法(schizocoelic formation)形成体腔,称为裂体腔;后口动物以肠体腔法(enterocoelic formation)或体腔囊法形成体腔,称为肠体腔。

3. 分节

分节(metamerism)是两侧对称动物身体由前向后分成许多相似段落的现象。每段即为1个体节(metamere)。有一些动物存在着体壁的表面分节现象,如轮虫和少数线虫,绦虫身体由许多节片组成,似分节,以上现象一般称为假分节。真分节体现为由内到外都分节,体壁的表面分节,内部器官(如循环系统、排泄系统、神经系统等)也是成对按比例分节排列,见于环节动物门、节肢动物门和脊索动物门。真分节可分为同律分节(homonomous metamerism)和异律分节(heteronomous metamerism)。节肢动物出现高度特化的异律分节,称为体分部。节肢动物的附肢也出现了分节。

从上面的比较中不难看出动物进化的趋势是:由单细胞演化为多细胞;由不对称或无固定的对称形式发展到辐射对称,最后演化为绝大多数动物所具有的左右对称;由2胚层发展到3胚层,由无体腔发展到假体腔,最后发展到真体腔;由原生动物演化到后口动物;由不分节发展到同律分节,再发展到异律分节;由无附肢发展到有附肢和分节附肢,等等。由此充分显示出动物从简单到复杂、从低级到高级、从水生到陆生的演化过程。

14.1.2 动物器官系统的比较

14.1.2.1 皮肤系统

原生动物身体最外层即其细胞膜,一些种类形成特化的结构,如眼虫的弹性斜纹表膜、草履虫的表膜泡系统;一些种类具有保护性的结构,如肉足类中的表壳虫、砂壳虫具有钙质或矽质的分泌物。多细胞无脊椎动物体表多为来自外胚层的表皮覆盖,如多孔动物和腔肠动物。具有中胚层的扁形动物、假体腔动物和环节动物均具有皮肌囊,在表皮的里面有来自于中胚层的肌肉,即体壁中胚层。软体动物分化形成贝壳和外套膜。节肢动物由外胚层形成了几丁质外骨骼(exoskeleton),作为保护、防水和横纹肌附着的结构。

14.1.2.2 骨骼支持系统和运动

无脊椎动物没有真正意义上的骨骼支持系统。原生动物的细胞膜骨架即为支持结构,细胞质分化形成的细胞器(如鞭毛、纤毛和伪足)完成运动功能。多孔动物体壁中的骨针和海绵丝起到支撑身体的作用。后生动物中,起到支持功能的结构主要有流体静力骨骼和几丁质外骨骼。腔肠动物、扁形动物、假体腔动物、环节动物和软体动物身体结构中没有坚硬的支持结构,但体内充满了实质组织或体腔液,与体壁的肌肉细胞相互产生作用,提供了极好的支持和运动功能,称为流体静力骨骼。扁形动物和假体腔动物借助流体静力骨骼和皮肌囊实现运动功能。环节动物体表衍生的刚毛和疣足完成运动功能,蛭类还具有肌肉质的吸盘。节肢动物的几丁质外骨骼是横纹肌附着点,为节肢动物的支持与运动提供了条件。节肢动物具有分节的附肢和灵活的关节,产生了多样化的运动。有翅的节肢动物借助于翅快速运动。

14.1.2.3 消化系统

原生动物由单个细胞组成,细胞内消化,营养物质从食物泡经溶酶体分解获得(图

14-3(a)、(b)),或者经光合营养获得。海绵动物的中央腔无消化作用,体壁皮层的领细胞捕获食物颗粒,进行细胞内消化。腔肠动物的消化循环腔(图 14-3(c))具有初步消化食物的能力,同时兼有细胞内消化和细胞外消化。扁形动物出现了不完全型消化系统(图 14-3(d)),有口无肛门,不能消化的残渣仍由口排出。涡虫的肠腔内有消化酶,可行细胞外消化,经初步消化后的食物颗粒被肠壁细胞吞噬,也能行细胞内消化。假体腔动物具有完全型消化系统,有口有肛门(图 14-3(e)),完全细胞外消化,食物单向运输,提高新陈代谢效率。环节动物出现了真体腔,肠壁具有脏壁中胚层(消化管有肌肉),促进了前、中、后肠各段在形态和生理机能上进一步的分化,如前肠分化为口、咽、食道、嗉囊、砂囊等(图 14-3(f)),出现消化腺。软体动物也为完全消化道,且多数种类口腔内具有颚片和齿舌。节肢动物的消化系统基本上和环节动物相似,且分化出与不同食性相适应的多样化口器。

综上所述可看出消化系统的演化趋势是:由全营细胞内消化演变为细胞内消化与细胞外消化并存,最终演变为全营细胞外消化;由不具备消化系统演变为不完全型消化系统,再演变为完全型消化系统。例外的情况包括:寄生生活的动物消化系统的退化或完全消失;无脊椎动物中较高级的类群也有细胞内消化的现象,如瓣鳃类的肝上皮细胞、蜗牛、蜘蛛、海星等都有细胞内和细胞外消化。

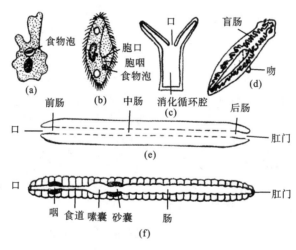

图 14-3 主要门类的消化系统

(a)变形虫;(b)草履虫;(c)水螅;(d)涡虫;(e)线虫;(f)蚯蚓

14.1.2.4 呼吸系统

无脊椎动物中专职呼吸器官是从软体动物开始出现的,之前的各门类完成气体交换的方式各不相同。假体腔动物及其之前的各类群大多借助体表或细胞膜完成气体交换;寄生的种类一般进行厌氧呼吸,借生理生化反应和代谢分解糖类而获得能量。环节动物中的沙蚕除靠体表呼吸外,疣足能与外界水环境交换气体。软体动物水生种类具有水生呼吸器官鳃和次生鳃,陆生种类具有陆生呼吸器官肺囊。节肢动物小型种类仍为体表呼吸,水生种类用鳃、书鳃呼吸;陆生用书肺和气管呼吸。棘皮动物中海星的管足和皮鳃有呼吸和排泄功能;海参用水肺呼吸,半索动物有咽鳃裂。

14.1.2.5　排泄系统和渗透调节

水生动物尿中的含氮废物主要是 NH_3，易透过细胞膜，也易溶于水。水生动物代谢产生的 NH_3 可直接透过体表而溶于水中，也可经水稀释减弱 NH_3 的毒性，然后从排泄系统排出。原生动物(图 14-4(a))、海绵动物、腔肠动物(图 14-4(b))无专门的排泄系统，一般借体表扩散作用排出含氮废物。原生动物具有伸缩泡，除调节渗透压外还兼有部分排泄功能。扁形动物、假体腔动物属原肾管型排泄系统，有调节渗透压，并兼有排泄功能。环节动物(图 14-4(d))、软体动物为后肾管型排泄系统。软体动物具有后肾演化型的排泄器官，鲍雅诺氏器、凯伯尔氏器和静脉附属器。节肢动物的排泄系统有两类：一类为后肾演化型的排泄器官，如颚腺、触角腺和基节腺；另一类是昆虫纲、多足纲和蛛形纲的马氏管(图 14-4(e))，可以储存尿酸结晶，并能将尿酸结晶排入直肠，使之随粪便排出体外。棘皮动物无特殊的排泄系统。海星的皮鳃和管足以及海参的水肺都兼有排泄作用。半索动物的血管球(或称脉球)为排泄器官。

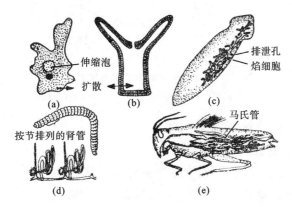

图 14-4　无脊椎动物的排泄系统

(a)变形虫；(b)水螅；(c)涡虫；(d)蚯蚓；(e)蝗虫

14.1.2.6　循环系统

低等无脊椎动物没有专门的循环系统。原生动物靠细胞质环流，腔肠动物的消化循环腔和扁形动物实质组织、消化管等可将营养物质输送至身体。假体腔动物假体腔中的体腔液有输送养料的功能。纽形动物最先具有初步的闭管式血液循环系统，只有 2～3 条纵血管，无心脏，血流速度受到体壁皮肌囊的束缚。环节动物除蛭纲外均为闭管式循环系统，血管弧可以搏动，称为心脏。头足纲除外的软体动物、节肢动物外均为开管式循环系统，棘皮动物循环系统不发达，在围血窦的隔膜内，与水管系统平行成辐射排列。

14.1.2.7　神经系统

原生动物和海绵动物无神经系统，海绵动物中胶层中的神经细胞可传导信号。腔肠动物具有最原始的网状神经系统，是由一些纤维比较短的双极神经细胞、多极神经细胞和来自感觉细胞的纤维所构成，其原始性表现在无神经中枢、传导不定向、速度慢，称为散漫型或扩散型神经系统。扁形动物为梯形神经系统，开始出现了神经中枢(脑神经节)。假体腔动物神经系统也处于梯形水平。环节动物和节肢动物的神经系统进一步集中，出现链状神经系统，尤其节肢动物，其腹部的纵神经索的神经节多有愈合的情况，更为集中。

而昆虫类的链状神经系统有发达的外周神经,可以实现许多简单的反射行为。多板纲软体动物具有原始的双神经;其他软体动物的神经系统由脑、侧、脏、足四对主要神经节和其间的神经索所构成,其中头足类的四对神经节非常集中,并有软骨保护,在无脊椎动物中属于高等类型。从无神经系统到网状神经系统、梯形神经系统,再到链状神经系统(图14-5),这一趋势是神经系统演化的主要线索。

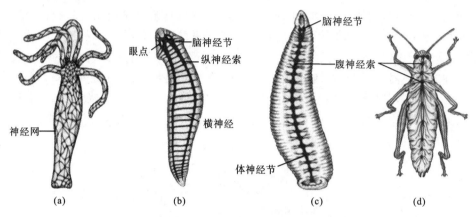

眼点

脑神经节

纵神经索

横神经

神经网

脑神经节

腹神经索

体神经节

(a)　　　　　(b)　　　　　(c)　　　　　(d)

图 14-5　无脊椎动物的神经系统

(a)网状神经系统(水螅);(b)梯形神经系统(涡虫);(c)链状神经系统(蚯蚓);(d)链状神经系统(蝗虫)

14.1.2.8　生殖系统和胚胎发育

1. 生殖系统和生殖方式

原生动物经无性生殖产生后代,如草履虫的横二分裂,有的原生动物具有接合生殖、孢子生殖和配子生殖。海绵动物无专门的生殖腺,生殖细胞来自于分散在中胶层中具有胚性的原细胞,无性生殖主要为出芽生殖,环境条件不利时借芽球延续后代。腔肠动物的无性生殖主要为出芽生殖,有性生殖的生殖腺来源不定向,水螅纲来源于外胚层,钵水母纲和珊瑚纲来自于内胚层;无生殖导管,水中体外受精。自扁形动物开始有性生殖成为主要的繁殖方式;扁形动物开始具有中胚层,生殖腺定向来源于中胚层,另外中胚层还分化形成生殖导管和附属腺。扁形动物多雌雄同体,具有交配现象和体外受精。假体腔动物具有原体腔,为生殖系统的进一步发展提供了广阔的空间;假体腔动物雌雄异体,具有交配现象和体外受精;自由生活的轮虫具有特殊的孤雌生殖现象。环节动物以后生殖腺都由体腔上皮产生,生殖系统由不完善到完善,由雌雄同体到雌雄异体。水生无脊椎动物多为体外受精,而陆生种类多为体内受精。生殖方式由无性生殖发展到有性生殖。

2. 胚胎发育

无脊椎动物除了节肢动物的卵裂为表裂和头足类为盘裂外,一般为全裂,其中扁形动物、环节动物、软体动物为螺旋形卵裂,腔肠动物和棘皮动物为辐射形卵裂。胚胎发育时的原口成为成体的口者,为原口动物,如腔肠动物门、扁形动物门、线形动物门、软体动物门、节肢动物门。原口成为成体的肛门或封闭,而成体的口是后来重新产生的,为后口动物,如棘皮动物门、半索动物门和脊索动物门。

胚后发育有直接发育和间接发育之分。间接发育的幼虫很多:海绵动物的两囊幼虫,腔肠动物的浮浪幼虫;扁形动物的牟勒氏幼虫及毛蚴等吸虫的多种幼虫;环节动物的担轮幼虫；软体动物的担轮幼虫、面盘幼虫等；节肢动物中的多种幼虫。棘皮动物的耳状幼虫与半索动物柱头虫的柱头幼虫相似。

14.1.2.9 激素

在无脊椎动物中，激素最发达的是节肢动物。甲壳类的 X 器官-窦腺复合体分泌激素，调节着色素颗粒的变化。节肢动物的蜕皮由激素控制。昆虫的变态受脑神经分泌细胞、咽侧体和前胸腺分泌的保幼激素和蜕皮激素的控制。此外，激素对昆虫的滞育、多态现象及昆虫的行为产生调控，如调控性成熟的昆虫寻找和识别配偶、求偶、交配、产卵等一系列复杂的行为。

14.2 无脊椎动物的系统演化树

地球上各种动物都是由最原始、最简单的种类进化而来的。生物进化是由低等到高等、由简单到复杂。动物学家们根据动物各类群之间的亲缘关系把各类动物安置在一个有分支的图上，简明地表示动物进化历程和亲缘关系，即所谓动物系统演化树或系统树（phylogenetic tree）。演化树树干基部为最原始的种类或共同的祖先，从树根到树顶代表地质时间的延伸，主干代表各级共同祖先，大小分支代表相互关联的各个类群动物的进化线系，越往上所列的动物越高等，分支末梢为现存的分类类群（图 14-6）。

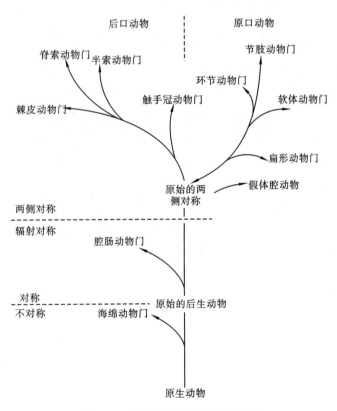

图 14-6　无脊椎动物的系统演化树

从进化观点看,整个动物界可以回溯到一个共同祖先。系统树有原口动物和后口动物两个主支,后口动物是整个动物界的主干,而无脊椎动物多数种类都在原口动物这个支内。从系统树可以看到动物有共同的起源,分支分化,阶段发展,这种表现形式的优点是一目了然,简单明确。但实际上,生物进化是很复杂的,有保守性,如沙蚕、海百合等现存种类与化石十分相似,这说明它们亿万年来没多大变化。不少实例表明进化过程中有不少曲折和反复,高级类群可出现较原始的特征。此外,各地质年代出现的化石也不一定与系统树完全吻合。另外,生物究竟是一元起源还是多元起源也有争论。

思 考 题

1. 根据无脊椎动物的对称形式、分节现象和体腔类型分别说出这些结构的演化趋势。

2. 从演化的角度比较无脊椎动物的消化系统、呼吸系统、循环系统、排泄系统和神经系统。

3. 简述细胞内消化和细胞外消化的区别。

4. 简述高等无脊椎动物和低等无脊椎动物的生殖有何异同。

第 15 章 脊索动物门

15.1 脊索动物的基本特征

脊索动物门(Phylum Chordata)是动物界中最高等的一门,现存的种类无论是在形态结构上还是在生活方式上都存在着很大的差异,但基本上都具有以下三个主要特征。

(1) 脊索(notochord):是一条位于体背部起支持作用的棒状结构,介于消化道的背面和神经管的腹面(图 15-1(d)),既具弹性又有硬度。所有的脊索动物都具有脊索,一部分低等的脊索动物终生保留(如文昌鱼),或仅在幼体时期有脊索,高等的脊索动物只在胚胎时期出现脊索,而后就被由脊椎骨组成的脊柱(vertebral column)所替代。

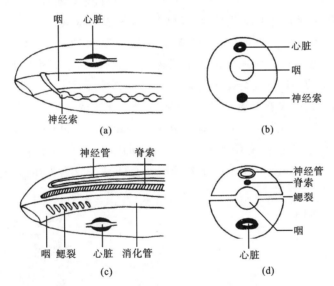

图 15-1 脊索动物与无脊椎动物主要特征比较图(自刘凌云)
(a)无脊椎动物体的纵断面;(b)无脊椎动物体的横断面;
(b)脊索动物体的纵断面;(d)脊索动物体的横断面

(2) 背神经管(dorsal tubular nerve cord):位于脊索的背面(图 15-1(d)),是一条管状的中枢神经系统,由胚体背中部的外胚层下陷卷褶而形成。脊椎动物的神经管前端形成脑,脑后的神经管发育成为脊髓。神经管腔(neurocoele)则分别形成脑室(cerebral ventricle)和中央管(central canal)。无脊椎动物的中枢神经系统是一条位于消化道腹面的实心腹神经索(ventral nerve cord)(图 15-1(a)、(b))。

(3) 咽鳃裂(pharyngeal gill slit):低等脊索动物的消化道前段的咽部两侧有一系列成对排列、数目不等的裂孔(图 15-1(c)),直接或间接地与外界相通,称为咽鳃裂。低等水栖脊索动物的咽鳃裂终生存在,在鳃裂之间的咽壁上着生充满血管的鳃,作为呼吸器官;

高等陆栖脊索动物仅在胚胎期和某些种类的幼体期有咽鳃裂,成体时完全消失。

除了以上三大主要特征,大多数脊索动物还具有一些次要特征:闭管式循环系统;心脏如存在则总是位于消化道的腹面(图 15-1(a)、(c));血液具有红细胞;尾部如存在,则总是在肛门的后方,即肛后尾(post-anal tail);骨骼如存在,则总是属于中胚层形成的内骨骼。至于三胚层、后口、两侧对称的体制、真体腔、身体和部分器官分节等特征也见于某些较高等的无脊椎动物。这些共同点表明了脊索动物和无脊椎动物之间的进化关系。

15.2 脊索动物的主要类群

现存的脊索动物有 4 万多种,分为两大类群三个亚门,其中的尾索动物和头索动物两个亚门是低等脊索动物,合称为原索动物。

15.2.1 尾索动物亚门

尾索动物亚门(Subphylum Urochordata)的脊索和背神经管仅存于幼体的尾部,成体时脊索消失,背神经管退化成神经节,鳃裂仍存在,体表有被囊(tunic),所以称为尾索动物或被囊动物(tunicate)(图 15-2)。被囊呈胶质或似纤维质,由体壁分泌的被囊素(tunicin)构成。被囊素的化学成分接近于植物的纤维质,在整个动物界中至今仅发现尾索动物和少数原生动物体壁能分泌被囊素。绝大多数种类只在幼体期自由生活,经过变态发育为成体后营底栖固着生活,少数种类终生营漂浮式的自由游泳生活。一般以单体或群体生活,体呈袋形或桶状,体表有入水孔(incurrent siphon)和出水孔(excurrent siphon),咽壁有鳃裂,咽外围有围鳃腔(peribranchial cavity),与出水孔相通。尾索动物一般为雌雄同体(hermaphroditism),异体受精。有的种类营有性生殖,也有些种类营无

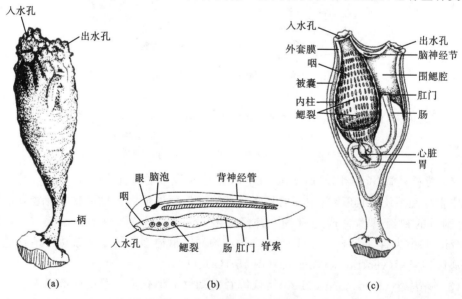

图 15-2 海鞘内部结构模式图

(a)柄海鞘(自郑光美);(b)海鞘的幼体(自刘凌云);(c)成体柄海鞘的内部结构(自郑光美)

性的出芽生殖,樽海鞘的生活史中甚至还有世代交替现象。绝大多数种类的受精卵都先发育成善游的蝌蚪状幼体,再行变态发育。

海鞘成体的形态结构并不具备脊索动物的三个主要特征,但是它的幼体具备。幼体形似蝌蚪,长约 0.5 mm,尾内有发达的脊索。具有中空的背神经管,其前端形成膨大的脑泡(cerebral vesicle),内含眼点和平衡器官等。咽部有少量成对的鳃裂。

柄海鞘幼体一般经过几小时的自由生活后就用身体最前端的附着突起(adhesivepapillae)黏着在其他物体上。随后,幼体的尾连同内部的脊索和尾肌逐渐萎缩并被吸收而消失,神经管及感觉器官也退化为一个神经节。咽部的鳃裂数急剧增多,同时围鳃腔也开始形成。附着突起背面因生长迅速把口孔的位置推移到另一端(背部),造成内部器官的位置随之转动了 90°～180°。附着突起也被柄所替代。最后,由体壁分泌被囊素构成保护身体的被囊,使其从自由生活的幼体变为营固着生活的成体。柄海鞘经过变态失去了一些重要的构造,形体变得更为简单,这种由小到大的变态与进化的方向正好相反,所以称为逆行变态(retrogressive metamorphosis)。

15.2.2　头索动物亚门

头索动物种类较少,约有 30 种,但分布很广,遍及热带和温带的浅海海域。该类动物终生具有脊索、背神经管和咽鳃裂。还有许多其他器官与脊椎动物同源,如可以搏动的腹大动脉、动脉弓及肝盲囊等,呈现出脊椎动物器官发育的早期状态。头索动物亚门(Subphylum Cephalochordata)仅有头索纲(Cephalochorda),又名狭心纲(Leptocardii)。头索动物的脊索纵贯全身,一直延伸至背神经管的前方,故得名。

下面以代表动物文昌鱼为例进行介绍。

1. 外形和生活方式

文昌鱼(*Branchiostoma belcheri*)的体形似小鱼,无明显头部,身体两端尖故又称双尖鱼(amphioxus),其尾形很像矛头因此又有海矛(lancelet)之名(图 15-3)。文昌鱼一般体长约 50 mm(最长的可达 100 mm),左右侧扁,半透明,可隐约见到肌节(myomere)和生殖腺。口位于体前端的腹面,缘膜(velum)环绕在口的周围,通过内壁具轮器(wheel organ)的前庭(vestibule)与漏斗状的口笠(oral hood)相连。缘膜和口笠的周围分别环生缘膜触手(velar tentacle)及触须(cirri),可以阻挡粗物随水流入口,具有保护和过滤作用。没有成对的偶鳍,皮肤褶皱而成的背鳍(dorsal fin)延及背部全长,绕尾端成为宽大的尾鳍(caudal fin),尾鳍腹侧向前与肛前鳍(preanal fin)相连。肛前鳍之前的腹部左右两侧各有一条由皮肤下垂形成的纵褶,称为腹褶(metapleural fold)。腹褶和肛前鳍的交界处有一腹孔(atripore),是水和生殖细胞的出口。

50 mm

图 15-3　文昌鱼

文昌鱼生活在水质清澈的浅海沙滩里,很少活动,通常身体半埋于沙中,仅露出口前端,或者左侧贴卧沙面,借水流携带矽藻等浮游生物进入口内。夜间较为活跃,凭借体侧肌节的交错收缩在海水中作短暂的游泳。

2. 内部构造特征

（1）皮肤。

文昌鱼皮肤薄而半透明，由表皮和真皮构成。表皮为单层柱状细胞，真皮为冻胶状结缔组织。表皮外还覆有一层角皮层（cuticle）。在幼体期表皮外生有纤毛，成体期则完全消失。

（2）肌肉和骨骼。

文昌鱼肌肉分节明显，肌节呈"V"形，尖端朝前，按节排列于体侧，其间被结缔组织的肌隔（myocomma）所分开。肌节的数目是分类特征之一。身体两侧的肌节交错排列，便于文昌鱼在水平方向做弯曲运动。背部的肌肉厚实，腹部比较单薄。此外，围鳃腔腹面分布有横肌，口缘膜上分布有括约肌等。

文昌鱼尚未形成骨质的骨骼，脊索是支持身体的原始中轴骨骼。脊索外围有脊索鞘膜，并与背神经管的外膜、肌节之间的肌隔、皮下结缔组织等连接。脊索细胞呈扁盘状，其超显微结构与双壳类软体动物的肌细胞比较相似，收缩时可增加脊索的硬度。此外，文昌鱼鳃裂之间是由骨条支持，鳃骨条是一种特殊的、非胶原为基质的支持组织。其口笠边缘的触须也是由内骨条支撑。

（3）消化和呼吸器官。

文昌鱼消化系统比较简单，有口、咽、肠、肛门。咽部几乎占据身体全长的 1/2，是收集食物和进行呼吸的场所。咽腔内具有内柱、咽上沟和围咽沟等结构。文昌鱼靠轮器和咽部纤毛的摆动使带有食物微粒的水流经口入咽，食物被滤下留在咽内，而水则经咽壁的鳃裂到围鳃腔，然后由腹孔排出体外。

咽内的食物微粒被内柱细胞分泌的黏液粘成食物团，再通过纤毛摆动经围咽沟转到咽上沟，往后推送进入肠内。肠为一直管，向前伸出一个盲囊，突入咽的右侧，称为肝盲囊（hepatic diverticulum），其内壁是腺细胞能分泌消化液，相当于脊椎动物的肝脏。食物团中的大微粒在肠内分解成小微粒后再进入肝盲囊中，被肝盲囊细胞所吞噬，进行细胞内消化，未消化的物质由肝盲囊重返肠中，在后肠部进行消化和吸收。肛门为肠的末端开口，位于身体左侧（图 15-4）。

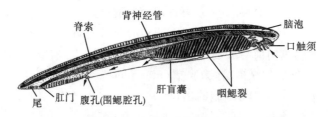

图 15-4 文昌鱼的结构（箭头示水流方向）（自宋憨愚）

文昌鱼呼吸部位也是咽。咽壁两侧有许多对鳃裂，彼此以鳃条分开，鳃裂内壁有纤毛上皮细胞和血管。纤毛上皮细胞的纤毛摆动使水流通过鳃裂，并使之与血管内的血液进行气体交换，完成呼吸作用，最后水再由围鳃腔经腹孔排出体外。有人认为文昌鱼体表也具有呼吸功能。

（4）血液循环。

文昌鱼循环系统属于闭管式，分动脉和静脉，这与脊椎动物基本相同，但没有心脏，血液无色。文昌鱼动脉主要包括具搏动能力的腹大动脉（ventral aorta）和由其发出的鳃动脉（branchial artery）。鳃动脉是由腹大动脉向两侧分出的成对进入鳃隔的血管，不再分化为毛细血管。经过气体交换后的血液在鳃裂背部汇入一对背大动脉根。背大动脉根内的新鲜血液由后往前流向身体前端，向后则由左、右背大动脉根合成背大动脉（dorsal aorta），并由此分出血管到身体各部。动脉中的血液通过组织间隙进入静脉。从身体前端返回的血液通过体壁静脉（parietal vein）汇入一对前主静脉（anterior cardinal vein）。后端返回的大部分血液汇入一对后主静脉（posterior cardinal vein），一部分血液通过一条尾静脉（caudal vein）进入肠下静脉（subintestinal vein）。所有的前主静脉和后主静脉的血液全部汇流到一对横行的总主静脉（common cardinal vein），或称居维叶氏管（ductus Cuvieri）。左、右总主静脉会合处为静脉窦（sinus venosus），并通入腹大动脉。肠下静脉集合从肠壁返回的血液和尾静脉的部分血液。肠下静脉前行至肝盲囊处血管又形成毛细管网，由于这条静脉的两端在肝盲囊区都形成毛细血管，因此称作肝门静脉（hepatic portal vein）。由肝门静脉的毛细血管再一次合成肝静脉（hepatic vein）并将血液汇入静脉窦内。

（5）神经系统。

文昌鱼的中枢神经是比较原始的，几乎没有脑和脊髓的分化，仅神经管的前端内腔略为膨大，称为脑泡。幼体的脑泡顶部有神经孔与外界相通，长成后完全封闭。神经管的背面并未完全愈合，尚留有一条裂隙，称为背裂（dorsal fissure）。外周神经包括由脑泡发出的两对"脑"神经和自神经管两侧发出的成对脊神经。神经管在与每个肌节相应的部位，分别由背、腹发出一对背神经根及几条腹神经根，或简称背根（dorsal root）和腹根（ventral root）。背根是兼有感觉和运动机能的混合性神经，司职皮肤感觉和肠壁肌肉运动。腹根是运动神经，分布在肌肉上。文昌鱼感觉器官很不发达，这与其很少活动的生活方式有关。文昌鱼的光线感受器是位于神经管两侧纵列的黑色小点，称为脑眼（ocellus）。每个脑眼由一个感光细胞和一个色素细胞构成，可通过半透明的体壁，起到感光作用。神经管的前端有一个色素点（pigment spot），又叫眼点（eye spot），比脑眼大但无视觉作用。

（6）排泄器官。

文昌鱼的排泄器官为一组肾管（nephridium），有 90～100 对，按节排列组成，位于咽壁背方的两侧，其结构和功能与非脊索动物的原肾很近似。每个肾管是一个短而弯曲的小管，弯曲的腹侧有单个肾孔（nephrostome）开口于围鳃腔，背侧连接着 5～6 束与肾管相通的管细胞（solenocyte）。管细胞是由体腔上皮细胞特化而成，其远端呈盲端膨大，紧贴体腔，内有一长鞭毛。代谢废物通过体腔液渗透进入管细胞，经鞭毛的摆动到达肾管，再由肾孔送至围鳃腔，随水流排出体外。此外，在咽部后端背部的左右各有一个盲囊，称为褐色漏斗（brown funnel），可能具排泄功能，也可能是一种感受器。

（7）生殖与发育。

文昌鱼雌雄异体，生殖腺共有 26 对，着生于围鳃腔两侧的内壁上，形似矩形小囊，性成熟时精巢为白色，卵巢为淡黄色。成熟的精子和卵都是穿过生殖腺壁和体壁进入围鳃腔，随同水流通过腹孔排出体外，在海水中进行受精发育。

文昌鱼的卵为均黄卵,完全卵裂,胚胎发育极为典型,以内陷法形成原肠,肠体腔囊形成中胚层与体腔,成体的口是在原口相对的一端重新产生的,为后口动物。

15.2.3 脊椎动物亚门

脊椎动物(Vertebrate)是动物界中的最高等的类群,种类繁多(现存的种类约有39000种),与人类的关系极为密切。脊椎动物由于各自所处的环境不同,生活方式千差万别,形态结构也相差悬殊,其功能结构与生活方式都比原索动物多样和复杂。

(1) 神经系统。

神经系统发达,具有明显的头部。神经管分化成脑和脊髓,头部出现嗅、听、视等集中的感觉器官,加强了动物个体对外界刺激的感应能力。由于头部的出现,脊椎动物又有"有头类"之称。

(2) 骨骼。

在绝大多数的种类中,由一个个脊椎(vertebra)连接组成的脊柱代替了脊索。典型的脊椎由椎体、椎弓、椎棘、横突或脉弓等部分组成。脊椎动物就是因为具有脊椎而得名。脊柱保护着脊髓,其前端发展出头骨保护着脑。脊柱和头骨是脊椎动物特有的内骨骼的重要组成部分,它们和其他的骨骼成分一起共同构成骨骼系统以支持身体和保护体内的器官。

(3) 呼吸。

原生的水生种类用鳃呼吸,次生的水生种类和陆生种类只在胚胎期间出现鳃裂,成体则用肺呼吸。圆口类的呼吸器官特化为鳃囊。

(4) 消化。

除了圆口类之外,都具备了上、下颌(jaw)。颌的作用在于支持口部,加强动物主动摄食和消化的能力。以下颌上举使口闭合的方式为脊椎动物所特有,不见于其他类群。

(5) 循环系统。

循环系统完善,由能收缩的心脏、血管、血液和淋巴系统组成。心脏能够促进血液循环,有利于生理机能的提高。

(6) 排泄系统。

排泄系统由一对肾脏、一对输尿管、膀胱和尿道组成。肾脏结构复杂,由许多肾小体组成,提高了排泄系统的机能,使新陈代谢所产生的大量废物更有效地排出体外。

(7) 运动器官。

脊椎动物中除了圆口类之外,运动器官都是成对的附肢(paired appendage)。水生种类的运动器官是鳍(fin),陆生种类的运动器官是肢(limb)。有少数种类失去了一对附肢或两对附肢。

脊椎动物亚门分为六个纲,包括圆口纲(Cyclostomata)、鱼纲(Pisces)、两栖纲(Amphibia)、爬行纲(Reptilia)、鸟纲(Aves)和哺乳纲(Mammalia)。

本 章 小 结

脊索动物门是动物界中最高等的一门。本门动物基本上都具有脊索、背神经管、咽鳃裂三个主要特征。大多数脊索动物还具有闭管式循环系统;心脏如存在,则总是位于消化道的腹面;血液具有红细胞;尾部如存在,则为肛后尾;骨骼如存在,则为中胚层形成的内骨骼。现存的脊索动物分为两大类群三个亚门,其中的尾索动物和头索动物两个亚门是低等脊索动物。

尾索动物的脊索和背神经管仅存于幼体的尾部,成体时脊索消失,背神经管退化成神经节,鳃裂仍存在,体表有被囊。头索动物种类较少,终生具有脊索、背神经管和咽鳃裂三大特征。脊椎动物是动物界中的最高等的类群,其功能结构与生活方式都比原索动物多样和复杂。

思　考　题

1. 脊索动物的三大主要特征是什么？试加以简略说明。
2. 脊索动物还有哪些次要特征？为什么说它们是次要的？
3. 脊索动物门可分为几个亚门？试述各亚门的主要特点。
4. 什么是逆行变态？试以海鞘为例进行说明。
5. 头索动物的主要特点是什么？
6. 头索动物何以得名？为什么说它们是原索动物中高等的类群？

第16章 圆 口 纲

16.1 代表动物和主要特征

16.1.1 代表动物——七鳃鳗

1. 外形

七鳃鳗(图 16-1)是圆口纲常见种类,营寄生或半寄生生活,以大型鱼类及海龟类为宿主(图 16-2(c))。身体呈长圆柱形,微纵扁,分头、躯体和尾三部分。头部腹面有杯形的口漏斗(buccal funnel),是一种漏斗状的口吸盘,其周边有细小的穗状皮褶,口内有舌。口漏斗内壁和舌上均有黄色的角质齿(图 16-2(b))。口漏斗可吸附在宿主体表,角质齿则锉破皮肤吸血食肉。头背中央有单个短管状的鼻孔(nostril),因此又称单鼻类(monorhina),鼻孔后方皮下有圆口纲特有的松果眼(pineal eye),含有水晶体(lens)和视网膜(retina),具感光作用。头侧有一对大眼,无眼睑(eye lid),覆盖一透明膜。眼后有 7个圆形的鳃裂孔,曾被误认为眼,故又名八目鳗。没有成对的偶鳍,背面有前后两个背鳍,后一个背鳍延续到侧扁的尾部与尾鳍相连,这与其营寄生生活相适应。尾鳍的上、下鳍叶是对称的,为原尾型,这是水栖无羊膜动物中最原始的尾型。躯干与尾交界的腹面有一肛门,其后为泄殖乳突(urogenital papilla)。

图 16-1 七鳃鳗(自 Cada)

2. 皮肤

七鳃鳗皮肤裸露,表面光滑无鳞,柔软,富单细胞腺体,能分泌黏液润滑体表。身体两侧具有皮肤感觉器官即侧线。

3. 骨骼

七鳃鳗的骨骼全部是软骨(图 16-3)。脊索终生存在,周围包裹着一层厚的脊索鞘,是支持身体的体轴。脊索背方的神经管两侧有许多按体节成对排列的软骨质弓片(arcualia),相当于脊椎骨椎弓的基背片(basidorsal)和间背片(interdorsal)。虽然不起任何支持作用,但它们代表着脊椎骨的雏形。脑颅(neurocranium)为不完全的软骨颅,主要由脑下的软骨底盘、嗅软骨囊、耳软骨(otic capsule)及支持口漏斗和舌的环形软骨与活塞软骨所构成。除左右耳囊软骨之间有一联耳软骨(synotic capsula)外,均覆有纤维组织

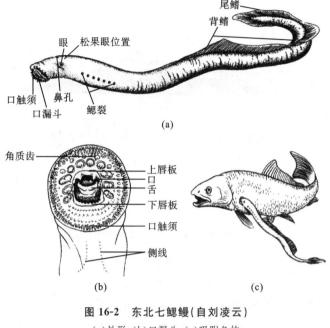

图 16-2　东北七鳃鳗（自刘凌云）

(a)外形；(b)口漏斗；(c)吸附鱼体

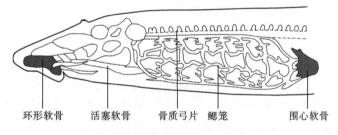

图 16-3　七鳃鳗骨骼模式图（自 Courtland）

膜，这种状态大致相当于高等脊椎动物颅骨在胚胎发育的早期阶段。支持鳃囊的软骨组织是鳃笼（branchial basket），是由 9 对细长弯曲的横行软骨弧和 4 对纵行软骨条共同连接而成的，鳃笼末端构成保护心脏的围心软骨。七鳃鳗的鳃笼紧贴皮下，不分节并包在鳃囊外侧，而鱼类的鳃弓则分节并着生在咽壁内。支持奇鳍的是不分节的辐鳍软骨（radialia cartilage）。

4. 肌肉

七鳃鳗的肌肉比较原始，分化少，保持原始的肌节排列，肌节的侧面观呈"⩽"形。口漏斗部分的肌肉略有分化，支配口漏斗和舌的活动。鳃孔周围有强大的括约肌和缩肌，控制鳃孔的启闭。躯体部和尾部肌肉为一系列按节排列的肌节及附着肌节前后的肌隔。肌节间尚无水平隔，故不分为轴上肌和轴下肌。

5. 消化系统

七鳃鳗的口位于口漏斗的底部，缺乏用作主动捕食的上、下颌（图 16-4）。它用口漏斗吸附在鱼类或海龟体上，以漏斗壁和舌上的角质齿锉破鱼体或海龟体，吸食血肉。角质齿损伤脱落后可再生。舌位于口底，由环肌和纵肌构成，能做活塞样的活动，由于舌上有

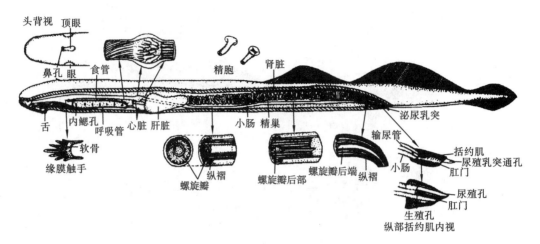

图 16-4　七鳃鳗内部模式图(自孟庆闻,Haymob)

齿而称为锉舌。由口通入口腔,其后是咽,咽分化出两条管道,向背面分出的是食道,向腹面分出的是呼吸管(respiratory tube)。胃末分化,食道同肠直接相连。肠管内有许多纵行的黏膜褶及一条纵行的螺旋瓣(spiral valve),或称盲沟(typhlosole),以增加消化和吸收面积。肠的末端是肛门。有发达的肝脏,无胆管,胰脏不发达。此外,七鳃鳗在眼眶下的口腔后有 1 对"唾腺",以细管通至舌下,腺体分泌一种抗凝血剂,对宿主进行吸血时能阻止动物创口血液的凝固。

6. 呼吸系统

七鳃鳗成体的咽后部有一支向腹面分出的呼吸管(图 16-4)。呼吸管为一盲管,两侧各有 7 个内鳃孔。每个内鳃孔通入一个球形的鳃囊(gill pouch),鳃囊是由鳃道部分膨大而成,囊壁长有许多褶皱状鳃丝,其上有丰富的毛细血管,构成呼吸器官的主体。鳃囊和其内鳃丝都来源于内胚层,这与其他用鳃呼吸的脊椎动物由外胚层形成的鳃不同。

七鳃鳗成体水流的进出都是通过外鳃孔。水流从外鳃孔进入,在鳃囊进行气体交换后仍由外鳃孔流出,以适应七鳃鳗以口漏斗吸附在宿主体表或头部钻入鱼体内部时无法从口中进水进行呼吸作用的半寄生生活。七鳃鳗的幼体营自由生活,呼吸方式和鱼类相似,由口腔进水,经内鳃孔到鳃囊,完成气体交换后,再从外鳃孔出水。

7. 循环系统

七鳃鳗是闭管式单循环,心脏位于鳃囊后面的围心囊内。心脏具有静脉窦、一心房(atrium)和一心室(ventricle),无动脉圆锥。除无肾门静脉和总主静脉外,循环系统及血液循环方式均与文昌鱼十分相似。血液中有白细胞和圆形有核的红细胞。

8. 排泄系统

七鳃鳗的排泄系统与生殖系统没有任何联系。一对狭长的中肾位于体腔背壁,由腹膜固着。肾脏滤泌的尿液由两条输尿管(ureter)沿体腔后行导入膨大的泄殖窦,经尿殖孔排至体外。

9. 神经系统

七鳃鳗的神经系统还比较原始,共有 10 对脑神经。脑分化为端脑、间脑、中脑、小脑和延脑五部分,但脑的各部分排列在同一平面上,无任何脑曲。听觉器官仅具内耳,七鳃鳗具 2 个半规管(semicircular canal)。嗅觉器官为单个鼻孔,内通向嗅囊,其上有嗅觉细胞。视觉器官为一对眼。还有一松果眼,也有感光作用。味觉器官是咽部的味蕾。水流感受器是侧线。

10. 生殖与发育

七鳃鳗是雌雄异体,在发育初期生殖腺成对,发育成熟后为单个,没有生殖导管。体外受精,发育有变态。性成熟后生殖腺在繁殖季节表面破裂,释放出精子或卵子,由腹腔经生殖孔(genital pore)进入尿殖窦(urogenital sinus),再通过尿殖乳突末端的尿殖孔排出体外。

每年春末夏初,性成熟的七鳃鳗常聚集成群,溯河而上或由海入江进行繁殖。选好水质清澈、具有粗砂砾石的河床后,先用口吸盘移去砾石造成浅窝。雌鳗吸住浅窝底的石块,雄鳗吸附在雌鳗的头上。之后,雄鳗身体的一部分将雌鱼卷绕,身体后端彼此靠拢,剧烈摆动尾部,同时排出精子和卵子,在水中受精。雌鳗每次交尾后只产出一部分卵,但在产卵期内可多次交尾和产卵。亲鳗在生殖季节绝食时间长达数月,经过生殖后都将死亡。鳗卵圆小,直径约 0.7 mm,含卵黄少,受精卵进行不均等的全分裂。

七鳃鳗的幼体称为沙隐虫,习性、构造与文昌鱼相似,因此过去错误地把幼鳗作为一种原索动物的成体。幼鳗与成鳗相比,无论形态还是构造均相差极大。沙隐虫在淡水或返回海中生活 3~7 年后才在秋冬之际经过变态成为成体。沙隐虫的结构及其生活习性显示了圆口纲动物与原索动物之间存在着一定的亲缘关系。

16.1.2　圆口纲的主要特征

圆口纲(Cyclostomata)是脊椎动物亚门中现存最原始的一个纲,栖居于海水或淡水中,营半寄生或寄生生活。本纲动物的主要特征表现在原始性以及为适应寄生或半寄生生活而出现的特殊性方面。口为吸附型,无上、下颌,所以又称无颌纲(Agnatha)。脊索终生保留,仅出现脊椎骨的雏形。仅有奇鳍,无偶鳍,是脊椎动物中唯一没有成对附肢的纲。只有一个鼻孔,位于头部背面。具有特殊的呼吸器官鳃囊,鳃在鳃囊中,故又称囊鳃类(Marsipobranchii)。内耳半规管 1 个或 2 个。本纲动物种类不多,主要包括七鳃鳗(Petromyzon)和盲鳗(Myxine)。

16.2　圆口纲的多样性

现存的圆口纲动物分属于两个目,即七鳃鳗目和盲鳗目。

16.2.1　七鳃鳗目

七鳃鳗目(Order Petromyzontiformes)动物口漏斗发达,口位于口漏斗深处,无口缘触须。单鼻孔开口在两眼中间的稍前方。眼比较发达,具松果眼。脑垂体囊(pituitary sac)为盲管,不与咽部相通。鳃囊 7 对,分别以外鳃裂开口于体外,鳃笼发达。整个脊索背面都有成对的软骨弧片。内耳有两个半规管。卵小,发育有变态。大多数种类的成鳗营半寄生生活,少数非寄生种类的角质齿退化消失,无特殊的呼吸管。分布于江河和海洋,如东北七鳃鳗(Lampetra morii)和雷氏七鳃鳗(Lampetra reissneri)分布于我国东北的黑龙江、松花江、嫩江、鸭绿江、乌苏里江等水域,海七鳃鳗(*Petromyzon marinus*)分布于大西洋沿岸海中或较大河流。

16.2.2　盲鳗目

盲鳗目(Order Myxiniformes)动物无口漏斗,口在最前缘围以软唇,有四对口缘触须。单鼻孔开口于鼻前端。眼退化,隐于皮下,不具晶体,不具松果眼。脑垂体囊向后开口于口腔。鳃孔1~16对,多数种类外鳃裂通入一长管,以一共同开口通体外。没有呼吸管的分化。随不同种类而异,鳃笼不发达。内耳仅一个半规管。无背鳍。雌雄同体,但雄性先成熟。卵大,包在角质卵壳中,受精卵直接发育成小鳗,发育无变态。海栖,营寄生生活。如盲鳗(*Myxine glutinosa*)分布在大西洋,黏盲鳗(*Bdellostoma slouti*)分布于太平洋和印度洋,蒲氏黏盲鳗(*Eptatretus burgeri*)(图 16-5)、杨氏拟盲鳗(*Paramyxine yangi*)等分布于日本海和我国南方沿海。

图 16-5　蒲氏黏盲鳗

本 章 小 结

圆口纲是脊椎动物亚门中现存最原始的一个纲。本纲动物的主要特征表现在原始性以及为适应寄生或半寄生生活而出现的特殊性方面。口为吸附型,无上、下颌。脊索终生保留,仅出现脊椎骨的雏形。仅有奇鳍,无偶鳍。只有一个鼻孔,位于头部背面。具有鳃囊。骨骼全部是软骨。肌节的侧面观呈"≤"形。呼吸管为一盲管,两侧各有 7 个内鳃孔。闭管式单循环。神经系统还比较原始。圆口纲动物与原索动物之间存在着一定的亲缘关系。

思 考 题

1. 简述圆口纲动物的主要特征。
2. 七鳃鳗和盲鳗的区别是什么?
3. 简述七鳃鳗的呼吸系统的特点。
4. 简述七鳃鳗的繁殖习性。

第17章 鱼 纲

17.1 代表动物和主要特征

17.1.1 代表动物——鲫鱼

鲫鱼(*Auratus auratus*)是我国常见的淡水鱼类之一,为广布、广适性鱼类,分布范围自亚寒带至亚热带,能适应各种恶劣环境。喜欢生活在多水草的浅水湖汊中,底栖,杂食性,食浮游生物、底栖动物等。繁殖力强,成熟早。3—7月份在浅水湖汊或河湾的水草丛生地带繁殖,分批产卵,卵黏附于水草或其他物体上。鲫鱼为中小型鱼类,最重达 2.5 kg以上。肉质细嫩,味鲜美,为广大群众喜食的鱼类。天然产量大,已成为淡水养殖的重要对象。

17.1.1.1 鲫鱼的外部形态

鲫鱼属硬骨鱼类,体侧扁而高,头较小,吻钝,无须(图 17-1)。胸鳍和腹鳍为偶鳍,背鳍、尾鳍和臀鳍为奇鳍,各鳍内有鳍条支持。背鳍、臀鳍具粗壮的、带锯齿的硬刺。鱼体呈纺锤形,左右稍扁,分头、躯干和尾三部分。头的后方两侧有鳃盖,鳃盖的后缘是头与躯干的分界线;躯干后部腹面有肛门,为躯干与尾部的分界线。除头部外,身体表面具有复瓦状排列的圆磷,表皮内有黏液细胞,能分泌黏液保持身体的滑润。体侧有明显的侧线。眼位于头部背面两侧,眼前端有一对外鼻孔,中间隔以鼻瓣。

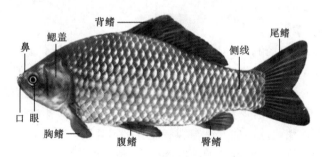

鼻　鳃盖　背鳍　尾鳍　侧线　口眼　胸鳍　腹鳍　臀鳍

图 17-1　鲫鱼的外形

17.1.1.2 鲫鱼的内部构造

1. 皮肤

鲫鱼的皮肤由表皮和真皮组成。表皮由多层细胞组成,有许多单细胞的黏液腺,分泌黏液。表皮无角质层。

2. 骨骼系统

鲫鱼的骨骼属于硬骨,可分为中轴骨(脊柱和头骨)和附肢骨(带骨和偶鳍骨),另外还有支持奇鳍的骨骼。

(1) 脊柱:是由许多脊椎骨连接而成,有支持身体的作用。鲫鱼的脊柱分为躯干椎和尾椎两部分。躯干椎的主体是椎体,前后均内凹,为两凹椎体。前后两椎体间形成一腔,内有残存的脊索,前后腔内的脊索通过椎体中央小孔彼此相连。椎体背面有神经弧(或叫髓弧),弧的顶端有神经棘(髓棘),椎体腹面两侧有横突起,其上附有肋骨,左右肋骨沿着腹壁向下包围,腹端游离。尾椎与躯干椎相似,但其腹面没有横突起而有脉弧(尾动、静脉通过其中),脉弧延伸成血管棘(脉棘)。最后一枚尾椎骨的髓弧扁平为尾上骨,脉弧扁平为尾下骨,共同支持尾鳍。此外还有一些小棘插入肌间隔中。从脊柱前端的第 1～3 椎骨发出的 4 对小型骨(闩骨、舟骨、间插骨、三脚骨)由前向后排列,连接鳔的前端与内耳,能将鳔所感受的振动传递给内耳,称为韦伯氏器(图 17-2)。

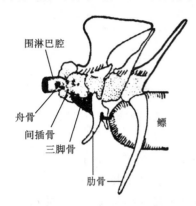

围淋巴腔
舟骨
间插骨
三脚骨
鳔
肋骨

图 17-2 鲫的韦伯氏器及其附近结构

(2) 头骨:包括保护脑的脑颅及支持口器和咽部的咽颅两部分。鲫鱼头骨骨片的数目是脊椎动物中最多的,到了高等脊椎动物则逐渐减少。咽颅位于脑颅下方,环绕消化管的前段,支持口、舌及鳃片。第 1 对为颌弓,第 2 对为舌弓,第 3～7 对为鳃弓。

(3) 附肢骨:包括肩带和胸鳍骨、腰带和腹鳍骨。肩带每侧各由一组骨片组成,前方与头骨相连,后方支持着胸鳍。胸鳍由鳍担和骨质鳍条支持。腰带为一对三棱形的骨片,腹鳍的骨质鳍条直接着生于腰带上。奇鳍也是由鳍担和骨质鳍条支持。

3. 肌肉

鲫鱼躯干部肌肉与尾部肌肉最发达,由若干肌节组成。体侧肌被一水平侧隔分成轴上肌与轴下肌两部分。侧隔是由结缔组织形成的,内起脊柱,外达体表,隔的外面正是侧线所在位置。

4. 消化系统

鲫鱼上下颌无齿,口腔和咽部界限不明显,口腔底部有一个不能活动的舌,咽部有齿,叫咽喉齿或下咽齿,生于第 5 对鳃弓上,咽喉齿与附在基枕骨腹面上的角质的咽头板呈咬合状,可以压碎食物。鳃弓朝口腔的一侧长有鳃耙,是滤食器官,也有保护鳃丝的作用。咽后为食道,再后为肠(胃肠的分化不明显),肠的末端为肛门,开口于体外。消化道由肠系膜系于体腔壁上。消化腺中的肝脏与胰脏混合呈不规则的腺体,位于肠系膜上,称为肝胰脏。肠的始部背侧有一条深红色的脾脏(淋巴结体)(图 17-3)。

5. 呼吸系统

鲫鱼有四对完整的鳃(全鳃),还有一对半鳃。每个全鳃鳃片上有两列鳃丝。鳃丝着生在前四对鳃弓外缘,无数鲜红的鳃丝紧密排列呈栉状。每根鳃丝都有入鳃动脉和出鳃动脉,鳃丝上还有无数个小突起称鳃小叶,为气体交换场所。因有鳃盖,鳃裂并不直接开口于外界,只有一对鳃孔与外界相通。其呼吸运动主要靠鳃盖和口的运动来完成。

鳔在胚胎发育上是从消化管区分化出来的突起,位于肠的背面,呈圆锥形,中央有一凹陷,分为前后两室,前端与韦伯氏器相连,后室有一细管伸出,名鳔管,往前行开口于食道(左侧)。鳔不但是调节鱼体比重的器官,也是辅助呼吸和听觉的器官。

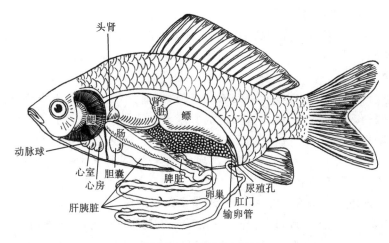

图 17-3 鲫鱼的内脏

6. 循环系统

鲫鱼的循环系统包括心脏和血管(图 17-4)。心脏由三部分构成,由后向前依次为:静脉窦,壁甚薄,接收来自身体各部的静脉血;在静脉窦的前方是心房,心房的壁较薄,但比静脉窦的壁厚;由心房稍偏腹面再向前就是心室,其壁最厚,成为主要的心脏搏动中心。心室向前有圆凸的构造即动脉球,是由腹主动脉基部扩大而成。

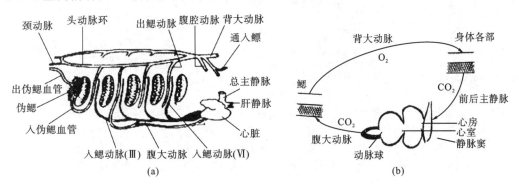

图 17-4 硬骨鱼类的循环系统
(a)硬骨鱼类的头动脉环及鳃循环;(b)硬骨鱼类的血液循环示意图(自鲍学纯)

动脉是把血液从心室输送至身体各部的离心血管。鲫鱼的动脉是由心脏发出的腹主动脉,向前伸达鳃的下方,向左右发出四对入鳃动脉。入鳃动脉进入鳃后形成毛细血管网,气体交换即在此进行,使来自心脏的静脉血变成动脉血。然后又汇成四对出鳃动脉,入背面成对的动脉根,左右动脉根前后端彼此汇合成头动脉环(硬骨鱼类特有)(图 17-4(b)),由此向前分出颈动脉,向后伸出背大动脉,分支至全身各部。

静脉是收集血液回心脏的向心血管。鲫鱼头部圆心的静脉血汇集到前主静脉→古维尔氏管→静脉窦。躯干部及尾部回心的静脉血汇集到后主静脉→古维尔氏管→静脉窦。不是所有的静脉都直接到达心脏。尾静脉进入体腔后分成左右两支进入肾脏,其尾静脉仅左侧分支形成肾门静脉→肾→肾静脉→左后主静脉。来自肠等消化器官和脾、鳔的静脉血由肝门静脉→肝-肝静脉→静脉窦。

7. 神经系统及感觉器官

鲫鱼的神经系统按其所在位置和功能可分为中枢神经系统(包括脑和脊髓,分别位于脑颅和髓管内)、周围神经系统(脑神经和脊神经)和植物性神经系统(交感神经和副交感神经)(图 17-5)。

鲫鱼的脑分为端脑(包括嗅叶和大脑)、间脑、中脑、小脑和延脑五个部分。大脑的前方有嗅叶与嗅柄。间脑很小,被大脑和中脑所遮盖。间脑背面有脑上体,腹面有脑漏斗,其先端下连脑垂体。中脑很大,背面形成视叶。小脑比较发达。延脑前部有一对迷走叶,后部紧接脊髓(图 17-5)。脊髓在髓管中,从两侧椎骨间伸出脊神经,脊神经有背腹两根,相合后又分成三支到身体各部。

感觉器官的眼位于头部左右两侧,眼球借动眼肌的作用可以活动。无眼睑、瞬膜及泪腺,眼球的晶状体几乎成圆球形,有扁平的角膜。鱼类耳只有内耳,内耳具有三条半规管,被埋在头骨的耳囊中,与外界不通,其位置位于小脑的左右。鱼类的内耳主要为平衡器官。鲫鱼等由于具有韦伯氏器,可把体表所感受的声波经过鳔增强振幅后传入内耳(图17-6)。

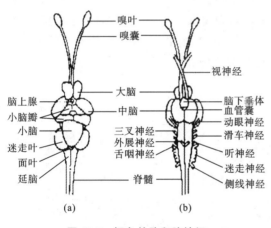

图 17-5　鲫鱼的脑和脑神经
(a) 背面观;(b) 腹面观

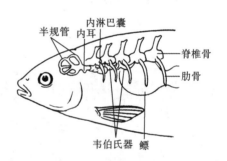

图 17-6　硬骨鱼类的内耳膜迷路(自刘凌云)

鱼的侧线器官是身体两侧各有一条陷在皮肤内的纵行管,该管以无数小管穿过鳞片与外界相通。这种鳞片叫侧线鳞。侧线是特化的皮肤感觉器官。侧线管内有感觉细胞,具有感知外界水流、压力及低频振动的功能(图 17-7)。

8. 排泄系统

鲫鱼有一对长形的肾脏,红褐色,紧贴在体腔背壁左右两侧。肾脏的主要功能是形成尿液,排泄对身体有害的代谢废物。每个肾脏可分为前后两部分,前部伸展到心脏的背侧,为一块较大的腺体,称为头肾,是一种淋巴结体,已无排泄作用。后部内侧各有一条输尿管,两侧输尿管在后端汇合膨大成为膀胱,以后为尿道,开口于肛门后方的尿殖孔(图17-8)。

9. 生殖系统

鲫鱼为雌雄异体,雌雄生殖腺(卵巢与精巢)成对,位于肾脏腹侧。精巢是一种白色腺体,俗称鱼白。繁殖期卵巢略带黄色,内含大量卵粒。精巢与卵巢外的被膜向后延伸即为

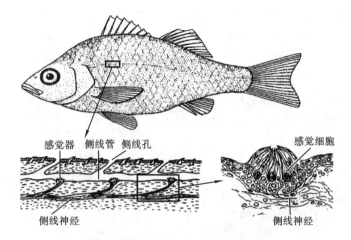

图 17-7　硬骨鱼侧线的结构(自徐润林)

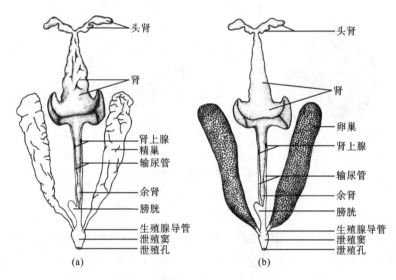

图 17-8　硬骨鱼类的排泄系统和生殖系统(自刘凌云)

(a) 雄性；(b) 雌性

成对的输导管,会合后注入尿殖窦。生殖季节精细胞和卵细胞成熟后由肛门后方尿殖孔排出体外,在水中完成受精(图 17-8)。

17.1.2　鱼纲的主要特征

鱼类是低等、水生脊椎动物,除具有脊椎动物的基本特征外,还有如下主要特征:体被鳞;具偶鳍,以鳍运动;用鳃呼吸;心脏—心房—心室,单循环。此外,身体可分为头、躯干和尾三部分,头骨与脊柱愈合而不能活动,脊柱只分化为躯干椎和尾椎两部分。

17.1.3　鱼纲分类的主要依据

1. 体形
鱼类由于生活习性和栖息环境的不同,在长期的适应过程中分化成了各种不同的体型。多数鱼类生活在温带和热带海洋水深 200 m 内的中上层,具有纺锤形(fusiform)的体型,能做快速而持久的游泳。栖息在江湖河池和静水水域中的鱼类一般都有与纺锤形相似的侧扁形(compressiform)体型,这些鱼类游速较慢,不太敏捷,很少做长距离迁移。还有适应底栖生活的平扁形(depressiform)的体型,以及潜伏于泥沙而适于穴居或擅长在水底礁石岩缝间穿绕游泳的鳗状(anguilliform)的体型等。为了适应不同的环境,鱼类的外形有较多的分化,出现了较大的变异(图 17-9)。

图 17-9　鱼类的体型
(a) 纺锤形;(b) 侧扁形;(c) 平扁形;(d) 鳗状

2. 鳍

鱼类不仅具有背鳍、臀鳍和尾鳍等奇鳍,还出现了偶鳍(包括胸鳍和腹鳍)。鳍膜内有鳍条支持,鳍条包括棘(spine)和软鳍条(soft ray)两类,软鳍条又可分为分节而末端分支的分支鳍条(branched ray)和分节而末端不分支鳍条。棘和软鳍条的数目因种而异,是鱼类分类学上的鉴别特征之一。胸鳍位于头的后方,是协助平衡鱼体和控制运动方向的器官。鳐等软骨鱼类的胸鳍扩大,与躯干结合成盘状;马鲅(*Eleutheronema*)、鲚鱼(*Coilia*)、红娘鱼(*Lepidotrigla*)、鬼鲉(*Inimicus*)的部分胸鳍鳍条呈游离的长丝状或指状;海鳝、黄鳝(*Monopterus*)和舌鳎等少数鱼类无胸鳍。腹鳍具有稳定身体和辅助升降的作用,体积通常小于胸鳍。许多比较低等的鱼类(如鲱形目、鲤形目、鲇形目等)腹鳍都位于腹部;鲈形目、金眼鲷目等鱼类的腹鳍位于胸鳍下方前后,称为腹鳍胸位,虎鱼类和狮子鱼类的左、右胸鳍常连合在一起,形成杯盘状的吸盘,能吸附在岩石上不被水流冲走。有些鱼类(如鳕类)的腹鳍位置可前移至喉部,称为腹鳍喉位。缺乏腹鳍的鱼类有鲀、鳗鲡、黄鳝、海龙、带鱼和箭鱼等。背鳍位于背部正中,它的形状、大小和数目因鱼而异。高等的棘鳍鱼类(Acanthopterygii)有两个背鳍,第一背鳍由棘组成,第二背鳍主要由软鳍条组成;低等的软鳍鱼类(Malacopterygii)只有一个由软鳍条组成的背鳍,有些种类(如鲑、大马哈鱼、黄鲦鱼等)在单个背鳍之后还有一个脂肪性的脂鳍(adipose fin),鳕鱼类有 3个背鳍。臀鳍(anal fin)位于肛门和尾鳍之间,是维持鱼体垂直的平衡器官。尾鳍在鱼的运动中起着舵和推进作用,圆尾脊柱末端平直,将尾鳍分为完全对称的上、下两叶。大多数鱼类的尾鳍都是在外观上呈上、下叶对称的正尾(homocercal),正尾脊柱的末端向上延伸仅达尾鳍基部,尾鳍外形对称,但内部不对称。鲨、鳐和鲟鱼等的尾鳍为歪尾型,脊柱的末端向背方延伸至尾端,将尾鳍分成上、下不对称的两叶,呈上叶大、下叶小,或上叶小、下叶大的歪尾(heterocercal)(图 17-10)。有些种类如鲀、海马、蛇鳗和黄鳝的尾鳍已退化消失。

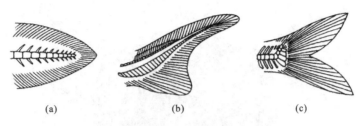

图 17-10　鱼类的几种尾型(自刘凌云)
(a) 圆尾型;(b) 歪尾型;(c) 正尾型

3. 鳞片

大多数鱼类的全身或一部分被有鳞片,对皮肤具有保护作用,只有少数鱼类无鳞或少鳞。鱼鳞分三种,即骨鳞(bony scale)、盾鳞(placoid scale)和硬鳞(ganoid scale),分别被覆于硬骨鱼类、软骨鱼类及硬鳞鱼类的体表(图 17-11)。

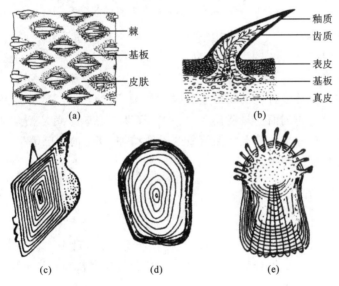

图 17-11　鱼类鳞片类型(自侯林、吴孝兵、陈小鳞)
(a) 盾鳞;(b) 盾鳞结构;(c) 硬鳞;(d) 圆鳞;(e) 栉鳞

骨鳞是鱼鳞中最常见的一种,是真皮层的产物,仅见于硬骨鱼类。骨鳞柔软扁薄,富有弹性,表面可分为基区(前区)、顶区(后区)、上侧区和下侧区。基区斜埋在真皮的鳞袋内,前后相邻的鳞片呈覆瓦状排列于表皮下。骨鳞因顶区露出部分的边缘呈现圆滑或带有齿突而被称为圆鳞(cycloid scale)或栉鳞(ctenoid scale)。骨鳞分为上、下两层,上层为骨质层(也称骨片层或透明齿质层),脆薄而坚固,表面有环圈状的隆起线,叫做鳞嵴

（scale ridges）；鱼鳞可用作分类鉴定特征之一。鱼鳞表面的鳞嵴间距随生长强度而变化，是外界环境影响及鱼体内营养物质摄取状况在鳞片上的反映，在冬季生长缓慢时期，鳞嵴显得微弱而狭窄，相互接近，甚至出现中断、改变走向和波曲等情况；当春夏之际进入生长恢复期时，在缓慢生长区的鳞嵴边缘产生许多新的、连续的和间隔宽阔的环形鳞嵴。鱼体周期性有规律的生长在鳞片表面留下鳞嵴变化的痕迹，每年形成一个宽窄相间的生长带，即为年轮，可作为确定或估计鱼龄的标志（图 17-12）。

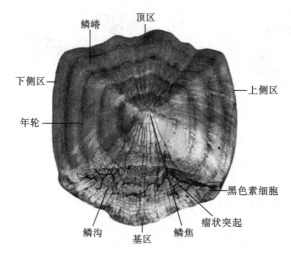

图 17-12　硬骨鱼类（岩原鲤）骨鳞的结构

盾鳞为软骨鱼所特有，平铺于体表互成对角线排列，可使流经表面的水流流态平顺，涡漩减少，有助于提高游泳速度。盾鳞由菱形的基板和附生在基板上的鳞棘组成，棘外覆有釉质，其构造与牙齿相似，血管、神经可穿过基板孔进入鳞棘的髓腔内。

硬鳞只存在于少数硬骨鱼的硬鳞鱼类（如鲟、鳇、弓鳍鱼、雀鳝、多鳍鱼等），来源于真皮层，鳞质坚硬，成行排列而不呈覆瓦状，在一定程度上影响了鱼体活动的灵活性。分布在我国的鲟鱼和鳇鱼除了尾鳍上叶保留着若干硬鳞外，其余的均已消失不见，而体侧的五行块状骨片是骨板而非硬鳞。

17.2　鱼纲的多样性

现在全世界生存的鱼类约 22396 种，我国鱼类分为 45 目 299 科 1214 属 3166 种，其中大部分为海洋鱼类。根据骨骼的性质可将鱼类分为软骨鱼和硬骨鱼两大类。

17.2.1　软骨鱼类

软骨鱼类的骨骼全由软骨组成，偶鳍水平位，歪型尾，体被盾鳞或无鳞。鳃裂有 5～7 对，分别开口于体外；或 4 对鳃裂，外被一膜状鳃盖，只有 1 对鳃孔与体外相通。雄性的腹鳍内侧有鳍脚（交配器）。肠内具有螺旋瓣，它是肠壁向肠腔内突出的呈螺旋状的薄片状物，有增加肠吸收面积等作用。无鳔。卵大，体内受精，卵生或卵胎生。现存种类为板鳃亚纲和全头亚纲。全世界共有 800 多种，我国产 190 多种。

17.2.1.1 板鳃亚纲

板鳃亚纲体被盾鳞或裸露,鳃裂有5～7对,分别开口于体外,无鳃盖,鳃间隔发达呈板状,有泄殖腔。现存种类分鲨形总目和鳐形总目。

(1) 鲨形总目(Selachomorpha):体呈梭形,鳃孔5～7对,开口于体侧,歪型尾,多生活在海洋的上层(图17-13)。我国产的主要有8目。

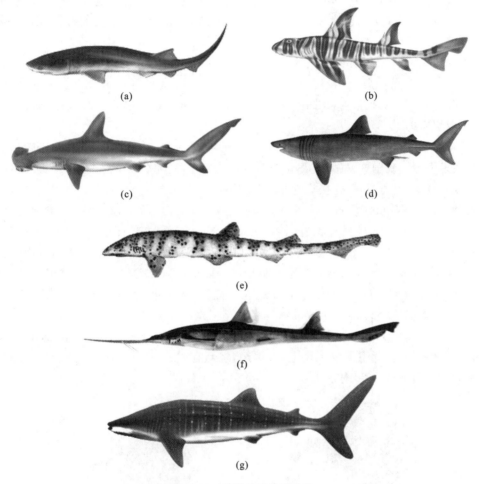

图 17-13 鲨形总目代表动物
(a) 六鳃鲨;(b) 狭纹虎鲨;(c) 双髻鲨;(d) 姥鲨;(e) 梅花鲨;(f) 日本锯鲨;(g) 鲸鲨

六鳃鲨目(Hexanchiformes):扁头哈那鲨(*Heptranchias platycephalus*)体呈长棱形,头部宽扁。每侧有6～7个鳃孔。尾鳍长,上尾叶窄,下尾叶宽。体背灰色,有黑色小斑点,腹面白色。

虎鲨目(Heterodontiformes):头大吻钝,眼上位,有鼻口沟;前方的牙尖细,后方的牙平扁呈白齿状。背鳍2个,前方各具一枚鳍棘;有臀鳍。全世界只有虎鲨科(Heterodontidae)1属8种,我国产2种,即体纹宽而纹间距较大的宽纹虎鲨(*Herterodontus japonicus*)和体纹窄而纹间距小的狭纹虎鲨(*H. zebra*),分别分布于黄渤海及南海。

鲭鲨目(Isuriformes):背鳍 2 个,无硬棘;有臀鳍。全世界有 4 科 7 属 14 种,较有代表性的种类是体长约 15 m 的姥鲨(*Cetorhinus maximus*)、尾鳍长度超过体长 1/3 的长尾鲨(*Alopias valpinus*)和俗称大白鲨的噬人鲨(*Carcharoldon carcharias*)等。

须鲨目(Orectolobiformes):有鼻口沟或鼻孔开口至口内。前鼻瓣常有一鼻须或喉部具一对皮须。最后 2~4 对鳃孔位于胸鳍基底上方。第一背鳍与腹鳍相对或位于其后。全世界有 3 科 12 属约 29 种,我国产 3 科 8 属 12 种,常见种类有头侧具皮瓣的日本须鲨(*Orectolobus japonicus*)、豹纹鲨(*Stegostoma fasiatum*)和世界上最大的鲸鲨(*Rhincodon typus*)等。

真鲨目(Carcharhiniformes):眼有瞬膜,是世界上软骨鱼类中属、种数最多的一个类群,共 8 科 47 属 200 余种,我国产 4 科 23 属 60 多种,常见种类有体具斑点的梅花鲨(*Halaelurus burgeri*)、星鲨(*Mlustelus*)、颌齿斜行排列的斜齿鲨(*Scolidon sorrakowah*)和锤头双髻鲨等。

角鲨目(Squaliformes):背鳍 2 个,大多有硬棘,无瞬膜,有喷水孔,鳃孔位于胸鳍基底前方,缺乏臀鳍。我国产角鲨科(Squalidae)1 属 6 种,沿海常见的有短吻角鲨(*Squalus brevirostris*),吻短圆钝,鼻孔接近吻端,背部棕褐色,无斑。

锯鲨目(Pristiophoriformes):头平扁,吻长似剑状突出,鼻孔前方有一对皮须,具瞬膜及喷水孔,无臀鳍。本目只有锯鲨科(Pristiophoridae),我国产日本锯鲨(*Pristiophorus japonicus*),体长可达 4 m,底栖生活,食甲壳动物和蠕虫等,分布于黄海、东海和南海。

扁鲨目(Squatiniformes):是鲨形总目中唯一体型平扁的类群。胸、腹鳍扩大,且彼此接近。背鳍 2 个,形小而位于尾部上方。本目仅扁鲨科(Squatinidae)1 属,我国产 2 种,常见种为日本扁鲨(*Squatina japonica*),俗称琵琶鲨。

(2) 鳐形总目(Batomorpha):体形扁平,鳃孔腹位,又名下孔总目(Hypotremata);胸鳍前部与头侧相连;背鳍常位于尾上,无臀鳍,尾鳍有或无(图 17-14)。全世界有 4 目 20 科约 430 种,我国产约 80 种。

图 17-14 鳐形总目代表动物

(a) 孔鳐;(b) 赤魟;(c) 犁头鳐;(d) 电鳐;(e) 蝠鲼

锯鳐目(Pristiformes)：吻狭长而平扁，似剑状突出，边缘具尖利的吻齿。本目只有锯鳐科(Pristidae)，分布于热带和亚热带沿岸海区。我国南海和东海产尖齿锯鳐(*Pritis cuspidatus*)，鱼体最长可达 9 m，常用剑状的吻锯击毙或刺伤追食对象。

鳐形目(Rejiformes)：吻圆钝或突出，侧缘无吻齿。喷水孔较小，位于眼后。鼻孔狭长，距口颇近。口平横，唇褶发达。本目主要包括体盘呈犁状的犁头鳐(*Rhinobatus hynnicephalus*)、体盘呈团扇形的团扇鳐(*Platyrhinus sinensis*)等。

鲼形目(Myliobatiformes)：胸鳍往前延伸到达吻端，或前部分化为吻鳍或头鳍。腹鳍前部不分化成足趾状构造。无背鳍和臀鳍，腹鳍小。尾细长呈鞭状，具尾刺，有毒。我国产约 31 种，主要种类有尾长如鞭而无背鳍的魟类(*Dasyatis*)、胸鳍与吻鳍在头侧相连的蝠鲼(*Mobula japanica*)等。其中的赤魟不仅是我国北方的常见种，而且生活在珠江水系直至广西龙州一带。

电鳐目(Torpediniformes)：体盘椭圆形，宽大于长，皮肤光滑柔软；头侧与胸鳍之间的皮下具有特化而成的发电器官。眼小，突出。喷水孔边缘隆起。腹鳍前角圆钝，背鳍 1 个，尾鳍宽大。我国有 2 科 4 属 8 种，常见种类有产于南海的黑斑双鳍电鳐(*Narcine maculate*)和日本单鳍电鳐(*Narke japonica*)等。

17.2.1.2　全头亚纲

全头亚纲(Holocephali)体表光滑或偶有盾鳞。鳃腔外被一膜质鳃盖，后缘具一总鳃孔。无泄殖腔。背鳍 2 个，第一背鳍前有一强大硬棘，能自由竖立或垂倒。雄性除腹鳍内侧的鳍脚外还有腹前鳍脚及额鳍脚。

全世界只有银鲛目(Chimaeriformes)1 目 3 科近 30 种，我国产 5 种。体延长侧扁，吻短圆锥形，或延长尖突，或延长平扁似叶钩状。最常见的为银鲛科(Chimaeridae)的黑线银鲛(*Chimaera phantasma*)，俗名海兔子，吻圆锥形，体银灰色，头和背侧部暗褐色，侧线下方有一黑色纵带，齿愈合成宽阔的齿板，体前部粗大，后部侧扁，尾细长呈鞭状(图17-15)。我国沿海各地均有分布，以无脊椎动物及小鱼为食。

图 17-15　黑线银鲛

17.2.2　硬骨鱼类

硬骨鱼类的骨骼大多由硬骨组成；体被骨鳞或硬鳞，一部分鱼类的鳞片有次生性退化现象；鼻孔位于吻的背面；鳃间隔退化，鳃腔外有骨质鳃盖骨，头的后缘每侧有一外鳃孔。鳍的末端附生骨质鳍条，大多为正型尾。通常有鳔，肠内大多无螺旋瓣；生殖腺外膜延伸成生殖导管，二者直接相连，无泄殖腔和鳍脚，行体外受精。硬骨鱼类包括三个亚纲。

17.2.2.1　总鳍亚纲

总鳍亚纲(Crossopterygiomorpha)是一类出现于泥盆纪的古鱼，也是当时数量最多

的硬骨鱼类。本亚纲具有中轴骨骼是一条纵行的脊索而不存在椎体、头下有一块喉板
(gular plate)、肠内有螺旋瓣等一系列原始特征。鳔退化,体被圆鳞;有原鳍型的偶鳍,即
偶鳍有发达的肉质基部,鳍内有分节的基鳍骨支持,外被鳞片,呈肉叶状,故又称肉鳍亚纲
(Sarcopterygii)。主要鳍骨与陆生脊椎动物的肢骨极为相似;尾鳍呈特殊的三叶式矛头
形。早期的总鳍鱼类都栖居于淡水中,有鳃、鳔和内鼻孔,能在气候干燥和水域中周期性
缺氧时用鳔呼吸空气。可凭借肌肉发达的肉叶状偶鳍支撑鱼体爬行。长期以来,总鳍鱼
类一直被认为已于中生代末期的白垩纪时完全绝灭,但是1938年12月22日却在非洲东
南沿海哈隆河河口水深70 m处首次捕获一尾体长1.8 m、重95 kg的总鳍鱼,并依据其
尾形命名为矛尾鱼(*Latimeria chalumnae*),该标本保存于东伦敦博物馆内(图17-16)。
以后又在科摩罗群岛附近的海域中陆续捕得150~200尾矛尾鱼。这些古鱼的孑遗已成
为动物界最珍贵的活化石之一。

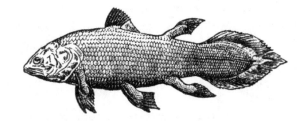

图17-16 矛尾鱼(自刘凌云)

17.2.2.2 肺鱼亚纲

肺鱼亚纲(Dipnoi)是古老的淡水鱼类,是与古总鳍鱼类亲缘关系较近的同时代的鱼
类,两者的主要区别是肺鱼类口腔中有内鼻孔、偶鳍内具双列式排列(辐鳍骨列于基鳍骨
的两侧)的鳍骨和高度特化而适于压碎软体动物硬壳的迷齿。肺鱼类一方面具有某些原
始特性:无次生颌;脊索终生保留,组成椎骨的骨片直接连在脊索上,椎体尚未形成;心脏
前有动脉圆锥;肠内具螺旋瓣;尾鳍为原型尾(protocercal tail)。另一方面,肺鱼类还具有
与其生活环境相适应的特化性状或进化特征,如肺鱼类的鳔不论在发生、构造或是呼吸机
能上都与陆生脊椎动物的肺十分相似。鳔有鳔管与食道相通,外界的空气可通过口腔和
内鼻孔直接进入鳔内。鳔上血管丰富,能执行肺的功能,"肺鱼"因此而得名。本总目在世
界各地曾有过广泛的分布,但现生种类仅2目3科5种,并被隔离分布于南美洲、亚洲和
大洋洲,我国四川省境内也出土过肺鱼化石。

代表种类如澳洲肺鱼(*Neoceratodus forsteri*)(图17-17(a)),分布于澳大利亚昆士
兰。非洲肺鱼(*Protopterus annectens*)(图17-17(b)),分布于非洲中部。美洲肺鱼
(*Lepidosiren paradoxa*)(图17-17(c)),产于南美洲。

17.2.2.3 辐鳍亚纲

辐鳍亚纲(Actinopterygii)鱼类的各鳍均由真皮性的辐射状鳍条支持。体被硬鳞、圆
鳞或栉鳞,或裸露无鳞。骨骼几乎全为硬骨;鳃间隔退化,具有骨质鳃盖;偶鳍排列非水平
位;多为正尾;肠内一般无螺旋瓣;多数具鳔,无泄殖腔。我国所产硬骨鱼类均属此亚纲。
辐鳍亚纲种类极多,占现生鱼类总数的90%以上,共包括38目423科678属,产于我国
的有30目256科1120属。

图 17-17 肺鱼

(a) 澳洲肺鱼;(b) 非洲肺鱼;(c) 美洲肺鱼

(1) 鲟形目(Acipenseriformes):体形似鲨,吻长,口腹位,有喷水孔。躯干部有 5 行纵列的骨板,或皮肤裸露而仅在歪型尾的上叶列有少数硬鳞性质的叉状鳞。内骨骼为软骨,仅于头部具有膜质硬骨;脊索发达,无椎体。我国产 2 科。

鲟科(Acipenseridae):体被 5 行纵列骨板,前方有 4 条吻须。幼鱼期有齿,成长后消失无迹。本科主要是北半球的淡水鱼或溯河性鱼类,代表种类有新疆额尔齐斯河及伊犁河产小体鲟(*Acipenser ruthenus*)、东北产施氏鲟(*A. schrenckii*)、长江中上游产长江鲟(*A. dabryanus*)。中华鲟(*A. sinensis*)(图 17-18(a))为江海洄游性鱼类,成鱼溯河到长江上游产卵,孵化的稚鱼在江内栖居一段时期后又返回海里,为我国珍稀保护动物。1983年,长江水产研究所在葛洲坝获得中华鲟催青育苗成功,并通过人工放流进行保护。

白鲟科(Polyodontidae):体表裸出,无成行骨板,仅尾鳍上叶有叉状鳞,口内有细齿。本科仅 2 属 2 种,呈不连续分布:一种是产于长江和钱塘江的白鲟(*Psephurus gladius*)(图 17-18(b)),全身灰白色,别名象鱼,头吻均长,往前延伸呈剑状突出,有一对短须,是我国特有的大型珍稀鱼类,现在已很少见到。

图 17-18 鲟形目主要代表动物

(a) 中华鲟;(b) 白鲟

(2) 鳗鲡目(Anguillomorpha):体形圆长,无腹鳍。背、尾、臀鳍连在一起,无硬棘,鳞小或退化。均为海产。其中的鳗鲡(*Anguilla japonica*)也称白鳝,在海的深处生殖,进入淡水生长育肥,其肉质细嫩,经济价值高(图 17-19)。

图 17-19 鳗鲡

（3）鲱形目（Clupeiformes）：体表被有圆鳞，鳍条柔软分节而无硬棘，鳔有鳔管，腹鳍腹位。鳍无棘，背鳍单个。本目包括许多有经济价值的种类。鲥鱼（*Macrura reevesii*）（图 17-20）腹部有锯齿状的棱鳞，臀鳍短，尾鳍有深叉。每年春夏之交，鲥鱼从海洋溯河而上进入长江、珠江和钱塘江等河流的产卵场进行繁殖，形成一年一度的渔汛。鲥鱼肉味鲜美，自古以来被列为中国的名贵鱼类。

图 17-20　鲥鱼

（4）鲤形目（Cypriniformes）：具有韦伯氏器，连接于鳔与内耳之间，如有鳔必有鳔管，腹鳍腹位。本目为鱼纲中的第二大目，其中尤以鲤科的种类最多，且多为重要的食用鱼。

常见的有青鱼、草鱼、鲢鱼、鳙鱼、鲤鱼、鳊鱼、鲫鱼、鲂鱼、鲮鱼、鳡鱼、胭脂鱼等，其中青鱼、草鱼、鲢鱼和鳙鱼肉味美、生长快，为我国特产的"四大家鱼"，为主要养殖鱼类。它们在江河流水中产卵，属于江湖半洄游性鱼类。

鲤鱼（*Cyprinus*）：有两对口须，背鳍、臀鳍均有硬棘，咽喉齿三行。生活于水的下层，杂食性（图 17-21（a））。

青鱼（*Mylopharyngodon piceus*）：体长，腹部圆而无棱。各鳍无硬棘。咽喉齿呈臼齿形，背部及鳍呈青黑色，腹部灰白。底层栖息，主食螺蛳、蚌类（图 17-21（b））。

草鱼（*Ctenopharyngodon idellus*）：体形与青鱼相似（青鱼头前端略尖）。青黄色，咽喉齿栉状，中层栖息，以水草为食（图 17-21（c））。

鲢鱼（*Hypophthalmichthys molitrix*）：又叫白鲢，体侧扁较高，银白色。腹面腹鳍前后均具腹棱，腹部呈刀状的棱突，栖息于上层，以海绵状鳃耙滤食浮游植物，生长迅速（图 17-21（d））。

鳙鱼（*Aristichthys mobilis*）：与鲢很相似，但体色暗黑，头部也较肥大。腹面的腹棱仅见于腹鳍至肛门间。栖息于水体的中上层，以细密的鳃耙滤食浮游动物，生长快（图 17-21（e））。

鳊鱼：包括团头鲂（*Megalobrama amblycephalua*）、三角鲂（*Megalobrama terminalis*）和长春鳊（*Parabvamis pekinensls*）等。鳊鱼体侧扁，中部较高，略呈菱形。银灰色，腹面全部具腹棱。上下颌前缘具有角质突起。草食性。肉质鲜嫩，为上等食用鱼类。团头鲂也称"武昌鱼"，背部特别隆起，腹棱仅见于腹鳍与肛门间（长春鳊：腹部全部具腹棱），草食性，原产湖北和江西等地的湖泊中，肉味美，现已全国各地养殖（图 17-21（f））。

鲮鱼（*Cirrhinus molitorella*）：体长、侧扁，腹部无腹棱，为我国广东、广西地区重要的养殖鱼类（图 17-21（g））。

胭脂鱼（*Myxocyprinus asiaticus*）：仅分布在长江和闽江流域，背鳍高大而长，鳍条50～57 枚，栖于水的中下层，以无脊椎动物为食。胭脂鱼的人工繁殖及移养已获得成功（图 17-21（j））。

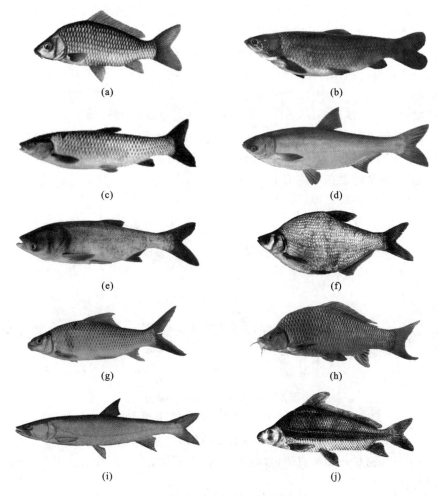

图 17-21 鲤形目部分代表鱼类

(a) 鲤鱼;(b) 青鱼;(c) 草鱼;(d) 鲢鱼;(e) 鳙鱼;(f) 团头鲂;(g) 鲮鱼;(h) 岩原鲤;(i) 鳡鱼;(j) 胭脂鱼

(5) 鲇形目(Siluriformes):有 31 科约 2200 种。我国有 11 科近 100 种。"鲇"常写作 "鲶"。又因鳔通过韦伯氏器与内耳相连,而和鲤形目、鲑形目及电鳗目一起组成骨鳔类。 鱼头部扁平,口特别宽,齿发达。眼小,口须 1~4 对,咽骨有细齿。体表无鳞,背鳍短小, 臀鳍长,与尾鳍的下叶相连,胸鳍和背鳍常有一强大的鳍棘,有些种类有脂鳍。均为底栖 肉食性鱼类,很多是重要的食用鱼。大多为刺毒鱼类,背鳍特别是胸鳍的硬刺附有毒腺, 可致伤痛。绝大多数生活于淡水,鲇形目中包括许多肉食性经济鱼类。

鲇(*Silurus asotus*):是最常见的种类。背鳍短或无,无脂鳍,臀鳍长,胸鳍通常有硬 刺。头平扁,须 1~3 对。栖于水域的下层,主要食鱼类。除青藏高原和新疆外,我国各地 均有分布(图 17-22(a))。

胡子鲇(*Claris fuscus*):背鳍一个,基底很长,有须 4 对。分布于非洲和亚洲的淡水 中。成鱼个体不大,重 100~150 g,为肉食性底层鱼类,在广东被视为上等鱼(图17-22 (b))。我国自 1981 年从非洲引进胡子鲇(塘虱鱼),现已广泛饲养。

黄颡鱼(*Pelteobagrus fulvidraco*):又名黄腊丁,头部有 4 对触须,无鳞。背鳍、胸鳍各有一根硬棘,背鳍后方有一长脂鳍(由脂肪组织构成)。体色青黄,并杂有黑色斑块(图17-22(c))。为小型食用鱼,近年来已广为养殖。

斑点叉尾鮰(*Ictalurus punctatus*):分布于美洲的淡水中。体形较大,头部上下颌具有深灰色头须 4 对,具脂鳍,尾鳍分叉较深。我国从美国引入(图 17-22(d))作为食用鱼,已广泛饲养。

长吻鮠(*Leiocassis longirostris*):为本科中较大个体,体长,吻锥形,向前显著地突出。口下位,呈新月形,唇肥厚,眼小。须 4 对,细小。无鳞,背鳍及胸鳍的硬刺后缘有锯齿,脂鳍肥厚,尾鳍深分叉。体色粉红,背部稍带灰色,腹部白色,鳍为灰黑色。一般生活于江河的底层,觅食时也在水体的中、下层活动。长吻鮠为肉食性鱼类,主要食物为小型鱼类和水生昆虫,为名贵鱼类(图 17-22(e))。

图 17-22 鲇形目部分代表动物

(a) 鲇;(b) 胡子鲇;(c) 黄颡鱼;(d) 斑点叉尾鮰;(e) 长吻鮠

(6) 鲑形目(Salmoniformes):有 9 亚目 25 科 146 属 510 种,我国有 7 亚目 18 科约 91种,其中一半是深海鱼。颌缘具齿,多数有脂鳍,位于背鳍后或臀鳍前。多为冷水性鱼类,一般为肉食性。

大马哈鱼(*Oncorhynchus keta*):是一类典型的洄游性鱼类,分布在北纬 35°以北的太平洋水域,亚洲和美洲沿岸均有分布。在海中生活 3～5 年,成熟时洄游进入我国黑龙江、乌苏里江和松花江等江河产卵(图 17-23(a))。

大银鱼(*Protosalanx hyalocraninus*):主要分布于我国沿海、通海江河(长江中下游、海河)及其附属湖泊和水库。大银鱼是一种小型名贵经济鱼类,其肉质细嫩、味道鲜美,是深受国内外欢迎的名优鱼类,也是我国重要的出口创汇水产品之一,具有很高的经济价值和食用价值(图 17-23(b))。

图 17-23 鲑形目主要代表

(a) 大马哈鱼;(b) 大银鱼

（7）鳕形目（Gadiformes）：腹鳍位于胸鳍以下或之前；大多数种类的鳍无棘，鱼唇都有须；鳕科的鱼鳔没有排气管。大头鳕（*Gadus macrocephalus*）有背鳍 3 个，臀鳍 2 个，是黄渤海经济鱼类之一（图 17-24）。

图 17-24　大头鳕

（8）合鳃目（Synbranchiformes）：体形似鳗，无胸鳍和腹鳍，奇鳍彼此相连，无鳍棘，无鳔。左、右鳃孔位于头的腹面合而为一，鳃小而不发达，能借口腔及喉部黏膜进行辅助呼吸，故出水后不易死亡。我国只产合鳃科（Synbranchidae）的黄鳝（*Monopterus albus*）（图17-25），体光滑无鳞，全身黄褐色，满布不规则的黑色斑点。生活在浅水环境中，穴居，昼伏夜出。繁殖中有性逆转现象，幼时为雌性，以后逐渐变为雄性。黄鳝是我国特产鱼类，自然资源丰富，除青藏高原外分布遍及全国。

图 17-25　黄鳝

（9）鲈形目（Perciformes）：腹鳍胸位或喉位；背鳍 2 个，各鳍均有棘，体大多被栉鳞。鳔无鳔管，鳃盖发达，鳃孔大。本目为鱼纲中种类最多的一个目，其中包括许多重要的海产经济鱼种，也有淡水种类。我国产 85 科，主要包括以下种类。

黄鱼：因耳石大，又叫石首鱼，为我国主要的海产经济鱼类。有两种，即大黄鱼和小黄鱼，大黄鱼（*Pseudosciaena crocea*）脊椎骨 26 枚左右，侧线与背鳍第 1 刺间的鳞为 8～9 行，尾柄长为尾柄高的 3.3 倍，体形一般较大（图 17-26（a））。小黄鱼（*Pseudosciaena polyactis*）脊椎骨 29 枚左右，侧线与背鳍第 1 刺间的鳞为 5～6 行，尾柄长为尾柄高的 2.3 倍，体形一般较小。

鳜鱼（*Siniperca chuatsi*）：又叫桂花鱼。生活在静水或缓流的水体中，5—7 月份在江河干流或支流的流水中产卵，幼苗常混杂在天然捕捞的家鱼苗中，造成危害。体侧扁，背部隆起，青黄色，具有不规则黑色斑纹。为典型的肉食性鱼类，肉细嫩，味美而刺少，为我国珍贵淡水食用鱼（图 17-26（b））。

罗非鱼（*Tilapia*）：俗称非洲鲫鱼，原产于非洲，体形似鲫鱼，背鳍鳍棘发达，臀鳍有 3 个棘。共有 600 多种，目前被养殖的有 15 种。罗非鱼是一群广盐性鱼类，海淡水中均可生存；耐低氧，一般栖息于水的下层（图 17-26（c））。食性广泛，生长迅速，生长适温22～35 ℃，水温低于 7 ℃时罗非鱼会冻死。

带鱼(*Trichiurus lepturus*):体呈带形,银白色,性凶猛,肉食性,为我国主要的海产经济鱼类之一(图 17-26(d))。带鱼、大黄鱼、小黄鱼和头足类的墨鱼(乌贼)通常被称为我国四大海洋经济鱼类。

乌鳢(*Channa argus*):背鳍和臀鳍基底甚长,鳍无棘,有辅助呼吸器官(由第一鳃弓向鳃腔中伸展出薄而屈曲的骨片,上面分布丰富的毛细血管,能与空气进行气体交换,称为褶鳃),离水后能生活一段时间。圆鳞,鳔长,伸向尾部。常见种类为为凶猛的肉食性鱼类,味道鲜美,属上等食用鱼(图 17-26(e))。

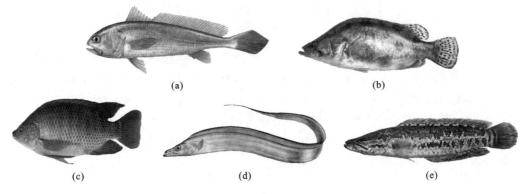

(a)　　　　　　　　　　　　(b)

(c)　　　　　　　(d)　　　　　　(e)

图 17-26　鲈形目主要代表动物

(a) 大黄鱼;(b) 鳜鱼;(c) 罗非鱼;(d) 带鱼;(e) 乌鳢

(10) 鲽形目(Pleuronectiformes):卵圆形扁平鱼类的统称,俗名为比目鱼。多为海产,肉食性,底栖,静止时一侧伏卧,部分身体经常埋在泥沙中。有些能随环境的颜色而改变体色。比目鱼最显著的特征之一是刚孵出的幼鱼的眼是左右对称的,随着变态两眼完全在头的一侧;向上的有眼侧有色素或斑纹,向下的一侧体色较淡。沿背腹缘分别具长形的背鳍、臀鳍。本目分布广泛,种类丰富,有 6 科 119 属 541 种,我国有 6 科 46 属 10 种,是重要的经济鱼类,产量高,肉味鲜美。常见种类有褐牙鲆(*Paralichthys olivaceus*)、漠斑牙鲆(*Paralichthys lethostigma*)、黄盖鲽(*Limandagokohamae*)和半滑舌鳎(*Cynoglossus semilaevis*)等,其中褐牙鲆为我国黄海、渤海的重要经济鱼类。巨菱鲆(*Scophthalmus maximus*)也叫大菱鲆或多宝鱼(图 17-27),分布于大西洋东侧欧洲沿岸,它具有适应低水温生活,生长速度快,肉质好,养殖和市场潜力大等优点,是欧洲各国开发的优良海水养殖鱼类之一,1992 年引进我国,现已成为我国北方沿海重要的养殖品种。

(11) 鲀形目(Tetraodontiformes):上颌骨常与前颌骨牢固的相连或愈合。牙齿大且呈板状,口小,鳃孔小。体表裸露或被覆有粒状鳞、骨板、小刺等。分布于热带、亚热带或温带海域,少数生活在淡水中。全世界共有 10 科 103 属 330 余种,我国产 10 科 59 属 123 种。代表种类有虫纹东方鲀(*Takifugu vermicularis*)、弓斑东方鲀(*Takifugu ocellatus*),通称"河鲀",其肉味鲜美,唯内脏特别是卵巢、肝和血液含有剧毒的河鲀毒素(tetrodontoxin),在食用之前必须经过妥善处理。绿鳍马面鲀(*Thamnaconus septentrionalis*)分布于我国南海及东海南部,为重要的海洋经济鱼类。大型的种类有翻车鲀(*Mola mola*)(图 17-28)。

图 17-27　鲽形目主要代表动物
（a）褐牙鲆；（b）大菱鲆；（c）舌鳎

图 17-28　鲀形目主要代表动物
（a）弓斑东方鲀；（b）绿鳍马面鲀；（c）虫纹东方鲀；（d）翻车鲀

17.3　鱼类的生态

17.3.1　鱼类的繁殖

鱼类的繁殖方式多样，绝大多数为卵生，体外受精，水中发育，卵小而多，成活率低。少数种类（如部分板鳃类、全头类）为卵胎生，体内受精，体内发育，成活率高。

1. 高度的繁殖力和死亡率

鱼类的繁殖力和死亡率均居脊椎动物的首位。例如鲑鱼的受精率为 18%，在 1 万粒受精卵中,能发育成成鱼的只有 320 尾。这种高度的繁殖力与死亡率是相互适应的,是保存种群的一种适应。

2. 产卵场及产卵习性

鱼类固定的产卵地区叫做产卵场。洄游鱼类多在一定季节(温水性鱼类在春、夏季,冷水性鱼类在秋、冬季)到达产卵场产卵,长江中的四大家鱼在春、夏季便溯江洄游到沿江的十几个产卵场产卵。亲鱼在洄游过程中性腺不断成熟,到达产卵场后,如遇暴风骤雨、江水猛涨、水温在 18 ℃ 以上等条件,产卵受精作用便在此时进行。鲤鱼、鲫鱼产黏性卵,在产卵时常常群集到水草丛生的池塘或湖边,使卵黏在水草上。雌鳑鲏鱼则用产卵管将卵产在河蚌的外套膜。鱼类要求在一定环境和温度的条件下才产卵的习性是长期进化过程中所形成的本能,有利于卵的孵化和幼鱼生长发育的。在产卵季节如遇水温及其他水文条件变化而不利于产卵时,产卵就会停止或终止。

17.3.2　鱼类的洄游

有些鱼类在生活史中的一定时期依一定的路线,成群结队地向一定的繁殖场、越冬场或肥育场做周期性的迁游,这种现象叫洄游(migration)。大黄鱼、小黄鱼、鳗鲡、中华鲟、鲑鱼等都是著名的洄游鱼类。

洄游对鱼类的生活有着极其重要的意义,如在生殖、索饵和越冬等方面,这是保证种族生存的一种适应。了解鱼类的洄游,就能掌握鱼类在什么时候沿什么路线在什么地方大量集中,以便进行捕捞及加强对资源的保护,因此对渔业生产有着重要的意义。按照洄游的性质不同,可将鱼类洄游划分为三种类型。

1. 生殖洄游

生殖洄游是指从越冬场或肥育场游到产卵场产卵的洄游,其特点是鱼群大、固定时期、固定路线、固定方向。

(1) 从深海到浅海或沿岸,如大、小黄鱼。

(2) 从江河下游到上游,如四大家鱼。

(3) 从海洋到淡水河流,如鲑鱼、中华鲟。

2. 索饵洄游

索饵洄游是指从产卵场或越冬场到肥育场(食物丰富地区)的洄游,常依食物分布的变化而改变方向。

(1) 从深海或产卵场到浅海、沿岸或河口、或江湖,如鳗鲡等。

(2) 从深层到表层(垂直洄游),如带鱼。

3. 越冬洄游

越冬洄游是指从产卵场或肥育场向越冬场的迁游,如黄鱼在渤海湾产卵后到黄海越冬。

生殖洄游、索饵洄游和越冬洄游三者的关系如图 17-29 所示。

每种鱼都有自己的洄游规律,新中国成立以后,有关单位对大黄鱼、小黄鱼、带鱼、鲐鱼、鳕鱼等的洄游规律作了深入而广泛的研究,在渔业生产上发挥了重要的科学指导作

图 17-29　鱼类洄游示意图

用。20世纪70年代又对长江水系的鲥鱼、鳗鲡、长颌鲚特别是中华鲟等几种鱼类进行了深入的调查研究,积累了大量的资料。由于葛洲坝和三峡大坝的修建,生殖洄游通道被大坝隔断,通过人工繁殖放流的形式基本上解决了其物种保护的问题。

17.4 鱼类的经济意义

我国的鱼类约有3000种,其中2/3为海洋鱼类,有经济价值的约200种,常见的约130种。产量较高的海洋鱼类有大黄鱼、小黄鱼、带鱼、鳓鱼、鲐鱼、各种鲷鱼、鲳鱼、多种比目鱼、多种鳗类、狗鱼、鲨鱼、鳐鱼、鳕鱼、马鲛鱼、鲭鱼、鲔鱼、鲣鱼和鲻鱼等50余种,其中,分布较广、产量较高的有带鱼(海产鱼中占首位)、大黄鱼、小黄鱼、鳓鱼、鲐鱼和各种鲷鱼。我国的海洋鱼类产量很高,曾占我国全部鱼类产量的80%。随着海洋专属经济区的划分和环境污染的不断加剧,近年来海洋鱼类产量不断下降。

我国的淡水鱼类种类丰富,以鲤形目的种类最多,约占全部淡水鱼产量的90%,其中鲤科的种类最多,产量也很高,特别是在江汉平原水域最为突出。

在我国的淡水鱼中,约有250种是具有经济价值的食用鱼,其中大型或产量高而具有重要经济价值的种类只有青鱼、草鱼、鲢鱼、鳙鱼、鲤鱼、鲫鱼、长春鳊、团头鲂、翘嘴红鲌、蒙古红鲌、赤眼鳟、大银鱼、太湖新银鱼、密鲴、重唇鱼、青波鱼、白甲鱼、鲇鱼、黄颡鱼、长吻鮠、狗鱼、乌鳢、鳜鱼、黄鳝、泥鳅、鳗鲡、鲥鱼、鲮鱼、鲻鱼、鳇鱼、中华鲟、大马哈鱼等,其中不少种类为淡水养殖或可能成为养殖的重要对象,而且中华鲟、白鲟、鳇鱼已被列为国家重点保护动物。

科 学 热 点

模式生物在推动生命科学发展中发挥着极其重要的作用。斑马鱼(*Danio rerio*,俗称zebrafish)具有繁殖能力强、体外受精和发育、胚胎透明、性成熟周期短、个体小和易养殖等诸多特点,特别是可以进行基因的突变与筛选。这些特点使其成为功能基因组时代生命科学研究中重要的模式脊椎动物之一。在国际上,斑马鱼模式生物的使用正逐渐拓展和深入到生命体的多种系统(如神经系统、免疫系统、心血管系统、生殖系统等)的发育、功能和疾病(如神经退行性疾病、遗传性心血管疾病、糖尿病等)的研究中,并已应用于小分子化合物的大规模新药筛选。我国利用斑马鱼开展相关研究,取得了一系列成果。2012年10月,国家重大科研计划斑马鱼资源中心(即国家斑马鱼资源中心)在中国科学院水生生物研究所(武汉)正式挂牌成立,这无疑对我国的斑马鱼研究具有标志性意义。

稀有鮈鲫(*Gobiocypris rarus*)是我国特有的一种小型鲤科鱼类,分布于四川省汉源县、石棉县、双流县、都江堰市、彭州市等地半石、半泥沙的底质和多水草的小水体中,如稻田、沟渠、池塘、小河流等微流水环境。从1990年开始,中国科学院水生生物研究所已将它作为新的实验动物,先后对其分布区与生活习性、形态与分类地位、繁殖、胚胎发育、胚后发育、生长、摄食、对生态因子的适应性、核型与同工酶、饲养方法、繁殖技术、麻醉方法、近交系培育等方面进行了系统的研究。现在,已获得了全兄妹近交21代的鱼,离培育标准实验动物的目标已非常接近。

本 章 小 结

鱼类是水栖的低等脊椎动物,适应于水栖生活的特征主要表现在:身体呈纺锤形,仅分为头、躯干、尾三部分,无颈部,体表被有鳞片,皮肤富有黏液腺;用鳃进行呼吸;用鳍游泳,心脏具有一心房、一心室,血液循环为单循环等。

鱼类在进化过程中,由于上、下颌的出现而带动了身体结构的全面提高(上、下颌的出现,动物就能主动捕食,其他器官系统如运动器官、感觉器官、神经系统等也必然相应地得到发展);成对附肢(偶鳍)的出现,大大加强了游泳能力,并为陆生动物四肢的出现奠定了基础,从而获得了优于圆口类的生活能力(圆口类无颌、无成对附肢),颌的出现和成对附肢的出现,是脊椎动物进化史上具有重大意义的适应。

鱼纲是脊椎动物中种类最多的一大类群(我国有 3000 多种),其经济价值大、种类繁多,与人类的生活密切,是重要的动物蛋白质来源,也是大自然留给人类的宝贵财富。

思 考 题

1. 以鲫鱼为例,简述鱼类的外形和各器官系统的一般结构特点。
2. 简述鱼类与水生生活相适应的特点。
3. 试述软骨鱼类与硬骨鱼类的主要区别。
4. 鱼类的鳞、鳍和尾有哪些类型?
5. 掌握鱼纲中各亚纲和重要目的特征,了解常见种类。
6. 试列举几种我国珍贵的淡水鱼类,并指出它们各属于哪一个亚纲和目。
7. 淡水鱼类和海水鱼类在渗透压调节机制方面有何区别?
8. 洄游有哪些类型? 研究鱼类的洄游有什么实践意义?
9. 名词解释:韦伯氏器;动脉;静脉;动脉血;静脉血;洄游;生殖洄游;索饵洄游;越冬洄游。

第18章 两 栖 纲

两栖纲（Amphibia）是一类在个体发育中经历幼体水生和成体水陆两栖生活的变温动物。它们是脊椎动物从水生到陆生的过渡类群，其躯体结构虽已初步适应陆地生活，但其繁殖和幼体发育仍然像鱼类一样离不开水，因此其基本特征既有对陆地生活的初步适应性，也有其不完善性。

18.1 代表动物和主要特征

18.1.1 代表动物——黑斑蛙

黑斑蛙（*Rana nigromaculatta*）俗称青蛙、田鸡，分布于江苏、浙江、江西、湖南、湖北、安徽、山东、山西、河北、四川、贵州、福建、广东、黑龙江、吉林、辽宁及内蒙古等地（图18-1）。它们是由水生向陆生过渡的脊椎动物，既有适应陆地生活的新性状，也有从鱼类祖先继承下来的适应水中生活的性状，因而称为两栖动物。

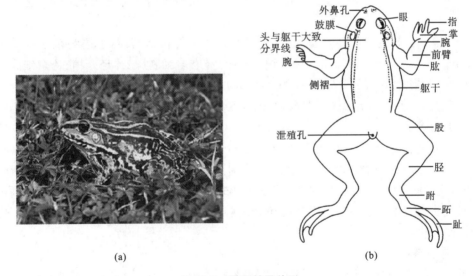

(a)   (b)

图 18-1 黑斑蛙及外形

（a）黑斑蛙；（b）外形（自陈小鳞）

18.1.1.1 生活习性

黑斑蛙的成蛙常栖息于稻田、池塘、湖泽、河滨、水沟内或水域附近的草丛中。一般11月份开始冬眠，钻入向阳的坡地或离水域不远的田地，次年3月中旬出蛰，4—7月份为繁殖季节。卵多产于稻田或其他静水域中，偶尔也在缓流水中产卵。蝌蚪体笨重，尾肌弱，尾鳍发达，尾末端尖圆，经2个多月完成变态。黑斑蛙捕食大量昆虫，一昼夜捕食昆虫量可达 70 余只,所以它是消灭田间害虫的有益动物。

18.1.1.2　外部形态

成体的黑斑蛙身体可分为头、躯干及四肢三部分,颈部不明显。体背面有一对较粗的背侧褶。后肢上有许多横列的黑色斑纹,所以又称为黑斑侧褶蛙。它们背部基色为黄绿色或深绿色,或带灰棕色,背中央常有一条宽窄不一的浅色纵脊线,由吻端直到肛口。腹面皮肤光滑,白色无斑。

头部略呈三角形,长略大于宽。口阔,吻钝圆,吻棱不显;近吻端有小形鼻孔 2 个。眼有上、下眼睑,上眼睑大而厚,下眼睑的上方有一层透明的瞬膜,可以向上移动,遮盖眼球。眼大而凸出,眼间距窄,眼后方有圆形鼓膜,大而明显。雄蛙具颈侧外声囊。

躯干较为宽而短,前肢短,后肢长,适于跳跃。前肢四指无蹼,后肢五趾,趾间几为全蹼。雄蛙前肢第 1 指基部膨大加厚,特别在生殖季节更为明显,为抱对之用,称为婚垫。

18.1.1.3　内部构造

1. 皮肤及其衍生物

黑斑蛙的皮肤裸露无鳞,由表皮和真皮构成。表皮有多层细胞,最下面的一层细胞,称为生发层(stratum germinativum)或称为马氏层(stratum Malpighii),其上面的几层细胞,称为角质层(stratum corneum)。生发层细胞有分生能力,新生的细胞逐渐向上顶替,表层的 1～2 层细胞开始发生角质化,但角质化程度不深。这种轻微的角质化,在一定程度上能防止体内水分的蒸发。两栖类上陆后所面临的体内水分蒸发的问题,还未完全解决。

真皮厚而致密,显现出陆生动物真皮的特征。真皮包括两层:上层为疏松的海绵层(stratum spongiosum),由疏松结缔组织构成,分布有多细胞腺、神经末梢、色素细胞和丰富的血管;下层为致密层(stratum compactum),由致密结缔组织构成。皮肤并非全部固着在肌肉上,而是有一定的固着区域,在固着区域之间的空隙为皮下淋巴间隙,因此,蛙的皮肤易于剥除。

皮肤衍生物包括腺体和色素细胞。蛙在真皮内有大量多细胞的黏液腺(mucous glands)。黏液腺是由表皮所衍生,其后下陷到真皮层内,有管道通皮肤表面。它所分泌的黏液,使皮肤经常保持湿润,这对蛙类的皮肤呼吸有重要意义,显然,气体交换必须通过湿润的皮肤表面才能进行。真皮层内还分布有色素细胞(chromatophores),它能使体色随环境而变化。

2. 骨骼系统

黑斑蛙的骨骼主要为硬骨,可分为中轴骨和附肢骨,中轴骨包括脊柱和头骨,附肢骨包括带骨和四肢骨(图 18-2)。

(1) 脊柱。脊柱由颈椎(1 枚)、躯干椎(7 枚)、荐椎(1 枚)和尾干骨(1 条)四个部分组成。新出现的颈椎和荐椎是两栖类开始适应陆地生活的产物。颈椎又称为寰椎(atlas),它的椎体比较小,没有横突和前关节突,但前面有两个关节凹,分别与头骨的两个枕髁相关节,使头部稍能活动。头骨与枕髁、颈椎相连形成活动关节。这是所有陆生脊椎动物的共同特征。第 1～6 个躯干椎为前凹型,第 7 躯干椎为双凹型。这种类型的椎体可称为参差型椎体。

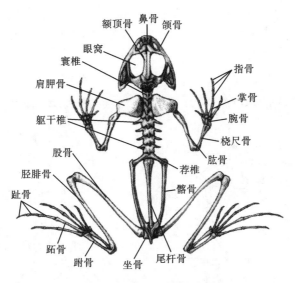

图 18-2　黑斑蛙的骨骼（自刘凌云）

（2）头骨。头骨包括脑颅和咽颅两部分，轻且骨片少。脑颅属于平颅型（platybasic type），脑腔狭小，无眼窝间隔。脑颅后方两侧各有 1 个枕骨髁与颈椎相关节。颌弓与脑颅的连接属于自接型（autostylic type），陆生脊椎动物大多属此类型。舌弓的舌颌骨失去了连接颌弓和颅骨的悬器的作用，而进入中耳腔，形成传导声波的耳柱骨（columella）。

（3）肩带。两栖类的肩带脱离了和头骨的联系（硬骨鱼的肩带通过上锁骨与头骨相连），加强了前肢的活动。与一般陆栖脊椎动物一样，青蛙的肩带主要由三个部分组成：肩胛骨（scapula）、乌喙骨（coracoid）和前乌喙骨（precoracoid）。青蛙左右两侧的上乌喙骨在腹中线处相互平行愈合在一起，称固胸型（firmisternous）肩带；蟾蜍两侧的上乌喙骨彼此重叠，称弧胸型（arciferous）肩带（图 18-3）。

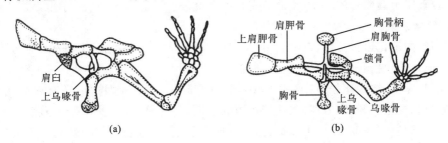

图 18-3　无尾类的带骨（自刘凌云）
(a)弧胸型肩带；(b)固胸型肩带

（4）胸骨。从两栖类开始出现胸骨，胸骨是陆生四足类所特有的结构。青蛙的胸骨分为两部分：在上乌喙骨的前方有一骨质的肩胸骨（omosternum），其前方有一块半圆形的软骨质的上胸骨（episternum）；在上乌喙骨的后方有一块硬骨质的胸骨或称中胸骨（mesosternum），其后方连有一软骨质的剑胸骨（xiphisternum）。蟾蜍缺少前方的肩胸骨和上胸骨。两栖类无明显的肋骨，故虽有胸骨，但不与脊柱形成胸廓。

（5）腰带。与肩带相反，腰带通过荐椎和脊柱相连，这样，陆生动物的腰带就成为脊柱与后肢之间的桥梁，通过腰带把身体重量转移到后肢。青蛙的腰带，和其他四足动物的一样,是由髂骨(ilium)、坐骨(ischium)和耻骨(pubis)三骨合成。髂骨和荐椎之间的关节(荐髂关节)是可动连接,当青蛙做跳跃动作时,该关节有推拉的移动。其他陆生脊椎动物的荐髂关节大多是不动连接。

(6)四肢骨。从两栖类开始,发展了陆生五趾型附肢(图18-4)。

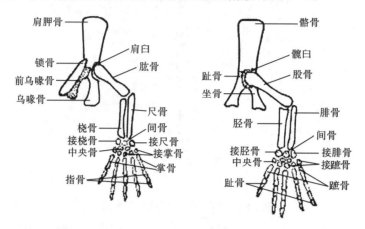

图18-4 陆生脊椎动物五趾型附肢示意图(自杨安峰《脊椎动物学》)

3. 肌肉系统

黑斑蛙的肌肉与鱼类肌肉的区别,主要在于整个肌肉系统的分节现象已经消失,变为纵行或斜行的长肌肉群,腹侧肌多成片状,并具分层现象,分有外斜肌(musculus obliquus abdominis externus)、内斜肌(musculus obliquus abdominis internus)和横肌(musculus transversus abdominis)。由于各肌纤维层的走向不同,使陆生四足动物的内脏得到了有力的支持。两栖类还具有比鱼类发达得多的四肢肌肉,以增强运动的功能。腹直肌(musculus rectus abdominis)位于腹中线的两侧,它们由结缔组织所构成的腹(白)线相互联合。腹直肌上具横行的腱划,是分节现象的残迹。

4. 消化系统

两栖类的消化道包括口、口咽腔、食道、胃、小肠、大肠、泄殖腔,以单一的泄殖腔孔通向体外;消化腺包括肝脏和胰脏(图18-5)。

口咽腔宽阔,结构比较复杂(图18-6),除具有牙齿、舌、唾液腺外,还有内鼻孔、耳咽管孔、喉门和食道的开口。口咽腔连接很短的食道,食道通至胃,胃的贲门较粗大,幽门部较细小,与小肠相连。小肠分十二指肠和回肠两段。直肠较粗,前端接小肠,后端直通泄殖腔。从两栖类开始有肌肉质的舌,蛙类还用特殊的分叉舌捕食。眼部肌肉参与吞食,在吞食时,眼球被压入眼眶突入口咽腔,此为两栖类特殊的吞咽方式。

5. 呼吸系统

青蛙仅在幼体阶段——蝌蚪期,营鳃呼吸。在蝌蚪的头部两侧具有3对羽状外鳃,是其呼吸器官,蝌蚪的后期,外鳃逐渐消失,而以新产生的3对内鳃作为呼吸器官(图18-7)。

成体蛙的呼吸器官是肺,蛙肺是一对结构简单的薄壁盲囊。呼吸道极短,喉头和气管的分化不明显,仅为一短的喉头气管室(laryngo tracheal chamber)。喉门(glottis)为一裂缝状的开口,在喉门附近有2片声带,靠空气的振动而发声,这也是陆生脊椎动物的特征之一。肺囊内壁呈蜂窝状,用以增加与空气接触的面积,囊壁具丰富的毛细血管。空气由

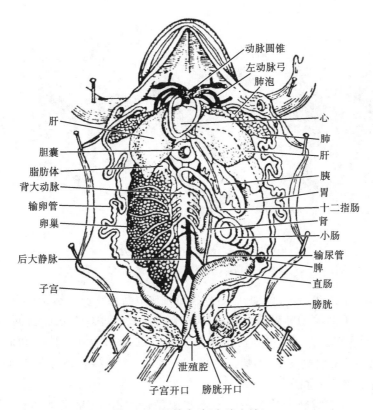

图 18-5　蛙的内脏（自陈小鳞）

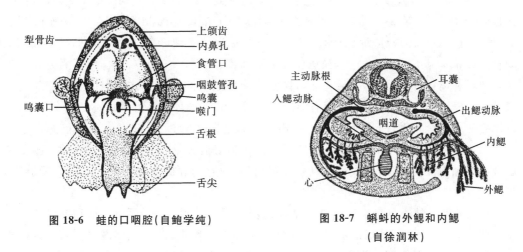

图 18-6　蛙的口咽腔（自鲍学纯）

图 18-7　蝌蚪的外鳃和内鳃
（自徐润林）

鼻孔进入口腔，再通过"喉腔"到肺，在肺部进行气体交换，两栖类无肋骨和胸廓，故肺呼吸是采取咽式呼吸。由于蛙的肺呼吸还不完善，皮肤在呼吸作用中起很重要的作用。

6. 循环系统

两栖类的血循环系统为不完善的双循环，是处于从水生到陆生的中间地位。不完善的双循环和体动脉中含有混合血液，是两栖类循环最显著的特征。

（1）心脏。蛙的心脏（图18-8）由静脉窦、心房、心室和动脉圆锥四部分组成。脊椎动物从两栖类开始，心房出现分隔，形成左心房和右心房。静脉带回身体各处含二氧化碳较

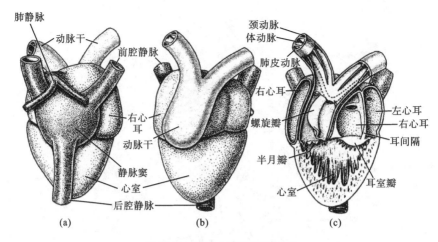

图 18-8　蛙的心脏（自陈小鳞）

(a) 背面观；(b) 腹面观；(c) 纵切面观

多的血液汇集于静脉窦（venous sinus），静脉窦将血液转送入右心房。左心房通过肺静脉接收来自肺内含氧较多的肺静脉血液。左、右心房血液通过共同的房室（间）孔进入心室，心室内的肌柱可减少从左、右心房流入的血液在心室中大量混合，动脉圆锥（conus arteriosus）从心室的右侧发出，远端又分出肺皮动脉、体动脉和颈总动脉，分别把含氧量不同的血液输送到相应的器官。

（2）血管。由于两栖类肺循环的出现和鳃循环的退化（水生种类有的保留有鳃血管），使原有的鳃动脉弓发生改变，即相当于原始鱼类的第 1、2、5 对动脉弓消失，仅保留了 3、4、6 对动脉弓。第 3 对动脉弓形成颈总动脉（common carotid artery），输送血液到头部；第 4 对动脉弓形成体动脉（systemic artery），输送血液到全身；第 6 对动脉弓构成肺皮动脉（pulmo-cutaneous artery），输送血液到肺和皮肤（图 18-9（a））。从而，两栖类开始出现肺循环和体循环，形成了四足脊椎动物血液循环系统的基本模式。但由于两栖类的心室没有分隔成两室，心室中的血液有混合现象，因此，肺循环和体循环还不能完全分开，所以称之为不完全双循环（图 18-10）。两栖类的肺静脉血管进入左心房，前大静脉血管汇集头部、前肢、皮肤等静脉血液；肝静脉汇集消化道静脉血液，后大静脉汇集肾脏、躯干和后肢的静脉血液。然后，前大静脉、后大静脉和肝静脉的静脉血液汇集一起注入静脉窦，流回心脏（图 18-9（b））。

（3）淋巴。蛙类具有发达的淋巴系统，包括淋巴管、淋巴窦（图 18-11）和淋巴心等结构。此外，还有一个圆形球的深红色小脾脏，位于直肠前端腹侧，也属淋巴器官。两栖类不具淋巴结。蛙类有两对淋巴心：一对叫前淋巴心，位于肩带下；另一对叫后淋巴心，位于尾杆骨尖端的两侧。有尾两栖类的淋巴心有 16 对。

7. 神经系统

两栖类的脑分五部分，即大脑、间脑、中脑、小脑和延脑，它们依次排列在一个平面上，与鱼类无显著的区别（图 18-12）。

大脑较鱼类的分化明显，顶壁出现了一些零散的神经细胞，开始形成原脑皮（archipallium），主司嗅觉。

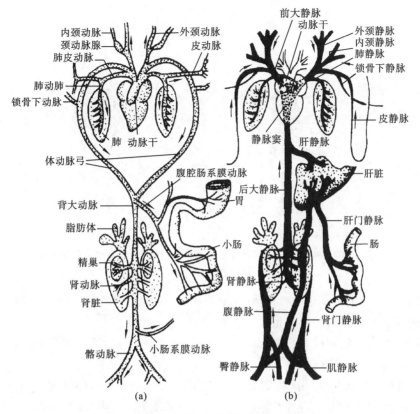

图 18-9 蛙的血液循环(自杨安峰《脊椎动物学》)

(a) 动脉系统;(b) 静脉系统

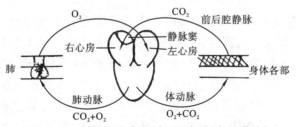

图 18-10 蛙的不完全双循环示意图(自鲍学纯)

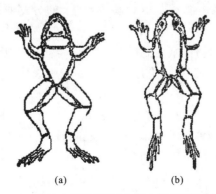

图 18-11 蛙的皮下淋巴窦(自杨安峰《脊椎动物学》)

(a) 腹面;(b) 背面

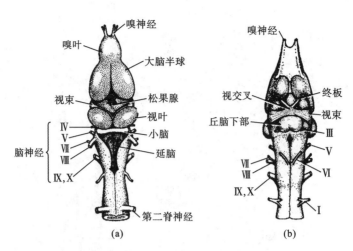

图 18-12 蛙脑(自杨安峰《脊椎动物学》)(罗马数学示脑神经编号)

(a) 背面;(b) 腹面

间脑顶部有一个不发达的松果体(conarium),底部有一个漏斗体和一个脑下垂体。中脑发达,构成高级神经中枢。

小脑不发达,其能动性是自发而短暂的,运动方式较简单。延脑是生命活动和听觉的重要中枢。

10 对脑神经和脊神经共同构成周围神经系统,脊神经的对数随种类不同而异。由于四肢的出现,肩部和腰部的脊神经聚成神经丛。交感神经(植物性神经)由位于脊柱两旁的特殊神经节构成两条交感神经链。副交感神经很不发达。

8. 感觉器官

(1)视觉器官。蛙类的视觉器官具有一系列与陆栖生活方式相适应的特征。视觉范围较为广阔,既能近视又能远观,且在白昼与夜晚均能视物。眼球角膜凸出,水晶体近似圆球而稍扁平,晶体与角膜之间相距较远,适于观看较远的物体,但在陆地上仍是近视眼,只有浸入水中时,角膜变平,才可以看得更远一些。此外,蛙眼视网膜上的感觉细胞对运动的物体特别敏感,只要昆虫等食物一进入清晰的视距,便能准确地将其捕捉到。蛙类具有可活动的下眼睑和润滑眼的眼腺。两栖类的眼腺位于内眼角的下方,称哈氏腺(Harderian gland),其分泌物润泽眼球和瞬膜,多余的分泌物经鼻泪管(nasolachrymal duct)流入鼻腔。

(2)听觉器官。脊椎动物由水生到陆生,在感觉器官中,听觉器官的改造最为深刻。两栖类的内耳结构与鱼的近似,但已有瓶状囊(lagena),这是一个从球状囊后壁分化出来的结构,有感受音波的功能。这样,两栖类的内耳除有平衡觉外,还具有听觉功能。

两栖类除具内耳外,还首次出现了中耳(middle ear)(图 18-13),这是传导声波的部分。中耳腔向内的一端借狭窄的耳咽管(Eustachian tube)与口咽腔相通,另一端通鼓膜(tympanic membrane)。耳咽管通过口咽腔与外界相通,空气可以进入中耳,这样可以防止鼓膜因受剧烈的声波冲击而造成破裂。在中耳腔内出现了棒状的听小骨,称耳柱骨(columella)。声波引起鼓膜的振动,经耳柱骨传入内耳,刺激内耳膜迷路中的感觉细胞,经听神经传到脑中枢,产生听觉,这也是陆生脊椎动物的特征之一。

两栖类还没有形成外耳,鼓膜就露在外面,和头部皮肤位于一个平面上。

(3)嗅觉器官。蛙有一对鼻囊,它们借外鼻孔与外界相通,借内鼻孔与口咽腔相通,因而蛙的鼻腔不仅是嗅觉器官,而且还是空气进出的通道,这也是陆生脊椎动物的共同特征。另外,蛙具有犁鼻器(vomeronasal organ),是一种化学感受器。

9. 排泄系统

蛙类具有一对肾脏(中肾),位于体腔后部、脊柱的两侧,为暗红色的长形分叶体,在其外缘靠近后端处各连有一条输尿管(中肾管),通入泄殖腔的

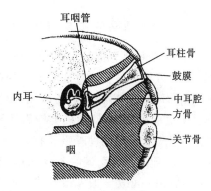

图18-13 蛙耳构造模式图(自杨安峰《脊椎动物学》)

背壁。雌性的中肾管仅作输尿之用;雄性的中肾管除输送尿液之外,还兼输精管之用。蛙的膀胱壁很薄,而容积很大,一方面作为储存尿液之用,另一方面执行重吸收水分的功能(图18-14)。肾脏除了有泌尿功能之外,还有调节体内水分、维持渗透压平衡的作用。当蛙在水中时,由于渗透作用,水不断地渗入体内。蛙的肾小球每天排出的尿液约等于蛙体重的三分之一,使体内的水分得以维持恒定。但是,当蛙在陆地上时,失水的问题并没有很好地解决。在这种情况下,膀胱重吸收水分的功能,对于蛙体水分的保持具有十分重要的意义。

10. 生殖系统

雄性生殖器官是一对黄白色、卵圆形的睾丸,它连接输精小管(vasa efferentia)。睾丸排放的精子经输精管进入中肾管,或直接进入中肾管,中肾管在进入泄殖腔前常膨大成贮精囊(seminal vesicle),再由泄殖腔将贮精囊内的精液排出。雄性的中肾管具有输尿和输精的双重作用。

雌性有一对囊状卵巢和输卵管(oviduct)。成熟的卵不断落入体腔,由于体腔膜上纤毛的活动和腹肌的收缩运动,将卵推入输卵管端的喇叭状开口,经过长而盘曲的输卵管,由管内丰富的腺体分泌胶状物质将卵包裹后,再进入子宫,子宫开口于泄殖腔(图18-14)。

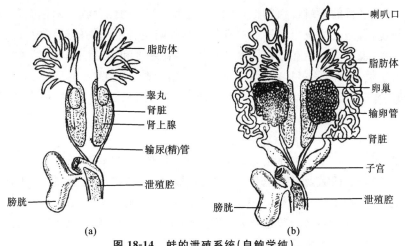

图18-14 蛙的泄殖系统(自鲍学纯)

(a)雄性;(b)雌性

18.1.2　两栖纲的主要特征

两栖动物是脊椎动物中首先登上陆地生活的类群,它们一方面保留着水中生活的特性,另一方面又需要经过变态发育初步具备一系列陆生脊椎动物的特征,才能适应陆地生活。下面从六个方面来分析两栖类对陆地环境的初步适应和其不完善性。

(1) 肺的出现,使两栖类能直接与空气进行气体交换,但由于肺的发展还不完善,因此,还以皮肤作为辅助呼吸器官。

(2) 随着呼吸系统的改变,循环系统发生相应的改变,由单循环改变为不完全的双循环;心脏由一心房一心室改变为二心房一心室。

(3) 五指(趾)型附肢的出现,这类附肢是多支点的杠杆,不仅整个附肢可以依躯体做相对应的转动,而且附肢的各部彼此也可以做相对应的转动,既坚固又灵活,适于载重又适于沿地面爬行。但是,与高等陆栖脊椎动物相比,两栖类的附肢还处于比较原始的地位,四肢还不能将躯干抬高离开地面,也不能很快地运动。

(4) 脊柱除了增加坚固程度外,进一步分化为颈椎、躯椎、荐椎和尾椎。两栖类开始出现颈椎,但只有一个,是过渡阶段,到爬行类,颈椎数目增多,才解决了头部灵活转动的问题。荐椎的分化,是由于腰带与脊柱直接相连,而这又是后肢承受体重的直接后果。

(5) 表皮开始发生角质化,但角质化程度不深,因此,体内水分蒸发的问题还未完全解决,这就决定了两栖类还依赖于周围环境的湿度条件,还不能离开潮湿的环境。

(6) 大脑两半球已完全分开,原脑皮的出现以及嗅觉、视觉、听觉所产生的变化,是神经系统和感觉器官适应陆生复杂环境的结果。这些适应既是重要的,但又是初步的。

18.2　两栖纲的多样性

除南极洲和海洋性岛屿外,两栖类动物遍布全球,分布比较广泛,但其多样性远不如其他陆生脊椎动物的多样性,全世界现存的两栖类有 3 目约 46 科 456 属 5500 种,其中只有无尾目种类繁多,分布广泛。每个目的成员也大体上有着类似的生活方式,从食性上来说,除了一些无尾目的蝌蚪食植物性食物外,其他均食动物性食物。两栖类虽然也能适应多种生态环境,但是其适应力远不如更高等的其他陆生脊椎动物的适应力,既不能适应海洋的生态环境,也不能生活在极端干旱的环境中,在寒冷和酷热的季节则需要冬眠或者夏蛰。中国由于生态环境的多样性,两栖类比较丰富,现有 3 目(无足目、有尾目和无尾目,图 18-15)11 科 59 属 325 种,主要分布于秦岭以南,华西和西南山区属种最多。

18.2.1　无足目

无足目(Apoda)又称蚓螈目(Gymnophiona),是现存两栖纲动物中最原始、最特化的类群。体呈蚯蚓状,四肢及带骨退化,无尾或具短尾;身体皮肤光滑,腺体极为丰富;体表有许多环褶,呈环状缢纹;皮下具有来源于真皮的骨质小鳞;头骨的膜质骨非常发达,椎体双凹型,具有长肋骨,无胸骨;眼退化,隐于皮下;听觉器官退化,无鼓膜;心脏的房间隔发育不完全。体内受精,卵生或卵胎生。幼体在水中生活,变态后上陆穴居。

无足目全世界有 6 科约 33 属 165 种左右,分布于中美、南美和非洲以及亚洲的热带、亚热带湿热地区。中国目前只有 1 科 1 属 1 种,即鱼螈科(Ichthyophiidae)鱼螈属(*Ichthyophis*)版纳鱼螈(*Ichthyophis bannanicus*)(图 18-15),分布于中国的广西、广东和云南,还有可能分布于老挝、缅甸和越南。

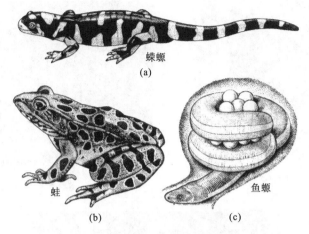

图 18-15 两栖类主要类群(自许崇任)
(a)有尾类;(b)无尾类;(c)无足类

18.2.2 有尾目

有尾目(Urodela)是两栖动物中最不特化的一目,体圆筒形,颈部较明显,终生有尾,多数具有四肢;皮肤光滑湿润,耳无鼓膜和鼓室;心房间隔不完整,左右心房仍相通;舌不能从后端翻出撮食;上下颌均有小齿;椎体双凹型或后凹型,有肋骨;变态不显著。通常行体内受精。

有尾目全世界有 10 科约 61 属 500 余种,几乎遍布全球的温、热带地区。中国有 3 科15 属 42 种。

(1) 隐鳃鲵科(Cryptobranchidae):体成扁筒形,具前后肢;成体不具外鳃,鳃裂不明显;口大眼小,无眼睑,体侧具纵行肤褶;上下颌具齿;犁骨齿长弧形排列,与上颌齿平行;椎体双凹型。体外受精,雌鲵不具受精器。分布于亚洲东北部及美洲东部。代表动物有中国大鲵(*Andrias davidianus*)(图 18-16),分布于华南、西南的山地溪流中,为我国国家二级保护动物。

(2) 小鲵科(Hynobiidae):具活动眼睑;犁骨齿呈"U"形或排列成左右两短列;椎体双凹型;皮肤光滑无疣粒;多数种类具颈褶,体侧具肋沟。体外受精,雌性不具受精器。代表动物有中国小鲵(*Hynobius chinensis*)、山溪鲵(*Batrachuperus pinchonii*)、新疆北鲵(*Ranodon sibiricus*)、商城肥鲵(*Pachyhynobius shangchengensis*)、东北小鲵(*H. leechii*)(图 18-17)等。

(3) 蝾螈科(Salamandridae):具活动眼睑;犁骨齿呈"∧"形;椎体后凹型;皮肤光滑或有疣瘰;尾长且多侧扁,体侧肋沟不明显;4 指 5 趾。体内受精,雌性具受精器。代表动物有东方蝾螈(*Cynops orientalis*)(图 18-18)等。

图 18-16　中国大鲵

图 18-17　东北小鲵

图 18-18　东方蝾螈

18.2.3　无尾目

无尾目(Anura)是现存两栖类中结构最高级、种类最多且分布最广泛的一个类群。体形宽短;具发达的四肢,后肢特别强大,适于跳跃;头骨的膜质骨数少,一般不具肋骨,胸骨发达;成体无尾;皮肤裸露,富有黏液腺,有些种类具有发达的毒腺;具可活动的下眼睑及瞬膜;鼓膜明显,鼓室发达;心房分隔完全;椎体前凹型、后凹型或参差型;变态显著,通常行体外受精。本目现存30科约361属4840种左右,分布几乎遍及全球。中国目前有7科43属约282种。

(1) 铃蟾科(Bombinatoridae):舌端无缺刻;舌盘状,四周与口腔黏膜相连,不能伸出口外;仅上颌具齿;无声囊;椎体后凹型;第2～4椎骨具肋骨;肩带弧胸型;雄性无声囊,蝌蚪仅在腹中线处有一鳃孔。代表动物有东方铃蟾(*Bombina orientalis*)(图18-19)等。

(2) 角蟾科(Megophryidae):舌端游离缺刻浅;仅上颌具齿;具胸腺;胁部及股后缘各有一浅色疣粒;趾间无蹼或不发达;椎体变凹型(前凹型间有双凹型);肩带弧胸型,荐椎横突极大。代表动物有利川齿蟾(*Oreolalax lichuanensis*)(图18-20)、峨山掌突蟾(*Leptolalax oshanensis*)、小角蟾(*Megophrys minor*)、峨眉髭蟾(*Vibrissaphora boringii*)等。

图 18-19　东方铃蟾

图 18-20　利川齿蟾

（3）蟾蜍科（Bufonidae）：舌端游离无缺刻；无颌齿和犁骨齿；背面皮肤具瘰粒；头部具骨质棱嵴；耳后腺大；椎体前凹型，无肋骨；肩带弧胸型；鼓膜大多明显，瞳孔水平形。代表动物有中华大蟾蜍（*Bufo gargarizans*）（图 18-21）、黑眶蟾蜍（*B. melanostictus*）和花背蟾蜍（*B. raddei*）等。

（4）雨蛙科（Hylidae）：体较小，背多青绿色；皮肤光滑，无疣粒或肤褶；舌卵圆形，前端分叉，可活动；具上颌齿和犁骨齿；椎体前凹型，无肋骨；肩带弧胸型；具间介软骨，指、趾末端具吸盘及马蹄形横沟；雄性喉部有单个内声囊，鸣声响亮。代表动物有华西雨蛙（*Hyla annectans*）、中国雨蛙（*H. chinensis*）和无斑雨蛙（*H. immaculata*）（图 18-22）等。

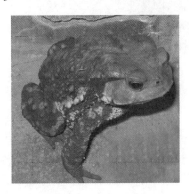

图 18-21　中华大蟾蜍

图 18-22　无斑雨蛙

（5）蛙科（Ranidae）：舌端多具缺刻；上颌有齿，一般具犁骨齿；鼓膜明显或隐于皮下；一般无毒腺；椎体参差型；荐椎横突柱状，后肢发达；肩带固胸型。代表动物有虎纹蛙（*Hoplobatrachus rugulosus*）、华南湍蛙（*Amolops ricketti*）、棘腹蛙（*Rana boulengeri*）和中国林蛙（*R. chensinensis*）（图 18-23）等。

（6）树蛙科（Rhacophoridae）：指、趾端具吸盘，并有马蹄形横沟；趾、指末两节有间介软骨，趾、指骨末节呈"Y"形或"T"形，后肢具半蹼；椎体参差型或前凹型；肩带固胸型；多树栖。代表动物有斑腿泛树蛙（*Polypedates megacephalus*）、大树蛙（*Rhacophorus deunysi*）（图 18-24）和峨眉树蛙（*R. omeimontis*）等。

（7）姬蛙科（Microhylidae）：头狭而短，口狭小；多数无上颌齿和犁骨齿；舌端不分叉；指、趾间无蹼；椎体前凹型；肩带固胸型，无肋骨；体较小，鸣声响亮。代表动物有北方狭口蛙（*Kaloula borealis*）、小弧斑姬蛙（*Microhyla heymonsi*）、合征姬蛙（*M. mixtura*）和饰纹姬蛙(*M. ornata*)(图 18-25)等。

图 18-23　中国林蛙

图 18-24　大树蛙

图 18-25　饰纹姬蛙

18.3　两栖纲的生态

两栖类是脊椎动物从水生到陆生的过渡类型,具有新陈代谢水平较低、皮肤的可透性和保水性能差、繁殖和幼体发育需在水中进行等生态特性。下面仅以繁殖、变态和休眠为例对两栖类的生态特性作一简要的介绍。

繁殖是两栖动物最显著的生物学特征。大多数两栖纲的物种在冬眠苏醒后进行繁殖活动,雄性个体将聚集在一个繁殖池塘,发出鸣声吸引配偶,雌雄"抱对"(假交配现象,为产卵受精做好准备),雌体在"抱对"刺激下产卵,当雌体产卵时,雄性立刻排精,受精过程在水中完成。少量物种在冬眠前进行繁殖,如峨眉林蛙。不同生态类型的物种有不同的繁殖模式,水栖型和陆栖型的物种主要是在水中完成受精,树栖型的物种主要在泡膜巢中完成受精。

受精卵发育为变态个体需要经过 46 个阶段。受精卵外被有输卵管分泌的胶质膜,胶质膜吸水膨胀。受精卵不断分裂而形成胚胎,经过 15 天左右形成蝌蚪,蝌蚪突破胶质膜出来,首先以吸盘吸着在水草上,此时蝌蚪的口未形成,生长需要的能量主要来源于体内残存的卵黄。经过几天的发育后,蝌蚪形成了口,开始摄取水中的食物。蝌蚪前期无四肢,借助尾的摆动在水中游泳。体侧有侧线。蝌蚪无肺,用鳃呼吸。最初在头的两侧有 3 对羽状外鳃,不久外鳃消失,长出 3 对内鳃。心脏与鱼的相似,具有一心房和一心室,为单循环。肠管较长,主要以植物性食物为食。

蝌蚪于后期开始变态。蝌蚪变态是内、外部各器官由适应水栖转变为适应陆栖的深刻改造过程。在外观上,尾部渐渐缩短,最后消失,同时出现后肢和前肢,作为运动器官。在内部器官上,内鳃逐渐萎缩,最后消失,肺逐渐发育,开始用肺呼吸;心脏也由一心房、一心室变为两心房、一心室,由单纯的体循环变为混血的肺循环和体循环。至此,蝌蚪的整个身体发生改观。变态后的幼体,肠管变短,逐渐由植物食性改变为动物食性,以昆虫等为食。幼体离水登陆,逐渐发育为成体。

在脊椎动物进化史上,它们由水栖转化为陆栖,动物在身体结构上首先必须进行两项最重要的改变:第一是形成能直接从空气中吸取氧气的肺;第二是由适于在水中游泳的偶鳍转变为在陆地上支持身体和行走的四肢。两栖类的变态发育证明它们是鱼类和爬行类的过渡类群,其祖先是由鱼类进化所致。两栖类的个体发育过程反映了脊椎动物在系统发育过程中由水栖到陆栖类型的过渡,有助于了解脊椎动物的各器官系统由水生到陆生的进化过程。

两栖类为变温脊椎动物,其体温调节机制不完善且缺乏保温机制,体温随外界环境温度的变化而变化。到了冬季,气温下降,食物短缺,两栖类不吃不动,呼吸、血液循环以及一切新陈代谢活动都降到最低限度,靠消耗体内的脂肪维持生命,这种现象称为冬眠。冬眠是两栖类度过寒冷季节的一种生存适应,这对两栖类的繁衍和扩大分布区具有重要的意义。冬眠是动物体内部和复杂的外界因素综合作用所产生的,目前一般认为低温是冬眠的主要诱因。

18.4 两栖纲与人类

绝大多数两栖类有益于人类,无尾两栖动物在消灭农田害虫方面具有巨大作用,它们在水田、旱地、菜地、果园、森林中和草地上捕食多种多样的昆虫,如农业害虫蝗虫、天牛、甲虫、白蚁及松毛虫等。同时两栖类还捕食传播疾病的动物和寄生蠕虫的中间宿主。目前部分地区已经开展了护蛙治虫的试验,效果良好,不仅降低了生产成本,而且防治了农药对环境的污染。

部分物种可以作为资源利用,有不少种类还是药材资源,如山溪鲵、大鲵、大蟾蜍、中国花姬蛙都可供药用。其中蟾蜍的毒腺分泌的蟾酥经过加工后为我国名贵药材,具有强心、利尿和清热解毒的作用;东北产的中国林蛙,其干制的输卵管,即哈士蟆油,为著名的滋补强壮剂。两栖动物可供食用,如分布在长江以南山区溪谷里的棘胸蛙、棘腹蛙,个体大,肉味鲜美,同样大鲵、黑斑蛙、金线蛙、虎纹蛙、人工养殖的牛蛙也是常用的食用佳品。两栖类是教学及科学研究良好的实验材料,在动物学、解剖学、胚胎学、药理学实验以及临床检验工作中被广泛使用,如黑斑蛙和蟾蜍的腓肠肌和坐骨神经传统地用于观察神经传导和肌肉收缩、药物对周围神经横纹肌或神经肌肉接头的作用。两栖类可以作为模式动物用于揭示有机体生活史特征和婚配制度地理变异的进化机制。此外,两栖类在生态系统的食物链中虽是次级消费者,然而,它们也是一些重要的皮毛兽如多种鼬、狐、貉等的食物。这些动物数量上的丰歉,与两栖类的数量有密切关系。

两栖动物与其他动物一样属于可更新资源,它们在良好的生态环境中能够通过繁殖和生长自我更新,维持其种群数量,如果人类的开发利用超出了自然更新能力,则会造成种群数量减少,分布区域缩小,长此下去可能出现濒危甚至还会造成物种的灭绝。为了保护资源,应对各种动物的生态习性、资源量和种群恢复力进行调查,掌握繁殖生长规律,保持动物在自然环境中的最大储量,在不降低资源的前提下有计划地合理利用。

要保护和长期利用两栖动物资源,就必须开展科学研究。两栖动物资源是有限的动物资源,虽然可以自我更新,但是过度捕捞必将造成资源枯竭。因此,在利用资源时必须保护资源,而保护资源又是更好地利用资源,在利用资源时必须考虑其再生能力,即利用和补偿一定要保持其平衡关系。如果补偿大于利用,则资源增加,开发利用前景广阔,生态与经济利益显著;反之,资源必遭破坏,日趋贫乏,经济利益也只是暂时的。因此,开发利用资源时必须根据动物的繁殖和生长规律,限制捕捞时间和数量,有计划地合理利用,按照动物的更新能力进行科学管理。对经济价值较大的物种,可通过建立养殖基地进行人工养殖或抚育出大量幼蛙,放养到自然环境中去,以迅速增加物种的种群数量和在自然环境中的种群密度,从而既保持它们在自然环境中的最大储存量,又保持其生态平衡。

本 章 小 结

两栖类是脊椎动物由水生到陆生的过渡类群,其主要特征体现在对陆地生活的初步适应和不完善性上。初步适应主要体现在出现了五指(趾)型附肢、肺呼吸、不完全的双循环、表皮轻度角质化及神经系统和感觉器官的变化。不完善性主要体现在两栖类还没有真正解决陆上运动、陆上呼吸、防止体内水分蒸发等方面的问题,特别是没有解决在陆上繁殖的问题,两栖类的繁殖还必须回到水中,幼体还必须在水中发育,完成变态以后才能到陆上生活。所以,两栖类还未能彻底地摆脱水环境的束缚,还不是真正的陆生脊椎动物。

思 考 题

1. 简述青蛙的外部形态和内部结构特点。

2. 围绕两栖类初步适应陆生以及不完善性归纳其主要特征。

3. 两栖纲分哪几个目? 试述各目的特征,并列举各目的代表种类。

4. 了解两栖类繁殖、变态和冬眠的情况,说明两栖类冬眠的意义以及研究两栖类变态发育的意义。

5. 两栖动物有哪些经济意义?

第19章 爬 行 纲

爬行纲(Reptilia)动物是体被角质鳞片或硬甲,在陆地繁殖的变温羊膜动物(Amniota)。因其运动的特点为腹部贴地爬行,故称为爬行动物。

爬行类由于成功地解决了防止体内水分散失,完全用肺呼吸,陆上运动,四肢比两栖动物的发达,具羊膜卵,陆上繁殖,因而摆脱了水环境的约束,成为真正的陆生脊椎动物。

爬行类在中生代曾盛极一时,种类和数量极其繁多。现存爬行类包括龟鳖、蜥蜴、蛇、鳄等动物。除南极地区外,分布几乎遍及全球,尤以南半球的种类繁多,多栖息于平原、山地、森林、草原、荒漠、海洋和内陆水域等各种生境。

19.1 代表动物和主要特征

19.1.1 代表动物——中国石龙子

爬行类体型变化很大,可分为蜥蜴型、蛇型和龟鳖型。蜥蜴类是较少特化的爬行动物,种类较多。现以中国石龙子(*Eumeces chinensis*)为代表,概述爬行类的形态结构。中国石龙子生活在山间草丛和岩石缝内,白天活动,以昆虫为食,主要分布在我国华中、华南地区。

19.1.1.1 外形

中国石龙子身体呈圆筒形,分为头、颈、躯干、尾和四肢五部分。与有尾两栖类不同之处是具有明显的颈部;五趾型附肢比两栖类的强健,指(趾)端具爪;体表被角质鳞片;在头的两侧有外耳道,鼓膜下陷至外耳道的深处等。泄殖孔横裂(如蜥蜴类、蛇类)、纵裂(如鳄类)或圆形(如龟鳖类)。

19.1.1.2 皮肤及其衍生物

爬行类动物皮肤的主要特点是皮肤干燥,缺乏腺体,表皮高度角质化,体表被覆来源于表皮的角质鳞片(如蜥蜴类、蛇类、鳄类)或盾片(如龟类),或兼有来源于真皮的骨板(如龟鳖类、鳄类),有利于防止体内水分散失(图 19-1)。

指(趾)端的爪是表皮角质层的衍生物,有利于陆上爬行。蜥蜴和蛇的表皮具有双层角质层,其外层能定期脱掉,称为蜕皮(ecdysis)。蜕皮次数与生长速度有关。蛇蜕皮是完整脱落,而蜥蜴蜕皮则成片脱落。有些雄性蜥蜴在大腿基部内侧或泄殖孔前有股腺(femoral gland)的开口,其分泌物堆积风干,可吸引异性,有利于交配时防止滑脱(图19-2)。有些蛇、龟、鳄的下颌或泄殖孔附近有臭腺,分泌物散发气味,能够吸引异性。

爬行类真皮薄,由致密的纤维结缔组织构成,在真皮的上层内有丰富的色素细胞,形成鲜艳的体色,在神经系统和内分泌腺的调节下能迅速变色,具有调温和保护色的功能。

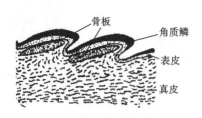

图 19-1　石龙子的皮肤结构(仿各家)

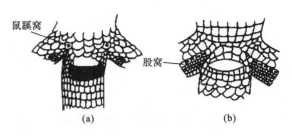

图 19-2　蜥蜴的股腺和臀腺(仿各家)

(a)草蜥;(b)麻蜥

例如,避役(*Chameleon*)有变色龙之称。

19.1.1.3　骨骼系统

爬行类骨骼的骨化程度高,大多数是硬骨,分化程度高;脊柱分区明显,颈椎有寰椎和枢椎的分化;躯干部有发达的肋骨和胸骨;头骨具单一枕骨髁,很多种类具有颞窝和眶间隔;出现次生腭(secondary palate);封闭式骨盆。

1. 头骨

头骨的骨化更为完全,只在筛区仍保留一些软骨;颅骨较高而隆起,属于高颅型(tropibasic type),反映了脑腔的扩大与脑容量的增大,不似两栖类的平颅型(platybasic type)颅骨。头骨具单一的枕骨髁,形成次生腭,由前颌骨、上颌骨、腭骨的腭突、翼骨愈合而成(图 19-3)。次生腭使内鼻孔的位置后移,使口腔和鼻腔完全隔开。鳄类的次生颚最完整,其他多数爬行类的次生腭并不完整。颅骨底部的副蝶骨消失,为基蝶骨所代替。爬行类的很多种类在两眼窝间具软骨或薄骨片的眶间隔(interorbital septum)。

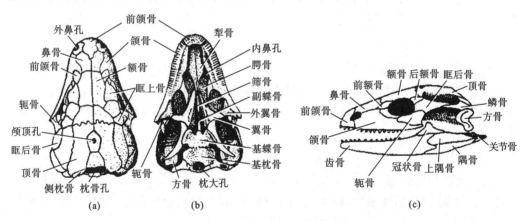

图 19-3　蜥蜴的头骨(仿各家)

(a)背面观;(b)腹面观(示次生腭);(c)侧面观

头骨两侧眼眶后面的颞部膜性硬骨缩小或消失,形成一个或两个孔洞,称为颞孔(temporal fossa)。颞孔周围的骨片形成骨弓,称为颞弓。颞孔的出现与咬肌的发达程度有密切关系,咬肌收缩时,其膨大的肌腹可自颞孔突出(图 19-4),提高咬合力。根据颞孔的有无及其位置,爬行类可分为四类:无颞孔类(或无弓类),颅骨无颞孔及颞弓,如原始的古代爬行类、现代的龟鳖;合颞孔类(或合弓类),颅骨每侧仅有一个颞孔,被眶后骨、鳞骨、

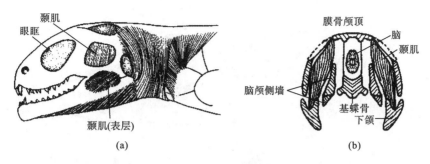

图 19-4　爬行类颞孔和颞肌（仿各家）

(a)头部侧面；(b)头部横切

颧骨所包围,以眶后骨和鳞骨形成上颞弓,如古代兽齿类、现代哺乳类是合颞孔类的后代;双颞孔类（双弓类）,颅骨每侧有两个颞孔,即颞上孔和颞下孔,颞上孔位于由眶后骨和鳞骨组成的上颞弓之上,颞下孔位于由颧骨和方骨组成的下颞弓之上,如大多数古代与现代的爬行类,现代鸟类、鳄与楔齿蜥也属此类。上颞孔类（侧弓类）,颅骨只有单个上颞孔,上颞弓由后额骨和上颞骨构成,为古爬行类中的鱼龙类所具有。宽弓类具有单个上面的颞孔,但其下界为眶后骨和鳞骨,为古爬行类中的蛇颈龙类所具有。现存爬行类的双颞孔在进化过程中产生了一些变异,蜥蜴类失去下颞弓,仅保留颞上孔;蛇类上、下颞弓全失去,故不存在颞孔（图 19-5）。

下颌除关节骨为软骨原骨外,还有一系列膜原骨,如齿骨、夹板骨、隅骨、上隅骨、冠状骨等。关节骨与上颌的方骨构成自接型的颌关节。

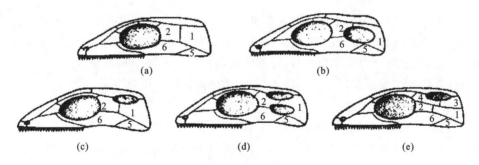

图 19-5　爬行类的颞孔类型及其演变（自 Romer）

(a)无弓类；(b)合弓类；(c)宽弓类；(d)双弓类；(e)侧弓类

1 为鳞骨；2 为眶后骨；3 为上颞骨；4 为后额骨；5 为方颧骨；6 为颧骨

2. 脊柱、肋骨和胸骨

脊柱分化为颈椎、胸椎、腰椎、荐椎和尾椎五部分（图 19-6(a)）。椎体大多为后凹型或前凹型,低等种类为双凹型。颈椎数目增多（石龙子 8 枚）,第 1 枚颈椎特化为寰椎（atlas）,第 2 枚颈椎特化为枢椎（axis）。寰椎与头骨单一的枕骨髁相关节,能与头骨一起在枢椎的齿状突上转动,从而使头部获得了更大的灵活性。荐椎 2 枚,与腰带相连,构成牢固支架,加强了后肢的支持和运动能力。爬行类的颈椎、胸椎和腰椎两侧皆具肋骨。除龟鳖类和蛇类外,爬行类发达的胸骨、胸椎和肋骨组成了羊膜动物所特有的胸廓。胸廓除有保护内脏的功能外,还加强了呼吸作用。肋骨上附着有肋间肌,肋间肌收缩造成胸廓的扩

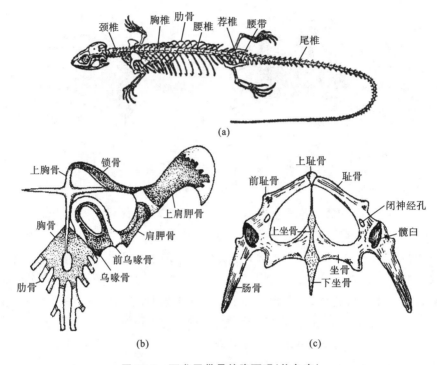

图 19-6 石龙子带骨的腹面观（仿各家）
(a)石龙子的脊柱（自陈品健）；(b)肩带；(c)腰带

张与缩小，协助完成呼吸运动。

蜥蜴类具有长尾，尾椎中部有自残部位，是尾椎骨形成过程中前后两半部未愈合而特化的结构。当遇到敌害被捉住时，附生在自残部位前后的尾肌分别往不同方向做强烈的不协调收缩，使尾椎在自残部位断裂，连同肌肉和皮肤一起断下的现象，称为自残断尾现象。自残部位的细胞具有增殖分化能力，因此残尾断面可长出再生尾。

3. 带骨及附肢骨

爬行类的带骨及附肢骨均较发达（图 19-6）。肩带骨化良好，骨块数目较多，包括乌喙骨、前乌喙骨、肩胛骨、上肩胛骨。左右肩带在腹中线与胸骨连接，使前肢获得稳固的支持。大多数爬行类具有十字形的上胸骨（即间锁骨），将胸骨和锁骨连接起来。腰带包括髂骨、坐骨和耻骨。髂骨和荐椎相连接，左右耻骨和坐骨在腹中线黏合，构成封闭式骨盆，成为支持后肢的坚强支架。爬行类具典型的五趾型四肢。四肢的基本结构与两栖类的相似，但支持及运动的功能显著提高，然而爬行类的肩带和腰带分别通过肱骨和股骨与躯干的长轴成直角相关节，这种低效力的角度使躯干不能完全由四肢支持，只能靠腹部贴地爬行运动。

19.1.1.4 肌肉系统

爬行类的肌肉比两栖类的更复杂，特别是出现了陆生脊椎动物（羊膜动物）特有的肋间肌和皮肤肌。肋间肌调节肋骨升降，协同腹壁肌肉完成呼吸运动。皮肤肌调节角质鳞的活动，在蛇类尤为发达，蛇类的皮肤肌从肋骨连至皮肤，能调节腹鳞起伏，改变身体与地面的接触面积，从而完成其特殊的蜿蜒运动。

19.1.1.5　消化系统

爬行类的消化道比两栖类的分化更为明显。口腔内着生有圆锥形的同型齿,便于咬住食物,但无咀嚼功能。口腔与咽分界明显,口腔腺发达,具有湿润食物、有助于吞咽的作用。口腔腺(图19-7)包括腭腺、唇腺、舌腺、舌下腺。肌肉质舌发达,是陆栖脊椎动物的特征。一些种类的舌除完成吞咽的基本功能外,还特化为捕食器和感觉器。龟和鳄的舌不能伸出口外,蛇类、蜥蜴类的舌可伸出口外很远。蛇的舌尖分叉并具有化学感受器小体,能把外界的化学刺激传送到口腔顶部的犁鼻器来感知味觉。避役的舌,内为纵肌,外为环肌,顶端膨大而富有黏性,平时舌压缩在口中的鞘套里,捕食时舌内快速充血,环肌收缩,将舌从口中直射出去,黏捕昆虫,舌长几乎与体长相等。

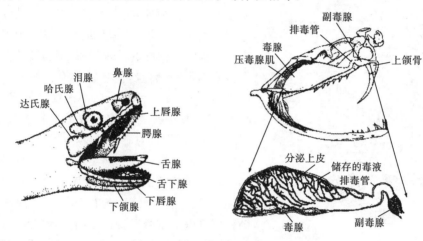

图 19-7　爬行类口腔腺体与毒腺(自 Kardong)

大多数爬行类牙齿的形态、大小相似,为同型齿,无咀嚼功能,只能咬住食物。依据牙齿着生位置的不同,分为端生齿、侧生齿和槽生齿(图19-8)。端生齿着生在颌骨顶面,是最原始的类型,如沙蜥;侧生齿着生在颌骨边缘内侧,如蜥蜴类和蛇类;槽生齿着生在颌骨齿槽内,最为牢固,如鳄类;龟鳖类无齿而代之以角质鞘。各种齿脱落后可再生。

毒牙(fang)是毒蛇前颌骨和上颌骨上的少数几枚大牙,分为管牙(canaliculated tooth)和沟牙(grooved tooth)(图19-9)。沟牙依据着生位置的不同,分为前沟牙和后沟牙。管牙中空,沟牙后侧有槽,为毒液通道。毒牙的基部通过导管与毒腺相连,咬噬时引毒液入伤口。毒蛇的毒腺由唇腺变形而来,一些毒蜥的毒腺由舌下腺变形而来。

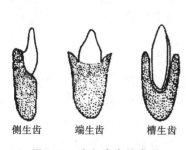

图 19-8　爬行类齿的类型

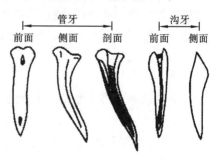

图 19-9　毒蛇的毒牙(自江耀明)

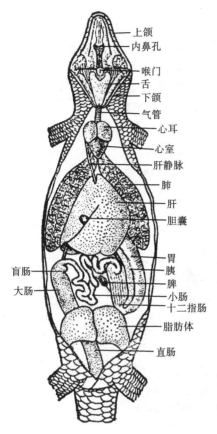

图 19-10　石龙子的内脏
（自杨安峰）

上颌
内鼻孔
喉门
舌
下颌
气管
心耳
心室
肝静脉
肺
肝
胆囊
胃
胰
脾
小肠
十二指肠
脂肪体
直肠
盲肠
大肠

爬行类消化道的基本结构与一般四足类的基本相同（图 19-10）。大肠末端开口于泄殖腔，以单一的泄殖腔孔通体外。大肠和泄殖腔具有重吸收水分的功能，这对于减少体内水分散失和维持水盐平衡具有重要意义。盲肠从爬行类开始出现，位于小肠和大肠交界处，与消化植物纤维有关。

19.1.1.6　呼吸系统

爬行类适应陆地生活，成体无鳃呼吸和皮肤呼吸，肺呼吸功能进一步完善。肺通常有一对，位于胸腹腔的左右两侧，有些种类的肺呈前后排列，或一侧肺退化。例如，蛇蜥和蛇类的左肺大多退化或缺少。爬行类的肺的外观似海绵状，肺的内壁出现许多分隔，呈蜂窝状，使呼吸表面积增大。蝮蛇和避役的肺分为前后两部，前部内壁呈蜂窝状，称呼吸部；后部内壁平滑并伸出若干个薄壁的气囊，插到内脏之间，分布的血管较少，有贮气的作用，称贮气部。这种气囊结构到鸟类获得了更大的发展。

爬行类的呼吸道分化为气管和支气管。支气管从爬行类开始出现，左右支气管分别通入左右肺。气管壁由软骨环支持，气管的前端膨大形成喉头，其壁由环状软骨和一对杓状软骨所支持。

爬行类除继承了两栖类的吞咽式呼吸外，还发展了羊膜动物所特有的胸腹式呼吸，即借助肋间肌和腹壁肌肉运动升降肋骨而改变胸腔大小，从而使空气进入肺部，完成呼吸。水栖龟鳖类的咽壁和泄殖腔壁突出的两个副膀胱富有毛细血管，可辅助呼吸。

19.1.1.7　循环系统

爬行类的循环系统为不完全的双循环。

1. 心脏

心脏包括两心房一心室，静脉窦退化，仅成为右心房的一部分；动脉圆锥则退化消失。心室出现了不完全的室间隔，使多氧血和少氧血的分流更完善。鳄类的心室已分隔为左右两部分，心室间隔比较完全，仅留一潘氏孔相通，其血液循环已接近于完全的双循环（图 19-11）。

2. 动脉

爬行类的动脉相当于原始形态的腹大动脉，与动脉圆锥一起纵裂为肺动脉、左体动脉弓和右体动脉弓，它们分别与心室的右、中和左侧相连接。右体动脉弓的一支通入头部的颈总动脉，另一支和左体动脉弓在背面合成背大动脉，再向后分布。

当心脏收缩时，自静脉窦经右心房至心室右侧的缺氧血液，经右侧肺动脉入肺；自肺静脉回心血液经左心房至心室左侧；靠中央的混合血液进入左体动脉弓；靠左侧的含氧血

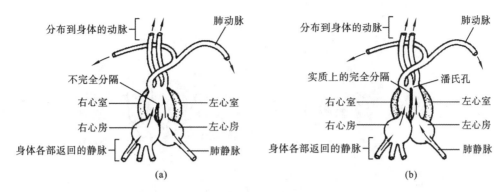

图 19-11 爬行类的心脏结构（自 Halliday）
(a)龟鳖、蜥蜴；(b)鳄

液进入右体动脉弓；颈动脉内为含氧多的动脉血，因此爬行类体动脉内具有比两栖类含氧多的混合血（图 19-12）。

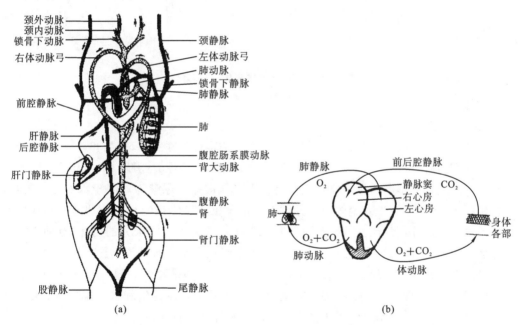

图 19-12 爬行类的循环系统和完全双循环
(a) 循环系统（仿各家）；(b) 不完全双循环（自鲍学纯）

3. 静脉

静脉的基本模式近似两栖类静脉的基本模式，返回心脏的主要静脉包括一对前大静脉、一条后大静脉、一条肝门静脉和一对肾门静脉。肾门静脉趋于退化。

19.1.1.8 排泄系统

从爬行类开始，羊膜动物成体的肾在系统发生上属于后肾（metanephros），但在胚胎发育中经过了前肾和中肾阶段。肾的基本结构和功能与两栖类的没有本质区别，但肾单位的数目已增加，有很强的泌尿能力，并通过后肾管（即输尿管）输送尿液到泄殖腔而排出体外（图 19-13）。后肾发生后，中肾管失去了输尿机能，雄性的中肾管成为专门的输精管

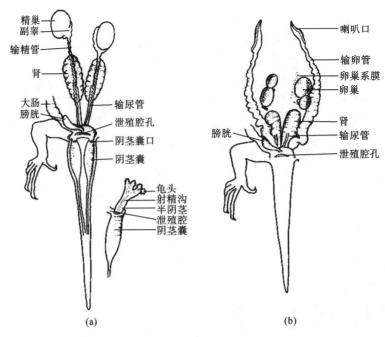

图 19-13　蜥蜴的泄殖系统(自赵肯堂)
(a)雄性;(b)雌性

(即吴氏管),雌性的中肾管退化。

　　爬行类的后肾位于体腔背侧后部,左、右各一。爬行类除鳄类、蛇类和避役外,泄殖腔的腹面均有膀胱,是由胚胎期的尿囊基部扩大而形成,称为尿囊膀胱(allantoic bladder)。

　　大多数爬行类排泄的含氮废物主要是尿酸和尿酸盐。尿酸为难溶于水的含氮废物,白色半固状,其作用是减少体内水分散失。排泄尿酸显然是爬行类成功适应陆地生活的特点之一。此外,爬行类的膀胱、泄殖腔和大肠都具有重吸收水分的功能,有助于在干旱地区生活的爬行类减少体液丧失和使肾内不致形成高于血浆的渗透压。

　　栖息在多盐和干旱地区的蜥蜴、龟、蛇等,还具有肾外排盐的盐腺(salt gland)。盐腺大多位于头部,能排出高浓度的钾、钠、氯,并可以利用空气中的饱和水。盐腺的重要性甚至超过肾的重要性,对调节体内水盐平衡和酸碱平衡都有重要意义。

19.1.1.9　生殖系统

　　体内受精,产羊膜卵是爬行类在生殖方面适应陆栖生活的重要特征。

　　雄性有一对精巢,位于体腔背壁的两侧(图 19-13),精液通过输精管到达泄殖腔。除楔齿蜥外,雄性的泄殖腔具有可膨大并能伸出的交配器。蜥蜴类和蛇类的交配器为一对,龟和鳄类的交配器(与哺乳类的交配器同源)为泄殖腔中央的单个突起,借交配器上的沟可将精液输送到雌性体内。

　　雌性有一对卵巢,位于体腔背壁的两侧(图 19-13)。输卵管一对,各以喇叭口开口于体腔。输卵管中段是蛋白分泌部,下段是能分泌形成革质(蜥蜴、蛇)或石灰质(龟、鳖)卵壳的壳腺部,末端开口于泄殖腔。受精作用在输卵管上端进行。受精卵沿输卵管下行,陆续被输卵管中、下端管壁所分泌的蛋白和卵壳包裹。卵产出后借日光温度或植物腐败发酵产生的热量孵化,此生殖方式为卵生(oviparity)。一些蜥蜴和蛇类具卵胎生(ovoviviparity)的生殖方式,即受精卵留在母体的输卵管内发育,直至胚胎完全发育成为幼体时产出。这种生殖方式进一步提高了后代的成活率,对高山或寒冷地区生活的种类尤为有利。

19.1.1.10　神经系统

爬行类的脑(图 19-14)比两栖类的脑发达,大脑半球显著增大,主要是纹状体加厚;在大脑表面出现了新脑皮(neopallium),新脑皮是由灰质构成的一薄层神经细胞组成的聚集层。中脑视叶仍为爬行类的高级中枢,但已有少数神经纤维自丘脑伸至大脑,这是把神经活动的综合作用从中脑向大脑转移、集中的开始。小脑比两栖类的发达,延脑发达。

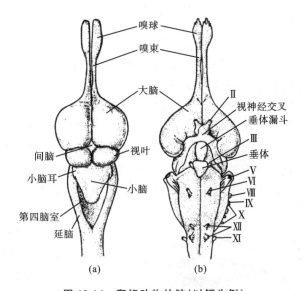

图 19-14　爬行动物的脑(以鳄为例)

(a) 背面观;(b) 腹面观(罗马字母示脑神经)(自徐润林)

脑神经 12 对(蜥蜴和蛇类为 11 对),前 10 对与无羊膜类相同。第 XI 对为副神经,是运动神经,分布至咽、喉;第 XII 对为舌下神经,也是运动神经,分布到颈部肌肉和舌肌。

19.1.1.11　感觉器官

1. 视觉

除壁虎和蛇外,一般具有能够活动的上下眼睑、瞬膜和泪腺(楔齿蜥除外),以保护和湿润眼球。爬行类眼的构造与其他脊椎动物的无本质区别,通过改变晶状体和视网膜间的距离,以及改变晶状体的凸度来调节视力。大多数爬行类的后眼房内,具有由脉络膜突出形成的锥状突,含有丰富的血管和色素,有营养眼球的作用(图 19-15)。

2. 听觉

爬行类耳的基本结构与两栖类的相似,并出现进步性的变化,其内耳司听觉感受的瓶状囊明显加长(哺乳类内耳的耳蜗管即由瓶状囊延长卷曲而成,鳄类的瓶状囊已有卷曲之势)。蜥蜴的鼓膜内陷出现雏形的外耳道。蛇类适应穴居生活,其鼓膜、中耳、耳咽管退

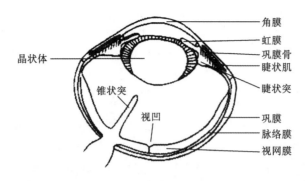

图 19-15 爬行类的眼(自 Pearson)

化,不能感受空气中声波的刺激,但其存在听小骨(耳柱骨),声波沿地面通过头骨的下颌骨、方骨、耳柱骨传导到内耳,从而产生听觉。

3. 嗅觉

爬行类形成次生腭,鼻腔延长,并首次出现鼻甲骨(turbinal bone),使鼻黏膜面积扩大,如鳄类的鼻甲骨很复杂。蜥蜴的鼻腔分为上下两部分,上部的鼻腔黏膜上有感觉细胞,能感知嗅觉;下部为呼吸通路,称为鼻咽道。蜥蜴和蛇类具有发达的犁鼻器(或称贾氏器)(vomeronasal organ)。犁鼻器是位于鼻腔前下方,开口于口腔顶壁的一对盲囊状结构,不与鼻腔相通,其内壁具有嗅黏膜,通过嗅神经与脑相连,是一种化学感受器(图 19-16)。蜥蜴和蛇类的舌不停地吞吐,收集空气中的各种化学物质,舌缩回口腔后,即进入犁鼻器的两个囊内,产生嗅觉。鳄和龟鳖类的犁鼻器退化。

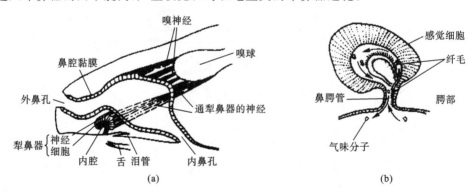

图 19-16 蜥蜴的犁鼻器(自 Halliday)

(a)鼻腔纵切;(b)犁鼻器的结构

4. 红外线感受器

红外线感受器(infrared receptor)是蝰亚科和蟒科中多数蛇类所特有的一种极灵敏的热能感受器,蝰亚科蛇类的颊窝(facial pit)和蟒科蛇类的唇窝(labial pit)就是这类器官。颊窝是位于蝰亚科蛇类眼与鼻孔之间的一个陷窝,窝腔被薄膜分为内外两个小室,薄膜上满布三叉神经末梢,内室以小孔与外界相通,其内保持与环境相同的温度;外室朝向发出温热的物体,以接收热射线,使薄膜两面的温度不同,在膜上形成温差电动势,通过三叉神经传导到神经中枢,产生感觉。颊窝是一种热敏器官,仅约 123.68×10^{-5} J/cm² 的微弱能量就能使之激活并在 35 ms 内产生反应,在数尺的距离内感知 0.001 ℃的温度变化,并能测知其方向和距离。唇窝是位于蟒科蛇类上唇鳞处的凹陷,呈裂缝状,其作用和颊窝的作用相同。

19.1.2 爬行纲的主要特征

爬行类是体被角质鳞片或硬甲,在陆地繁殖的变温羊膜动物。由于爬行类既在结构上对陆地生活产生了一系列成功的适应,又解决了在陆上繁殖的问题,而成为真正的陆生脊椎动物。主要特征表现在:

(1) 皮肤角质化程度加深,外被角质鳞片或盾片,皮肤干燥,缺乏腺体,能有效防止体内水分散失;

(2) 骨骼比较坚硬,分化完备,出现了胸廓;五趾型附肢进一步完善,适于陆地爬行;

(3) 肺呼吸进一步完善,呼吸面积增长,胸廓的出现也使肺呼吸功能加强;

(4) 两心房一心室,心室出现不完全分隔;

(5) 后肾执行排泄功能,尿以尿酸为主;

(6) 体内受精,产羊膜卵,具石灰质或纤维质的卵壳,以防止卵内水分蒸发及机械性损伤,体现了对陆上繁殖的适应。

爬行类产大型的羊膜卵(amniote egg),羊膜卵的卵外包有卵膜(蛋白膜、壳膜、卵壳);卵壳是石灰质的硬壳或革质厚膜,能防止卵变形、损伤和水分蒸发;卵壳具有透气性,能保证胚胎发育时的气体代谢;卵内储存有丰富的卵黄,保证胚胎在发育中能得到足够的营养。

受精卵在胚胎发育过程中产生羊膜、绒毛膜和尿囊。胚胎发育到原肠期后,胚胎周围的胚膜向上隆起发生环状皱褶,皱褶由四周逐渐往中间聚拢,包围胚胎之后互相愈合打通,在胚胎外构成两层膜,内层为羊膜(amnion),外层为绒毛膜(chorion)。羊膜围成一腔,腔中充满羊水,胚胎就在相对稳定、特殊的水环境中发育。在羊膜形成的同时,从胚胎消化道的后端突起,形成尿囊(allantois)。尿囊可收容胚胎在卵内排出的废物,尿囊与绒毛膜紧贴,其上富有血管,胚胎可以通过多孔的卵壳或卵膜,与外界进行气体交换,因此尿囊是胚胎的排泄和呼吸器官。羊膜卵的结构见图 19-17。

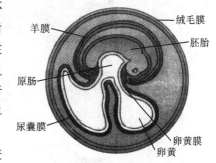

图 19-17 羊膜卵的结构(自吴常信)

羊膜卵的出现,是脊椎动物从水生到陆生的进化历程中的一次飞跃,它解决了在陆上繁殖的问题,使羊膜动物彻底摆脱了发育初期对水的依赖,并使陆生脊椎动物能向陆地的各种不同栖息环境发展。

19.2 爬行纲的多样性

世界上现存的爬行类有 7000 多种,中国有 380 余种,分为 4 个目,即龟鳖目、喙头目、有鳞目、鳄目。

19.2.1 龟鳖目

龟鳖目(Testudoformes)是现存的爬行类中最为特化的一类。主要特征是:背腹具甲,躯干部被包在坚固的骨质硬壳内;椎骨和肋骨与龟甲愈合;肩带位于肋骨腹面(在脊椎动物中罕见);无胸骨,上胸骨、锁骨参与形成腹甲;方骨不能活动;颌无齿,代之以角质鞘;舌无伸缩性;有瞬膜和可活动的眼睑;肛孔纵裂;体内受精,卵生。世界上现存的龟鳖类有280余种,分属13科,分布于热带和温带地区,陆栖、水栖或海洋生活。中国产37种,分属5科。

(1)平胸龟科(Platysternidae):上喙呈鹰嘴状;龟壳显著扁平,背、腹甲以韧带相连;头、尾、四肢不能缩入壳内;尾长约与腹甲等长;趾间具蹼,除第五趾外均具爪。代表种类有平胸龟(*Platysternon megacephalum*)。

(2)龟科(Emydidae):无下缘甲,背腹甲直接相连或借韧带相连;颈、尾、四肢可缩入甲内;附肢粗壮,爪钝而强;趾间具蹼或无蹼;淡水半水栖或水栖。代表种类有乌龟(*Chinemys reevesii*)(图 19-18(e))、黄缘闭壳龟(*Cuora flavomarginata*)(图 19-18(f))。

(3)海龟科(Cheloniidae):背甲扁平,略呈心形;四肢、头、颈不能缩入壳内;四肢特化为桨状,具 1~2 爪;中、大型海龟。代表种类有海龟(*Chelonia mydas*)(图 19-18(h))、玳瑁(*Eretmochelys imbricata*)(图 19-18(j))等,我国东海和南海均有分布。

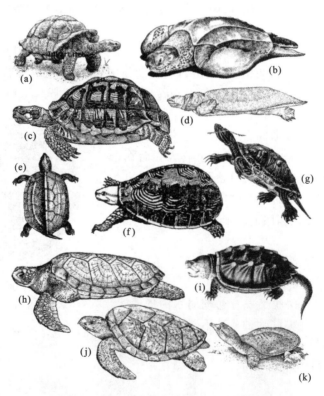

图 19-18　爬行动物代表种类(一)(自徐润林)

(a)象龟;(b)棱皮龟;(c)四爪陆龟;(d)鼋;(e)乌龟;

(f)黄缘闭壳龟;(g)巴西红耳龟;(h)海龟;(i)鳄龟;(j)玳瑁;(k)鳖

（4）棱皮龟科（Dermochelyidae）：背甲由数百枚多边形小骨板镶嵌而成；外被革质皮肤，无角质盾片；背面有7条纵棱，腹甲有5条纵棱；四肢呈桨状，无爪。本科仅1属1种，即棱皮龟（*Dermochelys coriacea*）（图19-18（b）），大型海龟，最大可达2.5 m，体重达860 kg，我国东海和南海均有分布。

（5）鳖科（Trionychidae）：骨板外无角质盾片，被革质皮肤；腹甲骨板退化缩小，不互相愈合；背甲边缘厚实的结缔组织为裙边；上、下颌缘有肉质唇，软吻突可动；颈能缩入壳内，呈"S"形，四肢不能缩入壳内；指、趾间蹼大，内侧3指、趾具爪；中、小型淡水龟类。常见种类为鳖（*Pelodiscus sinensis*）（图19-18（k））。

19.2.2 喙头目

喙头目（Rhynchocephaliformes）是现存爬行类中最古老的类群之一，现仅存1属1种，即楔齿蜥（喙头蜥）（*Sphenodon punctatum*）（图19-19）。主要特征是：体长50～76 cm，头部前端呈鸟喙状；外形与蜥蜴的外形相似，被颗粒状细小角质鳞，背正中央有一列锯齿状鳞；椎体双凹型，保留脊索；具腹壁肋（坚头类腹甲的遗迹）；端生齿，双颞窝；顶眼发达，具角膜、晶体、视网膜；幼体具有犁骨齿；雄性无交配器官。楔齿蜥生活在新西兰，为夜行性动物，以昆虫和蠕虫为食，生活于水边穴内，是最原始的现代爬行类，有"活化石"之称。

图19-19　楔齿蜥

19.2.3 有鳞目

有鳞目（Squamata）为现代爬行类中种类最多的类群，有陆栖、树栖、水栖、穴居等多种类型。有鳞目包括蜥蜴亚目和蛇亚目。

19.2.3.1 蜥蜴亚目

蜥蜴亚目（Lacertilia）为中小型爬行类，是爬行类中种类最多的类群。四肢发达（若无四肢，肢带亦存在），指、趾5枚，末端具爪；具肩带及胸骨；左右下颌骨以骨缝相接；齿侧生或端生；眼睑一般可活动；有鼓膜、鼓室及耳咽管；尾长一般超过头体长。现存20科4000多种，我国约有7科150种。

（1）壁虎科（Gekkonidae）：为较原始的蜥蜴种类。

皮肤柔软，体被粒鳞；头顶不具大型对称鳞片，背具颗粒状角质鳞；无活动眼睑；趾末端具吸盘，吸盘具1列或2列横行排列的趾下瓣；椎体双凹型；侧生齿；尾有自残断尾现象；夜行性，树栖。代表种类有大壁虎（*Gekko gecko*）（图19-20（c）），俗称蛤蚧，体长30 cm以上，产于广西、云南、广东、台湾及福建南部；多疣壁虎（*Gekko japonicus*）（图19-20（a））主要分布于我国南方，夜间爬行于住宅墙壁上捕食昆虫。

(2) 鬣蜥科（Agamidae）：体被方形鳞，多呈覆瓦状排列；头背无对称的大鳞片；背正中线上的鳞没有或仅有 1 行棱或棘；有活动眼睑；前凹型椎体；端生齿；尾不易断；卵生或卵胎生；树栖或陆栖生活。代表种类有草绿龙蜥（*Japalura flaviceps*）、丽纹龙蜥（*Japalura splendida*）、斑飞蜥（*Draco maculatus*）（图 19-20（e））等。

(3) 石龙子科（Scincidae）：头顶有对称的大鳞片；体被覆瓦状圆鳞，鳞下有真皮性骨板；侧生齿；骨膜深陷或被鳞；尾有自残断尾现象；卵生或卵胎生。代表种类有蓝尾石龙子（*Eumeces elegans*）（图 19-20（h））、中国石龙子（*Eumeces chinensis*）、蝘蜓（*Sphenomorphus indicus*）（图 19-20（i））等。

(4) 蜥蜴科（Lacertidae）：头顶有对称的大鳞片；腹鳞方形或矩形，纵横排列成行；四肢发达，有股窝或鼠蹊窝；尾有自残断尾现象；卵生或卵胎生。代表种类有北草蜥（*Takydromus septentrionalis*）（图 19-20（j））、丽斑麻蜥（*Eremias argus*）（图 19-20（k））等。

(5) 蛇蜥科（Anguidae）：身体细长；四肢消失，具带骨及胸骨；背腹鳞片皆呈长方形，

图 19-20　爬行动物代表种类（二）（自徐润林）

(a)多疣壁虎；(b)无蹼壁虎；(c)大壁虎；(d)沙虎；(e)斑飞蜥；(f)鬣蜥；(g)草原沙蜥；(h)蓝尾石龙子；
(i)蝘蜓；(j)北草蜥；(k)丽斑麻蜥；(l)脆蛇蜥；(m)鳄蜥；(n)巨蜥；(o)避役；(p)短尾毒蜥；(q)珠背毒蜥

鳞下有骨板;有活动眼睑;尾有自残断尾现象;舌前部薄、分叉;侧生齿。代表种类有脆蛇蜥(*Ophisaurus harti*)(图 19-20(l)),体长约 200 mm,似蛇形,体侧有纵沟,无四肢,但有带骨和胸骨,产于四川、湖北、浙江、福建及台湾等地。

(6) 鳄蜥科(Shinisauridae):体形似鳄;四肢发达,指、趾端有弯曲利爪;头颈之间有一个明显浅沟;背鳞有显著棱嵴鳞 2 行;舌短,前端分叉;侧生齿;卵胎生。本科仅 1 种,即鳄蜥(*Shinisaurus crocodilurus*)(图 19-20(m)),俗称雷公蛇,主要分布于广西瑶山地区,数量稀少。

(7) 巨蜥科(Varanidae):体型巨大,是蜥蜴目个体最大的类群;四肢粗壮,颌长,尾长而侧扁;背面被颗粒鳞,腹鳞方形,鳞下有真皮性骨板,头顶无对称的大鳞片;舌细长,分叉,可缩入舌基的鞘内;侧生齿;尾无自残能力。主要分布于澳洲、非洲和亚洲南部。代表种类有圆鼻巨蜥(*Varanus salvator*),分布于我国海南、云南、广西、广东等地。

(8) 避役科(Chamaeleonidae):体侧扁,被粒鳞,背部有脊棱;眼大而突出,每眼可独立活动和调距;树栖,四肢适合握枝;尾长,易缠绕;皮肤有迅速变色的能力;舌极发达;卵生或卵胎生。主要分布于非洲,代表种类为避役(*Chamaeleon vulgaris*)(图 19-20(o)),有变色龙之称。

19.2.3.2　蛇亚目

蛇亚目(Serpentes)是适应穴居和攀援的特化爬行类。体细长,颈部不明显;四肢消失,带骨及胸骨退化;除寰椎、尾椎外,其余椎骨上都附有可动的肋骨(蛇爬行的支持器官);成对内脏器官前后排列或退化;无活动眼睑、瞬膜、泪腺和膀胱;鼓膜、耳咽管消失;卵生或卵胎生。全球现存 13 科 3200 余种;中国产 8 科 210 余种,毒蛇有 50 余种。

(1) 盲蛇科(Typhlopidae):外形似蚯蚓,体被光滑圆形鳞片,背腹鳞无区别;眼退化,隐于皮肤鳞下,故称为盲蛇;上颌有少量牙,下颌无齿;头小,方骨不能活动,与下颌骨左右两半在前端愈合,口不能张很大;有腰带骨的残迹;卵生或卵胎生。我国产 3 种,最常见的是钩盲蛇(*Ramphotyphlops braminus*)(图 19-21(a)),体长 17.5 cm,为我国最小的蛇,无毒,营穴居生活,以昆虫为食,产于我国南部各省。

(2) 蟒蛇科(Boidae):背鳞小而光滑,腹鳞大而宽,1 列;上下颌具齿;腰带骨退化,但仍留有股骨残余;有成对的肺;有红外线感受器;泄殖孔两侧有一对角质爪状物,为后肢的残余;卵生或卵胎生(沙蟒),有些卵生种类有孵卵行为,分布于热带和亚热带的某些地区。代表种类有蟒蛇(*Python molurus*)(图 19-21(b)),体长可达 6 m,为我国最大的无毒蛇,主要以温血动物为食,分布于云南、广西、广东及福建等省。

(3) 游蛇科(Colubridae):头顶有对称大鳞片,腹鳞宽大;两颌都有牙齿,少数种类上颌骨后端有 2～4 枚较大的沟牙;无腰带及后肢残余;卵生或卵胎生。本科是蛇亚目中种类最多的类群,现存 2/3 的蛇类属于此科。分布几乎遍布全球,我国产 140 多种。常见种类有虎斑颈槽蛇(*Rhabdophis tigrinus*)、赤链蛇(*Dinodon rufozonatum*)(图 19-21(o))、红点锦蛇(*Elaphe rufodorsata*)、黑眉锦蛇(*Elaphe taeniura*)(图 19-21(m))、乌梢蛇(*Zaocys dhumnades*)(图 19-21(p))等。

(4) 海蛇科(Hydrophiidae):终生生活在海中;有前沟牙;体后部及尾侧扁;鼻孔位于吻背,有鼻瓣;腹鳞窄或消失;卵胎生。我国有 16 种,常见种类为长吻海蛇(*Pelamis platurus*)。

（5）眼镜蛇科（Elapidae）：上颌骨的前部有一对较大的前沟牙，后边有几枚预备毒牙；背鳞 15 行，背鳞扩大呈六边形；外形上与一般无毒蛇不易区别。全世界的毒蛇中，有一半种类隶属于本科，约 180 多种，分布在大洋洲、亚洲、非洲和美洲。我国有 9 种，全分布于长江以南地区。代表种类有舟山眼镜蛇（*Naja atra*），颈背部的花纹呈眼镜状，当受激惹时，体前段竖起，并"呼呼"作声，躯干部黑褐色，在躯干和尾背面常有均匀相间的白色细横纹，为神经性毒，毒性强，分布在两广、两湖和江西一带；金环蛇（*Bungarus fasciatus*），体表具黑、黄色相间的环纹，环绕周身，尾较粗短，分布于华南各省；银环蛇（*Bungarus multicinctus*）（图 19-21(l)），体背面具有黑、白色相间的环纹，腹面白色，毒性强烈，尾较细长，分布于长江以南各省。

图 19-21　爬行动物代表种类（三）（自徐润林）

(a)钩盲蛇；(b)蟒蛇；(c)草原蝰；(d)眼镜蛇；(e)竹叶青；(f)蚓蜥；(g)沙蟒；(h)双色海蛇；(i)烙铁头；
(j)中国水蛇；(k)游蛇；(l)银环蛇；(m)黑眉锦蛇；(n)眼镜王蛇；(o)赤链蛇；(p)乌梢蛇；(q)白头蝰；(r)蝮蛇

（6）蝰科（Viperidae）：上颌骨短而高，可活动；具一对大型管牙；鼻、眼间无颊窝；全是毒蛇，蛇毒为血循毒类，主要作用于心血管系统及血液。本科共有 180 余种，分为蝰亚科、蝮亚科和白头蝰亚科。常见种类有尖吻蝮（*Deinagkistrodon acutus*），俗称五步蛇、蕲蛇，吻尖细，向上翘起，分布于安徽、浙江、湖北、湖南及华南各省；短尾蝮（*Gloydius brevicaudus*），从眼后到口角各有一条黑纹，尾骤细极短，有的呈焦黄色，分布广，数量多；竹叶青蛇

(*Trimeresurus stejnegeri*)(图 19-21(e)),体色纯绿,在体侧有明黄色的纵纹,尾端焦红色,尾有缠绕性,常伏在树上,遍布江南各省。

19.2.4　鳄目

鳄目(Crocodylia)是爬行类中古老的类群,也是现代爬行类中结构最高等的类群。其主要特征是:心脏有两个完全隔开的心室,左右心室仅留一孔(潘氏孔)相通;头骨有发达的次生腭;两颌有槽生齿;具横隔;肾门静脉退化;颅骨双颞孔型。鳄目现存 22 种,多生活于非洲、大洋洲、亚洲南部及热带美洲(图 19-22)。扬子鳄(*Alligator sinensis*)为本目的著名代表,是我国特产,目前仅分布于安徽省长江以南、皖南山系以北的丘陵地带,以及江苏省和与皖南交界的浙江省一角,现存数量稀少,已被列为国家一级重点保护动物。

图 19-22　爬行动物代表种类(四)(自徐润林)
(a)扬子鳄;(b)马来鳄;(c)密西西比河鳄;(d)湾鳄

19.3　爬行类的生态

爬行类是从石炭纪末期古两栖类的坚头类演化而来的。石炭纪末期地球上的气候发生了剧变,部分地区干旱,出现了沙漠,原来温暖而潮湿的气候转变为了冬寒夏热的大陆性气候。气候变化导致植被改变,适应干旱的裸子植物逐渐代替了适应潮湿环境的蕨类植物,致使许多古两栖类逐渐绝灭或再次入水。由于古爬行类具有适应陆地生活的身体结构和繁殖方式,因而能够生存下来并在激烈的竞争中不断发展,逐渐代替了古两栖类,到中生代几乎遍布全球的各种生态环境。

古生代末期出现的爬行类,很快就适应辐射,分成两大类:一类为盘龙类,并由它们分化出兽齿类,进一步演化为哺乳类;另一类为杯龙类,一般认为它们是爬行类的主干,后期的爬行类都是由杯龙类辐射进化而来的。

中生代是爬行类最为繁盛的时代,种类多、分布广,体型大小极为悬殊,成为当时地球上的统治者,因而整个中生代被称为"爬行类时代"。中生代末期,很多爬行类都灭绝了,仅有少数生存下来,一直延续到今天。至于中生代爬行类灭绝的原因,至今尚未得到一致的结论。一般认为,中生代末期,地球上出现了强烈的造山运动,引起地形、气候和植被的巨大变化,很多爬行类由于不能适应变化了的环境而灭绝。另一方面,由于鸟类和哺乳类的崛起,逐渐排挤了大多数爬行动物。到了新生代,在地球上广泛分布的已是鸟类和哺乳类动物。

19.4　爬行类与人类的关系

19.4.1　爬行类资源及其利用

1. 在生态系统中的作用

大多数爬行动物的食性为杂食性或肉食性,如蜥蜴和蛇类捕食大量昆虫及鼠类,有益于农牧业;许多爬行类是食肉兽和猛禽的食物及能量的来源之一。因而大多数爬行类在维持生态平衡上有重要作用。

2. 食用

蛇肉味美,富含蛋白质,有多种氨基酸成分,是滋补和具疗效的食品。例如,两广地区以眼镜蛇、金环蛇和灰鼠蛇为原料制作的三蛇菜、三蛇酒、三蛇胆;鳖甲周缘的裙边,为名贵的滋补食品。目前由于乱捕滥猎,已导致资源严重破坏。

3. 药用

入药蜥蜴有 10 多种,例如,大壁虎药名为蛤蚧,有补肺气、益精血、定喘止咳、疗肺痈痹消渴、助阳道的功能。鳖甲和龟板、蛇肉、蛇胆、蛇蜕、蛇毒都可入药;蛇胆可加工成蛇胆川贝液、蛇胆陈皮液、蛇胆半夏液等中成药,治风湿关节痛、咳嗽多痰;蛇蜕的中药名叫龙衣,入药有杀虫祛风功能,可治疗喉痹肿、疥癣和难产。

蛇毒的利用:眼镜蛇毒注射剂具有镇痛作用,对于减轻晚期转移癌痛、三叉神经和坐骨神经痛、风湿性关节痛、脊髓痨危象、带状疱疹等剧痛,有明显效果;蛇毒酶治疗癌症有一定疗效;蝰蛇蛇毒有较强的凝血性,可用于出血性疾病的局部止血;短尾蝮蛇毒中提取的抗栓酶,已用于脑血栓、血栓闭塞性脉管炎、冠心病的治疗。

19.4.2　毒蛇与无毒蛇的区别及防治

1. 毒蛇与无毒蛇的区别

在我国已知的 210 多种蛇中,毒蛇有 50 种,危害较大,经常造成蛇伤的毒蛇约有 10 种,如短尾蝮、尖吻蝮、竹叶青蛇、白唇竹叶青蛇、菜花原矛头蝮、蝰蛇、眼镜蛇、金环蛇和银环蛇等。识别毒蛇,掌握它们的活动和蛇咬伤的规律,可避免或减少被毒蛇咬伤。

毒蛇和无毒蛇的根本区别就是毒蛇有毒牙和毒腺,而无毒蛇无此特征。凡在野外看到头膨大呈三角形,瞳孔为披裂状,躯体较粗短,尾部骤然变细的蛇(也有例外,如金环蛇、银环蛇等毒蛇),应该提高警惕,切忌用手去捉弄它们,以免被蛇咬伤。

2. 常见的有毒蛇类

(1)管牙类毒蛇(蝰科):短尾蝮、尖吻蝮、原矛头蝮类、竹叶青蛇。

(2)前沟牙类毒蛇:眼镜蛇科的金环蛇、银环蛇、眼镜蛇、眼镜王蛇,海蛇科的青环海蛇等。

(3)后沟牙类毒蛇(游蛇科):如中国水蛇(中华水蛇)、虎斑颈槽蛇等。

几种常见毒蛇的头部及体纹分别见图 19-23 和图 19-24。

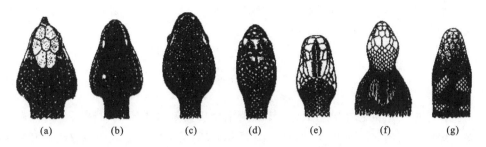

图 19-23　几种常见毒蛇的头部（自赵肯堂）
(a)尖吻蝮；(b)原矛头蝮；(c)竹叶青；(d)草原蝰；(e)白头蝰；(f)眼镜蛇；(g)海蛇

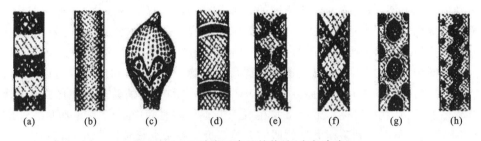

图 19-24　几种常见毒蛇的体纹（自赵肯堂）
(a)银环蛇；(b)竹叶青；(c)眼镜蛇；(d)丽纹蛇；(e)短尾蝮；(f)尖吻蝮；(g)蝰蛇；(h)草原蝰

3. 蛇毒引起中毒的原理

（1）神经毒：前沟牙蛇类的神经毒可导致乙酰胆碱失去作用，造成机体的神经肌节头之间的冲动传导受阻，短时间内导致中枢神经系统麻痹而死。如金环蛇、银环蛇、海蛇类的蛇毒。局部症状：无炎症反应，不红肿、无痛、有麻木感、伤口有轻微发痒。

（2）血循毒：管牙类的血循毒，对血液循环系统造成损害，可引起伤口剧痛、水肿、皮下紫斑，最后导致心脏衰竭死亡。如尖吻蝮、竹叶青蛇、菜花原矛头蝮、短尾蝮等。局部症状：有炎症反应，局部红肿、剧烈疼痛。

（3）混合毒：既有神经毒又有血循毒，人被咬伤后双重受害。例如，眼镜蛇、眼镜王蛇以神经毒为主，短尾蝮以血循毒为主。

4. 蛇伤及防治

（1）蛇伤的部位：通常在脚踝以下，其次是上肢或头、胸部。

（2）发生毒蛇咬伤的主要季节：在长江以南，7—9 月份是蛇伤发病率最高的季节。

（3）毒蛇咬伤急救方法：

① 保持镇定：不要奔跑，切忌置之不理继续劳动或行走。应就近选择阴（凉）处休息和处理伤口。将伤肢放低，减少活动，以免加快循环而加速蛇毒的吸收和扩散。

② 结扎：用布条等在伤口上方（跨过一个关节）结扎，每隔 15～20 min 放松布条 1～2 min，以免血液循环受阻，造成局部组织坏死，如注射抗蛇毒血清后，可解除结扎。

③ 冲洗或灼烧伤口：结扎后，立即用清洁的冷水、盐水或 0.5% 高锰酸钾溶液反复冲洗伤口，也可用火柴灼烧伤口以破坏伤口附近的蛇毒，减轻毒害。

④ 扩创排毒：用锋利的小刀或三棱针经消毒后，沿与肢体平行方向在痕处作十字形切开，切口长约 1 cm，深至皮下即可。扩创后继续冲洗，轻轻挤压伤口周围，以排除蛇毒。

但如被尖吻蝮类出血性毒素的毒蛇咬伤,则不宜扩创,以免出血过多。

　　⑤ 急救处理后,迅速就近求医治疗。

科学未解之谜

　　中生代盛极一时的恐龙突然灭绝,其原因至今仍然是科学家们很感兴趣的问题。有关恐龙灭绝的假说有:①"造山运动说",在白垩纪末期发生的造山运动导致气候和环境剧变,植物也改变了,草食性的恐龙不能适应新的食物而相继灭绝,肉食性的恐龙也继而灭绝。②"哺乳类进化说",根据化石的记录,在中生代后期,哺乳类体型甚小,数量十分有限,直到白垩纪后期,数量才开始急速增加。推测它们以昆虫等为主食,继而取食恐龙的卵,最终导致恐龙的生育危机和灭绝。③"繁殖受挫说",研究恐龙蛋化石时发现,恐龙胚胎的变形与错位,有可能导致恐龙蛋无法正常孵化;另外在广东省南雄盆地发现恐龙蛋壳铱异常、氧同位素异常,从而使恐龙走向衰弱最终灭绝。④"疾病和瘟疫致死说",白垩纪的气候很温暖,导致携带利什曼原虫、疟疾、肠内寄生虫和其他病菌的吸血昆虫大面积滋生,叮咬恐龙后频频引发瘟疫,致使恐龙在成千上万年的时间中逐渐缓慢地灭绝。⑤"气温急剧下降说",英国普利茅斯大学的研究人员研究了挪威北极地区斯瓦尔巴特群岛的化石和矿物质,发现白垩纪时期气温突然急剧下降,这导致曾生活在温暖的浅海、陆地和沼泽地里的很多种恐龙迅速灭亡。⑥"大陆漂移说",地质学研究证明,在恐龙生存的年代,地球的大陆只有唯一一块,即泛古陆,由于地壳变化,这块大陆在侏罗纪发生了较大的分裂和漂移现象,最终导致环境和气候的变化,恐龙因此而灭绝。⑦"被子植物中毒说",中生代末期,地球上的裸子植物逐渐消亡,取而代之的是大量被子植物,这些植物中含有裸子植物中所没有的毒素,形体巨大的恐龙食量奇大,导致体内毒素积累过多而死亡。此外,还有"大气成分变化""地磁变化"等假说。

　　在众多的假说中,近年来被广泛接受的是"陨石撞击地球假说"。1980年,美国科学家在6500万年前的地层中发现了超过正常含量几十甚至数百倍的铱,这样高浓度的铱在陨石中才可以找到,另据铱的含量还推算出撞击物直径约10 km,这么大的陨石撞击地球,对地球的打击强度相当于里氏10级地震,瞬间灰尘铺天盖地,继而火山爆发,火山灰也充满天空,遮天蔽日,在以后的数月乃至数年里,天空依然尘烟翻滚,植物无法进行光合作用,大气含氧量极低,恐龙因此灭绝了。1991年,在墨西哥的尤卡坦半岛发现了一个发生在久远年代的陨星撞击坑,这个事实进一步证实了这种观点。

思 考 题

1. 以中国石龙子为代表,简述爬行类的外形和内部结构特征。

2. 为什么说爬行类才是真正的陆生脊椎动物?

3. 如何分辨无颞孔、双颞孔和合颞孔头骨?

4. 羊膜动物和无羊膜动物在泄殖系统上有何重要不同?

5. 列举出至少6项在爬行类中首次出现的结构,它们有何进化和适应上的意义?

6. 简述现存爬行类各目特征和主要代表动物。

7. 简述羊膜卵的主要特征及其在动物进化史上的意义。

8. 简述"打草惊蛇"的科学道理。

9. 试论恐龙绝灭的原因。

10. 了解常见毒蛇的特征及被毒蛇咬伤后的急救措施。

11. 简述现存爬行类的致危因素以及保护途径。有条件的可开展社会调查、总结并交流。

12. 名词解释:自残断尾;蜕皮;同型齿;沟牙;管牙;次生腭;胸廓;胸腹式呼吸;新脑皮;犁鼻器;颊窝;唇窝;羊膜卵。

第 20 章 鸟 纲

在各种环境中，无论是陆地、水域，还是天空，不管是极地，还是赤道，我们都能看到鸟类。现今，地球上生活的鸟类超过 9700 种，从 1.6 g 的蜂鸟到 150 kg 的鸵鸟，从笼养观赏鸟到驯化养殖的家禽，它们在体形、体色、喙、翼、脚等表型上和行为上形成了丰富的多样性。据估计，每年约有 1 亿只鸟类要迁徙飞行，有些种类的迁飞速度每天超过 1000 km，仅在我国鄱阳湖湿地越冬的候鸟最多时达 60 多万只。

人类是怎样对鸟类进行科学分类的？鸟类是如何适应飞翔生活的？在动物系统进化上，鸟类又是如何由 1.8 亿年前中生代侏罗纪特化的古代爬行类动物演化而来的？

20.1 代表动物和主要特征

20.1.1 代表动物——家鸽

家鸽（*Domestic pigeons*）（图 20-1）是由原鸽经过人类饲养驯化而成家禽，按饲养目的分为信鸽、肉鸽、观赏鸽等。家鸽善于飞翔，喜群居，主要以谷粒等植物种子为食。

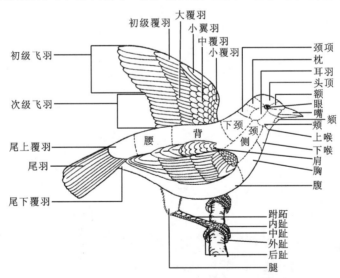

图 20-1 鸟类的外部形态（自郑作新，1997）

20.1.1.1 外部形态

家鸽体呈纺锤形，分为头、颈、躯干、尾和四肢五部分，体表被有羽毛，形成流线型的外廓。头小，呈圆形，前端着生有角质喙；鼻孔盖处有蜡膜，为柔软的皮肤；眼大，具有上下眼睑和瞬膜；外耳道周围具耳羽。颈长，活动灵活；躯干坚实；前肢特化成翼；后肢粗壮；四趾，三趾向前，一趾向后。

20.1.1.2 内部结构特征

1. 皮肤及其衍生物

皮肤薄、松、干、软,表皮的衍生物有羽毛、尾脂腺、鳞片、距、爪、喙和肉冠。尾脂腺能分泌油脂,由喙涂抹在羽毛上。羽毛分为正羽、绒羽、纤羽三种(图 20-2)。正羽是被覆在体外的大型羽毛,在羽轴的两侧形成羽片,其中着生在翼上的正羽称为飞羽,着生在尾部的正羽称为尾羽。在正羽下方呈棉绒状的羽毛为绒羽,绒羽构成隔热层。在正羽与绒羽之中呈毛发状的羽毛称为纤羽,具有触觉作用。鸟类在一年中会有两次换羽,按季节分为冬羽和夏羽,冬羽的绒羽较多。

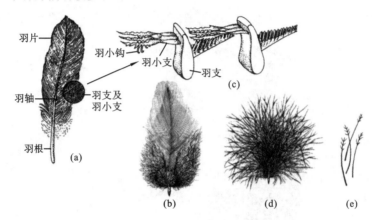

图 20-2 鸟类的羽毛(自刘凌云)

(a)、(b)正羽;(c)羽支结构;(d)绒羽;(e)纤羽

2. 骨骼系统

骨骼坚韧轻巧,骨内有蜂窝状的小孔,有多处愈合现象(图 20-3)。头骨骨片愈合成一个整体,具有单一的枕骨髁。脊柱分为颈椎、胸椎、腰椎、荐椎、尾椎五部分。颈椎数目多,椎体呈马鞍形;与胸椎相连的肋骨具钩状突,前后肋骨钩接,腹面连接胸骨,胸骨特别发达,在腹面形成龙骨突,胸椎、肋骨和胸骨构成牢固的胸廓;部分胸椎与腰椎、荐椎及部分尾椎愈合为综荐骨,并与两侧的腰带愈合;最后几枚尾椎骨愈合为尾综骨。前后肢骨与带骨均有较大的变形。肩带的左右锁骨在中央愈合成"V"形,前肢的腕骨、掌骨和指骨有愈合和消失现象,使翼的骨骼构成一个整体;腰带的左右坐骨和耻骨不在腹中线处愈合,形成开放式骨盆。

3. 肌肉系统

鸟类的肌肉系统特点表现在胸肌、栖肌和鸣肌(图 20-4)上。胸肌特别发达,连接前肢与胸骨的龙骨突,约占体重的 1/5,分为胸大肌和胸小肌。后肢具有适于树栖握枝的肌肉,包括栖肌、贯趾屈肌等。在气管与支气管连接处形成鸣管和鸣肌,适于鸣叫。

4. 消化系统

鸟类的消化系统分消化道和消化腺(图 20-5)。消化道分为喙、口腔、咽、食道、嗉囊、胃、小肠、盲肠、大肠和泄殖腔。家鸽的口腔内无牙齿,具有唾液腺,但不含消化酶;食道下为膨大的嗉囊,雌鸽在育雏初期,嗉囊能分泌"鸽乳";胃分为腺胃和肌胃,肌胃有发达的肌肉壁,内壁具有厚的角质膜(俗称鸡内金),腔内有些许小砂粒;小肠比较长,分为十二指

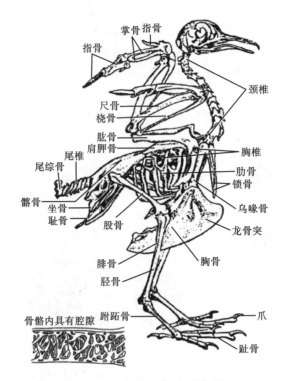

图 20-3　鸟类的骨骼(自陈小鳞)

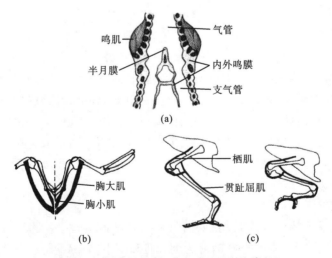

图 20-4　鸟类的鸣肌、胸肌、栖肌(自许崇任)
(a)鸣肌；(b)胸肌；(c)栖肌

肠、空肠和回肠；大肠粗短,不储存粪便;在大肠与小肠交界处有两条短的盲肠。消化腺主要有肝和胰脏,无胆囊,胆管和胰管开口于十二指肠。鸟类的消化力强,消化过程迅速。

5. 呼吸系统

鸟类的呼吸系统包括肺和气囊。肺是由初级支气管、次级支气管和三级支气管彼此连通的网状管道系统。在三级支气管周围有放射状排列的微支气管,气体交换在此处进行;初级支气管和次级支气管与发达的气囊系统相连通。气囊分布于内脏、骨腔和肌肉之间,其中与初级支气管相通的为后气囊(包括腹气囊和后胸气囊),与次级支气管相通的为前气囊(包括颈气囊、锁骨间气囊、前胸气囊)(图 20-6)。

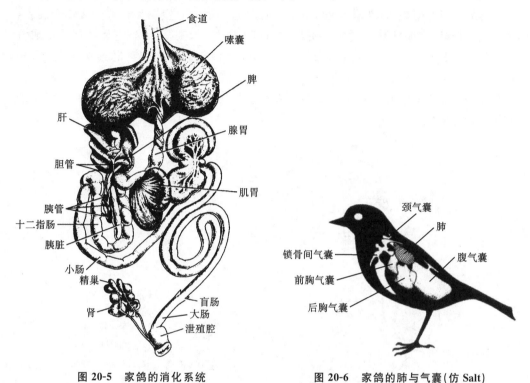

图 20-5　家鸽的消化系统　　　　　　图 20-6　家鸽的肺与气囊(仿 Salt)

鸟类具有双重呼吸(图 20-7)。吸气时,一部分新鲜空气经初级支气管直接进入后气囊,一部分新鲜空气经次级支气管和三级支气管在微支气管处进行气体交换;在呼气时,

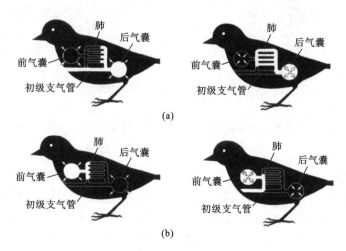

图 20-7　鸟类的双重呼吸(仿 Schmidt-Nielsen)

(a)第一周期;(b)第二周期

肺内含 CO_2 多的气体经前气囊排出,后气囊中含氧多的空气经次级支气管、三级支气管而在肺内进行气体交换。气囊除了具有辅助呼吸的功能外,还具有减轻身体的相对重量、减少肌肉间以及内脏间的摩擦、散热等功能。

6. 循环系统

鸟类的心脏相对较大,为体重的 $0.4\%\sim1.5\%$,心房与心室已完全分隔成四个腔室,出现完全双循环(体循环和肺循环)(图 20-8(a))。从左心室发出一条右体动脉弓形成背大动脉(图 20-8(b)),分支至身体各组织器官中,从右心室发出肺动脉通至肺(图 20-8(c))。在右房室间孔间有 1 片肌肉瓣,而在右房室孔间为 2 片膜质瓣膜,叫二尖瓣,在体动脉和肺动脉基部有 3 片半月瓣。鸟类心跳频率高,血液循环迅速,这都是与鸟类旺盛的新陈代谢相适应的。

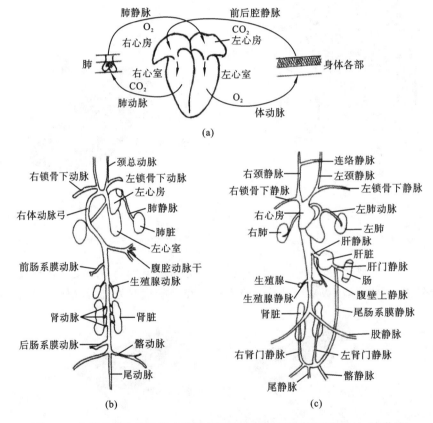

图 20-8　鸟类动脉和静脉的血管系统及完全双循环示意图(自侯林、鲍学纯)
(a)完全双循环示意图;(b)动脉;(c)静脉

7. 排泄系统

鸟类的肾脏分为三叶,从肾的腹面各发出一条输尿管,末端开口于泄殖腔(图 20-9)。肾脏为后肾,肾小球的数目多,能迅速排除废物。肾小管和泄殖腔具有重吸收水分的功能,排尿失水极少。不具有膀胱,所产的尿连同粪便随时排出体外。排泄物为尿酸。

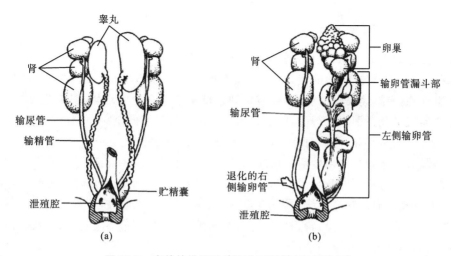

图 20-9 家鸽的排泄系统和生殖系统(自刘凌云)

(a)雄性;(b)雌性(仿 Parker)

8. 生殖系统

鸟类为雌雄异体,生殖系统包括雌性生殖系统和雄性生殖系统(图 20-9)。雌鸽仅左侧的卵巢和输卵管发达,输卵管前端为喇叭口,开口于体腔,末端开口于泄殖腔。雄鸽具有成对的睾丸和输精管,输精管开口于泄殖腔。无交配器,但有交配现象。

9. 神经系统与感觉器官

鸟类脑(图 20-10)的体积较大,脑弯曲明显。大脑的顶壁很薄,底部纹状体发达,是鸟类复杂的本能活动中枢;中脑视叶发达;小脑特别发达。由脑发出的脑神经有 12 对。

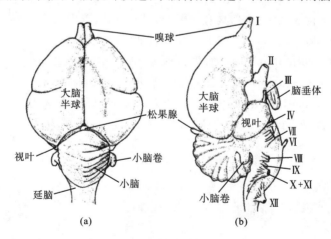

图 20-10 家鸽的脑(仿 Romer)

(a)背面观;(b)侧面观(罗马数字示脑神经编号)

家鸽的感觉器官以视觉最为发达,听觉次之,嗅觉最为退化。家鸽具有完善的视觉调节能力,不仅能改变水晶体的形状以及水晶体与角膜间的距离,而且还能改变角膜的屈度,即双重调节。

20.1.2 鸟纲的主要特征

鸟类是体被羽毛、前肢特化为翼、恒温、卵生的高等脊椎动物。

鸟类具有一系列进步性的特征：具有高而恒定的体温（37.0～44.6 ℃），减少了对环境的依赖性；具有迅速飞翔的能力，能借主动迁徙来适应多变的环境；具有发达的神经系统和感觉器官以及各种复杂行为，能更好地协调体内外环境的统一；具有较完善的繁殖方式和行为（造巢、孵卵和育雏），保证了后代有较高的成活率。

鸟类具有一系列与飞翔生活相适应的特征：体呈流线型，体表被羽毛；骨质坚而轻，多有愈合现象，骨骼连接紧密，胸骨发达，具有龙骨突起，胸肌发达，具栖肌；无牙齿，大肠粗短；肺具有互相连通的管道系统，具有气囊，行双重呼吸；心脏四腔，仅具右体动脉弓，血液循环为完全的双循环；具有后肾，排泄尿酸，无膀胱；仅左侧生殖腺发达；大脑纹状体发达，小脑特别发达，视觉具双重调节。

20.2 鸟纲的多样性

全世界现生鸟类约有 9700 种，而且每年平均有 4 个新种被发现。鸟纲分为 3 个总目，28 目，其中雀形目有 5000 种以上。我国记载有鸟类 1417 种，是我国自然资源的重要组成部分。

20.2.1 平胸总目

平胸总目（Ratitae）的主要特征是：胸骨扁平，无龙骨突起；翼退化，不会飞；无尾综骨；羽小枝无钩，不构成羽片；雄鸟具有交配器；后肢发达，善走，又称走禽。在现存鸟类中体重大者可达 135 kg，体高可达 2.5 m。主要目如下（图 20-11）。

（1）鸵鸟目（Struthionformes）：如非洲鸵鸟（*Struthio camelus*）。

（2）美洲鸵鸟目（Rheiformes）：如美洲鸵鸟（*Rhea americana*）。

（3）鹤鸵目（Casuariiformes）：如鸸鹋（*Dromaius novachollandia*）。

（4）无翼目（Apterygiformes）：如褐几维鸟（*Apteryx australis*）。

(a)　　　　(b)　　　　(c)　　　　(d)

图 20-11　平胸总目的代表动物（自徐润林）

(a)非洲鸵鸟；(b)美洲鸵鸟；(c)鸸鹋；(d)褐几维鸟

20.2.2　企鹅总目

企鹅总目(Impennes)的主要特征是:胸骨具有发达的龙骨突,骨沉重而不充气,羽毛呈鳞片状;前肢特化为鳍状,不会飞;后肢趾间具蹼,善游泳和潜水,后肢移至躯体后方,在陆地上行走时躯体部直立,左右摇摆;生活于南半球,1目。

企鹅目(Sphenisciformes)(图 20-12):如王企鹅(*Aptenodytes patagonicus*)、南美企鹅(*Spheniscus magellanicus*)。

（a）　　　　　　　　　（b）

图 20-12　企鹅总目的代表动物
（a）王企鹅（自徐润林）;（b）南美企鹅

20.2.3　突胸总目

突胸总目包括现代绝大多数鸟类,总计约 35 个目,8500 种以上。善于飞翔,胸骨龙骨突发达,骨骼为气质骨,具"V"形锁骨。正羽发达。趾型一般为常态足(二、三趾向前,一趾向后)。根据生活环境和相适应的生活方式及外部形态的差异,将突胸总目分为如下 6 个生态类群。

(1)游禽类。游禽类为常在水中生活的鸟类,脚短,趾间具蹼,不善行走,但适于游泳,尾脂腺发达,以螺、蚌、鱼、虾等水生生物为食(图 20-13)。主要目如下。

鸊鷉目(Podicipediformes):瓣蹼足,善于潜水,嘴短而钝。如凤头鸊鷉(*Podiceps cristatus*)、小鸊鷉(*Tachybaptus ruficollis*)。

鹈形目(Pelecaniformes):全蹼足,喙长,上喙具钩,喉囊发达。如斑嘴鹈鹕(*Pelecanus philippensis*)、鸬鹚(*Phalacrocorax carbo*)。

鹱形目(Procellariiformes):蹼足,鼻孔呈管状,翼长而尖,海洋性鸟类。如漂泊信天翁(*Diomedea exulans*)。

鸥形目(Lariformes):蹼足,翼长而尖,海洋性鸟类。如红嘴鸥(*Larus ridibundus*)、普通燕鸥(*Sterna hirundo*)。

雁形目(Anseriformes):蹼足,嘴扁,具嘴甲,具翼镜。如小天鹅(*Cygnus columbianus*)、豆雁(*Anser fabalis*)、鸳鸯(*Aix galericulata*)。

(2)涉禽类。涉禽类涉走于浅水中,不会游泳。嘴细而长,颈长,脚和脚趾也长,趾间蹼不发达(图 20-14)。主要目如下。

图 20-13　游禽类的代表动物(自陈小鳞)

(a)鹏鹕;(b)信天翁;(c)鹈鹕;(d)鸬鹚;(e)鸳鸯;(f)天鹅;(g)绿头鸭;(h)黑嘴鸥;(i)燕鸥

图 20-14　涉禽类的代表动物(自陈小鳞)

(a)白鹳;(b)白鹭;(c)苍鹭;(d)丹顶鹤;(e)大鸨;(f)骨顶鸡;(g)普通秧鸡;(h)金眶鸻;(i)白腰草鹬;(j)普通燕鸻

鹳形目(Ciconiiformes)：4 趾平置，眼先裸出，晚成雏。如东方白鹳(*Ciconia boyci-ana*)、大白鹭(*Egretta alba*)、朱鹮(*Nipponia nippon*)。

鹤形目(Gruiformes)：后趾小而高，眼先大部被羽，有些种类圆翼，早成雏。如丹顶鹤(*Grus japonensis*)、白鹤(*Grus leucogeranus*)。

鸻形目(Charadriiformes)：后趾小或缺，眼先被羽，尖翼，早成雏。如彩鹬(*Rostratula benghalensis*)、大沙锥(*Capella megala*)、凤头麦鸡(*Vanellus vanellus*)。

(3) 陆禽类。陆禽类常在地面行走，喙短，筑巢(图 20-15)。主要目如下。

鸡形目(Galliformes)：喙短钝，嗉囊发达，翅短圆，雌、雄异型，雄性具距，陆栖，善奔走，不善远飞。如岩雷鸟(*Lagopus muta*)、红腹锦鸡(*Chrysolophus pictus*)、原鸡(*Gallus gallus*)、鹌鹑(*Coturnix coturnix*)、蓝孔雀(*Pavo cristatus*)。

鸽形目(Columbiformes)：喙短而细弱，基部具蜡膜，嗉囊发达，能分泌"鸽乳"，翅长而尖，雌、雄差异不大，晚成雏或早成雏(沙鸡)，陆栖或树栖，飞行迅速。如山斑鸠(*Strep-topelia orientalis*)、原鸽(*Columba livia*)、毛腿沙鸡(*Syrrhaptes paradoxus*)。

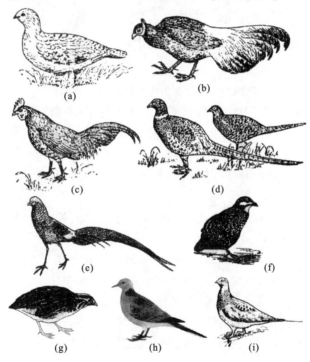

图 20-15 陆禽类的代表动物(自陈小鳞)

(a)柳雷鸟；(b)褐马鸡；(c)原鸡；(d)环颈雉；(e)红腹锦鸡；(f)鹧鸪；(g)鹌鹑；(h)珠颈斑鸠；(i)毛腿沙鸡

(4) 攀禽类。攀禽类多为树栖，为善于攀树的种类。脚短而健壮，趾的排列有变异，以适于攀缘，有并趾足、常态足(但三、四趾基部合并)、对趾足(三、四趾向后)等(图 20-16)。主要目如下。

鹦形目(Psittaciformes)：对趾足，嘴坚硬，具利钩。如绯胸鹦鹉(*Psittacula alexan-dri*)、虎皮鹦鹉(*Melopsittacus undulates*)。

鹃形目(Cuculiformes)：对趾足，嘴稍弯曲，尾羽不硬。如大杜鹃(*Cuculus canorus*)。

䴕形目(Piciformes)：对趾足，嘴强直，呈凿状，尾羽硬。如灰头绿啄木鸟(*Picus*

图 20-16　攀禽类的代表动物（自陈小鳞）

(a)绯胸鹦鹉；(b)大杜鹃；(c)四声杜鹃；(d)普通夜鹰；(e)普通楼燕；(f)白腰雨燕；

(g)红喉蜂鸟；(h)戴胜；(i)普通翠鸟；(j)双角犀鸟；(k)大斑啄木鸟

canus）、大斑啄木鸟（*Dendrocopos major*）。

夜鹰目（Caprimulgiformes）：并趾足，嘴短阔，边缘具有成排硬毛。如普通夜鹰
（*Caprimulgus indicus*）。

雨燕目（Apodiformes）：前趾足，嘴短阔，翼发达。如剑嘴蜂鸟（*Ensifera ensifera*）、
白腰雨燕（*Apus pacificus*）。

佛法僧目（Coraciiformes）：并趾足，嘴长而强。如冠斑犀鸟（*Anthracoceros albiros-
tris*）、翠鸟（*Alcedo atthis*）、戴胜（*Upupa epops*）。

（5）猛禽类。猛禽类喙和脚爪强壮有力，并呈钩曲状，翼强健，善于飞行，体形大，性
凶猛，以捕食小动物或食腐肉为生（图 20-17）。主要目如下。

隼形目（Falconiformes）：不具面盘，两眼侧置，日行性。如秃鹫（*Aegypius mona-
chus*）、红脚隼（*Falco vespertinus*）。

鸮形目（Strigiformes）：具面盘，两眼前置，夜行性。如长耳鸮（*Asio otus*）、雕鸮（*Bubo
bubo*）、雪鸮（*Bubo scandiacus*）。

（6）鸣禽类。鸣禽类种类繁多，约占全部鸟类的 62%，羽色鲜艳，善鸣叫，巧于营巢，
体态轻韫，活动灵敏，有多种生活习性（图 20-18）。

雀形目（Passeriformes）：如画眉（*Garrulax canorus*）、红嘴相思鸟（*Leiothrix lutea*）、
黑枕黄鹂（*Oriolus chinensis*）、八哥（*Acridotheres cristatellus*）、家燕（*Hirundo rustica*）、
秃鼻乌鸦（*Corvus frugilegus*）、喜鹊（*Pica pica*）、红尾伯劳（*Lanius cristatus*）、白鹡鸰
（*Motacilla alba*）。

图 20-17　猛禽类的代表动物(自陈小鳞)

(a)红隼;(b)鹗;(c)鸢;(d)草鸮;(e)长耳鸮;(f)领鸺鹠

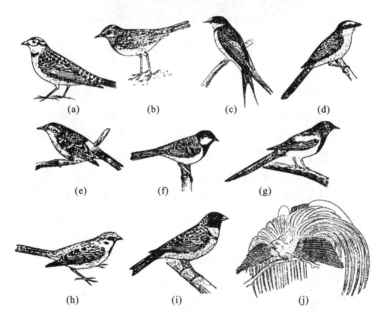

图 20-18　鸣禽类的代表动物(自陈小鳞)

(a)百灵;(b)红点颏;(c)家燕;(d)红尾伯劳;(e)黄腰柳莺;(f)大山雀;(g)喜鹊;(h)家麻雀;(i)黄胸鹀;(j)极乐鸟

20.3　鸟纲的生态

20.3.1　鸟类的繁殖

鸟类的繁殖具有明显的季节性和复杂的行为(如求偶、占区、筑巢、孵卵、育雏等),以与后代存活率的提高相适应。

1．求偶

求偶炫耀（courtship display）是鸟类在繁殖早期通过婉转鸣唱，展示华丽多彩的羽毛，进行婚飞、戏飞或以其他行为姿态吸引异性的一种活动（图 20-19）。鸣叫、炫耀羽毛、姿态动作是经常可以见到的鸟类求偶炫耀方式，如鸣禽的婉转的鸣唱、鸡的鸣叫、杜鹃的晨夜鸣声、猫头鹰的悲鸣、啄木鸟喙敲打空心树干所发出的击鼓之声等，水禽在水面上做出的各种钻水姿势，雉鸡类求偶时炫耀舞蹈并伴随有武力进攻，猛禽的求偶炫耀常在空中做各种各样的特技表演，红尾伯劳雄鸟常做摇头、"鞠躬"等姿态，雌鸟则下垂双翅，做快速抖动，尾羽展开如扇，然后双方以喙相互摩擦。

图 20-19　白鹭的求偶炫耀

2．占区

鸟类在繁殖期常各自占有一定的领域，不许其他鸟类（尤其是同种鸟类）侵入，称为占区现象。所占领的空间区域称为领域（territory）。占区不仅使得每一对鸟类能保证从距离最近的地域内获得育雏所需要的充足食物，特别是那些飞行能力较弱的食虫鸟类，也使配偶双方结合得更加牢固，减少了同种鸟类间的相互干扰。

巢区的大小因各种鸟类不尽相同，主要与鸟类的密度、食物的丰盛程度、身体的大小及取食方式有关。鸟类密度愈大，巢区愈小。大型猛禽的巢区最大，能达到几平方千米，如鹰、鹏、鹫、雪鸮等，而一般小型雀形目种类的巢区则从几十平方米到上千平方米，如山雀的巢区仅为 $40\sim200\ m^2$。

3．筑巢

大多数鸟类有筑巢（nest-building）行为。多数种类营独巢，少数种类营群巢或松散的群巢，鸟巢基本上可以归纳为浅巢（鸵鸟、海鸥、沙鸡、夜鹰等）、泥巢（燕等）、洞巢（鹦鹉、戴胜、犀鸟、啄木鸟、鸳鸯等）、枝架巢（喜鹊、乌鸦等）、公巢（织布鸟、犀鹃等）、纺织巢（山雀、文鸟、织布鸟等，有杯状、袋状、吊巢等形状）、浮巢（鹧鷉、雁、鸭、天鹅等）、缝叶巢（缝叶莺等）等。鸟巢大都具有良好的隐蔽或伪装功能，筑巢活动通常是由亲鸟合力完成。

4．孵卵

鸟类产卵于巢内并加以孵化，称孵卵（incubation）。通常在最后一枚卵产出之后半天到一天之内开始孵卵，少数种类于第一枚卵产出后即开始孵卵，因而各卵的胚胎发育程度有明显差别。孵卵主要有三种形式：一种是由两性轮流承担，或两性轮流但以雌鸟为主，如黑卷尾、鸽、鹤及鹳等；一种是全部由雌鸟孵卵，如伯劳、鸭及鸡类等；还有一种是全部由雄鸟承担，如鸸鹋、三趾鹑等。

鸟类孵卵时的卵温为 34.4～35.4 ℃。在孵卵早期,卵外温度高于卵内温度;至胚胎发育晚期,卵内温度略高于卵外温度。每种鸟类的孵卵期通常是稳定的,一般大型鸟类的孵卵期较长,如鹰类 29～55 天、信天翁 63～81 天、家鸽 18 天、家鸡 21 天、家鸭 28 天、鹅31 天,小型鸟类孵卵期短,如一般雀形目小鸟为 10～15 天。

5. 育雏

雏鸟的发育有早成雏(precocial)和晚成雏(altricial)之分。早成雏在出壳后就已经充分发育,通体被有绒羽,眼睛已经睁开,腿脚有力,待绒羽风干后即可随亲鸟奔走觅食,如雁类、鸡类、鹤类等。晚成雏出壳后身体裸露或微具绒羽,眼睛不能睁开,四肢软弱无力,需经亲鸟饲喂一段时间,在巢内继续完成生长发育后,才能独立生活,如鸽类、鹰类、雀类等。

早成雏的卵与雏的死亡率都比晚成雏的高得多,产卵数目也多。晚成雏在雏鸟发育早期,需靠亲鸟伏巢来维持雏鸟的体温。鸟类在育雏期的食量很大,多以昆虫为主食,一般表现为"S"形生长曲线。

20.3.2　鸟类的迁徙

迁徙(migration)是指每年随着季节变化在繁殖区与越冬区之间,有规律地、周期性、长距离地迁飞现象。有迁飞习性的鸟类称为候鸟,候鸟又可分为夏候鸟和冬候鸟。夏候鸟是指春季或夏季在某个地区繁殖,秋季飞到较暖的地区去越冬,第二年春季又飞回原地区的鸟类,如家燕、黑枕黄鹂等是我国的夏候鸟;冬候鸟是与夏候鸟相对而言的,冬季它们在某个地区生活,春季飞到较冷的地区繁殖,秋季又飞回原地区繁殖的鸟类,如在我国长江中下游两岸湖泊越冬的大雁和野鸭等。终年留居在繁殖地,不迁徙的鸟类称留鸟,如麻雀等。

不同的鸟类迁徙的时间各不相同,大型鸟类及猛禽由于体型较大或由于性情凶猛,天敌很少,常常在白昼迁徙,夜间休息,以便利用白天日照引起的上升气流节省体力;多数候鸟选择夜间迁徙,白昼蛰伏、觅食的方式,包括体型较小的食谷鸟类、涉禽、雁鸭类等,选择夜间迁徙的鸟类在凌晨异常活跃,它们的喧闹声甚至能够吵醒熟睡的人。研究显示,白昼迁徙的鸟类多利用太阳或者地面景观导航定位,夜间迁徙的鸟类则利用月光和星座导航。部分鸟类在穿越沙漠和大洋时由于没有落脚点会采取昼夜兼程的迁徙方式。影响鸟类迁徙的因素有很多,其中有外在的气候、日照时间、温度、食物等,也有鸟类内在的生理因素。

20.4　鸟纲与人类

我国鸟类的种类繁多,自 1863 年英国 Swinhoe 首次发表《中国鸟类名目》至 2010 年,共记录我国鸟类 1417 种,资源丰富,与人类的关系极为密切。

20.4.1　为人类生活提供产品

(1) 鸡、鸭、鹅等家禽提供肉、蛋等食品。我国人均禽蛋和禽肉年占有量达到 22 kg和 11.5 kg,其中禽蛋的人均消费量已经远远超过世界平均水平,与世界发达国家的平均消费水平相当,每年消费肉鸡就达 1600 万吨。

（2）鸭绒提供羽绒衣物。我国羽绒、羽毛年产量达 60 万吨以上，占世界总产量的 60%，形成近 300 亿元的市场规模，是羽毛产量第一大国。

（3）漂亮的羽毛提供装饰品。

（4）鸟粪提供有机肥料。在我国西沙群岛，鲣鸟等海鸟的粪便是一种磷酸肥料，可开发利用。

（5）鸡内金等提供药材。鸢、鹌鹑、斑头鸺鹠、长耳鸮、短耳鸮、雕鸮、短嘴金丝燕、秃鼻乌鸦、黄胸鸥和麻雀等多种鸟类的器官或副产品可供药用。

20.4.2 在自然生态环境中的作用

（1）捕食农林害虫。粉红椋鸟、燕鸻是"灭蝗能手"；杜鹃、灰喜鹊、松鸦等喜食松毛虫；不少小型猛禽亦消灭大量害虫。

（2）捕食鼠类。猛禽是野生鼠类的天敌，如鸮形目鸟类食物的 90% 以上为鼠类。

（3）传播植物种子。斑鸫等啄食女贞、樟树、苦楝等种子，消化后种子仍有发芽能力，起到传播树种，促进自然更新作用。

20.4.3 狩猎与观赏

（1）狩猎鸟类。各种鸡类、雁鸭类、鸠鸽类、秧鸡类和鹬类等都是著名的狩猎鸟类。

（2）观赏鸟类。鹈形目、鸡形目、鹳形目、隼形目、鹤形目、鸮形目、鹦形目和多种鸣禽（如八哥、画眉、红嘴相思鸟、百灵、红嘴兰鹊等）都是著名的观赏鸟类，群众多喜爱，家庭易笼养或动物园常展出。

20.4.4 对人类形成危害

（1）危害农作物。黄胸鸡就是著名的农业害鸟。在个别地区，文鸟、织布鸟、环颈雉、红腹锦鸡、斑鸠类、寒鸦、雁鸭类、鹤类鸧等，啄食田间的谷物或麦苗，有时也给农业生产带来一定的危害。

（2）捕食益鸟。白头鹞、长耳鸮、短耳鸮，捕食农林益鸟，如白头鹞捕食野鸭、骨顶鸡等。

（3）传播疾病。在人、畜间传播疾病，在鱼池中传播疾病。

科 学 热 点

禽流感（avian influenza，AI）是由禽流感病毒（AIV）所引起的一种主要流行于鸡群中的烈性传染病。禽流感的病原体是甲型流感病毒的 H5N1 亚型病毒，高致病力毒株可致禽类突发死亡，通常只感染鸟类，家鸡感染的死亡率几乎是 100%，少数情况下会感染猪。自从 1997 年在香港发现人类感染禽流感之后，禽流感引起了全世界卫生组织的高度关注。其后，一直在亚洲区零星爆发，自 2003 年开始，禽流感在亚洲部分国家（主要有越南、韩国、泰国）严重爆发，并造成越南多名病人丧生，东欧多个国家也有相关案例。

本 章 小 结

鸟类是体被羽毛、前肢特化为翼、恒温、卵生的高等脊椎动物。

鸟类具有一系列进步性特征：

(1) 具有高而恒定的体温；

(2) 具有迅速飞翔的能力；

(3) 具有发达的神经系统和感觉器官以及各种复杂行为；

(4) 具有较完善的繁殖方式和行为(造巢、孵卵和育雏)。

鸟类具有一系列与飞翔生活相适应的特征：

(1) 体呈流线型，体表被羽毛，前翅特化为翼；

(2) 骨质坚而轻，多有愈合现象，骨骼连接紧密；

(3) 胸骨发达，具有龙骨突起，胸肌发达，具栖肌；

(4) 无牙齿，大肠粗短；

(5) 肺具有互相连通的管道系统，具有气囊，行双重呼吸；

(6) 心脏四腔，仅具右体动脉弓，血液循环为完全的双循环；

(7) 具有后肾，排泄尿酸，无膀胱；仅左侧生殖腺发达；

(8) 大脑纹状体发达，小脑特别发达，视觉具双重调节。

全世界现生鸟类约有 9700 种，分为 3 总目(平胸总目、企鹅总目、突胸总目)28 目。
突胸总目分为游禽、涉禽、陆禽、攀禽、猛禽、鸣禽六大生态类群。

思 考 题

1. 以家鸽为代表，简述鸟类的外形和内部结构特征。

2. 总结鸟类适应飞翔的特征。

3. 总结鸟类的进步性特征。

4. 现存鸟类分为哪几个总目？各总目的主要特征如何？

5. 阐述我国现存鸟类各生态类群及所属主要目的特征，了解常见种类。

6. 了解鸟类的经济意义。

7. 鸟类在繁殖上有哪些复杂的行为？

8. 解释名词：双重呼吸；完全双循环；开放式骨盆；早成雏；晚成雏；留鸟；候鸟；迁徙；
冬候鸟；夏候鸟；漂泊鸟。

第 21 章 哺 乳 纲

哺乳动物是全身披毛、运动迅速、恒温、胎生、哺乳的脊椎动物。哺乳动物起源于二叠纪的古爬行类的兽孔类(Therapsids),最早的哺乳类动物个体大小如鼠,有利于在大型肉食性恐龙占据的生态位中栖息,在经历了中生代侏罗纪、中生代白垩纪和新生代三个阶段的演化和适应辐射后,在第三纪的始新世和渐新世时,哺乳动物已经十分繁盛,进入了哺乳动物时代。哺乳动物种类繁多,形态结构差异很大,具有一系列的进步性特征和广泛的适应能力,分别适应海洋、湖泊、江河、地下、地面、树上、空中等各种各样的生活环境,成为脊椎动物中结构最完善、功能和行为最复杂、适应能力最强、演化地位最高的类群。

21.1 代表动物和主要特征

21.1.1 代表动物——家兔

家兔(*Oryctolagus cuniculus*)属于哺乳纲(Mammalia)、真兽亚纲(Eutheria)、兔形目(Lagomorpha)、兔科(Leporidae)、穴兔属(*Oryctolagus*)。家兔是由原产于地中海地区的一种欧洲野兔,经过人类长期的饲养、驯化而成的品种众多的草食性饲养动物。

21.1.1.1 外形特征

家兔的身体分为头、颈、躯干、尾和四肢五部分。

头部略呈长圆形,分为前、后两个部分,眼以前的部分称为颜面区,眼以后的部分称为脑颅区。口具有肌肉质的上、下唇,上唇中央有纵裂(便于摄食),形成门齿外露的豁嘴。口边有硬的触须,具有触觉作用。鼻孔 1 对,位于吻的末端,其内缘与上唇纵裂相接。鼻孔内为鼻腔,既是嗅觉器官,也是呼吸的通道。眼具有上、下眼睑和退化的瞬膜。瞬膜位于内侧眼角,展开只能遮盖眼球的三分之一;眼睑的边缘着生有细长的睫毛,眼睑和睫毛具有保护眼的作用。虹膜内色素细胞产生的不同色素决定了家兔的眼有各种不同的颜色。白色家兔由于虹膜缺乏色素,血管内血色透露,所以眼睛看起来也是红色的。颅部两侧有 1 对长耳郭,能向不同方向转动,收集声波。

头后为颈部。支撑颈部的颈椎由可动的关节互相连接,所以颈部可以自由转动。

躯干部长,弓形,分为胸部和腹部。具有肋骨的部分称为胸部,在体侧以最后一根肋骨为界。无肋骨的部分称为腹部。家兔的腹部比胸部大,这与其适应食草性相关。雌兔胸、腹的两侧有 3～6 对乳头(多数为 4 对),最前方的 1 对乳头位于胸部,其余的乳头位于腹部。靠近尾根处,包括肛门和泄殖腔的区域为会阴部(perineum),上方为肛门,肛门下方为尿殖孔。雌兔的尿殖孔称为阴门,两侧隆起成阴唇。雄兔肛门前方有阴茎,尿殖孔位于阴茎的末端,成年雄兔阴茎的基部有 1 对阴囊。肛门两侧各有一个无毛区为鼠蹊部(regio inguinalis),鼠蹊腺开口于此,其分泌物造成家兔特有的气味。

躯干末端有一短尾。

前肢较短而弱,后肢长而有力,这是与家兔以后肢跳跃的运动方式相适应的。前肢具有 5 指,后肢具有 4 趾,指(趾)端有爪。

21.1.1.2　躯体结构

1. 皮肤及其衍生物

哺乳动物皮肤结构致密,具有良好的抗透水性,能够感受刺激、调节体温、分泌、排泄、储藏营养,起着重要的保护作用,是脊椎动物皮肤中结构和功能最为完善、适应于陆栖生活的防卫器官。

皮肤由表皮、真皮和皮下组织构成。家兔的表皮层很薄,由外向内分为角质层和生发层。生发层的细胞不断增殖分裂,产生的新细胞把老细胞不断向外推移顶替;表层的细胞不断角质化形成角质层;角质层表面的角质细胞不断脱落形成皮屑。表皮细胞的这种新陈代谢不断进行,因此不会出现变温动物的"蜕皮"现象。表皮内无血管,营养靠真皮渗透供给。

真皮位于表皮之下,较厚,由致密的纤维性结缔组织组成,具有高度坚韧性和弹性。牛、猪和羊的真皮可以鞣制皮革。兔的真皮相对较薄,不能制作皮革。真皮可分为乳头层和网状层。乳头层紧接表皮,较薄,深入表皮形成圆锥状的乳头,内有大量血管和神经末梢,具有感受外界刺激和供给表皮细胞营养的作用。网状层位于乳头层之下,由致密结缔组织组成,主要是较粗大的胶原纤维,并有少量弹性纤维,交织成网状,使皮肤具有一定韧性。真皮内分布有血管、淋巴管、神经末梢、感受器、毛、竖毛肌、汗腺、皮脂腺等。

真皮的网状层之下为皮下层,由连接在真皮与肌肉之间的疏松结缔组织组成,其中含有大量的脂肪细胞。皮下脂肪是动物储藏的营养物质,可御寒保温,对机械压力也有一定的缓冲作用。

皮肤衍生物主要包括由表皮形成的角质构造,如毛、爪、蹄、角和各种腺体(如汗腺、皮脂腺、乳腺和臭腺等)。

毛是一切哺乳动物特有的构造,由表皮角质化形成,其长度、密度、质地、颜色等因种类而异,与爬行类的角质鳞及鸟类的羽同源。毛由露于皮肤外面的毛干和包在真皮部毛囊内的毛根两部分组成(图 21-1)。毛干由内向外分为髓质、皮质和鳞片层三部分。髓质位于毛的中央,疏松多孔(内含空气间隙),髓质部越发达,保温性能越好。皮质细胞包含色素,决定了毛的颜色。鳞片层为一层角质细胞,鳞片状排列,游离端朝向毛尖。鳞片彼此越少重叠,毛的表面越光滑,越有光泽。

毛根末端膨大成球,称为毛球,由活细胞构成,毛球细胞的不断增殖向外延伸使毛增长。毛球的基部凹入,内有由真皮构成的毛乳头;毛乳头内有丰富的血管,供给毛发生长所需的营养。围绕于毛根外的组织为毛囊,毛囊内有皮脂腺开口,分泌皮脂而润泽毛和皮肤。竖毛肌一端附着于真皮乳头,另一端附着于毛囊,收缩时可使毛直立。

依据形态和功能,毛可分为针毛、绒毛和触毛。针毛长而粗,有毛向(依一定的方向着生),耐摩擦,有保护作用,经年不脱换。绒毛生于针毛下面,细密柔软而短,无毛向,在皮肤上造成一不流动的空气层,具有保暖作用。触毛是特化的针毛,长而硬,长在嘴边,具有触觉作用。

哺乳动物的毛在一定季节脱落更换的现象,称为换毛。大多数哺乳动物一年换毛两次,即春季换毛和秋季换毛。换毛过程因物种、性别、年龄和地区不同而异。

哺乳动物的皮肤腺来源于表皮的生发层，为发达的多细胞腺体，种类和数量多，功能多样。主要有四种类型：皮脂腺(sebaceous gland)、汗腺(sweat gland)、乳腺(mammary gland)和臭腺(scent gland)。在这四种主要类型的腺体中，皮脂腺和汗腺是最基本的，其他腺体都是由它们变化而来的。

皮脂腺靠近毛根(图 21-1)，开口于毛囊内，为泡状腺，分泌的皮脂含有不饱和甘油酯和胆固醇，能保持毛被和皮肤的柔润，防止干燥和浸湿。

汗腺是哺乳动物特有的一种管状腺，由生发层的细胞下陷入真皮中，盘卷成团，外包丰富血管，以导管开口于皮肤表面。通常所说的出汗即指血液中所含的一部分代谢废物(如尿素)，从汗腺导管经渗透到达体表蒸发。另外，哺乳动物通过出汗进行散热。因此，汗腺具有排泄废物和调节体温的重要作用。家兔的汗腺很不发达，仅在唇边和鼠蹊部有少量汗腺；灵长类汗腺遍布全身，能出大量的汗。

乳腺是哺乳动物所特有的一种管状腺和泡状腺的复合腺体，是由汗腺演变而来的。家兔的最前一对乳头在胸部，和前肢位于同一水平线上，最后一对乳头在鼠蹊部前方。乳腺的分泌物乳汁不同于其他腺体的分泌物，含有水、脂肪、蛋白质和糖类等，以保证幼兽能良好发育，这与哺乳类幼仔具有较高的成活率密切相关。

臭腺又称为味腺，为汗腺和皮脂腺的衍生物，家兔的臭腺称为鼠蹊腺，开口于肛门两侧的浅凹陷处。哺乳类的臭腺具有同种动物的识别、领地占有、繁殖期异性招引和防御外敌的重要作用。

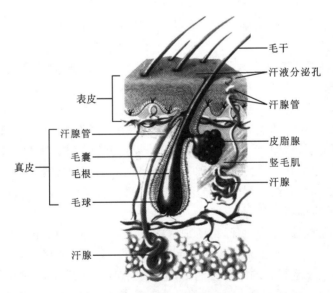

图 21-1　哺乳动物皮肤构造模式图(自许崇任)

2. 骨骼系统

骨骼、关节和肌肉一起构成了哺乳动物的运动器官。家兔的各种动作的完成，主要是由于肌肉牵引骨骼，以关节为支点进行的杠杆运动。家兔的骨骼系统包括中轴骨骼和附肢骨骼两大部分。中轴骨骼包括头骨、脊柱、肋骨和胸骨；附肢骨骼包括肩带、腰带、前肢骨和后肢骨(图 21-2)。

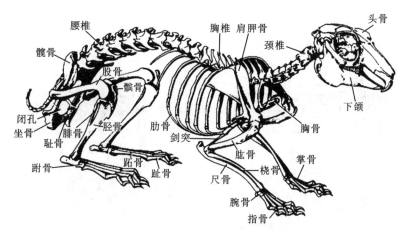

图 21-2 家兔的全身骨骼(自杨安峰)

(1) 头骨。家兔的头骨具有一般哺乳类动物头骨的特征。头骨包括脑颅(neurocranium)和咽颅(splanchnocranium)两部分。脑颅包围脑和感觉器官,咽颅支持消化道和呼吸道的前部、口腔、舌及鳃等。

颅腔大,容纳发达的大脑。枕骨大孔移至头骨腹面,由两个枕骨髁和环椎构成关节。哺乳动物嗅觉发达,鼻腔容积扩大,形成明显的"颜面部"。嗅黏膜覆于鼻腔内复杂的鼻甲上,增大了嗅觉面积。鼓骨构成了中耳腔的外壁及外耳道的一部分,鼓骨的外缘有鼓膜附着,中耳腔容纳了 3 块互为关节的听骨(锤骨、砧骨和镫骨),听骨连接鼓膜与内耳。鼓膜能感受到声波,经听骨放大传入内耳。

由前颌骨、上颌骨和颚骨构成次生腭或硬腭(hard palate),与肌肉质的软腭一起,使内鼻孔后移至咽部,将口腔与鼻通路完全分开,使空气沿鼻通路向后送至喉,从而使咀嚼食物时不影响呼吸,解决了咀嚼食物时"消化"与"呼吸"的矛盾。

头骨具有颧弓(zygomatic arch),由鳞骨的颧突、颧骨和上颌骨的颧突组成,是强大的咀嚼肌的附着点。下颌由单一的齿骨构成,与头骨的颞骨鳞状部直接关节,增强了咀嚼力(图 21-3)。

(2) 脊柱。脊柱分为颈椎、胸椎、腰椎、荐椎和尾椎五部分。椎体宽大,关节面平坦,属于双平型椎体(amphiplatyan centrum)。两个相邻椎体间有软骨形成的椎间盘,能缓冲运动时的震动并使整个脊椎具有较大的活动范围,能承受较大的压力。

兔的颈椎为 7 枚。第一、二枚颈椎特化为寰椎(atlas)和枢椎(axis)(图 21-4)。寰椎无椎体,呈环状,前面形成一对关节面与枕髁相关节。枢椎椎体前端形成齿突伸入寰椎的椎孔。寰椎与头骨之间除了可以做上下运动外,还能一起在枢椎齿突上转动,提高了头部的活动能力,扩大了头部的活动范围。其余 5 枚颈椎结构大致相同,椎弓短而平,横突上有横突孔,供动脉通过,全部无肋骨相连。

兔的胸椎为 12 枚,偶有 13 枚,两侧均有肋骨相连。各枚胸椎棘突高并向后延伸,横突侧面有关节窝,与肋骨结节相关节,肋骨小头与相邻两椎体的肋骨窝相关节。

兔的腰椎为 7 枚,无肋骨附着。

兔的荐椎为 4 枚,愈合为一块,称为荐骨(sacrum)。荐椎棘突低矮,椎体及突起等愈合为整体,构成对后肢要带的稳固支持。

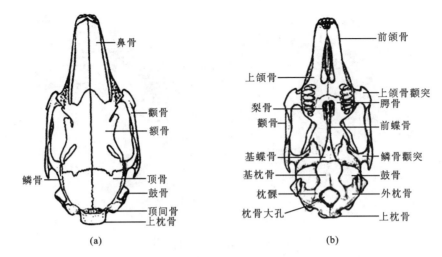

图 21-3　兔的头骨(自丁汉波)

(a)背面观;(b)腹面观

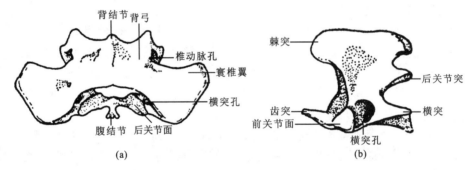

图 21-4　兔的寰椎与枢椎(自华中师范大学、南京师范大学、湖南师范大学)

(a)寰椎(背面观);(b)枢椎(侧面观)

兔的尾椎为 16 枚。

(3)肋骨和胸骨。肋骨、胸骨和胸椎借助关节和韧带构成胸廓(thoracic cage),是保护内脏器官、完成呼吸动作和间接支持前肢运动的重要支架。肋骨与胸椎数目一致,兔的肋骨为 12 对,偶有 13 对。肋骨的椎骨端与相邻的胸椎椎体相连,腹侧端连接肋软骨。前 7 对为真肋(true rib),直接与胸骨相接;后 5 对为假肋(false rib),不直接与胸椎相接,附着于前一肋骨的软肋上;其中最后 2~3 对假肋末端游离,称为浮肋(floating rib)。胸骨(sternum)是位于胸腹壁中央的分节骨片。兔的胸骨分为 6 节,最前一节为胸骨柄(manubrium sterni),中间 4 节为胸骨体(sternum proper),最后一节为剑胸骨(xiphisternum)。剑胸骨末端连接宽而扁的剑突(xiphoid process)软骨。

(4)带骨和附肢骨。肩带呈薄片状,由肩胛骨、乌喙骨和锁骨组成(图 21-5(a))。肩胛骨呈三角形,下方有一凹陷,即肩臼,同肱骨相关节。肩胛骨十分发达,是前肢和肩部肌肉的附着点。乌喙骨退化,与肩胛骨愈合,形成肩胛骨上的喙突(coracoid process)。锁骨趋于退化且变化较大,这与前肢活动的多样性相关。家兔的锁骨退化成一小细骨块,埋于肩部肌肉中,仅以韧带一端连于胸骨柄,另一端连于肱骨。锁骨在攀援、掘土和飞翔类群发达。

腰带由髂骨、坐骨和耻骨愈合而成（图 21-5（b）），是后肢连接脊柱的桥梁，比肩带具有更大的坚固性，是承受体重的重要部分。髂骨与荐骨相关节，左、右坐骨与耻骨在腹面中线会合，形成封闭式骨盆。雌兽怀孕时，坐耻骨合缝间的韧带变软，骨盆腔扁大，以利于胎儿出生。坐骨与耻骨间的闭孔，有血管和神经通过。

前肢是典型的五指附肢，前肢骨由肱骨、桡骨、尺骨、腕骨、掌骨和指骨组成。腕骨分为 8 块，排为两排，前排由内而外依次为桡腕骨、中间腕骨、尺腕骨和副腕骨；后排 5 块，从内而外依次为第一腕骨、第二腕骨、中心腕骨、第三腕骨和第四腕骨。掌骨由 5 块棒状骨组成。指骨中，第一指有 2 块指骨，其余为 3 块指骨。后肢骨由股骨、胫骨、腓骨、跗骨、跖骨和趾骨组成。腓骨较退化，远端与胫骨愈合。跗骨共 6 块，分为距骨、跟骨、骰骨、舟骨、中楔骨和外楔骨。跖骨 4 块。兔缺拇趾，只余 4 趾，每趾 3 块趾骨。股骨下端有一游离的膝盖骨（patella）。

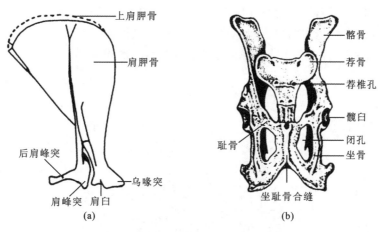

图 21-5　兔的肩带和腰带（自丁汉波）
（a）肩带；（b）腰带

前肢自上而下有肩关节、肘关节、腕关节和指关节。肩带与躯干间无关节。后肢自上而下有荐髂关节、髋关节、膝关节、跗关节和趾关节。荐髂关节是后肢与躯干的连接，通过髂骨与肩骨直接连接。所有关节中，膝关节向前，肘关节向后，并且前肢骨和后肢骨同身体垂直，位于身体腹面，使身体完全支撑而脱离地面，不但增强了支持能力，而且扩大了步幅，提高了运动能力。

3. 肌肉系统

与爬行类相比较，哺乳动物肌肉的结构与功能高度分化。家兔的肌肉系统由心肌、平滑肌和横纹肌组成。心肌存在于心脏，受植物性神经支配。平滑肌分布在几乎所有的内脏器官中，在消化管、膀胱、子宫、血管等器官壁上分布有丰富的平滑肌，受植物性神经调节，进行持续有节奏的收缩。平滑肌在管状器官壁上排列成两层：环肌收缩使器官变细，舒张时变粗；纵肌收缩使器官变短，舒张时变长。血管的舒张、收缩，肠的蠕动都是平滑肌协调运动的结果。骨骼肌很发达，在三类肌肉中所占比例最大，和骨骼系统一同构成运动装置，受体神经的支配。

哺乳动物的肌肉极其复杂，与鱼纲、两栖纲及爬行纲动物比较，主要有以下几个方面的进步性特点：①由于四肢支撑身体抬离地面及运动的复杂性，因而四肢肌肉强大，适于快速奔跑。②膈肌为哺乳动物所特有，是一块圆形的肌肉，将胸腔和腹腔完全隔开。膈肌的运动改变了胸腔和腹腔的容积，参与了呼吸作用，与腹肌一起在排泄或排遗时参与了腹部的压缩作用。③头部具有强大的咀嚼肌，咬肌尤为发达，与捕食、防御工具和口腔咀嚼密切相关，提高了动物捕食、防御和机械消化的能力。④皮肌发达。皮肌位于皮肤下面的疏松结缔组织中，为一层较薄的肌肉，有牵动皮肤的作用。皮肌主要为脂膜肌（panniculus carnosus muscle）和颈阔肌（platysma）两种。脂膜肌位于躯干部的皮下，使躯干部的皮肤颤动，或使毛发或刚毛竖立。颈阔肌分布于面部及枕部，管理颜面各部皮肤的活动，在人类则高度发达，称为表情肌。

4. 消化系统

以家兔为代表的哺乳动物，消化系统由消化道和消化腺组成，在结构和功能上具有以下特点：消化道分化程度高，消化腺发达，消化酶多样；口腔具有发达且分化的齿和唾液腺，可分泌多种消化酶，因此食物在口腔就开始了口腔消化（物理性和化学性消化）。

消化道从前向后依次为口、口腔、咽、食道、胃、小肠、大肠和肛门（图 21-6）。消化腺是有管腺，分别有导管把腺体分泌的消化液送到消化管的相应部位。

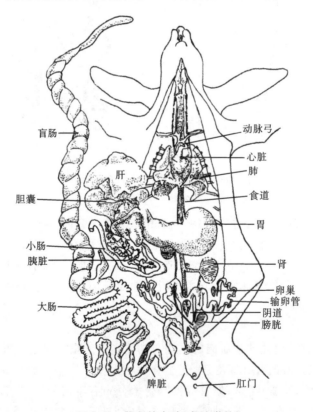

图 21-6　雌兔的内脏（自鲍学纯）

（1）口腔。口腔是消化管的起始部，包括唇、齿、颊、舌和唾液腺，具有摄食、咀嚼、湿润、初步消化和味觉等作用。唇位于口缘，肌肉质，为哺乳动物特有，有颜面部肌肉附着以控制运动，为吸吮乳汁、摄食和辅助咀嚼的重要器官。草食种类的唇尤为发达，兔的上唇具唇裂。口腔两侧为颊肌构成的颊。口腔顶部为硬腭,向后延伸为肌肉质的软腭,使口腔与鼻腔完全分开,使鼻通路沿硬腭、软腭的背方后行,借后鼻孔开口于咽腔,这样即使口腔充满食物也能正常进行呼吸。

口腔底部有狭长的肌肉质的舌,其上分布有味蕾(taste bud),可自由活动,具有摄食、搅拌、吞咽和味觉作用。

哺乳动物的上颌骨、颌骨和齿骨着生有槽齿(thecodont)(每一齿单独着生于齿槽内)。大多数哺乳动物是再生齿,一生仅换一次,乳齿脱换后生出恒齿。兔的牙齿终生不脱换,而且具有终生不断生长的特点。哺乳动物由于切咬、咀嚼上的分工,牙齿分化为门齿(incisor)、犬齿(canine)、前白齿(premolar)和白齿(molar),因此称为异型齿(heterodont)。门齿具有切割食物的作用,犬齿具有撕裂食物和穿刺功能,前白齿和白齿具有咬、切、压和研磨食物的作用。不同生活习性和食性的哺乳类,牙齿的性状和数目差别很大;而同一种类,牙齿的齿型和数目相同,可以列成齿式(dentition formula),作为哺乳动物的分类依据之一,如兔的齿式:

$$\frac{2 \cdot 0 \cdot 3 \cdot 3}{1 \cdot 0 \cdot 2 \cdot 3} \times 2 = 28$$

兔的齿式表示上颌每边有2个门齿,无犬齿,3个前白齿,3个白齿;下颌每边有1个门齿,无犬齿,2个前白齿,3个白齿。以上齿数仅表示一侧,故需乘以2,牙齿总数为28个。

哺乳类牙齿在发生上与鲨鱼的楯鳞同源,是表皮和真皮的衍生物,分为露出齿槽外的齿冠和伸入齿槽的齿根两部分,由釉质(enamel)、齿质(dentine)和齿骨质(cement)组成。釉质覆盖于齿冠外周,齿骨质覆盖于齿根外周。在齿冠的釉质内和齿根的齿骨质内为齿质,齿质内有髓腔,充满结缔组织、血管和神经,供应牙齿营养需要。

兔具有四对唾液腺,分别是耳下腺(parotid gland)、颌下腺(sunmaxillary gland)、舌下腺(sublingual gland)和眶下腺(infra-orbital gland)。其他哺乳动物一般不具有眶下腺。唾液腺的分泌物含有大量的黏液和唾液淀粉酶,能滑润口腔和分解淀粉。

哺乳动物的口腔消化主要是咀嚼和唾液的作用。咀嚼是食物进入口腔的第一步机械加工,将食物切碎磨细。舌头搅拌使食物与唾液混合,不仅润湿食物,而且含有的淀粉酶将淀粉分解为麦芽糖。这样,哺乳动物在口腔内已经开始了物理性和化学性消化。

(2)咽和食道。口腔后接咽,位于呼吸道与消化道的交叉处(咽交叉),内鼻孔、气管、食道和耳咽管开口于咽腔。食道为一长的肌肉质管,穿过横膈肌与胃相连。

(3)胃。兔胃只有一个室,属单室胃。胃外侧的弯曲称为大弯,内侧的弯曲称为小弯。与食道相接处为贲门,与十二指肠相接处为幽门。贲门部较大,腺体较少;幽门部较小,腺体较多。裹着胃的腹膜从胃大弯下垂形成褶襞状,褶襞中充满脂肪,而且遮盖肠的大部分,称为大网膜。胃壁黏膜内的胃腺能分泌含有胃蛋白酶原和盐酸的胃液,能分解蛋白质、凝乳酶,有使乳汁凝固的作用。胃壁有厚的肌肉层,在消化食物时,胃壁肌肉收缩产生有力的蠕动使胃液与食物充分混合。食团吞咽入胃后,一方面接收胃液的化学作用,另一方面接收胃蠕动的机械作用,两方面协同配合,共同完成消化过程。

大多数哺乳动物的胃属于单室胃。食草动物中的反刍类,如牛、羊等的胃属于反刍胃(图21-7)。反刍动物的胃由瘤胃(rumen)、网胃(reticulum)、瓣胃(omasum)和皱胃(abo-

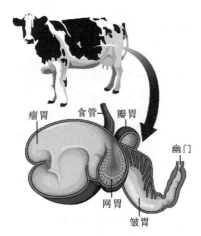

瘤胃　食管　瓣胃

幽门

网胃

皱胃

图 21-7　反刍动物的胃

masum)组成。其中,前三个胃室为食管的变形,不分泌胃液;只有皱胃分泌胃液,相当于胃本体。草料在口腔不经细细咀嚼经食道进入瘤胃。在瘤胃中大量的微生物的作用下,草料中的纤维素发酵分解,然后进入网胃。网胃同样具有微生物消化作用,网胃内壁上有许多蜂窝状的褶襞。粗糙的食物上浮,刺激瘤胃前庭和位于网胃至瓣胃孔处的肌肉质的食管沟,引起呕吐反射,将食物小部分分次吐到口中重新咀嚼。食物经细细咀嚼后,细碎和密度较大的食物经过瘤胃和网胃,通过一个肌肉瓣进入瓣胃,最后到达皱胃,进一步磨碎和消化。

（4）小肠。哺乳动物的小肠分化为十二指肠(duodenum)、空肠(jejunum)和回肠(ileum)。哺乳类的小肠高度发达,小肠黏膜富有绒毛、血管和淋巴管。小肠内的消化在整个消化中占据重要地位,从胃来的食糜(除纤维素外)主要在小肠内消化并吸收。小肠黏膜内有肠腺,分泌肠液。同时肝和胰分泌的胆汁和胰液也进入小肠参与消化。哺乳动物肠的长度与其食性密切相关。家兔的肠非常长,小肠和大肠的总长约为体长的 10 余倍。肉食类的肠较短,为体长的 3～4 倍。

（5）大肠。大肠较小肠短,黏膜上无绒毛。大肠腺主要是黏液腺,分泌碱性黏液,保护和润滑肠壁,以利于粪便的排出。大肠的主要作用是吸收水分。大肠分化为盲肠、结肠、直肠三部分。

家兔的盲肠非常发达,相当于一个大的消化发酵口袋,里面大量繁殖和生长着微生物。依靠这些微生物分泌的纤维素酶对草料中的纤维素进行发酵分解。结肠前端也具有消化能力。盲肠和结肠存在蠕动和逆蠕动,使得食糜在盲肠和结肠间来回移动,从而得到充分分解。形成的脂肪酸和水分得到吸收,其糟粕在结肠后端和直肠形成粪球,经肛门排出体外。

（6）消化腺。消化腺包括唾液腺、胃腺、肠腺、肝脏和胰脏。

哺乳动物一般有三对唾液腺:耳下腺、颌下腺及舌下腺,都有导管开口于口腔。

兔的肝脏位于横膈膜的后方稍偏向右侧,在肝脏中间凹陷处有一长形的胆囊。肝脏能分泌胆汁,由肝管汇合出肝,储存在胆囊中,再由胆囊发出胆总管将胆汁输送到十二指肠中。胆汁能将脂肪乳化,有助于脂肪酶对脂肪的分解。胰脏散布在十二指肠间的肠系膜中,呈树枝状。胰脏分泌的胰液由一条胰管输送到十二指肠中。胰液中含多种酶,能分解蛋白质、糖类和脂肪。

5. 呼吸系统

哺乳动物的呼吸系统由呼吸道和肺组成。呼吸道是气体进出肺的通道,肺是气体交换的场所。呼吸道包括鼻腔、咽、喉、气管四部分(图 21-8)。

（1）鼻腔。鼻腔是空气进出肺的起始部位,前端以一对外鼻孔开口于外,后端通过内鼻孔开口于咽腔。鼻腔内具有发达的鼻甲,鼻甲及鼻腔壁上覆盖黏膜。黏膜内富有血管、腺体,上面被覆纤毛上皮。哺乳类具有深入头骨骨腔内的鼻旁窦,当空气通过鼻腔时,可

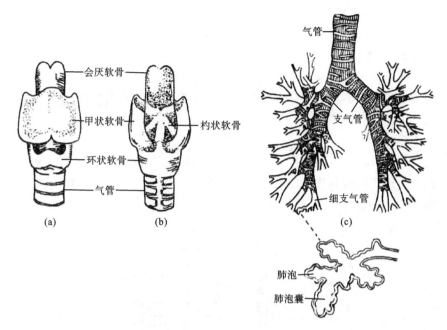

图 21-8 兔的呼吸器官（自鲍学纯）

(a)喉部腹侧面；(b)喉部背侧面；(c)肺

使空气温暖、湿润和除去灰尘。鼻腔上部黏膜具有嗅觉神经末梢和嗅觉细胞，因此，鼻腔是重要的嗅觉部位。

（2）咽。咽是空气和食物的共同通道。

（3）喉。喉位于咽的后端，气管的前端，是气管前端的膨大部，既是呼吸通道又是发声器官，由软骨、韧带、肌肉和黏膜构成。喉软骨包括不成对的甲状软骨、环状软骨及会厌软骨和成对的勺状软骨。在环状软骨和甲状软骨间的喉腔两侧前、后各有一对黏膜褶襞形成的声带，前面一对是假声带，不能发声；后面一对是真声带，是发声器官。会厌软骨在吞咽时可遮盖喉门，食物和水经会厌软骨上面进入食道，防止食物和水误入气管；平时喉门开启，是空气进出器官的门户。

（4）气管和支气管。喉下紧接气管，由一系列背面不衔接的"U"形软骨环支持，食道的腹壁恰好位于缺刻处。气管黏膜具有纤毛上皮和黏液腺，分泌的黏液能黏住和吸收空气中的尘粒，纤毛运动使尘粒移向喉门，经鼻或口排出。气管进入胸腔后，分为左、右支气管入肺，支气管入肺后多次分支，最后成为终末细支气管（terminal bronchiole），再分支为呼吸细支气管（respiratory bronchiole），形成一个复杂的"支气管树"。

（5）肺。肺是一对具弹性的海绵状器官，位于封闭的胸腔中。兔的左肺分两叶，右肺分四叶，肺叶外被肺膜。左、右肺叶内侧，支气管入肺的凹处为肺门，是支气管、血管和神经入肺的通道。

哺乳动物的肺由复杂的"支气管树"构成。支气管入肺后多次分支，最后为薄壁的呼吸支气管，其末端膨大为囊状，为肺泡囊。肺泡囊间隔为许多小室，称肺泡（alveolus），由单层扁平上皮组成，细胞间密布毛细血管，是气体交换的场所。肺泡使哺乳动物呼吸表面积大大增加，为体表面积的 60～120 倍。

肺本身并无肌肉组织,不能自动扩大与缩小。肺泡间分布有弹性纤维,伴随呼气动作使肺被动回缩。由于肺的弹性回缩力,胸腔内处于负压状态。哺乳动物的呼吸运动通过横隔和肋骨的运动来完成。吸气时,膈肌收缩,横隔下降,同时肋间肌收缩,肋骨上提,胸腔扩大,肺内气压低于大气压,外界空气经过呼吸道流入肺。呼气时,膈肌舒张,横隔上升,同时肋间肌舒张,胸腔变小,肺内气压高于大气压,肺内部分气体被呼出。呼吸的频率受到延脑的呼吸中枢控制。

6. 循环系统

家兔的循环系统包括心脏、血管、血液及淋巴系统(图 21-9)。与鸟类一样,哺乳动物为完全的双循环,富氧血和缺氧血不在心脏内混合。不同之处是哺乳动物具有左体动脉弓,大静脉的主干趋于简化,肾门静脉消失。

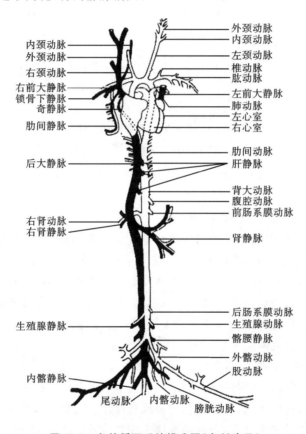

图 21-9　兔的循环系统模式图(自刘凌云)

(1) 心脏。家兔的心脏分为两心室、两心房。心脏左、右两半之间存在完整的间隔,左、右心房之间的为房间隔,左、右心室之间的为室间隔。同侧心房与心室间经房室孔相通,并且存在房室瓣。房室瓣开向心室,边缘有腱索与心室内壁的乳头肌相接。左心房与左心室之间的瓣膜是二尖瓣(bicuspid valve),右心房与右心室之间的瓣膜为三尖瓣(tricuspid valve)。当心室舒张时,瓣膜开放,血液由心房流入心室,当心室收缩时,瓣膜受到血液压迫关闭房室孔,防止血液倒流。从心脏发出的体动脉和肺动脉的基部各有三个半月瓣(semilunar valves),防止当心室舒张时,血液倒流入心室。

（2）血管。血管包括动脉、静脉和毛细血管。动脉是血液从心脏输送至毛细血管的通道。静脉是输送血液返回心脏的通道，内有一系列瓣膜防止血液倒流。毛细血管是分布在全身组织细胞间的微细血管，一端接收来自小动脉的血液，另一端通入小静脉。毛细血管壁通透性大，血液与组织液间的物质交换与气体交换通过毛细血管壁进行。

身体各部分的缺氧血经前、后腔静脉回流至右心房，通过房室孔进入右心室。右心室收缩将血液压入肺总动脉，开始肺循环。肺总动脉分为左肺动脉和右肺动脉，分别通向左肺和右肺，入肺后再分支，形成肺泡壁内的毛细血管网，进行气体交换。经过气体交换的富氧血汇入小静脉，最后由肺静脉输入左心房（图21-9）。

左心房中的富氧血通过房室孔进入左心室，左心室收缩将血液射入主动脉，开始体循环。主动脉曲向左背方形成主动脉弓（aortic arch）。主动脉弓的基部分出一对冠状动脉（coronary artery）至心脏壁，提供心脏的血液循环。主动脉弓发出三条动脉。第一条是无名动脉（innominate artery），它很快分成右锁骨下动脉至右前肢和右颈总动脉至头部。中间一条是左颈总动脉。左、右颈总动脉又分为颈内动脉和颈外动脉。第三条是左锁骨下动脉，通至左前肢。主动脉弓转向背侧后，延续为背主动脉和腹主动脉，沿脊椎伸向体后部，分别分出成对或不成对的动脉供应胸、背及内脏器官。从背主动脉先分出一系列肋间动脉到胸部肋间肌，接着分出腹腔动脉到胃、肝、脾、胰和十二指肠，肠系膜前动脉到胰、十二指肠、小肠、盲肠和大肠，肾动脉到肾，肠系膜后动脉到大肠和直肠，生殖腺动脉到生殖腺，腰动脉分出两条髂总动脉到骨盆部及后肢；髂总动脉分为髂内动脉和髂外动脉，髂外动脉延长为股动脉到后肢，后端连接尾动脉。

在体循环中，血液沿静脉分为三路流入心脏。一是，心脏组织的血液经四条冠状静脉直接流回右心房。二是，身体头颈部静脉血集中到颈内静脉和颈外静脉，前肢、胸背的静脉血集中到左、右锁骨下静脉，然后一同集中于一对前大静脉注入右心房。三是，腹部、骨盆、后肢的静脉血汇入后大静脉，消化器官的静脉血通过肝门静脉到达肝脏，经肝静脉流入后大静脉，然后注入右心房（图21-9）。

哺乳动物新出现了奇静脉（右侧）和半奇静脉（左侧），是低等脊椎动物的两条后主静脉的遗迹，收集背侧及肋骨间静脉血液，注入前大静脉。

（3）血液。血液以血浆为基质，内含红细胞、白细胞、血小板等，具有运输、调节和防御的功能。哺乳类的红细胞无细胞核，内含血红素，在肺中与氧结合成为氧合血红素，经血液循环带到组织细胞中，供给细胞所需的氧。氧合血红素脱氧后，与代谢产生的二氧化碳结合成为碳化血红素，经静脉回流心脏后，再送至肺部进行气体交换。

（4）淋巴系统。哺乳动物的淋巴系统极为发达，包括淋巴液（lymph）、淋巴管（lymph vessel）、淋巴结（lymph node）、胸腺（thymus）、脾及其他淋巴器官。淋巴系统是循环系统的一部分，辅助静脉将组织液运回血液和辅送某些营养物质，同时制造淋巴细胞和产生机体免疫。

组织液进入毛细淋巴管形成淋巴液，内有淋巴细胞、单核细胞、脂肪等。淋巴管是一个闭合的管系，淋巴液在其中只做从组织到静脉到心脏的单向流动，管内有瓣膜以防止淋巴液逆流。淋巴管起源于盲端位于组织间隙中的毛细淋巴管，许多毛细淋巴管汇合为较大的淋巴管，通过圆形或椭圆形的结状体的淋巴结。淋巴结遍布淋巴系统的通路上，在颈部、腋下、鼠蹊部及小肠尤为发达，具有阻截异物、保护机体和产生淋巴细胞的功能。全身各部的淋巴管汇入胸导管(thoracic duct)和右淋巴导管(right lymphatic duct),最后通入前大静脉。

兔的脾脏呈长方形,暗褐红色,位于胃大弯左侧,是一个重要的淋巴器官。脾脏平时储存大量血液,机体需要时送入血液循环系统中;产生淋巴细胞、浆细胞并参与机体免疫反应;过滤血液,吞噬血液中的微生物和异物;吞噬分解衰老的红细胞,使血红素和铁质等得到回收再用于造血。其他淋巴器官还有胸腺和扁桃体。

7. 排泄系统

哺乳动物的排泄系统由肾、输尿管、膀胱和尿道组成,其主要功能是排泄由于旺盛的生命活动及代谢产生的大量的以尿素为主的含氮废物,同时还承担对尿中水分的重吸收,以调节体内水盐平衡,保持身体内环境的相对稳定。

(1)肾。家兔的肾一对,豆状,色暗红而质脆,位于腹腔背面脊柱两侧,左肾靠后,右肾靠前。肾的内缘凹陷为肾门(hilus renalis),是输尿管、血管和神经出入的门户。肾脏可分为外层的皮质(cortex)、内层的髓质(medulla)和肾门部输尿管起始端膨大如漏斗状的肾盂(pelvis)。皮质由肾小体组成,髓质由肾小管和收集管组成。

肾脏的实质是由许多泌尿的基本单位——肾单位(nephron)和排尿的收集管组成,肾单位由肾小体和肾小管组成。每个肾小体由一个毛细血管盘曲成的肾小球(glomerulus)及包在其外的双层壁的肾小囊(renal capsule)组成。自肾小囊通出肾小管,细长盘曲,依次分为近曲小管(proximal convoluted tubule)、髓袢(Henle's loop)和远曲小管(distal convoluted tubule),从皮质延伸到髓质,汇集到髓质内的集合管(collecting tubule),许多集合管组成肾乳头开口于肾盂。

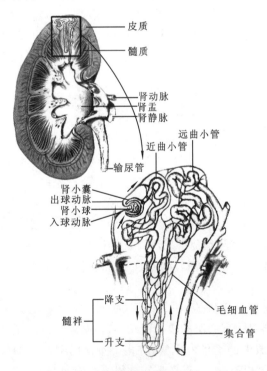

图 21-10 兔的肾脏和肾单位(自 Young)

尿的生成包括肾小球的过滤作用、肾小管-集合管的重吸收和分泌作用。血液由肾动脉的分支形成的入球小动脉(afferent arteriole)流入肾小球,从出球小动脉(efferent arteriole)流出。由于出球小动脉的管径小于入球小动脉的管径,使毛细血管内压增加,肾小囊如同一个血液过滤器,血液中除血细胞和大分子的蛋白质外的其他物质如水、葡萄糖、钠盐、尿素、尿酸等均可透过毛细血管壁和肾小囊壁而进入肾小囊,即在肾小囊中形成原尿。对原尿中水和钠盐及其他有用物质的重吸收并最终形成终尿的过程主要在肾小管完成。近曲小管的主要功能是对大部分水、氯化钠及几乎全部的葡萄糖的重吸收,而尿素、尿酸、肌酐等极少或完全未被重吸收。滤液经过髓袢、远曲小管及集合管后浓缩为高渗透压的尿。终尿经集合管、肾乳头进入肾盂(图 21-10)。

（2）输尿管、膀胱及尿道。输尿管始于肾盂，向后延伸开口于膀胱。膀胱位于骨盆腔内，暂时储存尿液。膀胱壁肌肉发达，内、外两侧是纵行平滑肌，中间层是环形平滑肌，具有很大的伸展性和收缩性。膀胱受植物性神经支配，当膀胱内充满尿液时，引起排尿反射。

尿道是尿液从膀胱向外排出的通道。雄性尿道同时也是精液排出的通道，开口于阴茎头；雌性尿道仅是尿液排出的通道，开口于阴道前庭的腹侧壁上，最后通过泄殖孔将尿排出体外。尿殖孔和肛门分开是哺乳动物的特征。

8. 生殖系统

哺乳动物体内受精，雄性的交配器和雌性的外阴部结构较其他各纲动物更为复杂；哺乳动物胎生、雌体子宫和胎盘的构造高度分化；出生后母兽的抚育和哺乳大大提高了幼兽的成活率，有助于哺乳动物在生存竞争中占据优势地位。

（1）雄性生殖系统。雄兔的生殖系统包括睾丸（testes）、附睾（epididymis）、输精管（vas deferens）、阴茎（penis）和副性腺（图 21-11）。

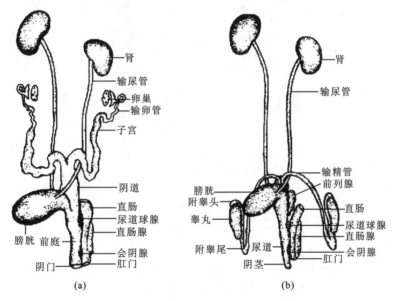

图 21-11 雌兔和雄兔的生殖系统（自杨安峰）

(a)雌兔；(b)雄兔

雄兔有一对睾丸，位于阴囊（scrotum）内，外覆两层被膜，有鞘膜（tunica vaginalis）和白膜（tunica albuginea）。内部实质被结缔组织分隔为许多睾丸小叶，小叶内充满迂回盘曲的曲精细管（seminiferous tubules）。曲精细管之间的结缔组织有许多间质细胞（interstitial cell），能分泌雄性激素，促进生殖器官的发育、成熟和第二性征的形成及维持。精子由曲精细管的上皮细胞发育而成。在每一个曲精细管内，有许多发育阶段不同的精细胞，幼稚阶段的靠近基膜，发育得越成熟越靠近管腔，依次为精原细胞（spermatogonia）、精母细胞（spermatocytes）、精子细胞（spermatids）和精子（spermatozoa）。曲精细管进入纵隔后形成睾丸网（rete testis），由此发出输出小管（vas efferens），穿过白膜后形成附睾头。

附睾为附着在睾丸上的细长弯曲的小管，其管壁细胞分泌弱酸性黏液，精子在此停留,经历重要的发育阶段直到生理上成熟。附睾连接输精管,近输精管末端膨大成长形的贮精囊,开口于尿道。尿道位于阴茎的腹侧面,是精液和尿液的共同通道,以尿道口开口于阴茎前端。阴茎为雄性交配器官,主要由海绵体构成,当性冲动时,由于血液注入海绵体而使阴茎勃起。

重要的副性腺有精囊腺(seminal gland)、前列腺(prostate gland)和尿道球腺(bulbourethral gland),兔还有旁前列腺(paraprostate gland)。副性腺的分泌物构成精液的主体,构成精子活动的适宜环境,增加射出精液的总量,促进精子在雌性生殖道内的活力并供给精子营养、呼吸等活动的需要。

(2) 雌性生殖系统。雌兔的生殖系统包括卵巢(ovary)、输卵管、子宫(uterus)、阴道(vagina)和外阴等(图 21-12)。

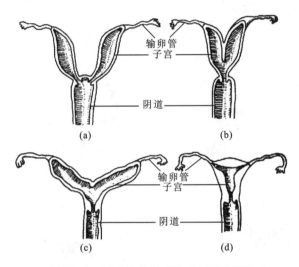

图 21-12 哺乳类的子宫类型(自郝天和)
(a)双子宫;(b)双分子宫;(c)双角子宫;(d)单子宫

雌兔卵巢一对,卵圆形,左右各一,以短的卵巢系膜(mesovarium)包裹,悬于腹腔、肾脏的后方。卵巢的外层是生殖上皮,卵巢内含有大量来自生殖上皮的、处于不同发育阶段的囊状卵泡。每个卵泡内含有 1 个卵细胞,卵细胞成熟后,卵泡破裂,破开卵巢壁落入腹腔后,再进入输卵管的喇叭口(ostia)。卵子排出后,卵泡塌陷,在垂体前叶分泌的促黄体生成素的作用下,残留的卵泡细胞迅速增殖形成黄体(corpus luteum)。卵巢既产生卵子,也产生雌性激素。卵泡细胞分泌动情激素,刺激子宫、阴道和乳腺的生长发育以及副性征的出现。黄体细胞分泌黄体酮,促进子宫内膜增生,为受精卵植入做好准备。

输卵管不与卵巢直接相连,以喇叭口开口于体腔。喇叭口的边缘形成不规则的瓣状缘,称为输卵管伞(fimbria)。成熟的卵子破开卵巢壁出来后落入喇叭口,在输卵管壁肌肉的蠕动及管壁上纤毛的运动作用下向输卵管后部膨大形成的子宫方向运行。卵的受精作用发生在输卵管上部,然后下行到子宫,植入子宫壁,接受母体营养发育成胎儿。兔有两个子宫,属于双子宫类型。

哺乳动物的子宫类型:哺乳动物的子宫存在多种类型(图 21-12)。真兽亚纲动物的两个阴道已经愈合形成单阴道,其后,愈合的范围由后向前逐步扩展,因而子宫也由双子宫经过一些过渡逐渐合并为单子宫。按照愈合程度的不同,子宫可以分为双子宫(uterus duplex)、双分子宫(uterus bipartite)、双角子宫(uterus bicornis)和单子宫(uterus simplex)四种类型。双子宫最原始,左右子宫尚未愈合,各开口于单一的阴道,如啮齿类、兔、象等。双分子宫的两个子宫在底部靠近阴道处已经愈合,以一个共同的孔开口于阴道,如牛、羊、马、猪等。双角子宫较双分子宫的愈合程度更大,子宫在近心端仅有两个分离的角,如犬、猫、鲸等。单子宫的两个子宫完全愈合成一个整体,如猿、猴、人等。

哺乳动物的胎盘:胎盘(placenta)是哺乳动物特有的结构,是由胎儿的绒毛膜、尿囊膜和母体子宫内膜结合在一起而形成的一种胎儿与母体进行物质交换的结构。卵受精后立即进行分裂,受精卵向子宫方向运行,到达子宫后已经分裂成一个实心的多细胞球,随即植入子宫壁,开始形成胎盘。胎盘可分为胎儿部分和母体部分。哺乳动物的胚膜具有绒毛膜、尿囊膜和羊膜,其胚胎中的卵黄囊含有的卵黄极少,对供给胚胎的营养意义不大。胎儿胎盘是由发达的尿囊膜和绒毛膜愈合在一起,产生许多分支突起的绒毛。胎儿胎盘与母体子宫壁疏松的特殊组织即母体胎盘相连共同形成了胎盘。胎盘富有血管,在胎儿在母体子宫发育阶段在胎儿与母体之间交换营养与代谢废物。由于渗透作用,胎盘血液从母体血液中获得营养物质和氧气,并输出二氧化碳和其他排泄物。含有营养物质的静脉血沿脐静脉流入胚胎后腔静脉,再由后腔静脉流入心脏;由心脏流出的血液,经背主动脉流到胚体各部,再由集到脐动脉而回到胚盘。

哺乳动物的胚盘,按照绒毛膜上绒毛分布的不同,分为散布状胎盘、叶状胎盘、环状胎盘和盘状胎盘。兔的胎盘属于盘状胎盘。散布状胎盘的绒毛平均散布在整个绒毛膜上,整个或大部分绒毛膜参与了胎盘的组成,如猪、马、猴、狐等。叶状胎盘的绒毛集中成丛,散布在绒毛膜表面,如牛、羊、鹿等。环状胎盘的绒毛集中成宽带状,围绕胚体中部,而胚胎的前部和后部包围着光滑的浆膜,如食肉目、象、海豹等。盘状胎盘的绒毛集中成盘状,如食虫类、翼手类、啮齿类,人也属此类。

根据胎儿绒毛膜与母体子宫内膜联系的紧密程度的不同,可将胎盘分为无蜕膜胎盘(placenta adeciduata)和蜕膜胎盘(placenta deciduata)。无蜕膜胎盘的绒毛与子宫内膜联系不紧密,当分娩时,易于脱离,不伤及子宫内膜,不出血,生产幼仔比较容易,上述的散布状胎盘和叶状胎盘属于这种类型。蜕膜胎盘的绒毛与母体子宫内膜相互紧密嵌合在一起,当分娩时,绒毛膜的分离要带走一部分子宫内膜,造成子宫大量出血,上述环状胎盘和盘状胎盘属于这种类型。

9. 神经系统

哺乳动物的神经系统高度发达,大脑增大和复杂化,新脑皮高度发展,形成高级神经活动的中枢。哺乳动物的神经系统分为中枢神经系统(脑和脊髓)、外周神经系统(脑神经和脊神经)及植物性神经系统三部分。

(1)大脑:由左、右两大脑半球构成(图 21-13),体积增大,向后盖住了间脑和中脑,在灵长类遮盖小脑。大脑皮层高度发达,发生褶皱形成沟回,大大增加了皮层的表面积。大脑皮层含有大量的神经细胞体和无鞘神经纤维,呈灰白色,为灰质,称新脑皮(neopallium)。皮层下部主要由有鞘神经纤维构成,呈白色,称白质。大脑半球借助哺乳动物特有的带状横行的白色神经纤维连合形成的通路胼胝体连接起来。纹状体(corpus striatum)退化形成基底核,是大脑基底的主要神经节,是调节各种运动的皮层下中枢。原脑皮(ar-

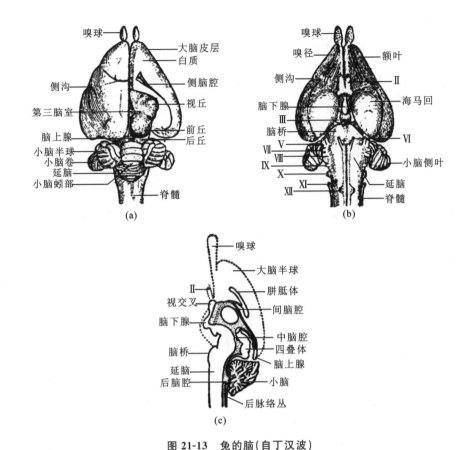

图 21-13　兔的脑(自丁汉波)

(a)背面观;(b)腹面观(罗马字母示脑神经);(c)正中纵切面

chipallium)萎缩形成海马(hippocampus),是嗅觉中枢。嗅球位于大脑半球前端,其腹侧有大量短的嗅丝,即第一对脑神经——嗅神经。大脑半球的内腔为侧脑室,两个侧脑室分别称为第一、第二脑室,经室间孔通第三脑室。

(2)间脑:几乎全部被大脑半球遮盖,主要由丘脑(thalamus)、下丘脑(hypothalamus)和第三脑室组成。丘脑又称为视丘,为成对的椭圆形体,位于中脑与纹状体之间,构成第三脑室的侧壁。间脑内含许多神经核,是重要的皮层下感觉中枢,除嗅觉外,各感受器传来的兴奋,在此更换神经元,然后再传到大脑皮层。下丘脑构成间脑底壁,主要结构包括视交叉、漏斗和脑垂体。漏斗末端与脑垂体相连,脑垂体为内分泌腺。间脑背面有带长柄的松果体,也是内分泌腺。下丘脑是调节植物性神经系统活动中枢、体温调节中枢,同时下丘脑还通过神经分泌来调节脑垂体的分泌功能。间脑的脑室称为第三脑室,向前通过室间孔通侧脑室,向后通大脑导水管。

(3)中脑:位于延脑和间脑之间,背侧被大脑半球覆盖,包括背面的四叠体(corpora quadrigemina)和腹面的大脑脚(crura cerebri),其内腔即为大脑导水管(cerebral aqueduct)。四叠体由四个圆形隆起组成,前二叶为前丘(anterior colliculus),为视觉反射中枢;后二叶为后丘(colliculus posterior),为听觉反射中枢。中脑底部加厚,为大脑脚,是由运动传导束组成的白质,是脑与脊髓之间传导的路径。哺乳动物中脑内腔缩小为一窄管,是连接第三脑室和第四脑室的通路。

（4）小脑：哺乳动物的小脑相当发达，体积增大，小脑半球发生。小脑表层为灰质，内层为白质。灰质褶襞伸入白质形成树枝状的脑树。小脑腹面凸出形成脑桥（pons），是小脑与大脑联系的桥梁。小脑有维持肌肉张力、保持身体正常平衡姿态和运动协调的作用。

（5）延脑：位于小脑腹面，前接脑桥，后接脊髓中央管，是脊髓前端的直接延续。构造与脊髓的相似，灰质在内，白质在外。延脑具有反射活动和传导兴奋两种机能。延脑中有许多重要的内脏活动中枢，如消化、呼吸、循环、汗腺分泌以及防御反射等中枢，如果损伤此区常导致动物迅速死亡，因此又称为"活命中枢"。延脑也能执行传导兴奋的机能，中枢神经系统高级部位和脊髓之间的传导路径都通过延脑。

（6）脊髓：扁圆柱形，位于椎管内，前接延脑。在脊髓的横断面上，腹面有腹沟，背面有背沟，蝶状的灰质在内，白质在外，中央管位于灰质中心。灰质内有中间神经元和运动神经元的细胞体，是许多反射活动的中枢。白质内包含由髓神经纤维组成的上行和下行传导束，是脑和脊髓间神经冲动的传导路径。脊髓的机能主要是传导兴奋和实现反射活动。

10. 感觉器官

感觉器官是动物体得以感知外界环境条件的变化，通过中枢神经系统的控制而产生反应的重要器官。哺乳动物的感觉器官极为灵敏，眼、耳、鼻等器官发达，对光（视觉）、声（听觉）和嗅（嗅觉）的感觉能力强。

（1）听觉器官。哺乳动物的听觉灵敏，听觉器官发育完全，分为外耳、中耳和内耳三部分（图 12-14）。外耳为集音装置，包括耳郭（pinna）和外耳道（external auditory meatus）。耳郭为软骨质，可以转动，用于收集声波。外耳道是一条长管，通过鼓膜与中耳相隔。中耳是传音装置，由鼓膜、鼓室、听小骨和耳咽管构成。鼓室即中耳腔，外侧有鼓膜与外耳道隔开，内侧有两个由薄膜封闭的小窗——正圆窗（fenestra rotunda）和前庭窗（fenestra ovalis）与内耳相接。鼓室内有由三块听小骨（镫骨、锤骨和砧骨）相互关节组成的弹性杠杆系统作为传音结构。耳咽管与咽相通，可平衡鼓膜两侧的气压。内耳是感音与平衡装置，由耳蜗管、三个半规管、椭圆囊和球状囊组成，称为膜迷路。膜迷路位于颞骨骨

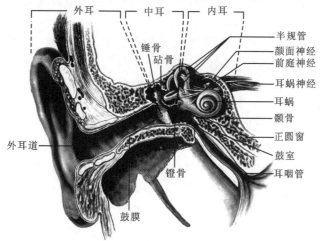

图 21-14　哺乳动物耳的构造

腔,骨腔形状与膜迷路一致,故名骨迷路。膜迷路内充满液体,即内淋巴;膜迷路与包在外面的骨迷路之间充满外淋巴。三个半规管、椭圆囊和球状囊组成内耳前庭,管理身体平衡。耳蜗管呈蜗牛壳状的螺旋,内有构造复杂的科蒂氏器(organ of Corti),布满带纤毛的听觉细胞和神经末梢。

声波经耳郭收集后,传进外耳道,引起鼓膜的震动。鼓膜随声波震动以推动听骨组成的传音装置,把声波的震动传至前庭窗。前庭窗的薄膜把震动传到前庭的外淋巴,再经内淋巴传给科蒂氏器。淋巴液流动刺激带有纤毛的感觉器官,产生的神经冲动由听神经传到神经中枢,产生听觉。

(2)视觉器官。脊椎动物的眼的构造大致相同,由眼球壁和一套折光系统组成。眼球略扁,眼睑发达,瞬膜退化,视觉调节由睫状肌的收缩和舒张改变晶状体的凸度来实现。

眼球壁由三层膜构成,外面一层为巩膜(sclera),中间一层为脉络膜(choriod),内面一层为视网膜(retina)。巩膜是致密结缔组织构成的纤维膜,坚韧不透明,具有保护内层的作用,其前面中央是凸面的透明组织,称为角膜(cornea),光线从角膜透入。

视网膜是感受光刺激的组织,含有视锥(cone)细胞和视杆(rod)细胞两种感光细胞。视锥细胞能感受强光,辨别颜色,视杆细胞感受弱光。夜行性哺乳动物的视网膜内视杆细胞占绝对优势。许多夜间活动的兽类,眼球壁在脉络膜内还有薄而平滑的玻璃质结晶膜,即照膜(tapetum lucidum),以加强视网膜对光线的感受性。这些动物,如猫和犬,眼睛在黑暗中常发出银光,即是照膜的作用。

眼球的折光系统包括水状液、晶状体、玻璃液和角膜。物像进入眼球,经过角膜、水状液、晶状体和玻璃液组成的折光系统,使可见物体正好成像在视网膜上。进入眼内的光线刺激视网膜上的感光细胞,产生兴奋,这个神经冲动通过双极神经元传递到神经节细胞,再沿着神经节细胞轴突聚集形成的视神经传递到中枢神经系统,产生视觉。

(3)嗅觉器官。哺乳动物的嗅觉器官高度发达,嗅觉器官是大多数哺乳动物在旷野中辨别方向、寻觅食物、追逐异性和逃避敌害的重要器官。哺乳动物嗅觉器官的发达主要是鼻腔的扩大和鼻甲骨的复杂化。鼻甲骨(turbinal bone)是鼻腔内复杂卷曲的薄骨片,附着其上的嗅黏膜面积大大增加。嗅黏膜上密布嗅神经末梢及嗅觉细胞,是感受嗅觉的部位。

哺乳动物的味蕾在舌背面突起的乳头上分布集中,也有些味蕾分布在口腔、咽及腭部。味蕾由一些味觉细胞组成,顶端开口为味孔。味觉细胞顶端有微绒毛,基部有感觉神经末梢分布。溶解于液体中的离子和分子刺激味觉细胞将兴奋传到中枢。

11. 内分泌系统

动物体内的腺体有两类,一类是有管腺,其分泌的物质经导管流到动物体表或流入某些管腔内,这类腺体又称外分泌腺(exocrine gland),如皮脂腺、汗腺、唾液腺和胰腺。另一类腺体为无管腺,其分泌的物质由腺细胞直接渗透进入血液或淋巴,随血液循环至全身,这类腺体称为内分泌腺(endocrine gland)。内分泌腺分泌的微量有机化合物称为激素(hormone)。激素随血液循环流至全身所作用的组织或器官称为靶组织或靶器官。

内分泌腺具有以下特点:①无管腺,其分泌的激素直接渗透进入血液,通过血液循环运输至靶组织或靶器官;②由排列成团、索或囊泡的腺细胞组成,其间密布毛细血管或毛细淋巴管;③神经-体液调节,即内分泌腺活动在神经系统控制下,通过激素间接地调节机体活动；④内分泌腺体小，分泌微量的激素，但是激素对动物维持体内的平衡、代谢、生长发育、生殖等具有重要的调节作用；⑤各种激素的作用具有一定的特异性，即某一种激素只能对某种特定的组织或代谢过程起作用，而内分泌调节的实现并非单一激素的作用，只有在各种激素处于相对平衡状态下才能实现正常的调节机能；⑥内分泌腺自我调节反馈（feed-back），即血液中激素浓度变化，使内分泌腺受到抑制或兴奋。

哺乳动物的内分泌系统极其发达，主要有脑垂体（pituitary gland）、甲状腺（thyroid gland）、甲状旁腺（parathyroid gland）、胰岛（islets of Langerhams）、肾上腺（adrenal gland）、性腺（gonad）、胸腺（thymus）、松果体（pineal body）和前列腺（prostate gland）等。

（1）脑垂体。脑垂体是动物体内最重要的内分泌腺，因为神经系统对内分泌的调节要通过下丘脑和脑垂体，所以脑垂体是内分泌腺的中心。脑垂体位于间脑腹面视神经交叉后方。

垂体前叶分泌生长激素（growth hoemone，GH）、促甲状腺激素（thyroid stimulating hormone，TSH）、促肾上腺皮质激素（adrenocorticotropic hormone，ACTH）、促卵泡激素（follicle stimulating hormone，FSH）、促黄体生成激素（luteinizing hormone，LH）或促间质细胞激素（interstitial cell stimulating hormone，ICSH）和催乳素（luteotropic hormone，LTH）。这些激素支配动物的生长、性腺的发育及甲状腺、肾上腺、黄体等的激素分泌。垂体中叶分泌促黑色素细胞激素（melanophore stimulating hormone，MSH），促进黑色素的合成及色素细胞的散布。垂体后叶储存由下丘脑室旁核（paraventricular nucleus）和视上核（supraoptic nucleus）的神经细胞分泌的催产素（oxytocin）和加压素（vasopressin）。催产素能使子宫收缩；加压素使血压升高，促进肾小管内水分再吸收。

（2）甲状腺素是唯一含有卤族元素的激素，其主要作用是提高新陈代谢，促进氧化过程和保证机体的正常生长发育。甲状腺的分泌受脑垂体产生的促甲状腺激素的调节。甲状腺作用于肝、肾、心脏和骨骼肌，促使肝糖原分解，血糖升高；促进细胞的呼吸作用，提高耗氧量和代谢率，对恒温动物的体温调节具有重要意义。饮食中缺碘，常出现甲状腺肿大和甲状腺素分泌不足的症状。

（3）胰岛。胰脏的绝大部分是胰腺，分泌的胰液通过胰管排入十二指肠，是机体重要的消化腺。占胰脏总体 $1\%\sim3\%$ 的散布于胰腺中的孤立的上皮细胞团，称为胰岛。胰岛含有 α 和 β 两种胰岛细胞。α 细胞分泌胰高血糖素（glucagon），能使血糖浓度升高，促进蛋白质和脂肪分解；β 细胞分泌胰岛素（insulin），主要作用于肝、肌肉、肾小管和脂肪组织，使血糖浓度降低，增进葡萄糖的利用、蛋白质和脂肪的合成，并使葡萄糖转化为糖原，储存在肝脏和肌肉中。胰岛素分泌不足时，血糖含量升高，葡萄糖随尿液排出，发生糖尿病。

（4）肾上腺。肾上腺位于肾脏两侧前方，左右各一，由表层的皮质和内层的髓质构成。皮质受脑垂体前叶分泌的促肾上腺皮质激素控制，分泌的激素有糖皮质激素（glucocorticoid）（又叫皮质醇（cortisol））和盐皮质激素（mineral corticoid）（又叫醛甾酮（aldosterone）），还有少量的雄激素。皮质分泌的激素通常为肾上腺皮质激素，对调节盐（钠和钾）代谢、糖类和蛋白质代谢具有重要作用，同时具有促进性腺和第二性征发育的作用。髓质分泌肾上腺素（adrenalin），功能与交感神经兴奋时的作用相似，可使心肌收缩加强，心跳加快，血管收缩，血压升高，内脏蠕动变慢，还可促进糖原分解，使血糖升高，促进脂肪和氨基酸分解,使新陈代谢升高,呼吸加强加速,肌肉工作能力加强等。急救时广泛使用肾上腺素作为强心剂。

(5)性腺。哺乳动物的性腺是睾丸和卵巢,除能产生精子和卵子外,还能分泌性激素。

睾丸的曲精细管间的间质细胞分泌雄激素(androgen),主要是睾丸酮和雄烷二酮。雄激素能促进雄性器官发育、精子发育成熟和第二性征的发育,促进蛋白质,特别是胶原纤维蛋白层的合成与身体生长,使雄性具有较粗壮的体格和发达的肌肉。

卵巢分泌两种激素。卵泡产生的主要是雌二醇(estrogen),促进雌性生殖器官发育,调节动物生殖活动周期,促进乳腺发育,抑制脑垂体前叶促卵泡激素的分泌和促进促黄体生成素的分泌。黄体分泌孕酮(progesterone),促使子宫黏膜增厚,为胎儿着床准备条件,抑制卵泡的继续发育,促进乳腺的发育和分泌,抑制子宫平滑肌收缩,降低它对脑垂体后叶激素的反应,以保证胎儿的生长发育。

胎盘是临时性内分泌器官,分泌与妊娠和分娩有关的激素,如孕酮、促性腺激素、催乳素等。

(6)松果体。松果体位于两大脑半球和间脑交界处,锥状,内含松果体细胞(pinealo-cytes),分泌褪黑激素(melatonin)。松果体抑制脑垂体前叶分泌促性腺激素,从而抑制生殖腺早熟。

(7)前列腺。前列腺位于膀胱基部精囊腺的后方。作为雄性动物的一种副性腺,前列腺分泌乳状液参与精液组成。同时,前列腺还是一个内分泌腺,分泌前列腺素(prosta-glandin,PG)。前列腺素对全身多个系统,如生殖、心血管、消化、呼吸和神经系统均有作用,如促进子宫和输卵管的收缩,促进精子发育成熟,溶解黄体,提高怀孕率,抑制胃酸分泌,调节特殊器官血流量。

21.1.2 哺乳纲的主要特征

(1)体表被毛,有些种类退化;皮肤腺(汗腺、臭腺、皮脂腺和乳腺)发达。

(2)颅骨具有2个枕髁和次生腭,中耳有3块耳小骨(锤骨、砧骨和镫骨),通常有7枚颈椎,骨盆骨发生融合。

(3)多具肉质唇,上下颌具再生齿,牙齿在形态和功能上有分化,称为异形齿,全部着生在齿槽内的为槽生齿。下颌为一单一齿骨,直接与头骨相关节。

(4)具有可活动的眼睑和肉质的外耳。

(5)四肢适应陆地、海洋和空中运动而多样化。

(6)心脏分隔为完全的四室,仅保留左动脉弓,具有无核、双凹的红细胞;血液循环为完全的双循环(体循环、肺循环完全分开)。

(7)肺由大量肺泡构成,结构复杂;具发声器;次生腭将鼻咽腔和口腔隔开;肌肉质横膈将胸腔和腹腔隔开,横膈运动参与了呼吸运动,增强了气体交换。

(8)具后肾的排泄系统,输尿管常与膀胱相通,仅单孔类具泄殖腔。

(9)神经系统高度发达,大脑尤为发达,新脑皮高度发展,具有十二对脑神经;与此相对应,感觉器官高度发达。

(10)维持高而恒定的体温。

（11）雌雄异体。雄性生殖器官有阴茎、睾丸（通常在阴囊中）；雌性生殖系统包括卵巢、输卵管和阴道。

（12）体内受精，胎生。受精卵附着于母体子壁，通过胎盘与母体发生营养交换，胎儿在母体子宫发育完成后直接产出。胎膜包括羊膜、绒毛膜和尿囊膜。

（13）哺乳。幼仔在产出后依靠母体乳腺分泌的乳汁取得营养。

21.2 哺乳纲的多样性

现存哺乳动物有 5400 余种，遍及全球，有 600 余种见于我国。主要依据生殖方式的不同，哺乳纲分为原兽亚纲、后兽亚纲和真兽亚纲。

21.2.1 原兽亚纲

原兽亚纲（Prototheria）在结构上还保留着许多爬行动物的特征：卵生，雌兽具有孵卵行为；具有泄殖腔，粪、尿及生殖细胞均通过泄殖腔孔排出体外，故又称为单孔类；具扁喙，无外耳壳；肩带结构与爬行类的相似（具有独立的乌喙骨、前乌喙骨和发达的间锁骨，大多数哺乳动物的肩带主要由肩胛骨组成）；大脑皮层不发达，两大脑半球之间尚未出现胼胝体。原兽亚纲是现代哺乳类中最原始的类群，具有哺乳动物的特征：体表被毛，具有乳腺（无乳头，乳腺开口于皮肤表面，幼兽在此舔食乳汁）；体温在 26～35 ℃范围内波动；具有肌肉质的横膈，仅具有左体动脉弓，下颌由单一齿骨组成。

原兽亚纲仅有单孔目（Monotremata），2 个科，共 3 种动物，分布于澳大利亚及其附近岛屿上。

鸭嘴兽（*Ornithorhynchus anatinus*）是一种半水栖的动物，具有一系列适应水栖的特征。体被短而浓密的褐色毛，长久在水中也不致浸透。嘴宽扁，无肉质唇而具有角质鞘，嘴两侧有缺刻，可过滤食物，形似鸭嘴，故名鸭嘴兽。尾扁阔，四趾间具蹼，前肢蹼特别发达，善于在水中游泳或潜水。以软体动物、甲壳类、蠕虫及水生昆虫为食。栖于河边，其洞穴的一端开口于水中，另一端在岸上扩大成巢。在水中交配，在巢中孵卵。每窝产蛋两枚，孵化期 14 天，孵化出来的小兽裸露无毛，靠吃奶长大，4 个月后营独立生活。鸭嘴兽代表着从爬行类到哺乳类的过渡阶段，是珍贵的"活化石"（图 21-15）。

(a)　　　　　(b)

图 21-15　原兽亚纲代表动物（自华中师范大学、南京师范大学、湖南师范大学）

(a) 鸭嘴兽；(b) 原真鼹

21.2.2 后兽亚纲

后兽亚纲(Metatheria)在进化水平上介于卵生的单孔类和高级的有胎盘类之间。胎生,大多数无真正的胎盘,胚胎借卵黄囊与母体子宫壁接触。母兽具特殊的育儿袋,发育不完全的幼仔生下后还需在母体腹部育儿袋内继续完成发育,因此又称有袋类。乳腺具乳头,乳头就开口在育儿袋内。有袋类的幼仔,前肢发育得较好,和身体的其他部分相比,显得不成比例,幼仔用这么粗大的前肢爬行去寻找乳头。体温接近于恒温,在 33~35 ℃之间波动。雌性具双子宫、双阴道;雄性阴茎的末端也分两个叉,交配时每一分叉进入一个阴道,雄性体外具阴囊。牙齿为异型齿,门齿数目较多且多变化。有袋类的大脑半球体积小,无沟回,也没有胼胝体。肩带表现为高等哺乳类的特征(肩胛骨增大,乌喙骨、前乌喙骨、间锁骨退化),腰带上具上耻骨(袋骨),用以支持育儿袋。

现存的只有一个目,即有袋目(Marsupialia),主要分布于澳大利亚及其附近的岛屿上,少数种类分布在南美和中美,仅一种分布在北美。

重要的科有袋貂科(Phalangeridae)、大袋鼠科(Macropodidae)(图 21-16)。大赤袋鼠(*Macropus rufus*)体型大,长达 2 m 以上,前肢短小,后肢长大,善于跳跃,后肢的第二趾与第三趾愈合,称并趾(syndactyla),第四趾最发达以支撑体重。育儿袋极发达,乳头最多四个。主食植物。

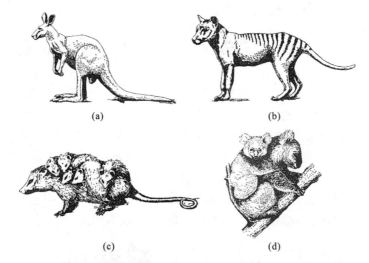

图 21-16　后兽亚纲代表动物(自华中师范大学、南京师范大学、湖南师范大学)
(a) 大袋鼠;(b) 袋狼;(c) 负鼠;(d) 树袋熊

21.2.3 真兽亚纲

真兽亚纲(Eutheria)又称为有胎盘类,是高等哺乳动物,占哺乳类总数的 95%,分布广泛,生境多样。真兽亚纲现存动物隶属 18 个目,其中 14 个目在我国有分布。

真兽亚纲的特征:胎生,具有真正的胎盘;胎儿在母体子宫发育,通过胎盘吸收母体营养,发育完全后产出;乳腺发达,具乳头;不具泄殖腔,肠管单独以肛门开口于体外,雄性排泄与生殖管道汇入泄殖窦,以泄殖孔开口于体外,雌性具单个阴道;肩带为单一的肩胛骨;

异形齿,再生齿,乳齿经一次更换后成为恒齿;大脑皮层发达,两大脑半球间有胼胝体连接;体温一般维持在 37 ℃左右。

1. 食虫目

食虫目(Insectivora)是哺乳动物中最原始的类群。大多数体型小,吻部细长,门齿较大、数目少而多变化,犬齿小或退化,白齿经常呈尖利的多锥状,四肢短小,指(趾)端有爪,适于掘土,主要以昆虫及蠕虫为食,夜晚出来活动。食虫目已经描述的物种约有 419 种,除澳大利亚及新西兰外,遍布全球。我国有 3 科,即猬科(Erinaceidae)、鼹科(Talpidae)和鼩鼱科(Soricidae),共 24 属 42 种。代表动物为猬科的普通刺猬(*Erinaceus europaeus*)(图 21-17)、鼩鼱科的鼩鼱(*Sorex araneus*)和鼹科的缺齿鼹(*Mogera robusta*)。

图 21-17 食虫目代表动物(自华中师范大学、南京师范大学、湖南师范大学)
(a) 臭鼩;(b) 麝鼹;(c) 刺猬

2. 翼手目

翼手目(Chiroptera)通称蝙蝠,是唯一一类能真正飞行的哺乳动物。前肢特化,具特别延长的指骨。由指骨末端至肱骨、体侧、后肢及尾间,着生有薄而柔韧的翼膜,借以飞翔。前肢骨骼(包括指骨)延长而支撑着的大片皮膜称为手膜,向前由游离的短拇指连到颈侧略呈三角形的皮膜称为前膜,往后伸展到后肢踵部上下的为斜膜,由后肢伸展到尾部的为肢间膜,又称尾膜。前肢仅第一指端或第一指端及第二指端具爪。后肢短小,具长而弯的钩爪,适于悬挂栖息。胸骨具胸骨突起,锁骨发达,均与特殊的运动方式有关。齿尖锐,适于食虫,部分种类植食或吸血。主要在夜间活动,大多数依靠特有的回声定位能力判定外界物体及其自身的位置。由口腔或鼻部发出的高频短波可达 30～100 kHz,被外界物体反射回来的声波可由蝙蝠的耳朵接收。

现生种共有大蝙蝠亚目(Megachiroptera)和小蝙蝠亚目(Microchiroptera)2 个亚目 16 科 185 属 962 种(图 21-18),仅次于啮齿目,除南极洲外均有分布。我国有 7 科 30 属 120 种。代表动物有国家二级保护动物大蝙蝠亚目狐蝠科(Pteropodidae)的硫球狐蝠(台湾狐蝠)(*Pteropus dasymallus*)、小蝙蝠亚目菊头蝠科(Rhinolophidae)的菊头蝠(*Rhinolophus*)和蝙蝠科(Myzopodidae)的中华鼠耳蝠(*Myotis chinensis*)。

3. 灵长目

灵长目(Primates)是哺乳动物中进化最为高等的类群。手和脚的趾(指)分开,大拇指灵活,多数能与其他趾(指)对握,适于树栖攀缘及握物。锁骨发达,手掌(及跖部)裸露,并具有两行皮垫,有利于攀缘。指(趾)端部除少数种类具爪外,多具指甲。锁骨发达,两眼前视,视觉发达,嗅觉退化,听觉灵敏。大脑半球高度发达,具沟回。雌兽有月经。杂食性,群栖。

灵长目分为原猴亚目和类人猿亚目,包括 14 科约 51 属 180 种(图 21-19),广泛分布于热带、亚热带和温带地区。

图 21-18　翼手目代表动物（自华中师范大学、南京师范大学、湖南师范大学）

（a）棕果蝠；（b）东方蝙蝠

图 21-19　灵长目代表动物（自华中师范大学、南京师范大学、湖南师范大学）

（a）蜂猴；（b）黑猩猩；（c）长臂猿；（d）猩猩；（e）大猩猩

原猴亚目（Prosimiae），又称狐猴亚目（Lemuroidea），颜面似狐；吻突出，无颊囊和臀胼胝；前肢短于后肢，拇指与大趾发达，能与其他指（趾）相对，端部具扁指甲或爪；尾长但无缠绕性；大脑半球不发达，未遮盖小脑，表面无沟回；双角子宫；树栖夜行；分布于亚洲南部、非洲，马达加斯加岛特别多。我国仅有懒猴科（Lorisidae）1 属 3 种：懒猴（*Nycticebus coucang*）、小懒猴（倭蜂猴）（*Nycticebus pygmaeus*）、中懒猴（间蜂猴）（*Nycticebus intermedius*），分布于云南南部，均为国家一级保护动物。

类人猿亚目（Anthropoidea），又称猿亚目（Simiae），是哺乳类中最高级的一类，颜面似人；两眼向前，吻短，大都具颊囊和臀胼胝；前肢大都长于后肢，各具五指（趾），大趾有的退化，末端具扁平指甲；尾长、有的能卷曲，有的无尾。大脑半球发达，沟回多。单子宫，雌兽在性成熟后有月经。

猴科（Cercopithecidae），我国有 4 属 15 种，均属于保护动物，如金丝猴（*Rhinopithe-*

cus roxellanae)、猕猴(*Macaca mulatta*)等。长臂猿科(Hylobatidae)，我国有 4 种，分布于云南和海南部分地区，均为国家一级保护动物，如黑长臂猿(*Nomascus concolor*)。猩猩科(Pongidae)3 属 4 种，猩猩(*Pongo pygmaeus*)现仅存于苏门达腊北部以及婆罗洲的低地和山区的热带雨林；大猩猩(*Gorilla gorilla*)分布于赤道非洲，是灵长类中体型最大者；黑猩猩属(*Pan*)包括倭黑猩猩(*Pan paniscus*)和黑猩猩(*Pan troglodytes*)，分布于非洲中部热带雨林。

4. 食肉目

食肉目(Carnivora)是猛食性兽类。牙齿尖锐而有力，门牙小，犬牙强大而锐利，上颌第四前臼齿和下颌第一枚臼齿的齿突如剪刀状相交，形成裂齿(食肉齿)。上裂齿两个大齿尖和下裂齿外侧的 2 大齿尖在咬合时好似铡刀，可将韧带、软骨切断。大齿异常粗大，长而尖，颇锋利，起穿刺作用。四肢灵活，反应迅速，动作灵敏、准确、强而有力。均具发达的大脑和感觉器官，嗅觉、视觉和听觉均较发达。指(趾)端常具利爪以撕捕食物。有些种类具较发达的分泌腺，既是自卫的武器，又是通讯联络和标记领域的手段。多昼伏夜出(图 21-20)。

图 21-20　食肉目代表动物(自华中师范大学、南京师范大学、湖南师范大学)
(a) 狐；(b) 貂；(c) 黑熊；(d) 大熊猫；(e) 虎；(f) 猞猁

(1) 猫科(Felidae)。猫科为中大型兽类，有 5 属 36 种，我国有 4 属 13 种。头圆，吻短，后肢 4 趾，爪能伸缩，犬齿和裂齿发达，肉食性，性凶猛。本科著名的种类有狮(*Panthera leo*)、虎(*Panthera tigris*)、豹(*Panthera pardus*)、猞猁(*Felis lynx*)等。除狮产于非洲和印度西部外，其余均在我国有分布。虎分布于亚洲，有 8 个亚种，其中 3 种已灭绝，我国特产的华南虎(中国虎)(*Panthera tig ris amoyensis*)也已基本上是野外灭绝。

(2) 犬科(Canidae)。犬科 14 属 34 种。除南极洲和大部分海岛外，分布于全世界。我国有 4 属 6 种。体型中等、匀称，颜面部长，鼻端突出，耳尖且直立，嗅觉灵敏，听觉发达。四肢细长，善于奔跑。犬齿及裂齿发达；上臼齿具明显齿尖，下臼齿内侧具一小齿尖及后跟尖。前足 4~5 趾，后足一般 4 趾；爪粗而钝，不能伸缩或略能伸缩。尾多毛。喜群居，常追逐猎食。大部分食肉，以食草动物及啮齿动物等为食；有些食腐肉、植物或杂食。

330 ◆ 动物学 ◆

家犬(*Canis lupus familiaris*)是人类最早驯养的家畜之一,最早由狼(*Canis lupus*)、胡狼、豺(*Cuon alpinus*)等驯化而来,现已有200余个品种。北极狐(*Alopex lagopus*)、赤狐(*Vulpes vulpes*)、貉(*Nyctereutes procyonoides*)等是珍贵毛皮兽;狼和豺为害兽。

（3）熊科(Ursidae)。熊科体型较大而肥壮,头圆,吻长,尾短,四肢粗壮,爪长而不能伸缩,裂齿不发达,臼齿明显增大,适于磨碾食物。杂食性,也有少数以肉食或植食为主。代表动物为大熊猫(*Ailuropoda melanoleuca*)、棕熊(*Ursus arctos*)、亚洲黑熊(*U. thibetanus*)和马来熊(*Helarctos malayanus*)。黑熊在我国分布广,全身毛呈黑色,仅胸部有一宽的"V"形白色条纹,杂食性,善爬树,也会游泳,易于饲养。大熊猫是中国特有种,主要分布在中国的陕西南部、甘肃及四川周边山区,95%分布在秦岭、岷山、梁山、邛崃、大相岭、小相岭、金佛山七个山系。大熊猫以竹子为食,是食肉目中的"素食者"。全世界野生大熊猫现存约1590只,由于生育率低,加上对生活环境的要求相当高,在中国濒危动物红皮书等级中评为濒危物种,为中国国宝。大熊猫的种属问题一直存在争论,国内一般将其单独划归为大熊猫科,1属1种。国际上将大熊猫划归到熊科,分为四川大熊猫和秦岭大熊猫两个亚种。DNA和基因组研究也支持这种分类归属。

（4）浣熊科(Procyonidae)。浣熊科6属19种。多数种类进食前总是先把食物浸入水中,故得名。体中等大小,尾长于体长的一半。前臼齿和臼齿趋于减少,臼齿多呈方形或长方形,裂齿不发达。四肢短,尾长、粗而蓬松。杂食,树栖。代表动物浣熊(*Procyon lotor*)全身毛色为灰棕色混杂,面部有黑色眼斑;尾部有多条黑白相间的环纹;裂齿和臼齿的形状与熊类的相似。取食各种果、菜、鱼、蛙、鼠、小鸟和昆虫等。白天蜷伏窝内,夜间出来觅食。喜在溪边、河谷的近水处捕食鱼、虾和昆虫,亦喜上树,以树洞为窝。春季产仔,每胎4～5仔。除小熊猫(*Ailurus fulgens*)外,其余均产于美洲。小熊猫生活在海拔2000～3000 m的亚高山丛林中,主要分布于我国西南地区(西藏、云南、四川),也见于印度、尼泊尔、不丹和缅甸北部,尾长而蓬松,具棕白相间的九节环纹,俗称"九尾狐""九节狼"。

（5）鼬科(Mustelidae)。鼬科25属70种,中、小型兽类,体细长,尾较长,四肢短,前后足均5趾;蹠行性或半蹠行性;爪锋利,不可伸缩。嗅觉、听觉灵敏。体毛柔软,多无斑纹。大多肛门附近有臭腺,可放出臭气驱敌自卫。生活方式多样,有树栖、半水栖、穴居等。多肉食。许多种类为珍贵毛皮兽。分布于欧亚大陆、非洲和美洲。我国有10属21种。本门代表动物有黄鼬(*Mustela sibirica*)、獾(*Meles meles*)、紫貂(*Martes zibellina*)和水獭(*Lutra lutra*)(图21-21)。

5. 鳍脚目

鳍脚目(Pinnipedia)是海生肉食兽类。体呈纺锤形或流线型,体表密生短毛。四肢鳍状,具5趾,趾间有蹼膜,趾端一般有爪。尾小,夹在后肢间。齿分化不显著,不具裂齿。仅在交配、产仔和换毛时期才到陆地或冰块上来。皮下脂肪极厚,用以保持体温。听觉、视觉和嗅觉灵敏,在水下有回声定位能力。肉食性,主食鱼、贝类和软体动物。分布于南、北半球寒带和温带海洋。有3科,即海象科(Odobenidae)、海狮科(Otariidae)和海豹科(Phocidae)。海狮科和海豹科的动物在我国北部沿海都有发现,如北海狮(斯氏海狮)(*Eumetopias jubatus*)、海狗(腽肭兽)(*Callorhinus ursinus*)和斑海豹(港海豹)(*Phoca largha*)(图21-22)。

图 21-21　鼬科和灵猫科动物（自华中师范大学、南京师范大学、湖南师范大学）
（a）黄鼬；（b）狗獾；（c）猪獾；（d）水獭；（e）大灵猫；（f）果子狸

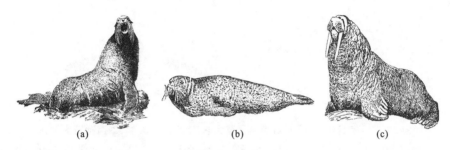

图 21-22　鳍脚目代表动物（自华中师范大学、南京师范大学、湖南师范大学）
（a）海狗；（b）斑海豹；（c）海象

6. 鲸目

鲸目（Cetacea）是水栖哺乳动物。体型似鱼，流线型，前肢鳍状，后肢退化，具"背鳍"及水平的叉状"尾鳍"。颈短，颈椎愈合；肺呼吸，肺具弹性，贮氧能力强。鼻孔为喷孔，除抹香鲸科鼻孔位于吻端外，其他种类均在头顶最高处。体毛退化、皮脂腺消失、皮下脂肪增厚。嗅觉不灵，视觉不佳，但听觉和触觉发达，在水下发声，靠回声来定位和寻找食物，并用于个体间交往。水中分娩和哺乳，双角子宫，阴茎缩入体腔中，睾丸在腹腔中。母鲸在生殖孔旁有 1 对裂缝，乳头在里面，内有大量奶汁，靠肌肉收缩挤进幼鲸口中。

古鲸亚目已灭绝。现生鲸类有 2 个亚目：齿鲸亚目和须鲸亚目，共有 13 科 38 属 88 种。我国有 11 科 21 属 30 种（图 21-23）。

（1）须鲸亚目（Mysticeti）。体型巨大，口内无齿。上颌两侧各具有 150～400 枚角质鲸须。外鼻孔一对，纵裂状，位于头顶，也是喷水孔。使用鲸须过滤小型水生生物，以磷虾和头足类为食，有的也吃小鱼和底栖贝类。

黑露脊鲸（黑真鲸）（*Eubalaena glacialis*）分布于北太平洋和北大西洋海域，是唯一分布于我国的露脊鲸，由于体型大且行动较慢，在历史上曾经是捕鲸业的重点，现存数量已经非常稀少，面临灭绝的危险。蓝鲸（*Balaenoptera musculus*）是世界上最大的动物，最大者体长 33 m，体重达 181 吨。小露脊鲸（*Caperea marginata*）仅分布于南半球，多分布于温带海域，体长约 6.4 m，是须鲸中最小的一种。

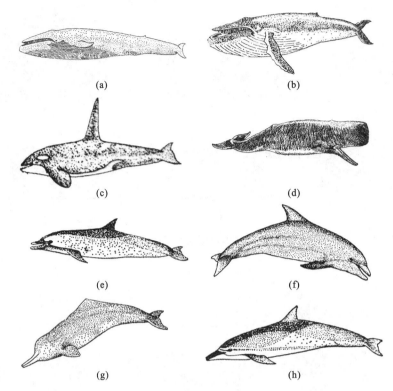

图 21-23　鲸目代表动物(自华中师范大学、南京师范大学、湖南师范大学)
(a) 蓝鲸；(b) 座头鲸；(c) 虎鲸；(d) 抹香鲸；(e) 点斑原海豚；(f) 大海豚；(g) 白鳍豚；(h) 真海豚
((a)～(d)须鲸及大型齿鲸代表动物；(e)～(h)小型齿鲸代表动物)

(2) 齿鲸亚目(Odontoceti)。身体呈流线型。口内无须,一般均具齿。外鼻孔一个,位于头顶。除淡水豚科外全部海栖,全为肉食性,分布于所有大洋和海及主要大河河口。

海豚科(Delphinidae)在我国沿海已知有 18 种。宽吻海豚(*Tursiops truncates*)常在海洋馆进行表演。中华白海豚(*Sousa chinensis*)主要见于我国东南海域(最北可达长江南部主要河口)、澳大利亚北部和西部再到印度洋沿海,以及到南非南端海域,数量稀少,为我国二级保护动物。鼠海豚科(Phocaenidae)的江豚(*Neophocaena phocaenoides*),在我国见于长江和沿海水域,体型很小,仅 120～190 cm,是我国最小的鲸类。喙豚科(河豚科、淡水豚科)(Platanistidae)的白鳍豚(*Lipotes vexillifer*)分布于长江流域,已经灭绝。

7. 奇蹄目

奇蹄目(Perissodactyla)为善于奔跑的草食性有蹄动物,因趾数多为单数而得名。第三指(趾)发达,其余各趾退化或消失。指(趾)端具蹄,有利于奔跑。门牙适于切草,犬牙退化,白齿咀嚼面上有复杂的棱脊。单室胃,盲肠大多呈囊状。已知最古老的奇蹄动物是始马(始祖马)(Hyracotherium),化石发现于始新世的北美洲及欧洲,公认为马的祖先。

奇蹄目现存有马科(Equidae)、貘科(Tapiridae)和犀科(Rhinocerotidae)3 科 7 属 17 种。

(1) 马科(Equidae)。马科 1 属 9 种,分布于欧亚大陆和非洲,是现存奇蹄目中种类最多、分布最广、人们最熟悉的一科。体格匀称,四肢细长,仅第三趾发达,具蹄,第二、四趾退化,仅余退化的掌骨和跖骨。门齿凿状,臼齿齿冠高,咀嚼面复杂。颈背中线具一列鬃毛。野驴(骞驴)(*Equus hemionus*),分布在我国新疆、西藏、内蒙古和青海一带,为家驴的祖先。蒙古野马(*E. caballus przewalskii*)为家马的祖先,原产地在蒙古国和我国新疆交界处,现野外已基本灭绝。家马(*E. caballus caballus*)和家驴(*E. asinus*)是重要的家畜。

(2)犀科(Rhinocerotidae)。犀科4属5种,分布于亚洲南部、东南亚和非洲撒哈拉以南地区。体肥笨拙,皮厚粗糙,多裸露,腿短。前后肢均三趾;头部有实心的独角或双角。食性因种类而异,以草类为主,或以树叶、嫩枝、野果、地衣等为食物。犀牛因角的装饰和药用价值而被大量捕捉,均为濒危物种。代表动物为印度犀(*Rhinoceros unicornis*),也称亚洲犀,为独角犀牛(图21-24)。

图21-24 奇蹄目代表动物独角犀(自华中师范大学、南京师范大学、湖南师范大学)

8. 偶蹄目

偶蹄目(Artiodactyla)第三、四指(趾)同等发育,其余各指(趾)退化,指(趾)端有蹄,具偶蹄。多数具角。臼齿结构复杂,适于草食。除大洋洲外,还分布于世界各大洲。

现存10科75属184种,包括猪、牛、羊、骆驼、河马、长颈鹿、鹿等人们熟知的哺乳动物(图21-25)。我国产41种。

(1)猪科(Suidae)。猪科5属16种,是猪形亚目中现存种类最多、分布最广的一科,分布于欧亚大陆和非洲。吻部长,形成猪鼻,嗅觉极发达,犬齿发达,雄性上犬齿外露并向上弯曲,形成獠牙,每足4趾,仅中间2趾着地。食性杂,胃较简单,不反刍。适应力强,嗅觉发达。野猪(*Sus scrofa*)分布遍及欧亚大陆,是我国唯一的代表种。由其驯化而来的家猪(*Sus scrofa domestica*)是人类主要的肉类来源之一。

(2)骆驼科(Camelidae)。头小,颈长,上唇延伸并有唇裂。足具两趾,趾型宽大,蹄下有肉垫,适于在沙漠中行走。体毛软而纤细,具有良好的保暖性能。胃有3室,反刍。单峰驼分布于中东和北非,驼峰1个,现存仅有家畜,野生的早已灭绝。双峰驼和野骆驼分别有家畜和野生的双峰驼,驼峰2个,分布于亚洲中部,目前我国在甘肃、新疆等地尚有少量分布,为国家重点保护动物。

(3)长颈鹿科(Giraffidae)。颈长,四肢长而强健,头顶有1对骨质短角,角外包覆皮肤和茸毛,颜色、花纹因产地而异,有斑点型、网纹型、星状型、参差不齐型和污点型,以树叶为主食。2属2种,分布于非洲。长颈鹿(*Giraffa camelopardalis*)广布于非洲的稀树草原地带,是现存最高的动物。欧卡皮鹿(*Okapia johnstoni*)分布于非洲刚果东部的热带雨林中,保持着很多原始特征,较为珍稀。

(4)鹿科(Cervidae)。体型大小不等,胃有4室,为有角的反刍类。腿细长,善奔跑。

图 21-25　偶蹄目代表动物（自华中师范大学、南京师范大学、湖南师范大学）
(a) 骆驼；(b) 梅花鹿；(c) 麝；(d) 獐

有足腺；无胆囊。有实心的分叉的角，一般仅雄性有 1 对角，雌性无角。驯鹿是唯一一种公鹿和母鹿都长角的鹿，獐无论是公的还是母的，都没有角。每年冬天，公鹿的角都会脱落，到春天开始长出新的角，那时鹿角会覆盖着一层皮，称为鹿茸。当鹿角成型时，鹿茸就会脱落。鹿茸是名贵的中药材，鹿肉可食用，鹿皮可制革。世界各地将鹿列为保护动物。驯鹿是鹿科唯一驯化的家畜（如我国北方鄂伦春族的驯鹿）。代表物种还有梅花鹿（*Cervus nippon*）、马鹿（*C. elaphus*）、麋鹿（*Elaphurus davidianus*）和驯鹿（*Rangifer tarandus*）。

(5) 牛科（洞角科）（Bovidae）。通常雌雄均具一对洞角，骨心和角鞘终生生长，不分叉。门齿和犬齿均退化，胃具 4 室，草食性，反刍功能完善。种类繁多，世界性分布。45 属 137 种，分为 9 亚科，分布于非洲和亚洲，以非洲最多，其中黄牛（*Bos taurus*）、牦牛（*B. mutus*）、水牛（*Bubalus bubalis*）、绵羊（*Ovis aries*）、家山羊（*Capra hircus*）等是常见家畜。

9. 鳞甲目

鳞甲目（Pholidota）体外覆有角质鳞甲，鳞片间杂有稀疏硬毛，腹面也着生有毛。不具齿。吻尖、舌细长，前爪极长，适于挖掘蚁穴、舔食蚁类等昆虫。现存 1 科即穿山甲科（鲮鲤科）（Manidae），8 种。大穿山甲（*Manis gigantea*）、南非穿山甲（*M. temminckii*）、长尾穿山甲（*M. tetradactyla*）、树穿山甲（*M. tricuspis*）分布于非洲；印度穿山甲（*M. crassicaudata*）、菲律宾穿山甲（*M. culionensis*）、马来穿山甲（*M. javanica*）、中华穿山甲（*M. pentadactyla*）分布于亚洲南部。我国可见中华穿山甲和印度穿山甲两种，已列为我国二级保护动物（图 21-26）。

图 21-26　鳞甲目代表动物穿山甲（自华中师范大学、南京师范大学、湖南师范大学）

10. 啮齿目

啮齿目（Rodentia）动物的主要特征是上、下颌均具 1 对特别发达的门齿，其前面被有珐琅质，呈凿状，无齿根，终生持续生长，必须不断地啃咬东西，才能把门齿磨短。无犬齿，门齿与颊齿间有很大的齿隙，前臼齿消失或 1～2 枚，臼齿 3 枚。嚼肌特别发达，适于啮咬坚硬的物体。

啮齿目是哺乳动物中种类和数量最多的一个目，有关啮齿类的分类问题仍在激烈讨论。传统上将啮齿目分为松鼠亚目、豪猪亚目和鼠形亚目，现在研究者将鳞尾松鼠科（Anomaluridae）和跳兔科（Pedetidae）升级为鳞尾松鼠亚目（Anomaluromorpha），将河狸总科（Castoroidea）和衣囊鼠总科（Geomyoidea）升级为河狸亚目（Castorimorpha），因此啮齿目分为鳞尾松鼠亚目、河狸亚目、豪猪亚目（Hystricomorpha）、鼠形亚目（Myomorpha）和松鼠亚目（Sciuromorpha）5 个亚目，共 34 科，现存约 2277 种，占全世界哺乳动物种数的 40% 以上。我国有 14 科 62 属 160 种左右。啮齿动物是生物演化上最为成功的类群之一，能适应于各种生态环境，遍布全球，有地面生活、地下生活、树栖和半水栖的种类（图21-27）。

(a)　　　　　　　　　　　　(b)

(c)　　　　　　　　(d)

图 21-27　啮齿目代表动物（自华中师范大学、南京师范大学、湖南师范大学）
(a) 达呼尔黄鼠；(b) 灰鼠；(c) 河狸；(d) 喜马拉雅旱獭

（1）河狸亚目（Castorimorpha）。河狸亚目中现存的有狸科（Castoridae）等河狸是半水栖的啮齿类，身体具较厚的脂肪层，体表被覆致密的绒毛，耐寒，不怕冷水浸泡。四肢短宽，后肢粗壮有力，脚上有蹼，适于划水，尾大、扁平似桨，覆有鳞片，在游泳时起舵的作用。眼小，耳孔也小，内有瓣膜，外耳能折起以防水，鼻孔中也有防水灌入的肌肉结构。牙齿

20 枚,门齿异常粗大,凿状,能咬粗大的树木,臼齿咀嚼面宽阔而具较深的齿沟,从后向前咀嚼面一个比一个大,便于嚼碎较硬的食物。仅 1 属 2 种,即河狸(*Castor fiber*)和北美河狸(*C. Canadensis*)。河狸的毛皮很珍贵,由于滥捕,河狸濒临灭绝,现仅残存在欧洲的少数地区和中国的布尔根河与青河一带,仅数百只,已经建立保护区,属于国家禁猎动物。

(2) 豪猪亚目(Hystricomorpha)。豪猪亚目在外形和生活习性上有较大差别,但是解剖结构比较一致。头骨和下颌均为豪猪型,咬肌穿过眶下孔,眶下孔通常大于枕骨大孔,颧骨粗壮,门齿和釉质层全为复系式,颊齿 4 个,为脊型齿。豪猪亚目常见有豪猪科(Hystricidae)、豚鼠科(Caviidae)等。中国有豪猪 4 种。其中,中华豪猪(*Hystrix hodgsoni*)体被面密生有硬刺,分布于江苏南部、福建、广东、海南、广西、云南、四川、西藏、安徽的南部和西部、陕西南部、湖南、湖北和贵州。

(3) 鼠形亚目(Myomorpha)。鼠形亚目是世界上最成功的哺乳动物,种类超过千种,约占哺乳动物种类的 25%,分布几乎遍及世界各地。体型较小,咬肌发达,牙齿数量少,一对门齿,无前臼齿,臼齿少者仅两个。鼠形亚目包括种类繁多的鼠总科(Muroidea)和种类较少的跳鼠总科(Dipodoidea),共 7 科 550 余种。

跳鼠科(Dipodidae)主要分布于亚洲中部和西部的干旱地区,也见于非洲北部。因后肢长而用双足跳跃方式行动而得名(长度甚至超过前肢的 4 倍)。跳鼠科动物都有冬眠习性,尾部积累的脂肪可补充冬眠期间机体能量的消耗。跳鼠科动物主要吃植物,在夏季也捕食昆虫。代表动物如五趾跳鼠(*Allactaga sibirica*)、林跳鼠(*Eozapus setchuanus*)、长耳跳鼠(*Euchoreutes naso*)。长耳跳鼠的形态较为特殊,与其他跳鼠相比,吻尖,眼小,耳极大,分布区狭窄,基本上为中国的特有种,见于中国内蒙古西部、甘肃北部、青海的柴达木盆地以及新疆的东部和南部,国外仅见于蒙古国的外阿尔泰戈壁。

仓鼠科的金仓鼠(*Syrian Hamster*),因其外形可爱,是非常受欢迎的宠物;黑线仓鼠(*Cricetulus barabensis*)是常见的医学实验动物。鼠科(Muridae)的黑家鼠(*Rattus rattus*)、褐家鼠(*R. norvegicus*)和小家鼠(*Mus musculus*)随着人类到达了世界各地,食性广泛,适应力强,繁殖力强,是最成功、最常见的哺乳动物,视为害兽,也被培养出白化品种供医药试验用。

(4) 松鼠亚目(Sciuromorpha)。松鼠亚目是最原始的啮齿类,咬肌前端伸达吻部,门齿釉质层多单系型。分布比较广泛,以亚洲、北美洲和非洲最为丰富,少数分布于欧洲和南美洲北部,大洋洲和南美洲南部没有分布。松鼠亚目包括山河狸科(Aplodontidae)、睡鼠科(Gliridae)和松鼠科(Sciuridae)3 科约 238 种。

松鼠科中我国分布有 11 属 24 种,常见的如松鼠(*Sciurus vulgaris*),主要分布于西伯利亚至我国北方地区,喜栖于寒温带或亚寒带的针叶林或阔叶混交林中,具有毛蓬松的长尾。岩松鼠(*Sciurus davidianu*)和侧纹岩松鼠(*Sciurotamias forresti*)为我国西南地区特有动物。

11. 兔形目

兔形目(Lagomorpha)为中小型草食性哺乳动物,与啮齿类具有较近的亲缘关系。门齿凿状,上颌两对,前后着生,后一对较小,隐于前排门齿之后,因此又称为重齿类(Dupilicidentata);下颌一对,无犬齿;门齿与前臼齿间有间隙。由于牙齿能终生生长而具有啃咬硬物的习性。上唇具唇裂,尾短或无尾。草食性,具双重消化功能,即盲肠富集大量维生素后,成胶囊状裹着成软粪,自肛门排出,再被自己吞咽,又经消化,充分利用维生素(软粪含维生素比正常粪便多数倍),再排出的粪便才是圆形硬粪便。

兔形目包括兔科(Leporidae)和鼠兔科(Ochotonidae)两科(图 21-28),共 10 属 62 种。除澳大利亚、新西兰、马尔加什亚区及某些海洋岛屿外,广泛分布于世界各地,主要分布在北半球的草原及森林草原地带。

兔科的种类体型较大,后肢很长,善跳跃,耳长,有明显外尾,如草兔(Lepus capensis),分布于长江以北。

鼠兔科通称鼠兔,体型较小,似鼠,后肢略长于前肢,耳短圆,无尾,主要分布于亚洲,其中青藏高原和亚洲中部是其分布中心。青藏高原分布有 14 种,为现生鼠兔的分布中心与演化中心。栖息于草原上的鼠兔,如达乌尔鼠兔(Ochotona daurica)和黑唇鼠兔(高原鼠兔)(O. curzoniae),除吃掉大量牧草外,密集的洞穴和跑道严重地破坏大片牧场,并能造成水土流失。

(a)   (b)

图 21-28　兔形目代表动物(自华中师范大学、南京师范大学、湖南师范大学)
(a)草兔;(b)达呼尔鼠兔

12. 贫齿目

贫齿目(Xenarthra)是一支牙齿趋于退化的哺乳动物,除食蚁兽完全无齿外,其他成员仅常缺门齿和犬齿,有的种类的颊齿缺釉质,无齿根。后足 5 趾,前足 2~3 趾,具利爪。体常被鳞甲或骨板,吻突出,舌细长,适合舔食虫类。雌体具单子宫或双角子宫,散漫状蜕膜胎盘。陆栖、穴居或树栖。分布于中南美。现生种包括 4 科约 29 种,即树懒科(Bradypodidae)、二趾树懒科(Megalonychidae)、犰狳科(Dasypodidae)和食蚁兽科(Myrmecophagidae)。代表动物有树懒科的三趾树懒(Bradypus tridactylus)、二趾树懒科的二趾树懒(Choloepus didactylus)、犰狳科的大犰狳(Priodontes maximus)及食蚁兽科的大食蚁兽(Myrmecophaga tridactyla)(图 21-29)。

13. 树鼩目

树鼩目(Scandentia)是小型树栖食虫的哺乳动物,外形略似松鼠,在结构上(如具爪、臼齿)似食虫目但又有似灵长目的特征,如嗅叶较小、脑颅宽大、有完整的骨质眼眶环等。多数树栖,也有不少种类为地栖或者常出现在地面,杂食,动作敏捷,富于攻击性。树鼩目包括 1 科 5 属 19 种。代表动物树鼩(Tupaia glis)分布于我国云南、广西及海南岛(图21-30)。由于树鼩形态和生理的某些方面似低等灵长目动物,体小、易于饲养及可作为实验动物,已成为重要的研究对象。

14. 皮翼目

皮翼目(Dermoptera)因体侧自颈部直至尾部具有大而薄的滑翔膜,形似啮齿目的鼯鼠,面部又很像灵长目的狐猴而得名。四肢及尾均细长,脚宽扁,具 5 趾,趾端具尖而弯曲

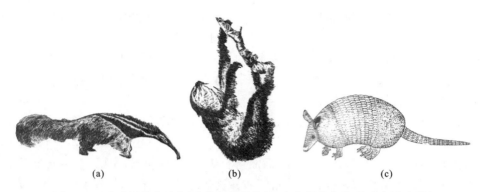

图 21-29　贫齿目代表动物(自华中师范大学、南京师范大学、湖南师范大学)
(a)大食蚁兽;(b)二趾树懒;(c)九带犰狳

图 21-30　树鼩目代表动物树鼩(自华中师范大学、南京师范大学、湖南师范大学)

的爪;眼大;耳短,通常裸露,粉红色;身体毛色为褐色或灰褐色,与树皮的颜色相似。下门齿扩大,呈梳形,臼齿多尖,植物食性。现仅存 1 科 1 属 2 种,其中菲律宾鼯猴(*Cynocephalus volans*)分布于菲律宾的棉兰老等岛屿,斑鼯猴(*C. variegatus*)分布于马来西亚半岛、苏门答腊和爪哇。

15. 海牛目

海牛目(Sirenia)是水生的植食性有蹄哺乳动物。外形呈纺锤形,颇似小鲸,但有短颈,与鲸不同。皮下储存大量脂肪,能在海水中保持体温。前肢特化呈桨状鳍肢,指上有退化的蹄,无后肢,有一个大而多肉的扁平尾鳍;嘴唇周围有须,头部有触毛;头大而圆,唇大,由于短颈,头能灵活地活动,便于取食;鼻孔位于在吻部的上方,适于在水面呼吸,鼻孔有瓣膜,潜水时封住鼻孔。行动迟缓。儒艮与海牛的体型相似,由尾部可明显分辨两者:海牛的尾巴宽大而略呈圆形,儒艮则为"V"形尾,近似于海豚的尾鳍(图 21-31)。海牛目包括 2 科 3 属 5 种。儒艮科(Dugongidae)现存仅儒艮(*Dugong dugon*)一种,分布较广泛,从非洲东海岸直到西太平洋一带都能见到,北可到我国广东、台湾海域,南到澳大利亚新南威尔士州南部。传说中的美人鱼的原型就是憨态可掬的儒艮。

16. 长鼻目

长鼻目(Proboscidea)是世界最大的陆栖动物。被毛稀疏,体色浅灰褐色。圆筒状长鼻柔韧而肌肉发达,末端具指状突起。头大,耳大。四肢粗大,膝关节不能自由屈曲,脚底有很厚的弹性组织垫。上颌具 1 对发达门齿,终生生长,亚洲象雌性长牙不外露;上、下颌每侧均具 6 个颊齿,自前向后依次生长,具高齿冠,结构复杂。每足 5 趾,但第 1 趾、第 5 趾发育不全。植食,食量极大。现仅有象科(Elephantidae)1 科,共 2 属 2 种,即亚洲象

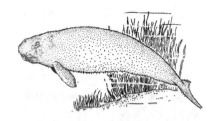

图 21-31 海牛目代表动物儒艮(自华中师范大学、南京师范大学、湖南师范大学)

(*Elephas maximus*)和非洲象(*Loxodonta africana*)。亚洲象主要产于印度、泰国、柬埔寨、越南等国,我国云南省西双版纳地区也有小的野生种群。

21.3 哺乳纲的生态

21.3.1 哺乳动物的栖息类型

哺乳动物按其栖息环境可分为陆栖动物、掘土和穴居动物、树栖动物、飞行动物和水栖动物。

陆栖动物主要有有蹄类和食肉目,还包括有袋目、一部分啮齿目和灵长目动物。陆栖动物进一步可分为平原生活类,如大型有蹄类、啮齿类;林中生活类,如羚羊和鹿;山地生活类,如山羊、雪豹和牦牛。

掘土和穴居动物包括啮齿目、有袋目、食虫目、贫齿目和管齿目。这类动物具有与此生活方式相适应的特征,如耳郭退化、尾短或退化缺失、身体长条形,有些种类具备短而有力的前肢用以掘洞(犰狳),有些则具备齿用以挖土(鼢鼠)。

树栖动物包括大部分的灵长目。啮齿目、食虫目、贫齿目、食肉目和有袋目中也有许多种类是树栖的,这些动物往往具有可缠绕的尾;许多种类在身体两侧具有皮褶,如猫猴和鼯鼠。

翼手目是哺乳动物中唯一能飞行的动物,大蝙蝠主要食果实,在树枝间休息,小蝙蝠白天在山洞、树洞或其他隐蔽的地方休息。

哺乳动物中生态类型最为丰富的一类是水栖动物,从半水栖动物(如水貂、白熊)到完全水栖动物(如鲸和海豚)。很多种类后肢具有发达的蹼,如河狸;有些种类前后肢都具有蹼,如鸭嘴兽;有些种类后肢变成鳍足,如海獭。在水栖哺乳类中,鲸目终生都在寻找食物而无居所,所有鳍足动物都需要相对较固定的居所,以供短期的休息、生殖和换毛等。

21.3.2 哺乳动物的食性

按照食性,哺乳动物可分为肉食性动物、草食性动物和杂食性动物。

肉食性动物分为食虫类和食肉类。食虫类包括食虫目、管齿目、大部分翼手目和有袋目,这些动物具有许多小而尖的齿,形成连续的齿列。食蚁兽、土豚、针鼹专食白蚁和蚂蚁,吻长,舌长且具弹性,有些种类的齿退化,前足短而有力,具爪。管齿目和鳞甲目的后肢坚强有力,尾短而粗,这些动物以后肢和尾支撑身体,以前肢挖掘蚁巢。食肉类包括大部分食肉目、一部分有袋目和海豚科的逆戟鲸(*Orcinus orca*)。猫科、犬科和袋狼是特化的食肉兽,具有发达的裂齿和能伸缩的爪。鳍足目动物和海豚以鱼类为食,具有同型的圆锥状牙齿,不能咀嚼,只是将食物囫囵吞下。须鲸的口腔具有特殊过滤器,以浮游生物和小鱼为食。抹香鲸的齿退化,以头足纲软体动物为食。

草食性哺乳动物包括除猪科外的有蹄类、兔形目、有袋目的双门齿亚目、大蝙蝠、树懒、海牛目等。啮齿目和灵长目基本上也是植食性哺乳动物。草食性哺乳动物的臼齿扁平,门齿凿状,犬齿发育不完全或缺少,肠极长且盲肠发达。

肉食性哺乳动物中的鼬类、狐类也食植物的浆果、坚果等;而草食性哺乳动物中的田鼠、跳鼠等偶然也吃昆虫等动物性食料。但是有一些哺乳动物,在一定程度兼具肉食和草食性,这些动物是杂食性哺乳动物。这种以植物性和动物性食物为营养的习性称为杂食性,也称泛食性。这些动物包括家鼠、猪、熊等,很多灵长类动物也是杂食动物,如黑猩猩、狒狒。

21.3.3　哺乳动物的回声定位

动物的"回声定位"是指动物通过发射声波,利用从物体反射回来的声波进行空间定向的方式,是某些动物准确而巧妙地猎取食物、避开障碍、与同伴联系及控制本身行动的一种办法。目前已知使用回声定位的哺乳动物包括小蝙蝠亚目的几乎所有种类、大蝙蝠亚目的果蝠属、鲸目的齿鲸类(即豚类)、鳍脚目的海豹和海狮、食虫目的马岛猬科、鼩鼱科的短尾鼩。另外南美的油鸟、东南亚的金丝燕及有些鱼类都具有回声定位的本领。发现最早、研究最多的是蝙蝠的天然声呐系统,其次是海豚的回声定位。

以昆虫为食的蝙蝠在不同程度上都有回声定位系统,因此有"活雷达"之称。体内皆有完成回声定位的天然声呐系统。借助这一系统,它们能在完全黑暗的环境中飞行和捕捉食物,在大量干扰下运用回声定位,发出超声波信号而不影响正常的呼吸。它们头部的口鼻部上长着被称为"鼻状叶"的结构,在周围还有很复杂的特殊皮肤皱褶,这是一种奇特的超声波装置,具有发射超声波的功能,能连续不断地发出 $30\sim120$ kHz 的高频超声波,经口(如蝙蝠科)或鼻孔(如蹄蝠科和菊头蝠科)向外发射。如果碰到障碍物或飞舞的昆虫时,这些超声波就能反射回来。蝙蝠的耳朵接收反射回来的超声波,其中外耳和中耳具有传音作用,反射波通过中耳的鼓膜经由中耳三块听小骨的机械振动传导到内耳;内耳将传导到内耳耳蜗的声波振动转换成神经冲动经听神经传递到大脑皮质的听觉中枢,产生听觉。经过听觉中枢的分析,蝙蝠一般能在 1/1000 s 内判断出周围物体的距离、形状、大小、性质,并迅速做出反应。由于声源的空间定位需要两耳同时听,来自一侧的高频率回声,到达两耳的回声强度、波长、时间也都具有差别。所以,一般认为蝙蝠根据从两耳接收到的回声间的差别来确定物体的距离、形状及性质;利用回声中的波长识别物体的大小。蝙蝠回声定位的速度快、精确性高,抗干扰能力强。一只蝙蝠在 15 min 内能捕食 220 只苍蝇;还能自如地穿过用直径 $0.1\sim0.2$ mm 细线编织的具有大小不等网眼的障碍网;还能排除比蝙蝠本身的超声波强 $100\sim200$ 倍的人工干扰噪声,使正常飞翔不发生碰撞。

与陆生的蝙蝠一样,生活在水中的齿鲸类(包括淡水豚类和海豚)也能进行回声定位。多数学者认为,豚类的声波是由鼻道部发出的。豚类单个鼻孔位于头颅,鼻道分成左右两部分,有前庭囊、鼻额囊和前额囊三对气囊。在肌肉的作用下,空气由一个气囊压入另一个气囊,关闭某些瓣膜,然后强迫空气通过,就可发出高-低频率混合的声波,并通过头骨的反射和额隆(鼻囊前方的一个富含脂肪组织)把声波集成一束定向发射。豚类回声定位脉冲的频率为1～150 kHz,听觉最灵敏区域为50～110 kHz。其中频繁的高音调的声音向前传播时,遇到物体便可产生回声。由于豚类的耳壳退化,外耳道狭窄充塞蜡质的耳屎而呈闭塞状态、鼓膜和听骨也很简单,所以回声可能是通过身体组织、颅骨和下颌骨传导到中耳的。而有的学者却认为声音仍是通过外耳道、鼓膜传到耳蜗的,因为实验证明蜡质耳屎是一种传递声音的优良导体。豚类接收回声后,把对回声的感觉转换成为神经信号传到大脑,经过听觉中枢的分析,就可确定物体在水中的具体位置,分辨物体的形状,识别物体的性质。

21.3.4　哺乳动物的冬眠

冬眠是动物为了度过寒冬季节和解决食物短缺问题而进入一个延长的处于抑制状态的休眠。哺乳动物的冬眠分为两类,一类是半冬眠型,在寒冷的冬季,机体全身呈麻痹状态,体温不下降或降低少许,保持相对警觉,易觉醒。在冬季,熊、浣熊和负鼠在其巢穴中进入休眠状态,机体代谢速率会有某种程度下降,但是伴随有短暂的觉醒。另一类是真正的冬眠型。冬眠时,代谢速率、心跳和呼吸频率都会减缓或降低,机体全身呈麻痹状态,体温可降至接近环境温度,而当环境温度进一步降低或升高到一定程度时,体温可迅速上升到正常水平。这类哺乳动物包括单孔类、许多食虫目动物、啮齿目、翼手目和灵长目中的个别种类。冬眠前,哺乳动物体内会沉积大量脂肪以供冬眠度日和觉醒之用。开始冬眠后,动物的体温开始逐步下降至2 ℃左右。地松鼠的呼吸频率从每分钟100～200次下降至每分钟4次左右,心跳从每分钟200～300次下降至每分钟20次左右。这个冬眠期间,动物体重减轻1/3至一半。当外界温度升高时,动物从冬眠状态中苏醒过来主要依靠棕色脂肪组织代谢产热,这个过程长达数小时,体温才能升到37 ℃。冬眠动物如何自动调节生物节律和机体复苏的机制仍是未解之谜。

21.3.5　哺乳动物的迁徙和洄游

由于地理环境的限制,哺乳动物的迁徙和洄游较为困难,因此迁徙和洄游的种类较少。鲸、海豹、某些有蹄类和蝙蝠迫于环境的压力或由于生存和繁衍后代的需要,进行有规律的迁徙和洄游,改变栖息地,以获得最佳的环境条件。

我国草原地区的黄羊,春季向南迁徙,秋季向北迁徙。北美驯鹿在每年4月下旬集群向北迁移约800 km至北冰洋水草丰美的沿海地区去生小鹿;在7月底北极严冬来临之前沿着东海岸向南迁移,重返温暖的南方。非洲塞伦格蒂稀树草原的有蹄类在雨季和旱季进行迁徙,每年3—5月份的雨季,它们集中在东南部降雨量较小、生长短草的地区摄食;旱季到来,草逐渐停止生长,短草耗尽,它们又逐渐迁徙到原来降雨量较大、生长长草的地区,下个雨季来临的时候它们又回到原来的短草草原地区。

许多大型鲸类每年都在索饵区(高纬度海域)和繁殖区(低纬度海域)之间做季节性的洄游。大型鲸类主要以海洋中的浮游生物为食,12月至翌年4月,南冰洋和北冰洋中浮游生物密集,鲸类多在高纬度海域觅食;5月以后南冰洋和北冰洋中食饵锐减,鲸类则洄游到温暖的海域中繁育幼鲸。每年2月雌海豹集群从北美洲西南沿海经过约4800 km的洄游,至阿留申群岛以北的普里比洛夫群岛生产小海豹,并与雄海豹交配,然后携小海豹返回南部。

21.3.6 哺乳动物的生殖

（1）生殖周期。大多数哺乳动物具有确定的交配季节，通常在冬季或春季，与一年中最有利于抚养幼仔的时间一致。雄性哺乳动物能在任何时期交配，而雌性哺乳动物则限于发情期。许多哺乳动物每年只有一次发情期，如野狗、熊和海狮。其他哺乳动物一年中有多次发情期，如田鼠和松鼠。猴和人类的月经周期与发情周期相似。在月经期，子宫内膜出现周期性增殖，卵细胞成熟，旧的子宫内膜脱落，并随血液排出。

（2）配偶方式。哺乳类在发情期的配偶方式可分为单配偶、多配偶和杂配偶三种。单配偶是一雌一雄的交配，幼仔产出后主要由母兽抚育，如狼、狐、灵猫。多配偶是一只雄兽相继和多只雌兽交配，如鳍脚目和偶蹄目动物。杂配偶是任何雄兽同任何正在发情的雌兽交配，正在发情的雌兽有时也可以接受几只雄兽的交配，多见于小型哺乳类。

（3）生殖方式。哺乳动物体内受精，但其生殖方式分为卵生、卵胎生和胎生三种。原兽亚纲的单孔类为卵生，后兽亚纲的有袋类是卵胎生，真兽亚纲是胎生。胎生是指胚胎在母体子宫中发育，通过胎盘从母体获得营养物质和氧气，并排除代谢废物和二氧化碳，胚胎发育完全后产出母体的过程。幼仔产出后，母体以其乳腺分泌的乳汁哺育。胎生和哺乳大大提高了哺乳动物后代的成活率。

21.4 哺乳纲与人类

我国哺乳动物资源十分丰富，具有巨大的经济价值，更是维系自然生态系统的积极因素，与人类的生活关系密切。

21.4.1 有益的方面

（1）食用。许多哺乳动物，如猪、牛、羊，长期以来为人类提供了无数的肉、奶等食品。随着转基因、动物克隆等现代生物技术的应用，家畜的产肉、产奶效率不断提高，新的优良品种会不断出现。

（2）毛皮及制革。毛皮兽的皮和毛可以制裘、革和纺织品。毛皮兽如我国北方的灰鼠、旱獭、黄鼬、猞猁，南方的松鼠、鼬獾、果子狸，以及遍及全国的狐、貂和水獭等名贵品种。作为制革的兽类有猪、牛、羊、鹿、黄羊等。

（3）役用。骆驼被称为"沙漠之舟"；耕牛等家畜至今仍在农业生产中发挥重要作用；马、骡和驴用于交通运输；大象用于搬运重物；犬用于放牧、拉雪橇和追踪等。

（4）药用。许多哺乳动物身体的某些部位或分泌物可以入药，如熊胆、麝香、鹿茸、犀角、虎骨、穿山甲甲片等皆可入药。马、牛的血可以用来制作血清和疫苗。著名中药牛黄就是牛的胆结石，紫河车是人的胎盘，夜明砂是经过加工的蝙蝠粪。

（5）实验动物。哺乳类实验动物在现代生物学和医学研究中占据重要地位。常用的实验动物有大白鼠、小白鼠、家兔、犬等。其他灵长类动物在生理上和行为上与人类非常接近，以它们为实验对象得到的研究结果在很大程度可以应用到人类，因此灵长类动物在现代医学科学研究中的作用尤为重要。

（6）仿生研究。如利用回声定位来躲避障碍物和觅食的蝙蝠和海豚就是现代仿生学研究的对象之一。

（7）工业原料。哺乳动物的油脂可用来制作肥皂、蜡、油漆、涂料、润滑油和化妆品等。家畜的血、粪便等可制作饲料和有机肥等。鼬毛、羊毛等可制作毛笔，象牙、牛角可供雕刻。

21.4.2 有害的方面

有害的哺乳动物给人类的经济生活带来了严重的危害。豺、狼、鼠等直接危害人和家畜的安全；野生哺乳动物传播鼠疫、狂犬病、出血热、弓形虫病等；鼠类会严重影响工农业生产，其穿挖洞穴的习性，可破坏工程设施；哺乳动物排出的粪便可造成不同程度的污染。其中，以啮齿类危害最为突出。啮齿动物种类多，适应性和繁殖力强，数量大，分布广，它们破坏作物、田地、自然森林、草原牧场、灌溉工程、食品仓库以及传染疾病。

消除和防治鼠害的基本原则是控制数量，降低种群密度。为此，首先要掌握鼠类的生物学特性，摸清它们的栖息地、食性、繁殖规律及生活方式等，从破坏栖息地、摄食途径入手来控制其数量。其次，采取多种方法灭鼠。如居民点器械灭鼠、大面积的药物灭鼠和生物灭鼠。同时要定期突击灭鼠和经常灭鼠结合，防鼠和灭鼠结合，破坏鼠类栖息环境、食物条件及防治窜扰，农田应尽量减少杂草和田埂，农作物收割后及时打谷入仓，住户做好环境卫生，尽量减少鼠类栖息生存的机会。最后，摸清鼠类的食物链、食物网及种群消长规律，控制食物链的关键环节，抑制鼠类大发生，维持生态平衡。

科 学 热 点
——模式动物小鼠

小鼠属于脊椎动物门（Chordata）、哺乳纲（Mammalia）、啮齿目（Rodentia）、鼠科（Muridae）、小鼠属（*Mus*）。小鼠的世代短，成熟早，繁殖力很强，属全年多发情动物，一年可产仔胎数 6～10 胎，每胎产仔数 8～15 头，体型小，易于管理。

在进化上，小鼠与人类的距离较近，约有 1 亿年，其解剖学结构、发育过程、生化代谢途径都与人类的接近，为人类疾病的克隆提供了极佳的实验材料。小鼠基因组与人类基因组高度同源、小鼠基因组改造手段非常成熟以及小鼠近交系、突变系和实验小鼠品系种类繁多，使得小鼠遗传学已成为发育生物学、功能基因组学和疾病机理研究的核心研究领域，小鼠也成为最重要的模式生物之一。

1902 年，哈佛大学的 William Ernest Castle 在当时孟德尔遗传学研究的影响下开始了小鼠遗传学研究，对小鼠的遗传和基因变化进行了系统的分析。

1909 年，来自于 Castle 实验室的哈佛大学生物学家 Clarence Cook Little 培育出了第一个近亲繁殖的小鼠株系——DBA。随后在 Cold Spring Harbor Laboratory 和 Jackson 实验室的工作中陆续得到了 C57BL/6、C3H、CBA 和 BALB/c 等多种近交系小鼠，这些近交系构成了目前世界上使用最广泛的几种品系。在这一百年里人们已经建立了 400 多个近交系，6000 多个突变品系。

1916 年，Clarence Cook Little 和 Ernest Tyzzer 利用近交系小鼠进行肿瘤移植发现了肿瘤移植排斥现象。随后，Jackson 实验室的 George D. Snell 对此进行了深入研究，在

20 世纪 40 年代发现了组织相容性基因。这项发现从此开辟了免疫学研究的新时代，George D. Snell 也因此荣获了 1980 年的诺贝尔奖。

1982 年，Richard Palmiter 和 Ralph Brinster 首先培育出携带外源基因的小鼠品系——转基因小鼠。第一个转基因小鼠品系携带可表达的大鼠生长激素的基因片断，过度的生长激素导致转基因小鼠的体型增大，第一次在整体动物水平上证明了生长激素的功能。

1987 年，Martin Evans、Oliver Smithies 和 Mario Capecch 领导的几个研究小组通过 ES 细胞内 DNA 同源重组的方法，对胚胎干细胞中特定目标基因进行失活，培育出了第一只基因剔除小鼠。基因剔除提供了在整体动物水平研究基因功能的"金标准"，即分析特定基因缺失后的功能障碍来推断基因的功能。

1998 年，克隆小鼠在夏威夷 Wakayama 的实验室中诞生。

由于在 1990 年启动人类基因组计划时小鼠就被列为五种核心模式生物之一，所以小鼠基因组计划是最早启动的非人基因组计划。1996 年，小鼠基因组的高密度遗传图谱绘制完成。1999 年，人类基因组三个主要测序中心（The Wellcome Trust Sanger Institute、The Whitehead institute Center for Genome Research 和 Washington University Genome Sequencing Center）成立了小鼠基因组测序协会（Mouse Genome Sequencing Consortium，MGSC），小鼠基因组测序项目正式启动。2002 年，MGSC 已经发展到了拥有 6 个国家的 26 个研究机构。2002 年 8 月，MGSC 公布了小鼠基因组的物理图谱，同年 12 月，MGSC 公布了 C57BL/6J 品系小鼠基因组序列草图。国际权威杂志《Cell》的评论文章给予高度评价："这是里程碑式的发现，将可能在世界范围内改变小鼠遗传学研究，并具有应用于人类基因治疗的前景"。

2007 年，Mario R. Capecchi、Martin J. Evans 和 Oliver Smithies 利用基因靶向技术获得基因敲除小鼠，为人类遗传病研究提供了药物试验动物模型，并因此荣获 2007 年的诺贝尔奖。

小鼠作为哺乳动物中的唯一模式生物，在人的生理病理研究中担当重要角色。通过对小鼠近交系在生理生化表型以及基因型的连锁比较，有望对一些复杂性状的调控做深入的遗传分析，从而发现复杂疾病的发病机制。同时通过开展大规模的基因剔除研究，建立剔除基因小鼠品系，分析基因的功能，也是目前小鼠研究的热点。

本 章 小 结

哺乳纲是脊椎动物亚门中最高等的一个纲，在长期的进化过程中，出现了许多重要的结构特征，即恒温，高代谢率，具胎盘、乳腺，支持活跃敏捷运动的骨骼系统的变化，脑的发达和机能皮层化等。

被毛是哺乳动物的特征之一，被毛具有感觉、温度调节和交流的作用。哺乳动物具有四种主要的皮肤腺，即皮脂腺、汗腺、乳腺和臭腺。在这四种主要类型腺体中，乳腺和汗腺是哺乳动物特有的腺体。

由于食性不同，哺乳动物的牙齿和消化道差异较大。食草动物具有磨齿，其消化道具有发酵结构和共生的微生物。食肉动物具有发达的裂齿。

哺乳动物的心脏分为四室,循环方式为完全的双循环。肌肉质的横膈运动改变胸膜腔内压,协助肺的呼吸。哺乳动物具后肾的排泄系统,含氮代谢物是尿素。哺乳动物的神经系统与其他脊椎动物的相类似,嗅觉和听觉对早期哺乳类较为重要,视觉、听觉和嗅觉是现代哺乳类的主要感觉方式。

现存的哺乳动物分为单孔类、有袋类和有胎盘哺乳类。绝大多数哺乳动物具有胎盘,胎儿在母体子宫内发育,直接产出幼仔,加上其具乳腺,有哺乳能力,极大提高了幼仔的成活率和向成体成长过渡的能力。

哺乳动物具有复杂的行为和习性,大大提高了存活能力。视觉、信息素、听觉和触觉是哺乳动物交流的重要方式。哺乳动物采取代谢产热、皮毛保温和某些行为来调节体温。有些哺乳动物采取迁徙、冬眠等方式应对不利环境。大多数哺乳动物具有特定的生殖周期,雌性哺乳动物具有发情周期或月经周期。单孔类为卵生,其他哺乳动物为胎生。

思 考 题

1. 为什么说哺乳类是最高等的脊椎动物?有哪些主要的进步特征?

2. 与前面的动物类群相比,哺乳动物的生殖方式具有哪些优越之处?如何区别单孔类、有袋类和有胎盘哺乳类的生殖方式?

3. 牙齿在哺乳动物的研究中具有哪些重要意义?如何将哺乳动物的消化系统与食性联系起来?

4. 哺乳动物的皮肤和被毛具有什么作用?

5. 简述哺乳动物四种主要皮肤腺的位置和主要作用。

6. 恒温、胎生及哺乳对于哺乳动物生存有什么意义?

7. 与鸟纲、两栖纲和爬行纲相比较,哺乳动物的骨骼结构具有哪些特征和优势?

8. 试述哺乳动物脑的结构和各部分的功能,以及脑神经、脊神经和自主神经系统的主要结构和功能。

9. 简述陆生哺乳类呼吸系统的结构与功能。

10. 简述哺乳类各个亚纲和主要目的分类特征及代表动物。

11. 哺乳动物为了很好地适应环境和生存,具有哪些行为和习性?

第 22 章　脊索动物总结

脊索动物门是动物界中最高等的类群,现存种类在外部形态、内部结构和生活方式上都具有显著差异,但在个体发育和生活史中具有一些共同的特征。

脊索动物的躯体由一系列结构复杂的器官系统组成,各器官系统相互协调完成各项生命功能。随着动物从低等向高等、从水生到陆生的进化,各器官系统的结构更加复杂,功能更加完善。由于与特定的生活环境和生活方式相适应,各器官系统在不同类群中出现了适应性特化。例如,鱼类的形态结构与水生生活高度适应,鸟类各器官系统则深深地打上了飞行的"烙印"。

脊索(notochord)、背神经管(dorsal tubular nerve cord)和鳃裂(gill slits)是脊索动物区别于无脊椎动物的典型特征。脊索动物的躯体为两侧对称体制,典型的种类可分为头、颈、躯干、尾及附肢。头部聚集了高级神经中枢,是感觉和摄食中心;陆生脊椎动物具有颈部,颈部连接头部和躯干,使头部能灵活转动,有利于动物搜集更复杂的信息,更好地"应付"复杂多变的环境;躯干部容纳内脏器官,是消化和代谢中心;肛后尾是脊索动物的重要特征,具有平衡身体等作用;附肢具有支持和运动功能,在高等脊椎动物中体现得更加明显,水生脊椎动物的附肢为鳍,陆生脊椎动物具有典型的五指(趾)型附肢,支撑和运动能力更强。心脏位于消化管的腹面,闭管式循环(尾索动物除外),血液中多具有红细胞也是脊索动物的重要特征。此外,三胚层、后口、次级体腔、两侧对称、躯体及某些器官分节现象等特征在一些高等无脊椎动物中也具有,这反映了脊索动物在进化上与无脊椎动物的联系。脊索动物门分为尾索动物亚门、头索动物亚门和脊椎动物亚门,脊椎动物亚门是进化最高等的一类动物,结构复杂(图 22-1),种类繁多,分布广泛。在胚胎发育过程中,经过卵裂、囊胚期、原肠胚期、神经胚期,形成中胚层,进一步分化发育成脊椎动物各器官系统(表 22-1,图 22-2)。

表 22-1　脊椎动物各器官系统来源(改自刘恕)

胚　层	胚 层 分 化	组 织 器 官
外胚层	体壁外胚层	表皮及其衍生物、口腔和直肠末端上皮、感受器、垂体前叶
	神经嵴	鳃部骨骼、神经节和感觉神经、肾上腺髓质
	神经管	脑、脊髓、脑神经、脊神经的运动神经、视网膜、视神经、垂体后叶
中胚层	脊索	脊索
	上节	真皮、脊椎、骨骼肌
	中节	排泄系统、部分生殖系统
	下节	腹膜、脏膜、系膜、心血管系统、血细胞、生殖腺、平滑肌、体腔
内胚层	原肠	消化道内层、肝、胰、呼吸系统内层、膀胱及尿道内层、部分内分泌腺

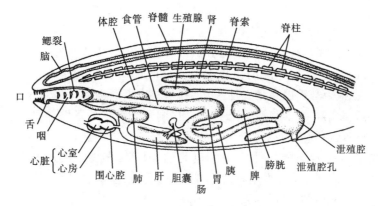

图 22-1　脊椎动物结构模式图（仿郑光美）

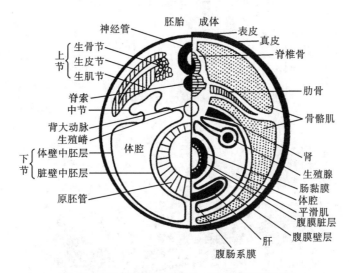

图 22-2　脊椎动物胚层分化示意图（仿郑光美）

22.1　脊椎动物主要器官的比较解剖

22.1.1　皮肤系统

22.1.1.1　皮肤的机能和结构

皮肤包被于动物体的表面，是动物与环境接触的界面，机能复杂多样，尤其是高等脊椎动物，皮肤产生了各种衍生物，功能更加复杂。纵观各类群，脊索动物的皮肤系统具有以下功能。

保护功能：皮肤是动物与环境的"界壁"，具有保护机体免受损伤，防止体内水分过度蒸发，防御机械、化学、温度、光线等刺激和微生物及病菌的侵袭等作用。

感觉功能：皮肤中分布有丰富的神经末梢，有的种类在真皮或皮下组织形成各种感觉小体，能感受冷、热、痛、触、压等刺激。

皮肤的各种衍生物使皮肤还具有调节体温（毛发、羽毛、脂肪层、汗腺等）、分泌（黏液腺、皮肤腺、乳腺等)、排泄(汗腺)、呼吸(两栖类的皮肤呼吸及蝌蚪的外鳃呼吸等)、运动(羽毛、翼手类的皮翼等)和储藏养料(皮下脂肪)等多种功能。

脊椎动物的皮肤由表皮和真皮两部分组成(图 22-3)。表皮由复层上皮组织构成,源于胚胎期的外胚层,分化为外层的角质层(stratum corneum)和里层的生发层(stratum germinativum,也称为马氏层),生发层为活细胞,具有不断向外分裂增生新细胞的能力。表皮衍生物包括角质鳞、羽、毛、喙、爪、蹄、指甲、洞角等表皮外骨骼和黏液腺、皮脂腺、汗腺、乳腺、香腺等腺体;真皮为结缔组织,主要源于胚胎期的中胚层,真皮衍生物包括骨质鳞(硬鳞、圆鳞、栉鳞)、爬行类的骨板、鹿科动物的实角等;板鳃鱼类的楯鳞则由表皮和真皮共同演化而来。皮肤中有血管、淋巴管、神经、感受器、色素细胞等。

脊椎动物皮肤的结构可以概括为:

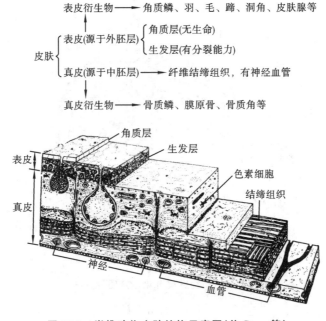

图 22-3　脊椎动物皮肤结构示意图(仿 Store 等)

22.1.1.2　各类脊椎动物皮肤系统的比较

文昌鱼的皮肤薄而透明,但有明显的表皮和真皮分化,已具备脊椎动物皮肤的雏形。表皮和无脊椎动物的形同,仅为单层柱状上皮,含单细胞腺和感觉细胞,幼体具纤毛,表皮外被角质层(cuticle),由表皮细胞分泌形成。真皮薄,由胶质的结缔组织组成,类似脊椎动物胚胎初期的间充质。

圆口类皮肤较薄。表皮由多层上皮细胞组成,具单细胞腺,皮肤裸露,口漏斗和舌端的角质齿为表皮衍生物,此外再无其他衍生物。真皮亦较薄,含有胶原纤维和弹性纤维。

鱼类皮肤亦较薄,表皮和真皮均为多层细胞。表皮无角质层,单细胞腺发达,多细胞腺较少,这些腺体分泌黏液,保持鱼体表面黏滑,有利于保护身体和减少游泳时的阻力,鱼类的多细胞腺在有的种类演变为毒腺(如鲇鱼)和照明器等。真皮较薄,皮下疏松结缔组织少,致使皮肤与肌肉结合十分紧密,适宜游泳生活。鱼类的鳞片是重要的皮肤衍生物,具有保护功能,其中楯鳞由表皮和真皮共同形成,硬鳞和骨鳞(圆鳞和栉鳞)则源于真皮层。

两栖类皮肤在进化上处于骨质鳞消失而角质鳞尚未形成的阶段,呈裸露状态,体现了脊椎动物从水生向陆生过渡的特点。表皮仅数层细胞,表层1~2层细胞开始发生角质化,但细胞核还存在,仍为活细胞,与角质化相联系,两栖类开始出现蜕皮现象,这种轻微角质化还不能防止体内水分蒸发,一定程度上反映了两栖类对陆生生活的初步适应和不完善性。真皮厚而致密,分疏松层(含色素细胞)和致密层(含毛细血管),初步具备了陆生脊椎动物皮肤的特征。真皮与皮下结合不紧密,皮下有大的淋巴间隙,通透性强,致使两栖动物难以在高盐、干燥、长期干旱的环境中生活。真皮内有大量的多细胞黏液腺,分泌大量黏液使皮肤保持湿润,可以短期内忍受干燥环境。真皮内有丰富的毛细血管网,为肺皮动脉的分支,成为两栖动物主要的辅助呼吸器官,弥补了肺功能的不足。

爬行类皮肤已高度角质化,具有厚而干燥、缺乏腺体的特点,已完全适应了陆生生活,具有陆生脊椎动物皮肤的典型特点。表皮明显分为角质层和生发层,角质层细胞完全角质化且特化为角质鳞,可以防止体内水分蒸发,与角质化相联系,爬行动物蜕皮现象十分明显,皮肤肌也开始发达。真皮比较薄,分疏松层和致密层,有的种类有真皮骨板。但鳄鱼类的真皮坚韧致密,可以制革。

鸟类的皮肤与飞行生活相适应,具有薄、松、软、干的特点。表皮和真皮薄而松软,松动地附着在躯体上,适于皮下肌肉活动以利于飞行。表皮衍生物有羽毛、角质鳞、角质喙、爪、尾脂腺等。鸟类皮肤缺乏腺体,除尾脂腺外,再无其他皮肤腺。真皮薄,无真皮衍生物。

哺乳类的皮肤具有真皮厚、坚韧、衍生物发达等特点。真皮加厚,皮下脂肪发达,具有保温和储藏养料的功能。表皮衍生物发达,有毛、角质鳞、爪、蹄、指甲、洞角及各种皮肤腺(皮脂腺、汗腺、乳腺、臭腺)等;真皮衍生物较少,仅有鹿科动物的实角。

脊椎动物皮肤及其衍生物的演化反映了脊椎动物从水生到陆生的进化历程。表皮直接与外界接触,适应多样环境的,变异最大,衍生物发达,而真皮变异小,衍生物少。总体而言,表皮变化的趋势是单层细胞到多层细胞,非角质化到轻微角质化到高度角质化;真皮则具有由薄变厚的变化趋势;表皮衍生物则由鱼类的骨质鳞到陆栖羊膜动物的角质鳞,两栖类则处于骨质鳞退化而角质鳞尚未形成的过渡阶段,鸟类和哺乳类则由角质鳞演化出羽、毛等;腺体的变化是由单细胞腺到多细胞腺,腺体由位于表皮到下陷到真皮内,爬行类和鸟类腺体不发达,哺乳类腺体发达。

22.1.2 骨骼系统

22.1.2.1 骨骼系统的机能和结构

脊椎动物的骨骼为内骨骼,可以随着身体的生长而生长。骨骼系统的主要功能有①支持功能:支持身体,使躯体维持一定形状;②保护功能:保护脑、脊髓、心、肺等体内柔软器官;③运动功能:供肌肉附着,作为机体运动的杠杆;④代谢功能:制造血细胞,协助维持体内钙、磷代谢正常水平等。

根据形成方式,硬骨可以分为软骨原骨和膜原骨,软骨原骨为从结缔组织经历软骨阶段再形成的硬骨,也称为替代性骨,如脊柱、肋骨和四肢骨;膜原骨为直接从结缔组织形成的硬骨,也称为膜性硬骨,如鼻骨、额骨、顶骨等。

按骨骼着生的部位和功能,骨骼系统可以分为中轴骨和附肢骨。中轴骨包括头骨、脊柱、肋骨和胸骨;附肢骨包括带骨(肩带和腰带)和四肢骨(前肢和后肢)。

脊椎动物的头骨由脑颅和咽喉颅两部分组成(图 22-4),脑颅为一系列真皮骨骼,位于咽颅上方,保护脑。咽颅围绕消化管的前端,由颌弓、舌弓和鳃弓组成,保护和支持口腔、舌、鳃等器官,在各类群中变化较大(表 22-2),水栖脊椎动物咽颅发达,但仅以韧带与脑颅连接,陆生脊椎动物咽颅不发达,退化为支持舌、咽、喉的软骨和听小骨等,但支持口腔的颌弓及其附着其上的膜原骨与脑颅紧密结合。圆口类和软骨鱼类的头骨停留在软骨阶段,为原始的软骨脑颅,称为软颅,保护脑及头部的感觉器官。纵观脊椎动物的各个类群,头骨在进化上有由软骨到硬骨、骨块数目由多变少、各骨块间连接由疏松而紧密到彼此愈合、咽颅逐渐退化、脑颅不断增大等趋势。

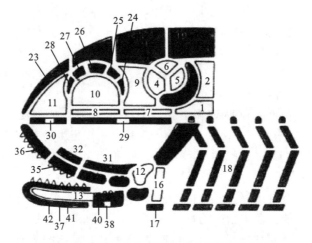

图 22-4 脊椎动物头骨结构模式图(仿杨安峰)

1.基枕骨;2.外枕骨;3.上枕骨;4.前耳骨;5.后耳骨;6.上耳骨;7.基蝶骨;8.前蝶骨;
9.翼蝶骨;10.眶蝶骨;11.筛蝶骨;12.方骨;13.梅氏软骨;14.关节股;15.舌颌骨;
16.角舌骨;17.基舌骨;18.鳃骨;19.顶间骨;20.鳞骨;21.顶骨;22.额骨;23.鼻骨;
24~27.环眶骨;28.泪骨;29.副蝶骨;30.锄骨;31.翼骨;32.腭骨;33.方额骨;
34.颧骨;35.上颌骨;36.前颌骨;37.齿骨;38.隅骨;39.上隅骨;40.夹板骨;
41.前关节骨;42.冠状骨(注:黑色是膜性硬骨、白色是软骨性硬骨)

表 22-2 脊椎动物咽颅的演变(仿杨安峰)

咽 颅		软骨鱼类	硬骨鱼类	两栖类	爬行类和鸟类	哺乳类
第一咽弓(颌弓)	腭方软骨(上颌)	方骨	方骨	方骨	砧骨
	麦氏软骨(下颌)	关节骨	关节骨	关节骨	槌骨
第二咽弓(舌弓)	舌颌软骨	舌颌骨	耳柱骨	耳柱骨	镫骨
	角舌软骨	续骨	舌骨	舌骨	舌骨
	基舌软骨	舌骨	舌骨	舌骨	舌骨
		舌骨				
第三咽弓(第一鳃弓)	鳃弓	鳃弓	舌骨	舌骨	舌骨

续表

咽　颅	软骨鱼类	硬骨鱼类	两栖类	爬行类和鸟类	哺乳类
第四咽弓(第二鳃弓)	鳃弓	鳃弓	舌骨	舌骨	甲状软骨
第五咽弓(第三鳃弓)	鳃弓	鳃弓	喉头软骨	喉头软骨	喉头软骨
第六咽弓(第四鳃弓)	鳃弓	鳃弓	消失	消失	消失
第七咽弓(第五鳃弓)	鳃弓	鳃弓			

　　脊索是脊索动物的原始支持结构。脊索呈棒状,最外为纤维组织形成的脊索鞘,内为成索细胞,并向内膨大成泡状细胞。泡状细胞内充满液体,具有一定的膨压,使脊索具有一定硬度而起到支持作用。一切脊索动物在胚胎发育早期阶段都具有脊索,但只有在头索动物(如文昌鱼)和一些低等的脊椎动物(如圆口类)中终生存在,尾索动物(如柄海鞘)只在幼体阶段尾部具有脊索,多数脊椎动物仅在胚胎期存在,随后退化或残余,由脊柱替代脊索执行支撑身体的功能。脊柱是脊椎动物纵贯身体的脊梁骨,由脊椎骨连接而成,执行支撑身体和保护脊髓的功能。典型的脊椎骨包括椎体、椎弓和脉弓3部分,中央部分是椎体,背面是椎弓,椎弓相连形成椎管,内容纳脊髓,椎管延伸的棘称为椎棘;椎体腹面为脉弓,脉弓相连形成脉管,是血管所在处,脉管延伸的棘称为脉棘。脊椎动物的椎体有双凹型椎体、前凹型椎体、后凹型椎体、双平型椎体等类型,鸟类的颈椎为马鞍形,也称异凹型,椎间关节活动性较大,可以带动头部大范围转动(图22-5,表22-3)。在进化过程中,脊椎动物的原始支持结构脊索逐渐被新的支持结构脊柱所替代,脊索是脊柱的前驱,脊柱是脊索的承接。脊柱的演化趋势是由分区不明显到分化为明显的5个区,即颈椎、胸椎、腰椎、荐椎和尾椎,在支持身体和保护内部器官方面愈加坚固,在运动方面愈加灵活。

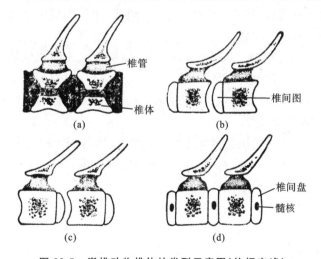

图 22-5　脊椎动物椎体的类型示意图(仿杨安峰)

(a)双凹型;(b)前凹型;(c)后凹型;(d)双平型

表 22-3　脊椎动物椎体的类型

椎 体 类 型	结 构 特 点	代 表 类 群
双凹型椎体	椎体前后两端均向中央凹陷,脊索残留,椎体间无明显关节,活动性较小	鱼类、部分两栖类和少量爬行类
前凹型椎体	椎体前端凹入,后端突出,脊索偶有残留,椎体间形成连续关节,较灵活	无尾两栖类、多数爬行类
后凹型椎体	椎体前端突出、后端凹入,椎体间形成连续关节,较灵活	部分两栖类、爬行类
异凹型椎体	水平切面为前凹型,矢状面为后凹型,椎骨间关节面为马鞍形,椎体两端均凹入,椎骨间形成灵活关节,活动范围大	鸟类颈椎
双平型椎体	椎体前后均为平面,无凹入,椎骨间形成较灵活关节,并垫有椎间盘骨	哺乳类

22.1.2.2　各类脊椎动物骨骼系统比较

文昌鱼还没有形成骨骼,身体由脊索支持,但在口笠、缘膜触手及轮器内部有类似软骨的支持结构。

圆口类的骨骼全为软骨,相当于其他脊椎动物胚胎早期的骨骼。头骨主要由脑下软骨板、脑侧软骨板、软骨囊及鳃笼组成。出现了椎骨的萌芽但脊柱尚未形成,脊索终生存在,起支持身体中轴的作用。

软骨鱼类的骨骼均为软骨,脑颅由包围脑的脑软骨囊、嗅软骨囊和耳软骨囊愈合而成。咽颅发达,由 1 对颌弓、1 对舌弓和 5 对鳃弓组成,颌弓构成上下颌,为初生颌。脊椎分为躯干椎和尾椎,双凹型椎体。

绝大多数硬骨鱼的骨骼为硬骨,形成次生颌,即软骨组成的初生颌退化,由随后加入的膜原骨形成颌,上颌由前颌骨、上颌骨构成,下颌由齿骨、隅骨和关节骨构成,次生颌的出现加强了脊椎动物的捕食能力,在动物进化上具有重要的意义。脊柱分为躯干椎和尾椎,双凹型椎体,脊索终生残留。

两栖类脑颅扁阔,无尾两栖类骨化不完全,多双枕髁与颈椎相关节。咽颅的颌弓趋于退化,舌弓的舌颌骨转化为中耳内的耳柱骨,鳃弓大部分退化消失,部分转化为支持喉部和某些器官的软骨。脊柱有颈椎、躯干椎、荐椎和尾椎的分化,但颈椎和荐椎各仅 1 枚,双凹型、前凹型和后凹型椎体在不同类群中出现,这反映了从水生到陆生的过渡特点。开始出现胸骨和肋骨,但肋骨不与胸骨相连,不形成胸廓。两栖类动物的肩带由肩胛骨、乌喙骨、锁骨组成,腰带由髂骨、坐骨和耻骨组成,首次出现了五指(趾)型附肢,已具备陆生脊椎动物附肢的特征。

爬行类头骨骨化完全,单一枕髁,开始出现次生腭,完整的次生腭(鳄类)由前颌骨、上颌骨、腭骨的腭突和翼骨愈合而成,次生腭使内鼻孔位置后移,口腔和鼻腔完全分开,有利于动物取食和呼吸,多数爬行动物次生腭不完整。多数种类颞部的部分莫成骨趋于缩小或消失,出现穿孔现象,即颞窝(temporal fossa)。脊柱分为颈椎、胸椎、腰椎、荐椎和尾椎

5 部分,多前凹型椎体,第一、二枚颈椎特化为寰椎和枢椎,与头骨的单一枕髁相关节,使头部能灵活转动。胸椎通过肋骨与胸骨相连,形成胸廓。荐椎 2 枚。肩带锁骨仅见于蜥蜴类,间锁骨仅见于蜥蜴类和鳄类。

鸟类与飞行生活相适应,骨骼多愈合、轻而坚固。脑颅发达,愈合完整,前部的前颌骨、颌骨和鼻骨延伸形成鸟喙,牙齿退化消失,单一枕髁。颈椎骨关节面呈马鞍形的异凹型椎体,使颈部能灵活转动,胸椎大部分愈合,形成坚固的脊背,部分胸椎、腰椎、荐椎和部分尾椎愈合成愈合荐椎,与后肢腰带相连,支撑有力,尾椎末端愈合成支持尾羽的尾综骨。胸骨发达,隆起成龙骨突起,供胸肌附着,肋骨连接胸骨和胸椎,形成胸廓,由于肋骨间有钩突相互连接,因而胸廓固定,不能扩大或缩小。肩带乌喙骨发达,呈短棒状,锁骨成“V”形叉状,对前肢支撑有力。腰带的髂骨、坐骨和耻骨愈合,并与愈合荐骨愈合在一起,坚固有力,与后肢连接,形成强有力的支持系统。左右耻骨在腹中线未愈合,形成开放式骨盆,与鸟类产硬壳大卵相关。后肢形成跗间关节。

哺乳类头骨演化中骨片有消失和合并现象,骨片数目较少(约 35 枚),全部骨化(仅鼻筛部有少许软骨),脑颅大,颧弓出现,供咀嚼肌附着,双枕髁,下颌由单一齿骨构成。双平型椎体,具有椎间盘。肋骨分真肋和假肋,真肋分椎肋(硬骨)和胸肋(软骨)。四肢向腹面扭转,膝关节向前,肘关节向后,适合奔跑运动。

随着脊椎动物从水生到陆生,从低等到高等进化,骨骼系统演化的基本趋势是从软骨到硬骨;头骨骨片数目由多变少、骨化逐渐完全、骨片变薄、逐渐愈合成轻而坚固脑颅,使头部占躯体的比重逐渐减轻,脑颅从平颅型向高颅型演化;脊柱逐渐分化为颈椎、胸椎、腰椎、荐椎、尾椎等部分,颈椎和荐椎分化是陆生脊椎动物的典型特征,使脊椎支撑身体和灵活运动的功能增强,鸟类的脊椎多愈合成愈合荐椎和尾综骨;胸骨逐渐形成,爬行动物开始形成胸廓,为躯体形成坚固的支撑框架,多数鸟类胸骨具有发达的龙骨突;附肢骨则由鱼类的胸鳍和腹鳍演化为陆生脊椎动物的五趾型附肢,随着支撑身体和运动功能的增强,五趾型附肢则由细弱到强大,从体侧扭转到腹面,将躯体支撑离开地面,身体纵轴与地面平行,适合奔跑运动。

22.1.3 肌肉系统

22.1.3.1 肌肉系统的机能和结构

肌肉的机能在于收缩,牵引骨骼运动实现躯体运动,同时牵引内脏器官、眼球、耳等的运动。构成肌肉的单位是肌细胞,肌肉收缩即为肌细胞收缩的结果。

根据肌细胞的形态特点,肌肉可分为骨骼肌、平滑肌和心肌 3 类。

骨骼肌又称为横纹肌,受脑神经和脊神经支配,能随意活动,故又称为随意肌,收缩有力,兴奋性高,但易疲劳。

骨骼肌按着生部位和发生上的不同,可以分为以下几种。

(1) 体节肌(源于中胚层体节):①中轴肌,含头肌、躯干肌、尾肌、鳃下肌、舌肌、眼球肌等;②附肢肌,含带骨和附肢骨上的肌肉。

(2) 鳃节肌(源于中胚层侧板):①颌弓肌;②舌弓肌;③鳃弓肌。

(3) 皮肤肌(源于体节肌和鳃节肌)。

22.1.3.2 各类脊椎动物肌肉系统的比较

文昌鱼的肌肉呈原始肌节状态,相邻肌节间有肌隔分开,但无水平生侧隔。

圆口类的肌肉系统和文昌鱼的肌肉系统相似,仅肌节的形状略有不同,也没有水平生侧隔。

鱼类仍然保留原始肌节,但已有水平生侧隔将体节肌分成轴上肌和轴下肌,并分化出附肢肌肉。鱼类的轴上肌发达。

两栖类为从水生到陆生的过渡类群,由于适应复杂的陆地环境,两栖类肌肉分化程度增大,形成独立的肌肉块,轴上肌所占比例较鱼类的小,轴下肌分化为 3 层,即外斜肌(肌纤维向腹后方走行)、内斜肌(肌纤维向腹前方走行)、腹横肌(肌纤维背腹走向),从无尾两栖类开始,轴下肌分节现象不明显,肌隔消失,各肌节相互愈合而成为肌肉束,只有在腹直肌上可见数条横行的腱划,为原始肌节的痕迹。此外,两栖类开始出现皮肤肌,但不发达。

爬行类完全适应陆生生活,肌肉分化更加明显和复杂,出现了陆生脊椎动物特有的肋间肌和皮肤肌。与脊柱分化相适应,轴上肌所占比例更加少,分化大,表层不分节的长肌肉束主要有背最长肌、背髂肋肌、头长肌肉等,深层分节排列的短肌有横突间肌、棘间肌等。皮肤肌发达。

与飞行生活相适应,鸟类与飞行相关的胸大肌、胸小肌、附肢肌发达。皮肤肌发达。

哺乳类的肌肉系统类似于爬行类的,但四肢肌肉更加发达和复杂。膈肌为哺乳动物所特有。皮肤肌发达,灵长类有复杂的表情肌。

22.1.4 消化系统

22.1.4.1 消化系统的机能和结构

消化系统的主要机能是摄取和消化食物。消化食物有物理消化、化学消化和微生物作用三种主要方式。食物经过消化分解成能被消化道吸收的小分子物质,如氨基酸、甘油、脂肪酸和葡萄糖、这些物质由消化道壁进入血液和淋巴,再运输到全身各部。

消化系统包括消化道和消化腺,皆由胚胎期的原肠分化形成。消化道由口腔、咽、食道、胃、肠、肛门等器官组成,消化道壁由内向外一般分为黏膜、黏膜下层、肌层和浆膜;消化腺主要有唾液腺、胃腺、肠腺、肝、胰等(表 22-4)。

表 22-4 脊椎动物的消化系统主要结构及功能

消 化 道	消 化 腺	主要消化酶	消 化 对 象	主 要 功 能
口腔	唾液腺	唾液淀粉酶	淀粉	捕捉、撕咬、咀嚼、软化食物及简单化学消化
咽	—	—	—	食物通道
食道(鸟类有嗉囊)	—	—	—	食物通道

消 化 道	消 化 腺	主要消化酶	消化对象	主 要 功 能
胃（鸟类分腺胃和肌胃）	胃腺	胃蛋白酶	蛋白质	碾磨食物及化学消化
小肠	肝、胰（硬骨鱼为肝胰脏）、肠腺	胰淀粉酶、胰蛋白酶、胰脂肪酶、麦芽糖酶、蔗糖酶、乳糖酶、肠脂肪酶等	脂肪（胆汁乳化）、淀粉、蛋白质、糖类等	消化吸收食物
盲肠	—	—	—	辅助消化和吸收
大肠	—	—	—	重吸收水分等
直肠	—	—	—	储存粪便
肝门（泄殖腔）	—	—	—	排出粪便

22.1.4.2　各类脊椎动物消化道的比较

文昌鱼的消化道无明显分化，无舌和牙齿。

鱼类具有上下颌，尤其是硬骨鱼类具有硬骨形成的次生颌，有牙齿，可以捕捉和咬住食物。咽部有鳃裂，与外界相通，鳃耙多发达；食道短，胃分化明显，多数种类胃发达，肠的外形及结构变化较大，向消化吸收面积逐渐增大的方向进化，软骨鱼类肠内有螺旋瓣、有些硬骨鱼肠内有幽门盲囊。鱼类口腔内缺乏腺体，胃腺、肠腺均较发达，软骨鱼形成独立的肝脏和胰脏，硬骨鱼的胰脏散布于肝脏，难以分开，称为肝胰脏。

两栖类具上下颌和牙齿，舌较发达，肠道分化为大肠和小肠。两栖类唾液腺发达，唾液导管直通口腔。肝脏和胰脏与其他陆生脊椎动物的相似。

爬行类消化道的基本结构和其他陆生脊椎动物的相似。唾液腺发达，有些种类有毒腺，在大肠和小肠间出现雏形盲肠。

鸟类没有牙齿，食道后段膨大形成嗉囊，临时储藏食物，胃分为腺胃和肌胃（砂囊），发达的砂囊可以磨碎食物。鸟类缺乏口腔腺，但胃腺、肠腺、肝脏、胰脏都较发达，消化能力强，致使鸟类消化食物的速度快。肠道较长，盲肠发达，实物消化吸收彻底。直肠短，不能储存粪便，排便迅速，有利于减轻体重。因此，鸟类有进食频繁、消化速度快、粪便排出快的特点，能够保证高能量需求，与飞行生活相适应。

哺乳类有发达的牙齿，且有门齿、犬齿、前臼齿和臼齿的分化。唾液腺发达，下颌骨由单一齿骨构成，可以咀嚼，因此，口腔的消化能力更强；多为单室胃（有的偶蹄类和鲸类为多室胃），盲肠多发达。消化腺主要有肝脏、胰脏、胃腺和肠腺，消化能力强。

脊椎动物消化系统从低等到高等的演化趋势为主动摄食能力逐渐增强，消化吸收效率逐步提高。前者表现为牙齿坚固、形成分化齿、异型齿、槽生齿，功能更加复杂化，在咬肌逐渐发达和运动能力提高的情况下，促使脊椎动物主动摄食能力逐渐增强。后者表现为消化道逐渐分化、消化腺发达，消化吸收能力增强。

22.1.5　呼吸系统

22.1.5.1　呼吸系统的机能和结构

水生脊椎动物用鳃呼吸,陆生脊椎动物用肺呼吸。鳃和肺在结构上具有面积大、壁薄、联系着丰富的毛细血管等特点,其主要功能是通过呼吸完成机体与外界的气体交换,此外,鳃还具有排泄功能,部分含氮废物通过鳃排出,某些在淡水和海水间洄游的鱼类鳃部有泌氯腺,可以调节体内盐分含量。

鳃位于咽部两侧,在水生脊椎动物中终生存在,鳃由弧形的鳃弓(branchial arch)、鳃弓外侧的鳃瓣(gill lamella)和内侧的鳃耙(gill raker)构成。鳃瓣 2 列,由鳃丝(gill filament)构成,其上有丰富的毛细血管,气体在此完成交换。鳃丝毛细血管中血液和鳃腔中水流相向流动,形成逆流血氧交换系统,提高了血氧交换效率,这是水生脊椎动物对低氧水生生活的重要适应。

陆生脊椎动物的呼吸系统包括呼吸道和肺,肺是陆生脊椎动物特有的呼吸器官,呼吸道是气体进入肺的通道,主要由连接喉头和肺间的气管、支气管、微支气管构成。呼吸道和肺在各类脊椎动物间变化较大。

22.1.5.2　各类脊椎动物呼吸系统的比较

文昌鱼没有专门的呼吸器官,水流经过鳃裂时完成气体交换。

七鳃鳗具有囊鳃,呼吸系统比较特殊,口腔后部呼吸管两侧有 7 个内鳃孔,向内各接一鳃囊,鳃囊另一端通外鳃孔。鳃囊为圆口类特有结构。

软骨鱼类鳃裂 5 对,鳃间隔发达,鳃瓣着生于鳃间隔上,无鳃盖,鳃裂外露。硬骨鱼鳃间隔退化,鳃瓣直接着生于鳃弓上,有鳃盖保护,形成鳃腔,有鳃孔与外界相通。

鳃的演化趋势是鳃间隔由长变短,最后消失,鳃裂数目由多到少(文昌鱼 10 对,七鳃鳗 7 对,软骨鱼多 5 对,硬骨鱼一般 4~5 对)。

两栖类的肺呈囊状,没有气管和支气管的分化(仅有喉头气管室),肺呼吸功能不完善,很多种类还依赖于皮肤呼吸,尤其是冬眠的时候,几乎完全靠皮肤呼吸。无尾两栖类的呼吸方式主要为咽式呼吸。

爬行动物的肺也呈囊状,但内壁开始有复杂的间隔形成蜂窝状的小室,从而扩大了呼吸面积。爬行动物具有气管、支气管的分化,形成胸廓,能进行胸廓式呼吸。

鸟类由于与飞行生活相适应,形成了气囊辅助下的双重呼吸,肺 1 对,海绵状,支气管进入肺后不断分支形成初级支气管、次级支气管和三级支气管,气体交换在三级支气管内进行。肺与气囊连接,由于气囊的储藏功能,与肺配合使鸟类在吸气和呼气时都有新鲜空气(高含氧气体)通过肺的三级支气管进行气体交换,完成双重呼吸。鸟类胸廓固定,不能进行胸廓式呼吸。高效率的双重呼吸既满足了鸟类高速飞行时对氧的需求,也弥补了因胸廓固定,胸廓式呼吸缺失的不足。

哺乳动物的肺非常发达,具有复杂的支气管树,支气管进入肺后,不断分支形成微支气管,微支气管末端膨大成肺泡囊,囊内壁形成肺泡,肺泡壁有丰富的毛细血管,致使呼吸面积扩大,气体交换率高。膈的出现使胸廓式呼吸更加完善,呼吸功能更加强大。

陆生脊椎动物呼吸系统的演化趋势:肺呼吸面积逐渐增大、呼吸功能逐渐增强;从两栖动物的咽式呼吸到羊膜动物的胸廓式呼吸,鸟类则借助气囊实现双重呼吸,呼吸的机械装置逐渐完善;随着气管、支气管的分化,呼吸道和消化道逐渐分开;呼吸道逐渐分化和复杂化。

22.1.6　循环系统

22.1.6.1　循环系统的机能和结构

循环系统的机能多种多样,它是动物体的运载系统,运输氧、养料、代谢废物(如二氧化碳、尿酸、尿素等)、激素等;可维持内环境的稳定和酸碱平衡;可通过体表毛细血管的收缩和舒张改变血液流量以调节体温;具有免疫功能,血液中的白细胞和抗体能防御和消灭外来病源生物,抵御疾病。

脊椎动物的循环系统包括血液循环系统和淋巴系统,前者包括血液、心脏和血管(动脉、静脉、毛细血管),后者包括淋巴液、淋巴管以及淋巴结、淋巴小结、胸腺、脾等淋巴器官。

22.1.6.2　各类脊椎动物循环系统的比较

文昌鱼无心脏,腹大动脉执行类似心脏的功能。

圆口类的开始由心脏,心脏由静脉窦、心房(1室)、心室(1室)组成。

软骨鱼类的心脏由静脉窦、心房(1室)、心室(1室)、动脉圆锥(心室的延伸)组成。硬骨鱼类没有动脉圆锥,相应位置取而代之的是动脉球(腹主动脉基部膨大形成)。软骨鱼类有入鳃动脉5对,分别代表胚胎期第2～6对入鳃动脉弓,出鳃动脉4对,分别代表第3～6对出鳃动脉弓;硬骨鱼类入鳃动脉和出鳃动脉各4对,分别代表第3～6对动脉弓。鱼类的静脉系统代表脊椎动物的原始类型,前主静脉(1对,收集头部来的血液)、后主静脉(1对,收集身体后部和肾脏来的血液)在体两侧各汇集成总主静脉,最后通入静脉窦,侧腹静脉(1对,收集体侧和附肢来的血液)汇入总主静脉,门静脉包括肝门静脉(1条)和肾门静脉(1对)。但大多数硬骨鱼不具有侧腹静脉,由锁骨下静脉直接进入总主静脉。

两栖类的心脏由静脉窦、心房(2室)、心室(1室)、动脉圆锥组成,不完全双循环。有尾两栖类房间隔不完整。动脉圆锥分出左、右动脉干,分别分支成颈总动脉、体动脉和肺皮动脉,左、右体动脉汇合成背大动脉。与鱼类相比,两栖类的静脉系统主要变化有:前、后大静脉代替前、后主静脉,后主静脉消失;腹主静脉代替侧腹静脉;与肺呼吸相关,出现了肺静脉。

爬行动物心脏静脉窦退化,动脉圆锥消失,心室有不完全的室间隔,虽然仍然为不完全双循环,但动脉血和静脉血混合的程度较两栖类的小。动脉系统包括左、右体动脉弓和肺动脉。爬行动物的静脉系统和无尾两栖类的相似,但仍保留一对侧腹静脉,肾门静脉逐渐退化。

鸟类心室完全分隔成左、右心室,形成完全双循环,静脉窦和动脉圆锥完全退化。鸟类左体动脉弓退化,仅保留右体动脉弓。与爬行类相比,鸟类肾门静脉已退化,尾肠系膜静脉为鸟类特有,该静脉为尾静脉分支,向前和肝静脉汇合。

哺乳类心脏和鸟类的相似,完全双循环。仅保留左体动脉弓。肾门静脉完全消失,除前、后大静脉外,哺乳类还有两条不对称静脉即奇静脉(azygos vein)和半奇静脉(hemiazygos vein），为低等脊椎动物两条后主颈静脉的遗迹。

脊椎动物循环系统演化趋势是：心脏由无到有，由一心房一心室到两心房一心室再到两心房两心室（表 22-5），静脉窦和动脉圆锥逐渐退化和消失，血液循化从单循环到不完全双循环再到完全双循环。动脉弓由多变少，最后仅剩 3 对（表 22-6）。静脉主干逐渐集中化，"Y"形大静脉系统代替了"H"形主静脉系统，即鱼类各 1 对前、后主静脉进化到陆生脊椎动物的 1 对前大静脉、1 条后大静脉，肾门静脉由发达到逐渐退化最后消失，肝门静脉稳定，各类群均存在。

表 22-5　脊椎动物各类群心脏的比较

类　　群	静 脉 窦	心　　房	心　　室	动脉圆锥
文昌鱼	无心脏、腹大动脉执行心脏功能			
圆口类	有	1	1	无
软骨鱼	有	1	1	有
硬骨鱼	有	1	1	无（动脉球）
两栖类	有	2	1	有
爬行类	退化	2	1（有不完全室间隔）	无
鸟　类	并入右心房	2	2	无
哺乳类	并入右心房	2	2	无

表 22-6　脊椎动物各类群主动脉弓的比较（仿杨安峰）

胚 胎 期	软 骨 鱼	硬 骨 鱼	两栖类	爬行类	鸟　类	哺 乳 类
第 1 对动脉弓	—	—	—	—	—	—
第 2 对动脉弓	第 1 对鳃动脉	—	—	—	—	—
第 3 对动脉弓	第 2 对鳃动脉	第 1 对鳃动脉	颈总动脉	颈总动脉	颈总动脉	颈总动脉
第 4 对动脉弓	第 3 对鳃动脉	第 2 对鳃动脉	体动脉	体动脉	右体动脉	左体动脉
第 5 对动脉弓	第 4 对鳃动脉	第 3 对鳃动脉	—	—	—	—
第 6 对动脉弓	第 5 对鳃动脉	第 4 对鳃动脉	肺皮动脉	肺动脉	肺动脉	肺动脉

22.1.6.3　淋巴系统

各类脊椎动物都具有淋巴系统。全身各处淋巴管最后汇入静脉，例如，鸟类汇入前大静脉，多数哺乳类汇入锁骨下静脉。

多数鱼类、两栖类和爬行类具有淋巴心（lymph heart），肌肉质的淋巴心能搏动，可以推动淋巴沿向心方向流动。蛙有淋巴心 2 对，有尾两栖类多达 16 对，鸟类胚胎期有淋巴心，成体消失，哺乳类没有淋巴心。

部分鸟类具有淋巴结，哺乳类淋巴结发达。七鳃鳗成体胸腺消失，哺乳类性成熟后胸腺退化，此外圆口类不具有脾脏。

22.1.7　排泄系统

22.1.7.1　排泄系统的机能和结构

机体将新陈代谢产生的废物排出体外的过程称为排泄,其机能在于排出代谢废物,调节水盐代谢和酸碱平衡,以维持内环境的稳定。脊椎动物的排泄系统包括肾脏、输尿管、膀胱和尿道等部分。此外,一些脊椎动物具有肾外排盐结构(extra renal salt excretion),如海产硬骨鱼类鳃上的泌氯腺、板鳃亚纲的直肠腺、爬行类和鸟类的盐腺等。

肾脏由中胚层的生肾节(nephrotome)形成。无羊膜动物肾脏的发生经历胚胎期的前肾和成体的背肾(后位肾)阶段,羊膜类动物则经历前肾、中肾(中期肾)和后肾阶段。脊椎动物的肾有全肾(holonephros)、前肾(pronephros)、中肾(mesonephros)、背肾(后位肾)(opisthonephros)和后肾(metanephros)五种类型(表 22-7,图 22-6)。

表 22-7　脊椎动物几种肾的特征比较

类　型	前　肾	中肾及背肾	后　肾
发生	胚胎期	胚胎期(羊膜动物),成体肾(无羊膜类)	成体肾(羊膜类)
位置	体腔前部	体腔中后部	体腔后部
结构	肾小管数目少,体腔联系	肾小管数目多,形成肾小体,肾口消失,形成血管联系	肾小管数目多,肾单位形成,无肾口,仅血管联系
肾管	前肾管,输尿	无羊膜动物:吴氏管雄性输尿兼输精,雌性输尿;牟勒氏管雄性退化,雌性形成输卵管 羊膜动物:吴氏管雄性形成输精管,雌性退化;牟勒氏管雄性退化,雌性形成输卵管	后肾管,即成体输尿管

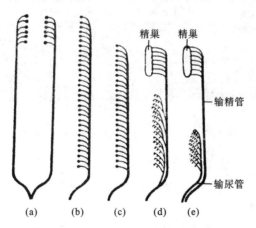

图 22-6　脊椎动物肾的几种类型模式图(仿杨安峰)

(a)前肾;(b)全肾;(c)原始的背肾;(d)背肾(中肾);(e)后肾

全肾也称为原肾(archinephros),是一种理论上最原始的肾脏,由沿体腔全长按体节排列的肾单位(肾小管)组成,每一肾小管一端以肾口从体腔液中收集代谢废物,经肾小管由另一端的肾孔排出。现存脊椎动物中,仅盲鳗和蚓螈幼体为全肾。

前肾为脊椎动物胚胎期肾脏,仅少量圆口类和鱼类在成体仍保留前肾残迹,如鱼类的头肾。前肾发生于体前方的生肾节,仅由数个按体节排列的前肾小管(pronephric tubules)构成,一端以肾口开口于体腔,另一端汇入前肾管(pronephric duct),末端通入泄殖腔。肾口一端附近已形成血管球(glomerulus),血管球将代谢废物过滤到体腔,再经肾口、前肾小管、泄殖腔排出,血管球与肾之间的这种联系称为体腔联系。羊膜类动物早期胚胎出现过前肾,但无泌尿功能。

中肾是羊膜动物继前肾后依次出现的肾,位于体腔中部。背肾是无羊膜动物成体肾,位于体腔中部和后部。在结构上中肾和背肾基本相同。前肾后期、前肾期形成的血管球及前肾小管退化,前肾后方一系列生肾节形成新的肾小管,即中肾小管(mesonephric tubules),中肾小管一端膨大形成杯状的肾球囊(Bowman's capsule),包裹血管球形成肾小体,血液中的代谢废物经血管球过滤进入肾球囊,经中肾小管至中肾管排出,这种联系称为血管联系,以区别于前肾时期的体腔联系,这是动物排泄系统的一大进步。当形成中肾时,原来的前肾管分为 2 支,其一为中肾管,或称为吴氏管(Wolffian duct),雄性执行输尿兼输精功能,雌性仅输尿;其二为牟勒氏管(Müllerian duct),雄性退化,雌性形成输卵管,如软骨鱼和有尾两栖类。

后肾是羊膜动物成体肾,位于中肾之后。每一个肾单位由肾小体和肾小管组成,后肾管一端为肾小体,另一端连通集合管。后肾发生后,中肾管的吴氏管失去输尿功能,在雄性转变成输精管,雌性则退化,牟勒氏管在雄性退化,雌性转变成输卵管。

脊椎动物肾脏演化趋势为肾单位由少到多并逐渐向体腔中后部集中,肾孔逐渐消失,血管联系逐渐取代体腔联系,逐渐与生殖系统相联系(图 22-7)。

脊椎动物的膀胱有 3 种常见的类型,即输尿管膀胱(tubal bladder)(如硬骨鱼)、泄殖腔膀胱(cloacal bladder)(如两栖类)和尿囊膀胱(allantoic bladder)(如龟鳖类、哺乳类)。

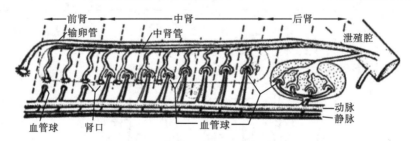

图 22-7 脊椎动物肾发生模式图(仿杨安峰)

22.1.7.2 各类脊椎动物排泄系统的比较

文昌鱼的排泄系统非常简单,为位于围咽腔背侧按体节排列的肾管,没有形成集中的肾脏,具有无脊椎动物的特点。

圆口类胚胎期为前肾,成体为背肾(1 对),但与生殖系统尚未发生联系,输尿管仍为前肾管,无膀胱。盲鳗终生保留前肾。

鱼类胚胎期为前肾,成体为背肾,输尿管膀胱,硬骨鱼的中肾管与生殖系统无关,仅有输尿作用。此外鱼类还可以通过鳃排泄。

两栖类成体为背肾,但直到变态前前肾都保留有泌尿功能。雄性中肾管兼有输精作用,泄殖腔膀胱。

爬行类的肾在发生上经历前肾、中期肾和后肾阶段,后肾管输尿,中肾管形成生殖导管,尿囊膀胱,蛇、部分蜥蜴和鳄类无膀胱。

鸟类和哺乳类的排泄系统和爬行类的相似,肾的排泄功能更强大,鸟类无膀胱,哺乳类为尿囊膀胱。

22.1.8 生殖系统

22.1.8.1 生殖系统的机能和结构

生殖系统的主要机能在于繁殖后代,保证物种的延续。

脊椎动物的生殖系统由生殖腺(精巢和卵巢)和生殖导管组成,有的种类还有副性腺和交配器。

22.1.8.2 各类脊椎动物生殖系统的比较

文昌鱼的生殖系统简单,有精巢和卵巢分化,按节排列在体壁两侧,无生殖导管。

七鳃鳗为单个精巢,单个卵巢,无生殖导管。

软骨鱼类精巢 1 对,以中肾管输精,卵生种类卵巢 1 对,胎生种类仅右侧卵巢正常发育,左侧卵巢萎缩(但胎生鳐类仅左侧卵巢具有功能),输卵管 1 对,源于中肾管的牟勒氏管。软骨鱼类体内受精,有的具有交配器,如鲨鱼的鳍脚。

硬骨鱼类生殖腺成对,生殖腺壁延伸形成生殖导管,体外受精,无交配器。

两栖类精巢成对,形状在各类群中变化较大,具脂肪体,其与生殖腺的正常发育和繁殖期间供生殖细胞营养相关。中肾管兼输精,卵巢成对,输卵管发达。大多数两栖类行体外受精,无交配器,少数体内受精,如蚓螈,其泄殖腔外突可以帮助授精,可以视为交配器。

爬行类精巢 1 对,卵巢 1 对,为中实卵巢,生殖导管发达,产羊膜卵,卵大,多硬壳卵,体内受精,雄性多有交配器,卵生或卵胎生。

鸟类生殖系统和爬行类的相似,但雌性仅保留左侧卵巢和输卵管,多不具有交配器(少数种类如鸵鸟、鸭、天鹅等有交配器)。卵生,体外发育。

哺乳类生殖系统和爬行类的相似,胎生(鸭嘴兽卵生),雄性交配器发达,有些种类具有阴茎骨(os penis),副性腺发达。

22.1.9 神经系统和感觉器官

22.1.9.1 神经系统的机能和结构

神经系统的机能在于调节机体运动,通过信息储存和传递协调机体的动态平衡,使机体形成协调统一的整体。

构成神经系统的基本单位是神经元,由神经细胞体和突起(树突和轴突)构成。神经元按机能可以分为感觉神经元、运动神经元和联络神经元 3 类。从中枢发出分布到外周的轴突,包括包裹其外的神经膜称为神经纤维。

脊椎动物的神经系统根据部位及功能的不同,分为中枢神经系统和周围神经系统,前者包括脑和脊髓,后者包括躯体神经(脑神经、脊神经)和植物性神经(交感神经、副交感神经)。无羊膜动物脑神经有 10 对,羊膜动物脑神经通常有 12 对(表 22-8)。

表 22-8　脊椎动物的脑神经

序　号	名　称	性　质	功　能
I	嗅神经	感觉	嗅觉
II	视神经	感觉	视觉
III	动眼神经	运动	眼球运动
IV	滑车神经	运动	眼球运动
V	三叉神经	混合	头面感觉、舌颌运动
VI	外展神经	运动	眼球转动
VII	面神经	混合	味觉、面部表情与咀嚼
VIII	听神经	感觉	听觉与平衡
IX	舌咽神经	混合	味觉与触觉
X	迷走神经	混合	内脏感觉与活动
XI	副神经	运动	咽喉及肩运动
XII	舌下神经	运动	舌的活动

22.1.9.2　各类脊椎动物神经系统的比较

文昌鱼的中枢神经系统是一条纵行的神经管,无脑和脊髓的分化,神经管前端略膨大形成脑泡,可能代表脑的萌芽。背神经根和腹神经根不汇合形成混合脊神经,左右神经不对称。

圆口类已有脑分化,初步形成五部脑(大脑、间脑、中脑、小脑和延脑),但较原始,脑的5个部分位于同一平面上,不形成脑弯曲。大脑半球不发达,脑顶部为上皮细胞,没有神经细胞。小脑不发达,与延脑尚未分离。脑神经10对,背神经根和腹神经根不汇合形成混合脊神经。

软骨鱼类大脑较发达,脑顶部开始出现神经物质,但大脑半球尚未分开,纹状体占主体,主要为嗅觉功能,还未成为神经活动协调中枢。中脑发达,背部形成1对发达视叶。小脑多发达,与游泳能力有关。脑神经10对。

硬骨鱼类脑较软骨鱼类的小,脑弯曲很小,大脑小,脑顶部仍然为上皮组织,主要部分为纹状体,主要机能与嗅觉相关。小脑发达。脑神经10对。

与鱼类相比,两栖类脑有进步性变化,大脑体积较大,大脑半球分开较鱼类的明显,侧脑室完全分开,大脑半球顶部有神经细胞,形成大脑皮层,但其作用仍然是嗅觉,所以称为原脑皮(archipallium),蛙类已具备发育完备的植物性神经系统。但与其他陆生脊椎动物相比,脑弯曲不大,小脑欠发达,脑神经10对。

爬行类的脑较两栖类的发达,大脑体积增大,开始出现由灰质构成的大脑皮层,即新脑皮(neopallium),但新脑皮仅处于萌芽状态,大脑主体仍然是纹状体,脑弯曲较两栖类的显著,小脑和延脑较发达,脑神经12对,但蜥蜴和蛇仅11对。

鸟类神经系统较爬行类的进步表现在纹状体高度发达使大脑体积增大,小脑发达,视叶发达,嗅叶退化。脊髓在颈部和胸部膨大,即颈膨大和腰膨大。脑神经12对。

哺乳类神经系统高度发达,大脑体积增大并高度复杂化,新脑皮高度发达形成大脑皮层,高等种类大脑皮层具有沟和回,使大脑皮层面积增大,两大脑半球之间有胼胝体相连,小脑体积增大,形成小脑半球。脊神经的背根和腹根汇合形成混合神经,脑神经12对,植物性神经发达。

脊椎动物神经系统的演化趋势为脑的体积不断增大,尤其是大脑和小脑的体积增大明显,表明随着脊椎动物对陆生生活的适应以及向陆地环境的适应辐射,躯体的调节能力和运动平衡能力逐渐增强;大脑表面积逐渐增大,高等哺乳动物大脑表面具有沟和回,极大地增加了大脑表面积;嗅球逐渐缩小退化;脑弯曲逐渐明显,脑向中部集中隆起;脑皮则从古脑皮经历原脑皮演化到新脑皮,神经细胞高度集中,功能专化,形成不同的功能区,哺乳动物的新脑皮高度发达,形成功能强大的脑皮层和脑区;脑神经从无羊膜动物10对演化到羊膜动物12对;脊神经逐渐集中分布,植物性神经逐渐发达,调节功能逐渐完善。

22.1.9.3 各类脊椎动物感觉器官的比较

文昌鱼感觉器官不发达,还没有形成集中的嗅、视、听等感官。全身表皮内散布有零星的感觉细胞。

圆口类开始形成集中的嗅觉、听觉、视觉和侧线器官,但较原始和特化,如单鼻孔,仅有内耳,七鳃鳗内耳仅有2个半规管,椭圆囊和球状囊还没有明显分化,盲鳗仅有1个半规管,眼角膜不发达,无睫状体、虹膜、眼睑及泪腺,松果眼(pineal eye)发达,侧线管未形成等。

鱼类有嗅囊1对,许多种类嗅觉发达,如鲨鱼;仅有内耳1对,内耳已具备脊椎动物内耳的基本结构,但主要作为平衡器;眼角膜平坦,与晶体靠近,视觉调节靠晶体前后移位完成,而不能改变晶体凸度,无眼睑和泪腺。与水生生活相适应,鱼类还有一些特殊的感受器,以监测水环境的变化,如侧线器官。此外,韦伯氏器为鲤科鱼类特有的感受器。

两栖类眼球角膜凸出,晶体与角膜相距较远,适宜远视,有眼睑和泪腺,视觉调节较完善。内耳结构与鱼类的相似,首次出现中耳,鼓膜外露。嗅囊1对,开始具有犁鼻器。

爬行类眼球结构完整,眼球调节完善,睫状肌不仅可以调节晶体前后位置,而且能轻微改变晶体凸度,使爬行类能看到不同距离的物体,这是对陆生环境的重要适应。爬行类具有内耳和中耳,开始形成外耳道,听觉能力十分敏锐。爬行类嗅觉发达,犁鼻器发达。此外一些蛇类具有红外线感受器,如颊窝和唇窝。

鸟类视觉发达,眼大,瞬膜发达,与飞行生活相适应,具有巩膜骨(sclerotic ring),视觉调节能力强,为三重调节,后眼房内有一特殊结构栉膜(pecten),有营养眼球的作用。耳的结构和爬行类的相似,但外耳更明显。鸟类嗅觉、味觉及皮肤感受器不发达。

哺乳类的眼球结构和其他脊椎动物的大致相似,晶体略扁,眼睑和泪腺发达,瞬膜退化,视觉调节能力强。哺乳动物鼻腔扩大,鼻甲骨复杂化,嗅觉非常发达。哺乳类耳的结构分为内耳、中耳和外耳,耳郭发达,中耳听小骨增多(3块),听觉敏锐。

22.1.10 内分泌系统

动物的各项生命活动,除受神经系统直接调节外,还受中枢神经系统调控下的内分泌系统调节,二者共同协调各组织器官发挥正常的生命功能。内分泌系统的调节作用通过内分泌腺分泌的激素来实现,其生理作用包括维持内环境的稳定、维持正常的生理活动、生理适应、生长和发育。脊椎动物常见的内分泌腺有甲状腺、甲状旁腺、肾上腺、脑垂体、胰岛及性腺等,分泌的激素及功能如表 22-9 所示。

表 22-9 脊椎动物常见的内分泌腺

名　　称	分泌的激素	特　　点
肾上腺	肾上腺素、去甲肾上腺素、肾上腺皮质激素	位于肾上端。调节心血管活动;调节水盐代谢、调节糖类、脂肪、蛋白质代谢,增强应激功能等
脑垂体	生长素、促甲状腺素、促肾上腺皮质激素、促性腺素、催乳素、催产素等	位于间脑腹面,分腺垂体和神经垂体,具多重功能
甲状腺	甲状腺素	位于甲状软骨两侧。提高新陈代谢,促进生长发育
甲状旁腺	甲状旁腺素	位于甲状腺附近。调节钙、磷代谢
胰岛	高血糖素、胰岛素	胰腺的内分泌部。调节血糖含量
性腺	雄性激素、雌性激素、孕激素等	生殖腺,即精巢和卵巢。促进生殖器官发育,维持第二性征及性活动等
其他	松果体、胸腺、前列腺、尾垂体、胃肠黏膜的内分泌细胞等	

22.2 脊索动物的起源和演化

22.2.1 脊索动物的起源及演化概述

　　现存脊索动物 41000 余种,分尾索动物亚门、头索动物亚门和脊椎动物亚门。其中头索动物和尾索动物属于低等的脊索动物,结构原始,与脊索动物的祖先可能有较近的亲缘关系,统称为原索动物(protochordata),同时具有无脊椎动物和脊椎动物的一些特征,为无脊椎动物和脊椎动物之间的过渡类群。因此研究原索动物的特征对于追溯脊椎动物的起源具有重要的借鉴意义,也成为脊椎动物起源与演化研究领域的热点和重要突破口。但是,由于原索动物缺乏坚硬的内骨骼,迄今尚未发现类似的化石遗迹,因此,关于脊索动物的起源,只能通过比较解剖学和胚胎学证据进行分析和推测。

　　脊索动物起源于无脊椎动物,具体起源于哪一类无脊椎动物,科学家提出了各种各样的假说,如环节动物假说(annelid theory)、棘皮动物假说(echinoderm theory)等。其中棘皮动物假说得到了较广泛的认可。

　　棘皮动物假说认为,脊索动物起源于棘皮动物和半索动物。发育生物学和比较解剖学研究成果为该假说提供了不少证据。

　　(1)棘皮动物和半索动物属于后口动物(deuterostomia),以肠体腔法(enterocoelous

method 或 enterocoelic formation)形成中胚层和体腔,这和其他无脊椎动物不同,而和脊索动物相似。

(2) 棘皮动物的幼虫(耳状幼虫,auricularia)和半索动物的幼虫(柱头幼虫,tornaria)在形态结构上非常相似。生化证据表明半索动物与棘皮动物有较近的亲缘关系,在形态结构上半索动物处于无脊椎动物与脊索动物之间的过渡地位。

(3) 生化证据表明棘皮动物和半索动物的肌肉中同时含有肌酸(creatine)和精氨酸(arginine),这不仅表明它们的亲缘关系比较近,也表明它们处于无脊椎动物(仅有精氨酸)和脊索动物(仅有肌酸)之间的过渡地位。

基于这些原因,一般认为棘皮动物和脊索动物具有共同的祖先。据推测,脊索动物的祖先可能类似于尾索动物的幼体,可称为原始无头类,蠕虫状,具有脊索、背神经管和鳃裂。原始无头类的一支经过变态,成体营固着生活,具有鳃裂,但脊索消失、神经管退化,即尾索动物;另一支营半自由生活,终生保留发达的脊索、背神经管和鳃裂,即头索动物;原始无头类的主干动物演化出原始有头类,即脊椎动物的祖先(图 22-8)。

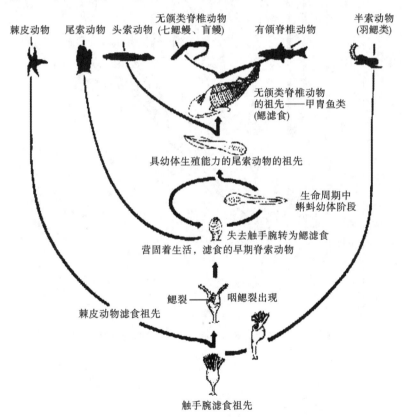

图 22-8　早期脊索动物进化树(自 Mitchell)

原始有头类向两个方向发展:其一为无颌类(圆口类和甲胄鱼),较原始,无上、下颌;其二为具有上、下颌的颌口类(有颌类),即鱼类的祖先。颌口类的进化可分为 3 个阶段,其一为水环境中的进化,即软骨鱼和硬骨鱼的进化;其二为由水生向陆生的进化,即水陆两栖动物的出现,并由此进化出完全适应陆地生活的羊膜动物爬行类;第三阶段是由爬行动物演化而来的两支高等脊椎动物即鸟类和哺乳类的进化(图 22-9,图 22-10)。

尾索动物
原始无头类
头索动物
无颌类——甲胄鱼与圆口类
原始有头类
有颌类——盾皮鱼
鱼类(古总鳍鱼类)
鸟类
假鳄类
爬行类
两栖类(坚头类)
哺乳类
兽齿类

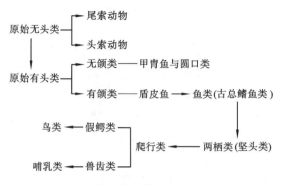

图 22-9　脊索动物的起源和演化概况

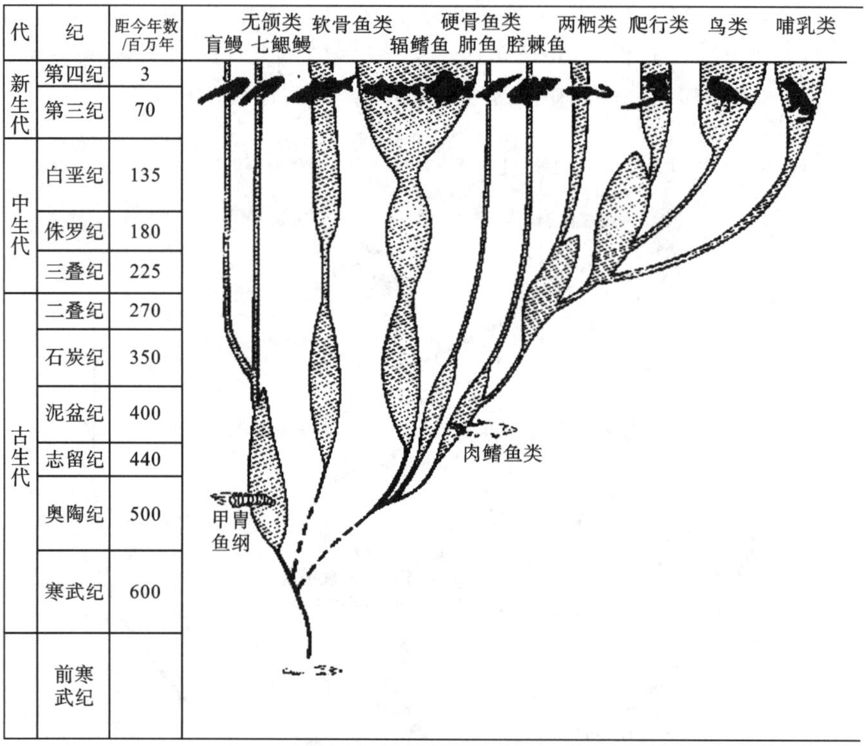

代
纪
距今年数/百万年
无颌类
软骨鱼类
硬骨鱼类
两栖类
爬行类
鸟类
哺乳类
盲鳗
七鳃鳗
辐鳍鱼
肺鱼
腔棘鱼
新生代
第四纪
3
第三纪
70
中生代
白垩纪
135
侏罗纪
180
三叠纪
225
古生代
二叠纪
270
石炭纪
350
泥盆纪
400
志留纪
440
奥陶纪
500
寒武纪
600
前寒武纪
肉鳍鱼类
甲胄鱼纲

图 22-10　脊椎动物与地质史的关系图(自 Mitchell)

22.2.2　各类脊椎动物的起源和演化

22.2.2.1　圆口纲的起源和演化

2006 年,我国科学家张弥曼等在内蒙古宁城的下白垩统义县组发现了首例保存较完好的七鳃鳗化石,孟氏中生鳗(*Mesomyzon mengae*),填补了自石炭纪以来七鳃鳗化石记录的空白,增进了人类对七鳃鳗的演化历史和演化速率的认识。但迄今没有发现能证明圆口类起源的化石,关于圆口类起源相关信息来自于与甲胄鱼类(Ostracoderms)相关的推测。

甲胄鱼和圆口类相隔近 4 亿年之久,但它们在形态结构上有很多相似之处,说明它们在进化上具有一定的联系,一般认为它们不一定有直接的亲缘关系,但来自共同的祖先——原始无颌类。圆口类是向着寄生或半寄生生活进化的一支,而甲胄鱼可能是向底栖游泳生活进化的一支。

22.2.2.2 鱼类的起源和演化

鱼类的发展经历了泥盆纪的初生时代、中生代的中兴时代,到新生代达到全盛时期,成为脊椎动物中最大的类群(图 22-11)。鱼类由无颌类进化而来,颌的出现使脊椎动物从被动摄食向主动摄食转化,在动物进化史上具有十分重要的意义。颌的出现和最早的鱼类可能追溯至奥陶纪,由原始有头类的一支进化而来,泥盆纪时期鱼类已演化为四大类:棘鱼类(Acanthodii)、盾皮鱼类(Placodermi)、软骨鱼类(Chondrichthyes)、硬骨鱼类(Osteichthyes)。

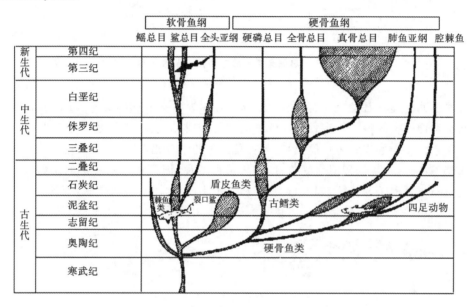

图 22-11 鱼类的演化(仿 Mitchell)

棘鱼类:棘鱼类是最早出现的鱼类,最早的化石出现在约 4.5 亿年前的地层中,于约 3 亿年前的石炭纪灭绝。棘鱼为原始有颌类的一种,体表被菱形鳞片,两对偶鳍之间有 5 对小棘,棘鱼类因此而得名,现多认为棘鱼接近现代硬骨鱼的祖先——古鳕鱼类。

盾皮鱼类:出现于约 3.95 亿年前的泥盆纪早期,灭绝于约 3.45 亿年前泥盆纪晚期,种类繁多。盾皮鱼类为典型的底栖鱼类,体外被有盾甲(由此而得名)、体小扁平、上颌与头骨愈合、软骨、歪尾、偶鳍、外鼻孔成对。现多认为盾皮鱼类是现代软骨鱼类的祖先。

软骨鱼类:软骨鱼类起源于盾皮鱼类,出现于约 3.7 亿年前的泥盆纪,很早就分为鲨鳐类和全头类,泥盆纪时期呈大量辐射式发展,在石炭纪已十分普遍,随后许多类群灭绝,现代软骨鱼类陆续出现。

硬骨鱼类:出现于约 3.95 亿年前的志留纪晚期或泥盆纪早期,一般认为从棘鱼类发展而来,早期的化石记录显示分成 2 支,即辐鳍类(Actinopterygii)和肉鳍类(Sarcopterygii)。辐鳍类发展为现代硬骨鱼的主体,大致经历了三个阶段:软骨硬鳞鱼类(Chondrostei);全骨类(Holostei),现存的仅雀鳝和弓鳍鱼;真骨类(Teleostei),现今仅残存矛尾鱼和肺鱼。

22.2.2.3 两栖动物的起源与演化

由于化石材料不足,两栖类的起源和演化还存在较大争议。其中一个主流观点认为两栖类源于古总鳍鱼。古总鳍鱼具有"肺"呼吸功能(能呼吸空气的鳔)及内鼻孔;偶鳍叶状,支撑鳍骨的肌肉发达,能够支撑身体在泥沼中爬行,骨骼结构与陆生脊椎动物附肢骨相似(图 22-12),这使得古总鳍鱼可能成为最早登陆的先驱。

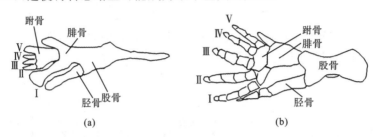

图 22-12 古总鳍鱼类与原始两栖类前肢骨的比较

(a)古总鳍鱼类;(b)原始两栖类

最早的两栖类化石发现于泥盆纪晚期地层,称为鱼头螈(*Ichthyostega*)(图 22-13),具有鱼类和两栖类的特征。头骨膜性硬骨的数目和排列方式、迷路齿(从横切面看,牙齿珐琅质深入齿质中形成的迷路模式)等与古总鳍鱼的十分相似,四肢骨骼的组成和排列与总鳍鱼偶鳍相近,头骨仍残留前鳃盖骨,体表被小鳞片,仍具有一条鱼形的尾鳍;但是,鱼头螈已具备古两栖类的特征,如五指型附肢,肩带不与头骨相连,双枕髁,椎骨具有陆生动物一样的前后关节突,这些特征表明鱼头螈已属于两栖类,是迄今最早的两栖类动物。

图 22-13 鱼头螈的骨骼和外形复原图

(a)骨骼;(b)外形

就现有资料一般认为,古两栖类(坚头类(Stegocephalia))后裔中块椎类(弓椎类)(Apsidospondyli)和壳椎类(空椎类)(Lepospondyli)可能是现代两栖类的始祖,块椎类是古两栖类演化的主干。现代两栖类皮肤裸露无鳞,其中有尾目和无足目亲缘关系较近(图22-14)。

22.2.2.4 爬行动物的起源与演化

一般认为爬行类是由石炭纪末期古两栖类的坚头类进化来的,最早的羊膜动物的骨骼化石发现于石炭纪地层,距今约 3.4 亿年,据推断可能在上石炭纪已演化为无颞窝类(Anapsida)、双颞窝类(Diapsida)和合颞窝类(Synapsida)3 大支系。在中生代下二叠纪地层中发现的蜥螈(*Seymouria*,又名西蒙龙,属坚头类,图 22-15)化石,可能类似于爬行动物的祖先。蜥螈是体长约 0.5 m 的小型四足类,类似蜥蜴,为两栖类向爬行类进化的过渡类型,头骨结构、形态和坚头类的相似,颈短,肩带紧贴于头骨之后,具有迷齿和耳裂,脊柱分区不明显等与古两栖类相似。单枕髁,荐椎两枚,肩带间锁骨发达,前肢 5 指,指骨数目增多,腰带和指骨粗壮有力以适合爬行等特征与爬行类相似。由于蜥螈化石出现的

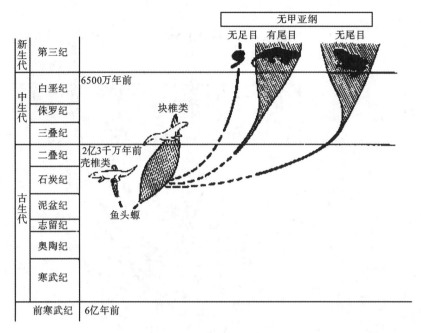

图 22-14　两栖动物的起源与演化(仿 Mitchell)

图 22-15　蜥螈骨骼及其复原图(自 Young 和杨安峰)

地层较晚,一般认为蜥螈不是爬行动物的直接祖先,迄今还缺乏最原始爬行类的化石证据。

　　环境和气候的变迁可能是古两栖类进化为古爬行类的重要因素,石炭纪末期气候剧变,原来温暖潮湿的气候转变成冬寒夏暖的大陆性气候,部分地区干旱和沙漠化,原来繁盛的蕨类植物逐渐被裸子植物代替,致使许多古两栖类灭绝,有些类群通过形态结构改造,逐步适应新的环境和气候条件,尤其是产羊膜卵的古爬行类逐步适应后得到生存和发展。

　　最原始的爬行类为杯龙类(Cotylosauria),出现于古生代石炭纪末期,灭绝于中生代三叠纪,为各类爬行动物的祖先,具有一系列古两栖类的特征,与其他爬行类相比,主要差别在于头骨不具颞窝,为无颞窝类。杯龙类的后裔大致可以分为 5 个类群(图 22-16)。

　　龟鳖类(Chelonia):自三叠纪中期生活至今,适应水栖生活,为消极保护的类群,起源和进化关系不详。多数学者将现存类群归为无颞窝类(图 22-17(a))。

　　蛇颈龙类(Plesiosauria):出现于三叠纪,灭绝于白垩纪末期,为适应水生生活的种类,颈长,有的种类可登陆生活。

　　双颞窝类(Diapsida):头骨两侧有上、下两个颞窝,其间以后眶骨和鳞骨相间隔(图

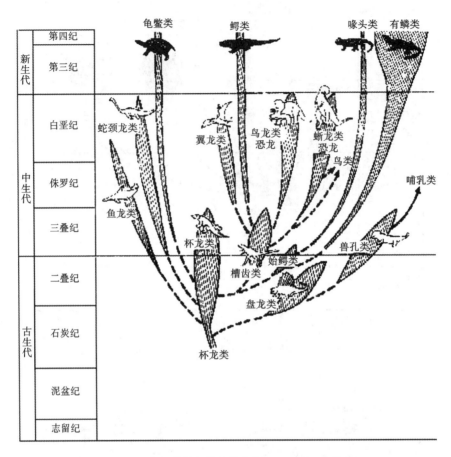

图 22-16　爬行类的起源和演化（自 Mitchell，略修改）

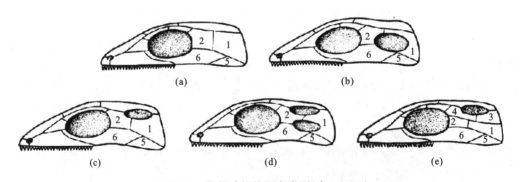

图 22-17　爬行动物的颞窝类型（自 Romer）

(a)无颞窝类；(b)合颞窝类；(c)上颞窝类；(d)双颞窝类；(e)侧颞窝类

1.鳞骨；2.眶后骨；3.上颞骨；4.后颞骨；5.方轭骨；6.轭骨

22-17(d)），是古爬行类中种类和数量最多的一个类群，从古生代二叠纪延续至今，构成古爬行类和现存类群的主题。其主干包括初龙类（Archsauria）和鳞龙次亚纲类（Lepidosauria），初龙类的后裔包括槽齿类（Thecodontia）、恐龙类（Dinosauria）、翼龙类（Pterosauria）和鳄类（Crocodylia），其中槽齿类的后裔假鳄类（Pseudosuchia）可能演化为鸟类；鳞龙类的后裔为喙头目（Rhynchocephalia）和有鳞目（Squamata）种类。

鱼龙类(Ichthyosauria)：属上颞窝类(Parapsida)，为适应海洋生活的鱼形爬行动物，可能在中生代早期比较繁盛，后期灭绝。

盘龙类(Pelycosauria)：属下颞窝类(Synapsida)，出现于石炭纪末期至二叠纪，其后裔中的兽齿类(Theriodontia)为哺乳动物的祖先。

中生代被称为爬行动物时代，以恐龙为代表的爬行动物称霸地球长达一亿多年，但绝大部分种类在距今约七千万年前的白垩纪末期灭绝，仅留下少数残余种类至今。

古爬行动物的衰退和灭绝是古生物学界颇受争议的问题之一，出现了很多假说，比如地壳运动假说、太阳黑子爆发假说、太阳系周期运行假说、病毒侵袭假说、气候变化假说、彗星撞击假说、地球板块愈合假说、海平面上升假说、地磁逆转假说等。被广泛关注的假说为地壳运动假说和彗星撞击假说。

地壳运动假说认为地壳运动引起气候变化和植被改变，导致爬行动物无法适应而衰亡。中生代气候温和稳定，爬行动物向躯体大型化和食性单一化进化，但到了白垩纪末期，地球上出现了强烈的造山运动(如喜马拉雅山、阿尔卑斯山的隆起)，引起气候和地表环境剧烈变化，大量植被被破坏，裸子植物被被子植物逐渐取代，鸟类、哺乳类由于其恒温机制、适应气候环境变化能力更强，致使爬行动物在竞争中处于劣势，从而导致爬行动物衰亡。

彗星撞击假说认为恐龙和一些古爬行类动物在白垩纪灭绝是由于一颗巨大的陨石撞击地球引起的。巨大的撞击可能造成陨星升华和大量粉尘，高温导致海水蒸发形成雾气覆盖地球，阻挡阳光，降低光合作用，植被大量死亡导致食物匮乏，并最终导致爬行动物衰亡。

22.2.2.5　鸟类的起源和演化

关于鸟类的起源有许多假说，但是由于化石证据不全，依旧没有定论，比较有代表性的主要有槽齿类(Thecodonts)起源假说和兽脚类(Theropots)恐龙起源假说(图 22-18)。槽齿类起源假说认为鸟类起源于兽齿类中的假鳄类，因为假鳄类具有体型纤细、骨骼具空腔气窦、头骨双颞窝等类似鸟类的特征(图 22-19)。槽齿类是古爬行动物初龙类的后裔，槽生齿是其标志性特征。兽脚类恐龙起源假说认为鸟类起源于蜥臀类(Saurischians)恐龙的后代兽脚恐龙，属于虚骨龙类，体型较小、两足行走、颈长而灵活、骨骼轻便且具空腔、有类似鸟类叉状锁骨的雏形、尾骨缩短有愈合现象等特征与鸟类相似。

始祖鸟(*Archaeopteryx lithographica*)被认为是迄今最完整、最原始的鸟类化石(图 22-20)，共报道 10 余例，最早采自德国巴伐利亚州索伦霍芬附近的海相沉积印板石灰岩内，地质年代上属于中生代晚侏罗纪(距今约 1.45 亿年)，其中模式标本报道于 1861 年，现收藏于伦敦博物馆，最完整的标本发现于 2005 年。迄今尚未发现早于始祖鸟的化石鸟类证据，近年报道的认为比始祖鸟更古老的化石鸟类，如中华龙鸟(*Sinosauropteryx prima*)、原始祖鸟(*Protarchaeopteryx robusta*)，后经研究应该属于小型兽脚恐龙中的虚骨龙类(Coelurosauria)。

始祖鸟为爬行类和鸟类之间的过渡类型，大小似鸽子，与鸟类近似的特征有：被羽毛，前肢变形为翼，左右锁骨、间锁骨愈合形成"V"形"叉骨"，开放式骨盆，后肢跗骨与距骨愈合形成细长的跗距骨，形成附件关节，4 趾 3 前 1 后等。与爬行类相似的特征有：非气质骨，无喙而具有牙齿(槽生齿)，双凹型椎体，10 块颈椎，其中 6 块具颈肋，6 块荐椎，仅 5 块

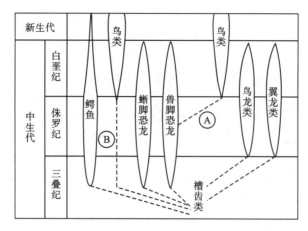

图 22-18　槽齿类、兽脚类与鸟类起源假说示意图(仿 Ostrom)(自刘凌云等)

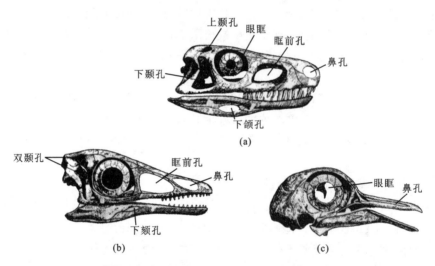

(a)

(b)　　　　　　　　　　　　(c)

图 22-19　槽齿类与鸟类头骨比较(自刘凌云,Heilmsen,Feduccia 等)
(a)派克鳄;(b)始祖鸟;(c)鸽

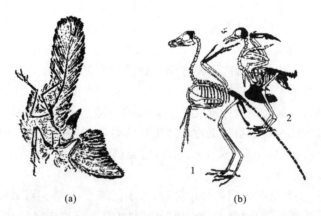

(a)　　　　　　　　　　(b)

图 22-20　始祖鸟化石拓印及其与现代鸟骨骼的比较(自刘凌云,刘恕等)
(a)始祖鸟;(b)现代鸟

愈合在愈合荐椎中,尾椎 18～21 块,游离,无尾综骨,具腹壁肋,肋骨无钩突,掌骨分离,指端具爪,胸骨无龙骨突起等。

22.2.2.6　哺乳动物的起源和演化

哺乳类起源于古爬行类,距今约 2.25 亿年的中生代三叠纪。兽齿类(Theriodonts)被认为是哺乳类的祖先,兽齿类为古爬行类的盘龙类(Pelycosaurs)经兽孔类(Therapsids)演化而来的。兽齿类四肢位于身体腹侧,能将身体支撑而离开地面,四肢骨骼构造和哺乳类的相似;头骨下颞窝,双枕髁,槽生齿,齿骨发达,次生腭完整;脑和感官发达等特征也与哺乳类的相似。

中生代哺乳动物最早发现于三叠纪晚期地层中,到侏罗纪和白垩纪,中生代哺乳类化石就较常见了。现在认为大多数后兽亚纲和真兽亚纲种类为侏罗纪古兽类(Pantotheria)后代,而原兽亚纲种类可能为中生代三叠纪末期出现的多结节齿类(Multituberculata)的后代。

哺乳动物的进化大致可分为 3 个适应辐射阶段:①中生代侏罗纪:主要有多结节齿类和三结节齿类(Trituberculata)两大类(图 22-21)。多结节齿类在中生代初期开始灭绝。三结节兽齿类又分三齿兽类(Triconodonta)、对齿兽类(Symmetrodonta)和古兽类,前两支在侏罗纪和白垩纪交替时期灭绝,古兽类演化为现代哺乳动物的后兽类和真兽类;②中生代白垩纪:多结节齿类还未灭绝,开始出现后兽类和真兽类;③新生代:多结节齿类灭绝,后兽类和真兽类空前发展,成为占优势的陆生动物类群。最早的真兽类可能是小型食虫类,中生代白垩纪即已出现,以食虫类为主干向不同方向辐射,逐步形成现代生存的类群。后兽类在白垩纪时曾经为优势类群,但后来逐渐被真兽类排挤,现仅存于澳洲和南美洲。

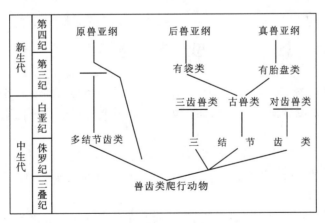

图 22-21　哺乳动物适应辐射示意图(自刘凌云等,略修改)

拓 展 阅 读
——寒武纪生命大爆发

大量化石的发现证明,距今大约 6 亿年前(寒武纪前),地球上存在的几乎都是单细胞生物,随后(约 5.3 亿年前)绝大多数无脊椎动物门在很短时间(几百万年)内出现了,这种几乎是"同时"地、"突然"地出现在寒武纪地层中门类众多的无脊椎动物化石(节肢动物、软体动物、腕足动物和环节动物等)的现象,被古生物学家称为寒武纪生命大爆发,简称寒武爆发。达尔文在其《物种起源》的著作中提到了这一事实,认为这一事实会被用做反对其进化论的有力证据。但他同时认为寒武纪的动物的祖先来自前寒武纪动物,是经过长时间进化产生的;寒武纪动物化石出现的"突然性"和前寒武纪动物化石的缺乏,是地质记录的不完全或是老地层淹没在海洋中的缘故。

1984 年我国学者陈均远、侯先光、舒德干等在我国云南澄江发现了 5.3 亿年前的生物化石,即澄江动物群,它们是世界上目前所发现的最古老、保存最为完整的带壳后生动物群,包括水母状生物、三叶虫、具附肢的非三叶的节肢动物、金臂虫、蠕形动物、海绵动物、内肛动物、环节动物、无绞纲腕足动物、软舌螺类、开腔骨类以及藻类等,甚至还有低等脊索动物或半索动物(如著名的云南虫)等。许多动物的软组织保存完好,为研究早期无脊椎动物的形态结构、生活方式、生态环境等提供了极好的材料,同时也成为探索地球上大壳后生动物爆发事件的重要窗口,首次栩栩如生地再现了远古海洋生命的壮丽景观和现生动物的原始特征,以丰富的生物学信息为寒武纪生命大爆发的研究提供了直接证据。澄江动物群化石在国际上被誉为"20 世纪最惊人的发现之一",该动物群的发现,再次证实了生命大爆发的存在,成为寒武爆发理论的重要支柱。同时,它还是联系前寒武纪晚期到寒武纪早期生命进化过程的重要环节。同时为间断平衡理论提供了新的事实依据,对达尔文的进化论再次造成冲击。

丰富的化石记录表明,寒武纪生命大爆发是地球生物多样性的开端。寒武爆发吸引了无数的古生物学家和进化生物学家去寻找证据探讨其起因,100 多年以来的证据产生出解释寒武爆发的许多观点和假说,如收割理论、含氧量上升假说、广义演化论等。寒武纪生命大爆发被称为古生物学和地质学上的一大悬案,至今仍然困扰着进化生物学和古生物学界。

思 考 题

1. 简述脊椎动物皮肤系统的机能。水栖、陆栖及两栖动物的皮肤各有哪些特点?

2. 试述脊椎动物骨骼系统的基本结构、机能及其与各类群的进化地位和生活方式的适应。

3. 简述脊椎动物肌肉系统在各类群间的演化。

4. 脊椎动物的呼吸、循环系统在各类群间是如何演化的? 如何理解脊椎动物呼吸、循环系统在进化上的联系?

5. 简述脊椎动物消化系统的结构、机能及其在各类群间的演化趋势。

6. 简述脊椎动物生殖、排泄系统在各类群间的演化,脊椎动物生殖、排泄系统在进化上的联系。

7. 简述脊椎动物神经系统、感觉器官的结构、机能及其在各类群间的演化。

8. 试述脊索动物的起源和演化。

9. 简述圆口类的起源和演化。

10. 简述鱼类的起源与演化。

11. 简述两栖类的起源与系统演化。

12. 简述爬行类的起源和演化。
13. 以恐龙为代表的爬行动物衰亡的原因是什么？
14. 简述鸟类的起源和适应辐射。
15. 简述哺乳类的起源和适应辐射。
16. 试述脊椎动物各类群间在进化上的联系。

第 23 章　动物的分布与区系

23.1　动物地理学

23.1.1　动物地理学简介

动物地理学(zoogeography)是研究现代动物的生活、分布及其与地理环境相互作用的科学,是动物学和地理学交叉形成的学科。从动物区系研究出发而建立的动物地理区的学科称为动物区系地理学(regional zoogeography)。从进化论角度探究的,称为动物系统地理学(systematic zoogeography)。此外,还有历史动物地理学(historical zoogeography)及从生态分布着眼的动物生态地理学(ecological zoogeography)等。

虽然中国古代动物地理学的萌芽很早,但在 20 世纪 40 年代以前,动物地理学的发展非常缓慢。50 年代以后,动物地理学得到了迅速发展,大规模的动物资源、动物区系普查和动物区系、生态地理学专题研究得到了开展,陆栖脊椎动物和海洋脊椎动物的分布情况基本被摸清,陆栖脊椎动物区划、淡水鱼类区划、海洋鱼类和昆虫区划也得到了研究。

动物地理学已形成三个明显的研究方向:一是区系历史方向,主要研究动物分布区系及其区域分异,从历史的观点比较、探索动物的同源性,研究动物种和类群的分布特征与规律,进行动物区系的划分;二是生态地理方向,主要是研究动物生态地理群,从生态学观点比较、探索动物的同功性,研究动物分布的内在因素与外界条件的相互关系及其地理变化,进行动物生态地理群的区分;三是景观地理方向,主要研究地球上不同景观带、景观区和景观中动物群的种类组成和数量状况,阐明数量上占优势的、常见的和稀有种中有前途的动物种,研究它们彼此间以及与地理环境各要素之间的相互关系。

为解释动物的现代分布,追溯其起源和扩展历史,除要了解动物的生态、生理、形态和行为等特性外,还要了解动物生活的环境和变迁历史。故需借助于动物学、古生物学、地质学和古地理学的许多有关资料,解释地球上动物分布的复杂现象,主要有大陆永恒说、陆桥说和大陆漂移说等。板块学说的兴起、大陆漂移说的复生,促进了历史动物地理学的发展。生态动物地理学是以生态学观点分析影响动物空间分布的各种因子,包括气候、地形、土壤等非生物因子和食物、天敌与竞争等生物学因子,探讨生物生态的相似性。根据这些现象的地理分布规律,可将地球上的动物划分为许多动物生态地理群落。

动物地理区和动物生态地理群的划分通常代表了历史动物地理学和生态动物地理学的综合成果,概括了动物区系和生态现象的地区差别,揭示了不同地理区域动物资源的特点,为保护和利用动物资源提供了科学依据

23.1.2　动物地理学研究简史

动物地理学的发展大致经历了以下几个阶段。

1. 古代记述阶段

中国公元前 11 世纪至公元前 6 世纪的《诗经》,记载有 100 多种动物的分布。公元前 6 世纪的《考工记》中第一次提出了中国动物南北分布界线;公元前 5 至公元前 3 世纪的《尚书·禹贡》篇中也有对中国九州经济动物的记载。公元前 4 世纪,古希腊亚里士多德的《动物志》记述有 500 多种动物的分布;公元纪年初古罗马普林尼(老)的《自然历史志》、16 世纪末中国明朝屠本畯的《闽中海错疏》(1596)等,都记述有各类动物的分布。

2. 历史动物地理学阶段

公元 18—19 世纪,可分为两个时期。第一个时期从 18 世纪至 19 世纪上半叶。随着林奈《自然系统》的问世,建立了动物分类学的系统,科学的动物地理学开始出现,在欧洲出现了专门叙述动物分布的著作,主要有《哺乳动物分布》(1777)、《昆虫区系》(1778)、《俄罗斯-亚洲动物区系》(1811)、《鸟类分布及决定其分布的自然环境》(1818)等。第二个时期自 19 世纪中期至末期,动物地理学在达尔文进化论思想的影响下发展,《物种起源》(1859)第一次用进化论观点阐述了动物的分布及其成因。与达尔文同时代的英国进化论者华莱士系统地探讨了动物在地球上的分布,对斯克莱特所划分的世界陆栖动物分布区(界)进行了补充修正,成为现代陆栖动物地理区划的基础。他的名著《动物的地理分布》(1876)是历史动物地理学的最重要文献,他创立了物种的产生和变化在空间和时间上相互关联而一致的理论,被推崇为动物地理学的奠基人。

3. 生态动物地理学阶段

20 世纪初至今。由于生态学的发展,对动物分布的探讨逐步转向对生态因素的分析、动物群的结构特点以及与自然环境相互关系的研究,逐步形成了生态动物地理学。较有影响的著作有黑塞的《生态动物地理学》。中国自 20 世纪 50 年代以后,由于全国自然区划工作的推动,动物地理区划研究首先得到发展,一些学者对陆栖脊椎动物、海洋动物和昆虫区划等进行了较系统的研究,初步奠定了中国动物地理研究的基础。代表性著作有《中国鸟类分布名录(第二版)》(郑作新,1976)、《中国昆虫生态地理概述》(马世骏,1959)、《中国动物地理区划与中国昆虫地理区划》(郑作新、张荣祖、马世骏,1959)、《中国自然地理·动物地理》(张荣祖,1979)等。

23.1.3 动物地理学的研究内容

动物地理学主要研究各自然带及景观中的动物群落组成与结构特征;编制动物分布图;进行动物分布区、类型的划分;依据系统的动物分布资料,分析动物分布与自然环境演变的关系;探索各动物区系的特征及形成;以历史或生态的观点进行动物地理区的划分等。动物地理学主要有两大分支:历史动物地理学和生态动物地理学。前者着重研究不同动物分布区的形成及其变迁,探讨各地动物在系统演化上的关系及其相似性,进行动物地理区划分;后者则着重研究动物分布、扩展的生态因素,探讨动物与环境的相互关系及其区域分化,进行动物生态地理群划分。

动物地理学在地理学中属于自然地理学,在动物学中属于动物分布学范畴。它与地理学各科,如综合自然地理学、植物地理学、古地理学等有关,又与动物学各科,如动物分类学,动物生态学及古生物学等有关。

23.2 世界陆地动物区系

陆地动物由于地理及其气候屏障而彼此隔开,分界明显。根据陆地脊椎动物的分布,世界陆地动物区系可划分为 6 个区(界),即古北区(界)、新北区(界)、古热带区(界)、新热带区(界)、东洋区(界)和澳新区(界)。无脊椎动物区系划分与上述区系划分基本一致。

23.2.1 古北区(界)

古北区(界)包括欧洲、北回归线以北的非洲与阿拉伯半岛的大部分、喜马拉雅山脉—秦岭山脉以北的亚洲大陆以及本界内的各岛屿。本界是 6 个动物区系中最大的一个。这一区地域广阔,没有热带的森林和稀树草原,而不适于动物生活的荒漠、高原、苔原等却占有广大面积。古北界与新北界在最大冰期中曾因白令海峡的连通而混杂,动物区系有许多共同特征,如鸟兽有不少共有种。因而有人把古北界和新北界合称全北界。鼹鼠科、鼠兔科、河狸科、潜鸟科、林跳鼠科、松鸡科、攀雀科、洞蝾科、大鲵科、鲈鱼科、刺鱼科、狗鱼科、鳕科和白鲑科为全北界所共有。哺乳类的睡鼠科、鼹形鼠科等为本界特有。本界有不少特有种,如鼹鼠、狼、狐、刺猬、獾、野猪、牦牛、骆驼、羚羊、旅鼠、山鹑、鸨、沙鸡、百灵、地鸦、岩鹨、沙雀、沙蜥、花背蟾蜍等。

23.2.2 新北区(界)

新北区(界)包括墨西哥北部及其以北的北美洲。哺乳类叉角羚科、山河狸科,爬行类北美蛇蜥科,两栖类鳗螈科、两栖鲵科,鱼类弓鳍鱼科、雀鳝科等为本区所特有。特有种如美洲麝牛、美洲河狸、美洲獾、美洲松鼠、豹鼠、美洲驼鹿、白头海雕等。本区内有相当多的动物与古北区的相同,这间接证实了东北亚和阿拉斯加曾有大陆桥的存在。

23.2.3 古热带区(界)

古热带区(界)包括沙哈拉沙漠以南的整个非洲大陆、阿拉伯半岛的南部和位于非洲西边的许多小岛。其区系特点是区系组成的多样性和拥有丰富的特有类群。哺乳类的特有目有蹄兔目、管齿目;特有科有金毛鼹科、鳞毛鼠科、跳兔科、滨鼠科、河马科、长颈鹿科等;特有种有大猩猩、黑猩猩、狒狒、非洲象、非洲犀牛、大羚羊、斑马等。鸟类的特有目有非洲鸵鸟目、鼠鸟目。爬行类的避役、飞龙,两栖类的爪蟾,鱼类的非洲肺鱼、多鳍鱼为本界的特产动物。

本界和东洋界的动物区系有很大程度的相似性,表现在两界共同拥有许多特有的目或科,如哺乳类的鳞甲目、长鼻目、狭鼻亚目、懒猴科、鼷鹿科和犀科,鸟类的犀鸟科、阔嘴鸟科、太阳鸟科等,这说明两界动物区系在过去的历史时期中有着密切的联系。

本界的马达加斯加岛靠近非洲,但动物区系很不相同,动物种类较贫乏,缺少在非洲大陆上广泛分布的哺乳动物,尤其是有蹄类、食肉类和长鼻类,但富于特有动物,突出的是马岛刺猬科、狐猴科、指猴科和马岛灵猫。这显然是由于地理隔离造成。

23.2.4　新热带区（界）

新热带区（界）包括整个南美、中美和西印度群岛。本界动物区系最具特色，种类极其丰富。哺乳类中的贫齿目（犰狳、食蚁兽和树懒）、灵长目的阔鼻亚目、有袋目的新袋鼠亚目、翼手目的吸血蝠科、啮齿目的豚鼠科、毛丝鼠科、硬毛鼠科，鸟类的美洲鸵鸟、麝雉，鱼类的美洲肺鱼、电鳗及电鲇均为本界特有。蜂鸟科的 300 多种主要分布在本界，爬行类鬣蜥科分布在这里的种类最多，最广，两栖类的树蛙和负子蟾最为闻名。但本界却缺少许多在其他大陆上广泛分布的类群，如食虫目、食肉目、奇蹄目、偶蹄目和长鼻目。

本界的上述特点的形成，一方面是由于地处热带，有世界上最大的热带雨林，另一方面与历史上地理位置的变迁有关。南美洲在第三纪以前曾经与南极大陆、澳洲和非洲等大陆相连，在动物区系上至今残留有这种联系的特征，如均具有肺鱼、鸵鸟和有袋类；从第三纪初到第三纪末，南美洲完全与其他大陆分离，在此期间发展了许多特有动物；到第三纪末它又重新与北美洲相连，南、北动物又相互交流而形成现今这一动物区系的特点。

23.2.5　东洋区（界）

东洋区（界）包括我国秦岭山脉以南的广大地区，以及印度半岛、中印半岛、马来半岛、斯里兰卡岛，菲律宾群岛、苏门答腊岛，爪哇岛及加里曼丹岛等地区。地处热带、亚热带，气候温热潮湿，植被极其茂盛，动物种类繁多。哺乳类的翼手目，灵长目的树鼩科、眼镜猴科、长臂猿科、猩猩科的猩猩，啮齿目的刺山鼠科，鸟类雀形目的冠雨燕科、和平鸟科，爬行类的平胸龟科、鳄蜥科、拟毒蜥科、异盾蛇科和食鱼鳄科为特有。我国产大熊猫、小熊猫也为本界有名的特有动物。本界还是许多鸟类的分布中心，如雉科、阔嘴科、画眉科等。无尾两栖类的种类也很多。

23.2.6　澳新区（界）

澳新区（界）包括澳洲大陆、新西兰、塔斯马尼亚及其附近的太平洋岛屿。这一动物区系是现今动物区系中最为古老的，至今仍保留着诸多中生代的特点。动物种类中没有在地球其他地区已占统治地位的有胎盘类哺乳动物，但保留了现代最原始的哺乳类即原兽亚纲（单孔类）和后兽亚纲（有袋类），前者为特有，后者种类繁多。澳洲大陆上特有鸟类如鸸鹋、食火鸡、琴鸟、园丁鸟、极乐鸟等，以及鱼类中的澳洲肺鱼。新西兰的大小岛屿上特产现存最原始的爬行动物楔齿蜥和鸟类无翼目代表几维鸟，完全没有蛇类。

澳洲大陆与新西兰早在中生代就已脱离了大陆，新西兰又与澳洲大陆脱离。当时有袋类正广泛发展，有胎盘哺乳类尚未出现，以后在大陆上发展起来的真兽类哺乳动物由于地理阻隔而不能传到澳洲，原始有袋类因而可在澳洲得到进一步发展。

23.3　中国动物地理区系

中国陆地动物区划分属于世界动物地理分区的古北界与东洋界。两界在我国境内的分界线西起横断山脉北部，经过川北的岷山与陕南的秦岭，向东至淮河南岸，直抵长江口以北。我国动物区系根据陆栖脊椎动物特别是哺乳类和鸟类的分布情况，下分七个区：东北区、华北区、蒙新区、青藏区、西南区、华中区、华南区。其中前 4 个区属于古北界,后 3 个区属于东洋界。古北界下又可分为东北亚界和中亚亚界。

23.3.1　东北亚界

东北亚界包括中国东北和华北地区,属于季风区北部。其南界相当于暖温带南界。动物区系主要由分布上属于东北型的成分所组成,还有一些北方型的成分。新疆北端阿尔泰小部分山地,动物区系主要由北方型成分组成,通常归属于欧洲—西伯利亚亚界。由于这一地区在中国面积甚小,故并入东北亚界阐述。

东北亚界的若干种类与欧洲部分的同类是不连续的,如灰喜鹊、刺猬,并被认为是受到了第四纪最大冰期的影响。当时,大面积冰川—冰缘气候带向南伸展,切断欧亚北部连续的森林地带,适应于北方森林的动物,曾向两侧沿海温暖湿润地带退避。冰期退缩后,这些种类未能恢复其原有分布。由此可见,东北亚界在第四纪最大冰期时,曾为动物的"避难地",动物区系的历史较为古老。亚界中东北型成分的形成,可能与此关系密切。

东北亚界在中国又可分为东北区和华北区。

(1) 东北区。本区包括北部的大、小兴安岭,东部的张广才岭、老爷岭及长白山地,西部的松花江和辽河平原。在中国古北界中,本区的鸟、兽及两栖类组成均较复杂。爬行类则相反。陆栖脊椎动物各纲中的东北型,其分布区大多在本区中重叠。粗皮蛙、黑龙江林蛙、黑龙江草蜥、团花锦蛇、细嘴松鸦、小太平鸟、丹顶鹤、东北兔和紫貂等均可视为代表性种类。北方型中的若干代表成分,如极北小鲵、胎生蜥蜴、柳雷鸟、攀雀、雪兔、森林旅鼠、驼鹿、驯鹿、狍、熊、貂等,亦分布至本区而具特色。

(2) 华北区。本区北临蒙新区与东北区,南抵秦岭、淮河,西起西倾山,东临黄海和渤海,包括西部的黄土高原,北部的晋冀山地及东部的黄淮平原。属本区特有或主要分布于本区可称为华北型的种类很少,仅有无蹼壁虎、山噪鹛、麝鼹、林猬、大仓鼠和棕色田鼠等。动物区系主要由东北型的广布成分所组成。南、北方喜湿动物在季风区的相互渗透现象,在本区表现最为明显。本区的南界与暖温带南界大致相符,为南、北方类群较明显的分界线。如南方的树蛙、姬蛙、鸲雉、啄花鸟、太阳鸟、疣猴、竹鼠等种类,它们的北限均止于暖温带南界,北方的海雀、鼠兔、鼩鼱等种类的南限,亦是如此。此外,蒙新区成分,如小沙百灵、凤头百灵、毛腿沙鸡、石鸡、斑翅山鹑、达乌尔黄鼠和榆林沙蜥等向东渗透,几乎贯穿本区全境。所以本区既是南、北动物,又是季风区及蒙新区动物相互混杂的地带。

23.3.2　中亚亚界

中亚亚界包括亚洲中部地区。在中国境内自大兴安岭以西,喜马拉雅、横断山脉北段和华北区以北的广大草原、荒漠和高原均属于中亚亚界。动物区系主要由中亚型成分所组成,有些则广布于全亚界。高地型的种类比例显少,两栖类贫乏,爬行类中以蜥蜴目占主要地位,鸟类中百灵、沙鸡、地鸦、雪雀等属的种类见于全境。兽类中以有蹄类和啮齿类最多。因地域广大,区内动物分布有一定的区域分化现象,但不同分布型的成分在分类学上的分化水平低,表现了中亚亚界内动物区系的关系十分密切。

中亚亚界在中国境内可分为蒙新区和青藏区。

(1) 蒙新区。本区包括内蒙古和鄂尔多斯高原、阿拉善高原(包括河西走廊)、塔里木、柴达木、准噶尔等盆地和天山山地等。两栖类中以西部的绿蟾蜍、东部的花背蟾蜍、大蟾蜍为仅有种,且均属从外围湿润地区伸入本区的种类。爬行类中以沙蜥、麻蜥和沙虎等属的种类最多,分布广泛。沙蟒为西部荒漠的代表。鸟类典型种类有大鸨、毛腿沙鸡、几种百灵等。兽类中的野生双峰驼、野马、野驴和几种羚羊等均为本区有蹄类的代表。啮齿类中以跳鼠科、沙鼠亚科的种类占优势。

(2) 青藏区。本区包括青海、西藏和四川西部,东由横断山脉的北端,南由喜马拉雅山脉,北由昆仑、阿尔金和祁连各山脉所围绕的青藏高原。动物区系主要由高地型成分所组成。最典型的代表有兽类中的野牦牛、藏羚、藏野驴,鸟类中的雪鸡、雪鸽、黑颈鹤和多种雪雀,爬行类中的温泉蛇和西藏沙蜥、青海沙蜥,高山蛙是高原内部唯一的两栖类,只见于雅鲁藏布江中游地区。但在这些代表种类中,真正特化为高原类型的属只有藏羚、高山蛙和温泉蛇等,为数均很少,其余者多与蒙新区相同,而呈属下或种下分化。这一现象反映了两区间的密切关系及青藏高原抬升的地质历史短促。

23.3.3　东洋界

中国范围内的东洋界,属中印亚界。

中印亚界位于亚洲大陆的东南部,包括中南半岛的越南、柬埔寨、老挝、泰国和缅甸等(除马来半岛外)及附近岛屿。中国境内包括秦岭山脉和淮河以南的大陆和台湾岛、海南岛及南海诸岛,其在中国境内的北界,即相当于北亚热带北界。动物区系除广布种,大都属于东南亚热带-亚热带分布型。此外尚有一些旧大陆成分和少数环球热带-亚热带成分,以丰富的森林及树栖动物为特征。

整个东洋界与古北界不同之处在于它的区域分化现象不明显。在中国境内的基本特征是热带成分(东洋界、旧大陆热带和环球热带)从南到北,由丰富到贫乏的逐渐变化。这一现象实际上是全球在更新世进入第四次大冰期以来,热带动物区系向南退缩的变化延续至现阶段的反映。

中印亚界在中国境内可分为西南区、华中区和华南区。

(1) 西南区。包括四川西部,昌都地区东部,北起青海、甘肃南缘,南抵云南北部,即横断山脉部分,向西包括喜马拉雅南坡针叶林带以下的山地。本区动物分布以明显的垂直变化为特征。动物区系的主要成分则属于横断山脉-喜马拉雅分布型的种类。兽类中的小熊猫和鸟类中的血雉和虹雉为其典型代表。特产或主要分布于本区的种类很多,横断山脉并为某些类群的集中地,如两栖类中的锄足蟾科、湍蛙,鸟类中的画眉亚科和雉科,兽类中的鼠兔、绒鼠和食虫类小兽等。此外,某些类群的相近种或亚种在本区及其附近地区的系统替代现象(水平的或垂直的)相当明显,由于这一特征使横断山脉地区被认为可能是物种保存的中心或形成中心。

西南区大部分属于南北向的高山峡谷。高山部分有利于北方种类的南伸,如岩羊、喜马拉雅旱獭等,沿高山草原可南伸至云南;而峡谷部分有利于热带种类的北伸,如鹦鹉、太阳鸟、猕猴等可沿谷地伸入到横断山脉的中段或北段。

(2) 华中区。本区相当于四川盆地以东的长江流域。西半部北起秦岭,南至西江上游,除四川盆地外,主要是山地和高原。东半部为长江中下游地区,并包括东南沿海丘陵的北部,主要是平原和丘陵。本区的南界,自福州向西南沿戴云山经南岭南侧、广西瑶山至西双版纳北缘。北界自秦岭、伏牛山、大别山一线向东,大致沿淮河流域南部,终于长江以北的通扬运河一线。

华中区动物区系是华南区的贫乏化。所有分布于本区的各类热带-亚热带成分,几乎均与华南区所共有。由华南区向华中区,热带成分明显减少,以典型的类群(科)计算,约减少1/3,从本区南部中亚热带至北部北亚热带,进一步减少,仅为华南区的一半。本区与华北区共有的动物,大都为广布于中国东部的种类,属于本区特有的种类很少。其中,大抵上限于本区分布的种类属南中国型,如两栖类中的东方蝾螈、隆肛蛙,鸟类中的灰胸竹鸡,兽类中的黑麂、小麂和毛冠鹿等,均为区内分布较广泛的种。獐的分布亦限于本区。

本区可再分为东部丘陵平原亚区和西部山地高原亚区。

(3)华南区。包括云南与两广的南部,福建省东南沿海一带及台湾、海南岛和南海各群岛。本区动物区系中各类热带-亚热带类型的成分,尤以西部最为集中。全区内广布的热带种类如爬行类中的巨蜥,鸟类中的红头咬鹃、灰燕鹃、橙腹叶鹎,兽类中的棕果蝠等,均属典型热带的科。此外,尚有一些在本区内分布较广的种类,如两栖类中的台北蛙、花细狭口蛙,爬行类中的变色树蜥、长鬣蜥、中国壁虎,鸟类中的鹪鹛、白鹇、竹啄木鸟、牛背啄花鸟和兽类中的红颊獴、白花竹鼠、青毛巨鼠和明纹花松鼠等。

台湾和海南两岛,动物科类与大陆的相似,但因地理环境孤立,种类虽较贫乏,仍有某种特有种和亚种的分化。同时,有一些分布于大陆的相近种,在两岛交替出现,这一现象在鸟、兽中最为明显。

本区还可分为5个亚区:闽广沿海亚区、滇南山地亚区、海南亚区、台湾亚区、南海诸岛亚区。

思 考 题

1. 何谓动物地理学?
2. 世界陆地动物区系分布怎样?各有何特点?
3. 中国动物地理区系分布怎样?各有何特点?

参 考 文 献

[1] 华中师院,南京师大,湖南师院. 动物学(上、下)[M]. 北京:高等教育出版社,1983.

[2] 江静波. 无脊椎动物学[M]. 3版. 北京:高等教育出版社,1995.

[3] 刘凌云,郑光美. 普通动物学[M]. 4版. 北京:高等教育出版社,2009.

[4] 任淑仙. 无脊椎动物学[M]. 2版. 北京:北京大学出版社,2007.

[5] 许崇任,程红. 动物生物学[M]. 2版. 北京:高等教育出版社,2008.

[6] 左仰贤. 动物生物学教程[M]. 2版. 北京:高等教育出版社,2010.

[7] 陈品健. 动物生物学[M]. 北京:科学出版社,2001.

[8] 侯林,吴孝兵. 动物学[M]. 2版. 北京:科学出版社,2016.

[9] 吴观陵. 人体寄生虫学[M]. 4版. 北京:人民卫生出版社,2013.

[10] 姜云垒,冯江. 动物学[M]. 北京:高等教育出版社,2006.

[11] 赛道建. 普通动物学[M]. 北京:科学出版社,2008.

[12] 陈义. 无脊椎动物学[M]. 北京:商务印书馆,1956.

[13] 堵南山,赖伟,邓雪怀,等. 无脊椎动物学[M]. 上海:华东师范大学出版社,1989.

[14] 武汉大学,南京大学,北京师范大学. 普通动物学[M]. 2版. 北京:高等教育出版社,1984.

[15] 刘瑞玉. 中国北部的经济虾类[M]. 北京:科学出版社,1955.

[16] 许再福. 普通昆虫学[M]. 北京:科学出版社,2009.

[17] 孟庆闻. 鱼类比较解剖学[M]. 北京:科学出版社,1987.

[18] 孟庆闻,苏锦祥,缪学祖. 鱼类分类学[M]. 北京:中国农业出版社,1995.

[19] 湖北省水生生物研究所鱼类研究室. 长江鱼类[M]. 北京:科学出版社,1976.

[20] 伍献文. 中国鲤科鱼类志(上卷)[M]. 上海:上海科学出版社,1964.

[21] 伍献文. 中国鲤科鱼类志(下卷)[M]. 上海:上海科学出版社,1977.

[22] 费梁,胡淑琴,叶昌媛,等. 中国动物志 两栖纲[M]. 北京:科学出版社,2006.

[23] 姜乃澄,丁平. 动物学[M]. 2版. 杭州:浙江大学出版社,2009.

[24] 杨安峰. 脊椎动物学(修订本)[M]. 北京:北京大学出版社,1992.

[25] 张孟闻,宗愉,马积藩. 中国动物志 爬行纲(第一卷)[M]. 北京:科学出版社,1998.

[26] 赵尔宓,赵肯堂,周开亚,等. 中国动物志 爬行纲(第二卷)[M]. 北京:科学出版社,1999.

[27] 赵尔宓,黄美华,宗愉,等. 中国动物志 爬行纲(第三卷)[M]. 北京:科学出版社,1998.

[28]　郑光美. 鸟类学[M]. 2 版. 北京:北京师范大学出版社,2012.

[29]　约翰·马敬能,卡伦·菲利普斯,何芬奇. 中国鸟类野外手册[M]. 长沙:湖南教育出版社,2000.

[30]　郑作新. 中国动物志——鸟纲:第 1 卷[M]. 北京:科学出版社,1997.

[31]　张训蒲. 普通动物学[M]. 2 版. 北京:中国农业出版社,2010.

[32]　丁汉波. 脊椎动物学[M]. 北京:高等教育出版社,1983.

[33]　孙儒泳. 动物生态学原理[M]. 3 版. 北京:北京师范大学出版社,2001.

[34]　冯江,高玮,盛连喜. 动物生态学[M]. 北京:科学出版社,2005.

[35]　郑作新. 脊椎动物分类学[M]. 北京:农业出版社,1982.

[36]　史密斯,解焱. 中国兽类野外手册[M]. 长沙:湖南教育出版社,2009.

[37]　胡杰,胡锦矗. 哺乳动物学[M]. 北京:科学出版社,2017.

[38]　刘恕. 动物学(上、下册)[M]. 北京:高等教育出版社,1987.

[39]　沈银柱,黄占景. 进化生物学[M]. 3 版. 北京:高等教育出版社,2013.

[40]　谢强,卜文俊. 进化生物学[M]. 北京:高等教育出版社,2010.

[41]　杨安峰,程红,姚锦仙. 脊椎动物比较解剖学[M]. 2 版. 北京:北京大学出版社,2008.

[42]　张昀. 生物进化[M]. 北京:北京大学出版社,1998.

[43]　殷秀琴. 生物地理学[M]. 2 版. 北京:高等教育出版社,2014.

[44]　鲍学纯. 动物学[M]. 长春:东北师大学出版社,1987.

[45]　吴常信. 动物生物学[M]. 北京:中国农业出版社,2016.

[46]　徐润林. 动物学[M]. 北京:高等教育出版社,2013.

[47]　陈小麟,方文珍. 动物生物学[M]. 4 版. 北京:高等教育出版社,2012.

[48]　宋憬愚. 简明动物学[M]. 北京:科学出版社,2013.

[49]　黄诗笺,卢欣. 动物生物学实验指导[M]. 3 版. 北京:高等教育出版社,2013.

[50]　白庆笙,王英永. 动物学实验[M]. 2 版. 北京:高等教育出版社,2017.

[51]　诸欣平,苏川. 人体寄生虫学[M]. 9 版. 北京:人民卫生出版社,2018.

[52]　雷朝亮,荣秀兰. 普通动物学[M]. 2 版. 北京:中国农业出版社,2003.